普通高等教育“十一五”国家级规划教材

21世纪高等职业教育数字艺术与设计规划教材

中文AutoCAD案例教程

○ 曾萍 沈大林 主编

人 民 邮 电 出 版 社

北 京

图书在版编目（CIP）数据

中文AutoCAD案例教程 / 曾萍，沈大林主编. -- 北京 : 人民邮电出版社，2010.9
21世纪高等职业教育数字艺术与设计规划教材
ISBN 978-7-115-21997-8

Ⅰ. ①中… Ⅱ. ①曾… ②沈… Ⅲ. ①计算机辅助设计—应用软件，AutoCAD 2008—高等学校：技术学校—教材 Ⅳ. ①TP391.72

中国版本图书馆CIP数据核字(2010)第031470号

内 容 提 要

本书共分 6 章，第 1 章介绍了中文 AutoCAD 2008 的基础知识和基本操作；第 2 章讲解二维平面图形的绘制方法；第 3 章讲解二维平面图形的编辑修改操作；第 4 章讲解三维立体模型的绘制方法；第 5 章讲解图形标注及打印输出方法；第 6 章通过 2 个机械与建筑案例熟悉绘制 AutoCAD 图形的基本流程、绘制方法和典型应用。在介绍 AutoCAD 软件使用方法的同时，本书还提供了大量实例、使用技巧以及国家绘图标准要求。

本书可作为高职高专院校、机械类专业的教材，也可作为 AutoCAD 绘图爱好者的自学用书。

普通高等教育“十一五”国家级规划教材
21 世纪高等职业教育数字艺术与设计规划教材

中文 AutoCAD 案例教程

◆ 主　　编　曾　萍　沈大林
　责任编辑　潘春燕
　执行编辑　王　威

◆ 人民邮电出版社出版发行　　北京市崇文区夕照寺街 14 号
　邮编　100061　　电子函件　315@ptpress.com.cn
　网址　http://www.ptpress.com.cn
　大厂聚鑫印刷有限责任公司印刷

◆ 开本：787×1092　1/16
　印张：18.25　　　　2010 年 9 月第 1 版
　字数：438 千字　　　2010 年 9 月河北第 1 次印刷

ISBN 978-7-115-21997-8

定价：33.00 元

读者服务热线：(010)67170985　印装质量热线：(010)67129223
反盗版热线：(010)67171154

前　言

AutoCAD 2008 是 Autodesk 公司推出的最新一代计算机辅助设计软件。它功能强大、应用方便，在机械制图和建筑装饰行业中是不可缺少的工具软件。

本书重点围绕 AutoCAD 2008 软件的各种基本功能和使用方法进行讲解，书中案例包括了 AutoCAD 2008 绘图软件在机械和建筑设计方面的应用。本书内容由浅入深，知识点清晰，读者在学习时，不仅能够快速入门，还可以通过操作实际案例，巩固知识点并掌握 AutoCAD 2008 绘图软件的使用技巧。

在本书编写中，作者遵循知识传授的规律，将知识结构与实用技巧相结合，根据学生的认知特点，将重要的制作技巧融于实例当中，注重学生学习兴趣的提高及创造能力的培养。本书采用案例教学方式，融通俗性、实用性和技巧性于一身。本书以一节为一个教学单元，在每个教学单元中先介绍“相关知识”，即与本教学单元有关的知识点，再结合一个或多个实例，学习相关的知识点和设计技巧，然后提供一些与本教学单元有关的思考与练习题。

本书第 1 章第 1 节的学习可以安排一个课时，主要了解中文 AutoCAD 2008 的工作环境，设计自己的工作区布局，了解如何查看有关的帮助信息，为全书的学习打下一个良好的基础。在学习以后的各教学单元时，建议首先用较少的时间了解本教学单元（即本节）要学习的有关知识，再通过制作本节的实例来深入掌握本节的有关知识和 AutoCAD 绘图的技巧，也就是通过完成实例带动知识点的学习，通过学习实例掌握软件的操作方法和操作技巧。课后，学生应继续完成本教学单元其他实例的制作，总结相关的知识点，完成本教学单元的课外思考与练习题。

采用这种教学方法，学生可以边学习相关知识和制作技巧，边进行实例制作，从而轻松和全面地掌握中文 AutoCAD 2008 的使用方法和使用技巧，快速设计出自己的作品。

下面介绍课程安排供参考。总学时为 64 课时，每周 4 学时，共 16 周。

序号	章节	教学重点内容	课时
1	第 1 章　中文 AutoCAD 2008 基础	结合一个或多个简单的实例，介绍中文 AutoCAD 2008 的基本功能、工作环境和一些基本操作。介绍中文 AutoCAD 2008 绘图的基本流程及方法	4
2	第 2 章　二维平面图形的绘制 绘制基本图形 案例 1～案例 3	结合 3 个实际绘制案例，介绍基本图形的绘制方法。灵活运用基本图形的绘制方法实现较复杂图形的绘制	4
3	第 2 章　二维平面图形的绘制 绘制简单平面图形 案例 4～案例 5	结合 2 个案例，介绍绘制平面图形图样、设置图形界限、设置和使用图层、绘制表格、进行图形填充和使用图块的方法	6
4	第 3 章　编辑二维平面图形 图形对象的编辑与修改 案例 6	结合案例，介绍二维图形对象的选择与删除、点的定数等分与定距等分、夹点、图形对象的打断与合并、图形对象的修剪与延伸、对象的分解及圆角和倒角操作	6

续表

序号	章　　节	教学重点内容	课时
5	第 3 章　编辑二维平面图形 图形对象的复制与位置调整 案例 7	结合案例，介绍二维图形对象的移动与复制、对象顺序调整、图形对象的阵列复制、图形对象的偏移复制、图形对象的缩放与旋转复制、图形对象的镜像复制操作	6
6	第 3 章　编辑二维平面图形 图形对象的填充控制与图案编辑 案例 8	结合案例，介绍控制图形对象图案填充方式及计算填充面积的方法。介绍自定义图案的设置及自定义图案的调用方法	4
7	复习及期中考试	期中上机考试，现场制作 AutoCAD 作品	4
8	第 4 章　绘制三维立体图形 三维模型界面及三维视图	通过知识点讲解，介绍三维建模空间的界面组成，三维用户坐标系、视图的设置及对象的消隐	4
9	第 4 章　绘制三维立体图形 创建三维实体模型 案例 9	结合案例，介绍三维基本实体模型的创建、线架模型及网格模型的创建、二维图形生成三维模型及布尔组合实体的创建方法	6
10	第 4 章　绘制三维立体图形 三维模型的编辑修改及渲染 案例 10 和案例 11	结合案例，介绍三维模型的编辑修改方法。结合案例，介绍三维模型的材质编辑及使用、灯光的使用和特性以及三维模型的渲染输出	6
11	第 5 章　图形标注与打印输出 文字与尺寸标注 案例 12	结合案例，介绍输入与编辑文本的方法，介绍各种尺寸标注及标注样式修改编辑的方法	4
12	第 5 章　图形标注与打印输出 图形的打印与输出	通过知识点讲解，介绍图形的打印仪器设置及打印样式的添加、使用和编辑。 介绍页面及布局的设置、出图比例及图形的发布方法	2
13	第 6 章　综合应用	运用前面各章所学的知识点制作综合实例	4
16	复习及期末考试	期末上机考试，现场制作 AutoCAD 作品	4

本书由曾萍、沈大林任主编。参加本书编写的还有郑淑晖、崔玥、陶宁、吴飞、刘璐、周瑀、周泽、王爱赪、马广月、王锦、王爱赪、沈建峰、崔元如、曾昊、于站江、于向飞、王翠、迟萌、张凤翔、袁柳、罗红霞、肖柠朴、张磊、郑原、于建海、郝侠、陈恺硕、郑鹤、肖柠朴、郭政、于建海、杨继萍、张凤红、王建平、蔡冠囡、吕向红、韩德彦、丰金兰、王浩轩、关山、姜树昕、李斌、毕凌云。

本书可作为高职高专学校、大专院校非计算机专业和培训学校的教材，也可作为AutoCAD 绘图爱好者的自学用书。

由于技术的不断更新以及操作过程中的疏漏，书中难免有纰漏和不足之处，恳请广大读者批评指正。

编者

2010 年 1 月 20 日

目录

第1章
中文 AutoCAD 2008 基础

学习目标：通过本章的学习，应重点掌握 AutoCAD 2008 的基本功能与应用、中文 AutoCAD 2008 的工作界面、文件操作、系统参数设置、坐标系的设置以及常用命令的使用方法等知识。通过对 AutoCAD 基础知识和 AutoCAD 2008 基本操作的学习和实践，可以掌握使用 AutoCAD 绘制图形对象的基本方法和基本技巧。

1.1 中文 AutoCAD 2008 概述

1.1.1 AutoCAD 的应用与基本功能

1. AutoCAD 的应用

AutoCAD 是由美国 Autodesk 公司开发的通用计算机辅助设计软件，全称为 Automatic Computer Aided Design（自动计算机辅助设计）。AutoCAD 利用计算机的高效的计算功能和图形处理能力来对产品进行辅助设计、分析、修改和优化等操作。AutoCAD 综合了计算机知识和工程设计知识，具有绘图精确、功能强大、操作简单、界面直观等诸多优点，能够绘制二维图形与三维图形、标注尺寸、渲染图形以及打印输出图纸。目前 AutoCAD 已广泛应用于机械、建筑、电子、广告、航天、造船、冶金、地质、纺织、轻工以及商业等领域。熟练掌握 AutoCAD 的基本操作和各种设计方法将有利于解决上述行业中的许多实际问题。

AutoCAD 作为一种高效的计算机辅助设计软件在许多行业都得到了广泛的应用，在我国众多的机械和建筑工程中，大多数都是运用 AutoCAD 来进行设计的。同时，随着计算机技术和软件技术的不断发展，AutoCAD 也经过多次的升级，在功能和性能上都逐步增强，且日趋完善。AutoCAD 2008 是 AutoCAD 系列软件的最新版本，与 AutoCAD 之前的版本相比，它在性能和功能方面都有了较大的增强，同时能够与低版本文件完全兼容。AutoCAD 具有强大的辅助绘图功能，因此，它已成为工程设计领域中应用最为广泛的计算机辅助绘图与设计软件之一。掌握 AutoCAD 的基本应用，有利于熟练使用专业的软件为进一步开发产品奠定基础。

基于 AutoCAD 在各领域中的广泛应用，本书在内容编排上，将基本知识点和丰富的实例结合起来进行讲解，书中的实例大部分来自机械和建筑领域，具有实际的应用价值。

2. AutoCAD 2008 的基本功能

（1）绘制与编辑图形。在 AutoCAD 的“绘图”下拉菜单中提供了丰富的绘图命令，“绘图”下拉菜单如图 1-1-1 所示。使用“绘图”下拉菜单中的命令可以绘制平面图形（如直线、构造线、圆、矩形、多边形以及椭圆等基本图形）；也可以将绘制的图形转换为面域，对其进行填充，再借助“修改”下拉菜单中的修改命令可以修改出各种各样的平面图形，“修改”下拉菜单如图 1-1-2 所示。

图 1-1-1

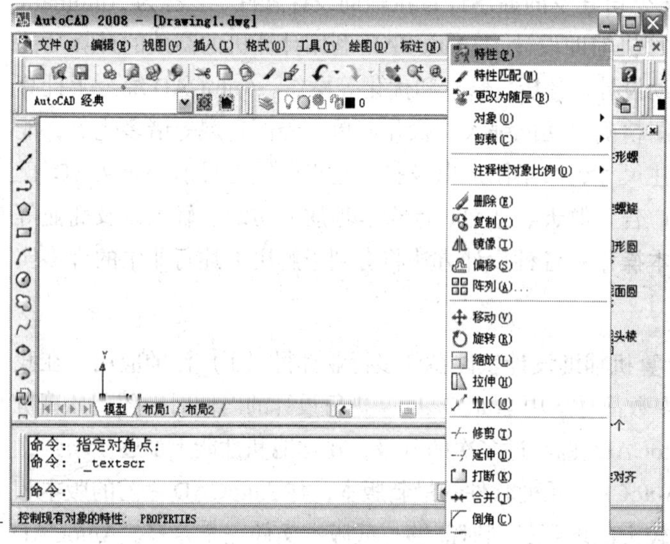

图 1-1-2

在 AutoCAD 2008 中，三维图形的绘制不仅可以通过对一些二维图形的拉伸、设置二维图形标高和厚度等操作来进行创建，还可以使用“绘图”→“建模”菜单命令中的子菜单命令来方便地绘制圆柱体、球体和长方体等基本实体以及三维网格、旋转网格等曲面模型。同样，如果再结合“修改”下拉菜单中的相关命令就可以绘制出各种各样复杂的三维图形。

使用 AutoCAD 2008 绘制平面图形和三维图形的示例效果分别如图 1-1-3 和图 1-1-4 所示。

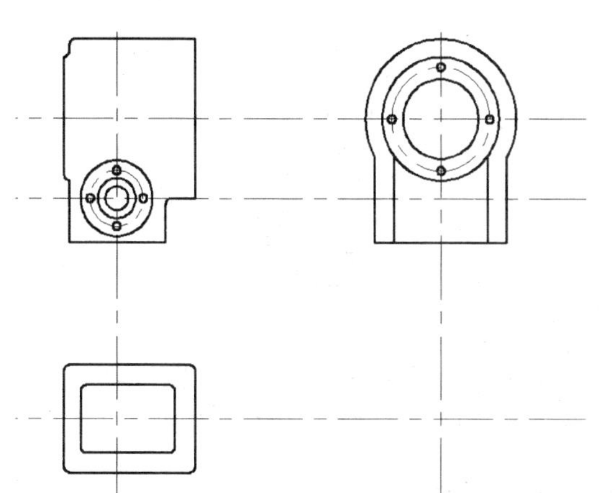

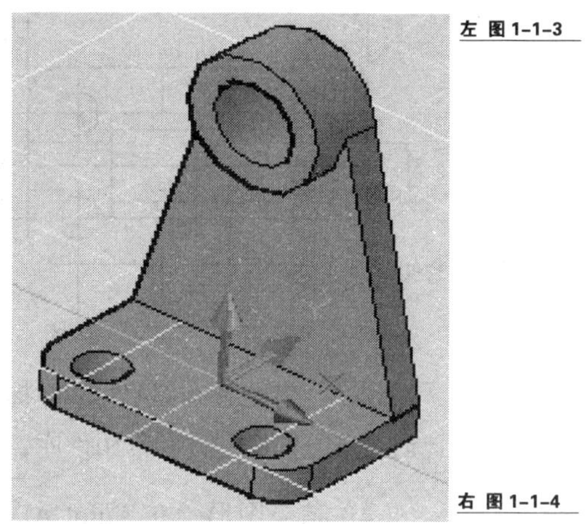

左 图 1-1-3

右 图 1-1-4

（2）注释和标注图形尺寸。注释和尺寸标注是对图形添加说明和测量注释的过程，是整个绘图过程中不可缺少的一个环节。通过为图形添加注释，可以对图形进行说明，如零件的粗糙度、加工注意事项及建筑的宽度、标高等。在 AutoCAD 2008 的“标注”下拉菜单中提供了一套完整的尺寸标注和编辑命令，标注下拉菜单如图 1-1-5 所示。使用这些命令可以方便地标注图形上的各种线性、半径尺寸、直径尺寸、角度、坐标、公差等。

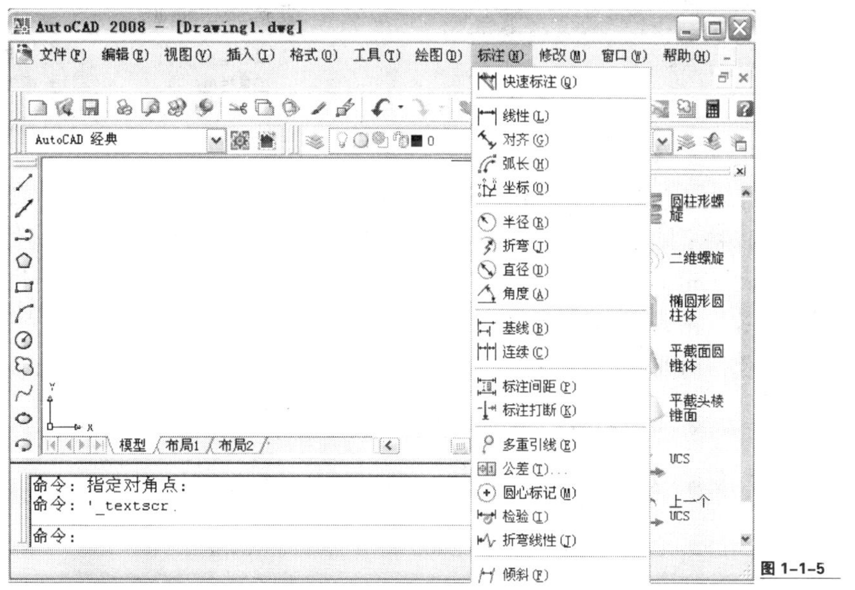

图 1-1-5

AutoCAD 2008 标注的对象可以是平面图形也可以是三维图形。使用 AutoCAD 2008 标注平面图形和三维图形的示例效果如图 1-1-6 和图 1-1-7 所示。

（3）图形管理。AutoCAD 2008 提供的图层功能能够方便用户来管理图形元素。用户在绘制图形时，可以根据要求将不同类型的图形元素（如辅助线、标注、图形等）放置在不同的图层上。每个图层都可以单独设置颜色、线型和线宽。此时，只要改变图层的属性，就可以改变位于该图层上全部图形元素的颜色、线型和线宽。为了绘图方便，用户还可以通过冻结、隐藏图层，来冻结、隐藏位于该图层中的图形元素。

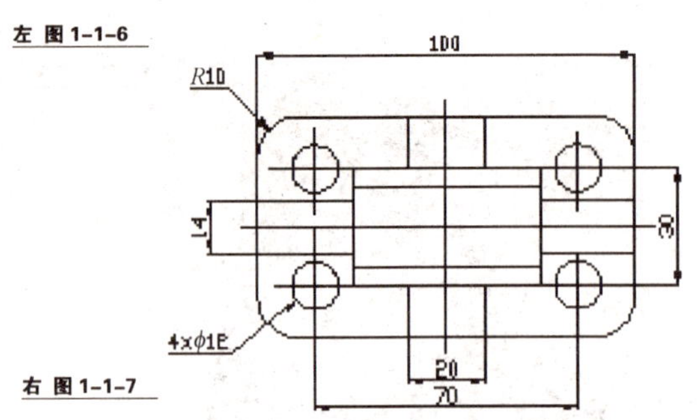

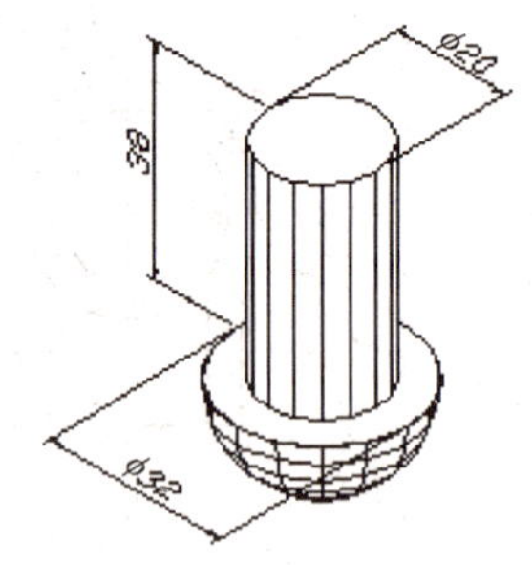

左 图 1-1-6

右 图 1-1-7

此外，借助 AutoCAD 2008 提供的块、外部参照操作命令和设计中心，用户还可以方便地创建自己的标准件和常用件库，以及使用系统提供的或其他人制作的标准件和常用件。

（4）渲染图形。在 AutoCAD 2008 中，可以使用“视图”下拉菜单中的“渲染”命令为图形指定光源、场景、材质和贴图，将模型渲染为具有真实感的图像，如图 1-1-8 所示。如果想要快速、简单地渲染，可以使用“视图”下拉菜单中的“视觉样式”命令对图形进行简单地着色处理，如图 1-1-9 所示。

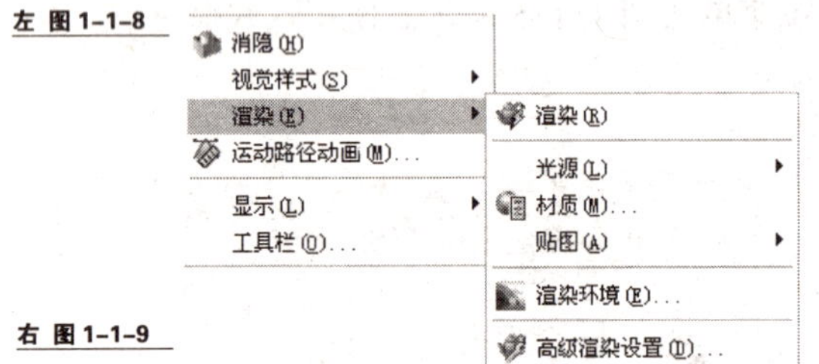

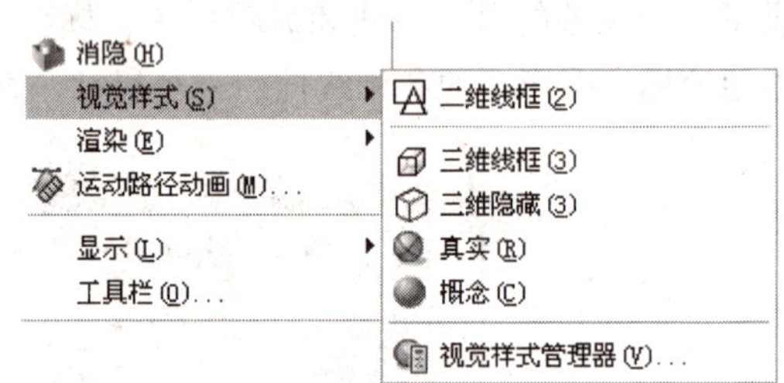

左 图 1-1-8

右 图 1-1-9

（5）输入、输出及打印图形。使用“文件”下拉菜单中的“输入”及“输出”命令可以将不同格式的图形输入 AutoCAD 或将 AutoCAD 图形以其他格式输出，如图元文件（*.wmf）、ACIS（*.sat）、平板印刷（*.stl）、DXX 提取（*.dxx）、位图（*.bmp）、块（*.dwg）等。在 AutoCAD 2008 中，用户可以直接打开以下格式的图形文件，或者是将当前的图形文件用以下文件格式保存。

- AutoCAD 2007 图形文件（*.dwg）；
- AutoCAD 2004/LT2004 图形文件（*.dwg）；
- AutoCAD 2000/LT2000 图形文件（*.dwg）；
- AutoCAD R14 / LT98 / LT97 图形文件（*.dwg）；
- AutoCAD 图形标准文件（*.dws）；
- AutoCAD 图形样板文件（*.dwt）；
- AutoCAD 2007 DXF 文件（*.dxf）；

- AutoCAD 2004/LT2004 DXF 文件（*.dxf）;
- AutoCAD 2000/LT2000 DXF 文件（*.dxf）;
- AutoCAD Rl2/LT2 DXF 文件（*.dxf）。

当用户在模型空间绘制好图形后，可在布局空间设置图纸规格、选择图纸布局方式，还可以为图形加上明细表等信息，设置完毕后，可以使用“文件”菜单中的“打印”命令进行打印，图形的完整输出效果如图 1-1-10 所示。

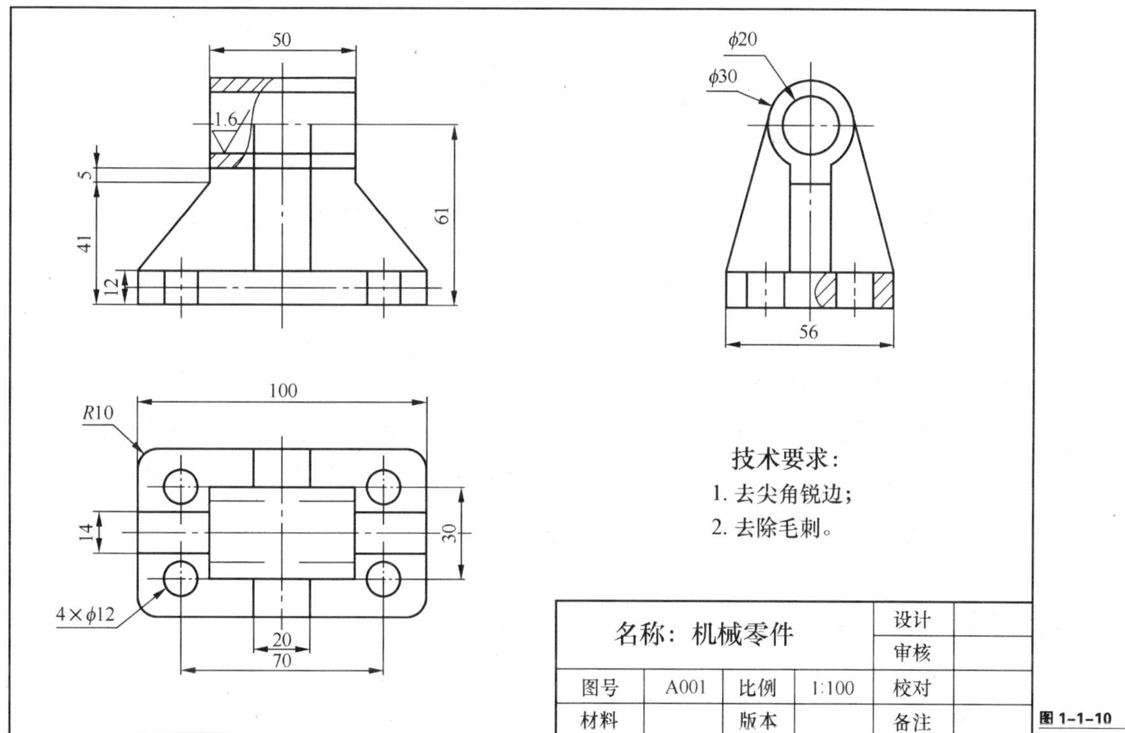

图 1-1-10

1.1.2 中文 AutoCAD 2008 的工作界面

中文版 AutoCAD 2008 为用户提供了“AutoCAD 经典”、“二维草图与注释”、“三维建模”等工作空间。对于习惯于 AutoCAD 传统界面的用户来说，可以选用“AutoCAD 经典”工作空间。这种模式主要由标题栏、菜单栏、工具栏、绘图区、文本窗口与命令行窗口、状态栏等元素组成。“AutoCAD 经典”工作空间的界面效果如图 1-1-11 所示。

对于已选好的工作空间，工作时用户可以根据自己的喜好或工作的需要，打开所需要的面板，并可以调整各面板的位置以及工作区大小等。

1. 标题栏

标题栏位于应用程序窗口的最上面，用于显示当前正在运行的程序名及文件名等信息。标题栏的最左边有一个图标，单击该图标会打开一个 AutoCAD 窗口控制下拉菜单，可以执行最小化或最大化窗口、恢复窗口、移动窗口、关闭 AutoCAD 等操作。

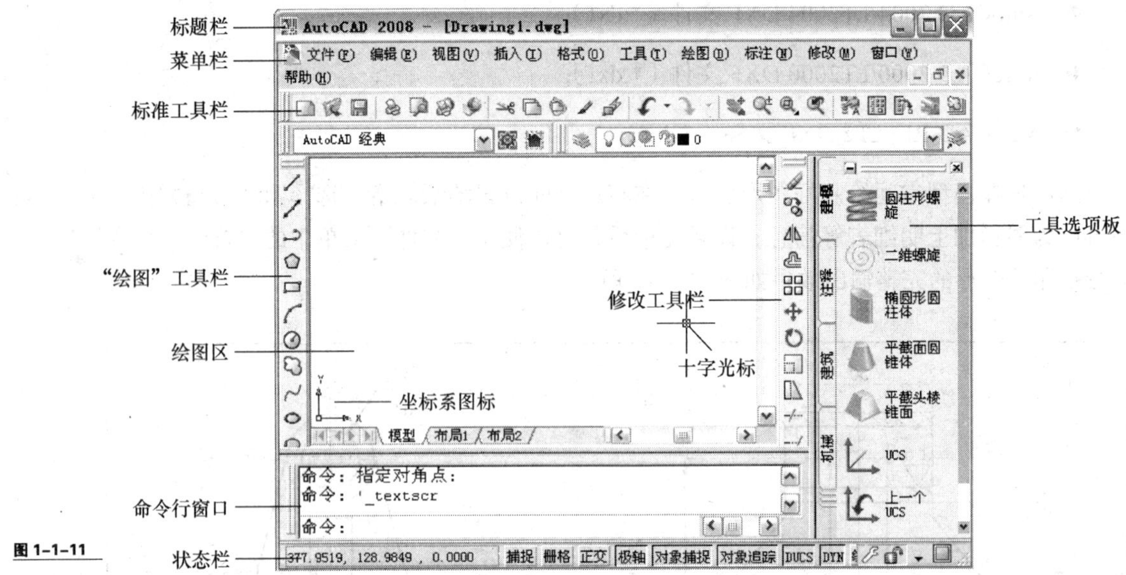

图 1-1-11

2. 菜单栏

中文版 AutoCAD 2008 的菜单栏位于标题栏的下方，菜单栏由"文件"、"编辑"、"视图"、"插入"、"格式"、"工具"、"绘图"、"标注"、"修改"、"窗口"和"帮助"主菜单组成，主菜单中几乎包括了 AutoCAD 中的全部功能和命令。单击某一个主菜单，系统会弹出它的下拉菜单，单击下拉菜单中的某一个命令，即可执行相应的命令或调出下一级子菜单。

在绘图区、工具栏、状态栏、模型与布局选项卡以及一些对话框中，用户可以随时通过单击鼠标右键打开一个与当前操作状态相关的快捷菜单，使用这些快捷菜单可以在不启动菜单栏的情况下快速、高效地完成某些操作。

例如，将鼠标指针移到绘图区未选中的图形上，单击鼠标右键，即可弹出一个包含"平移"、"缩放"、"快速选择"等与未选定任何对象相关的快捷菜单，如图 1-1-12 所示；将鼠标指针移到"布局 2"选项卡上单击鼠标右键，即可弹出一个包含"新建布局"、"来自样板"、"重命名"等与布局操作相关的快捷菜单，如图 1-1-13 所示。

左 图 1-1-12

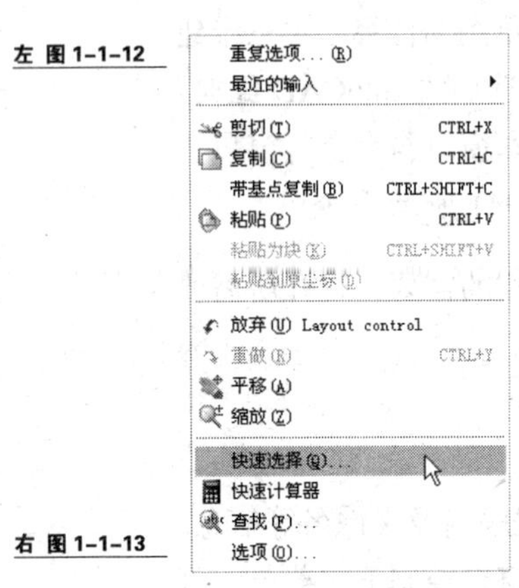

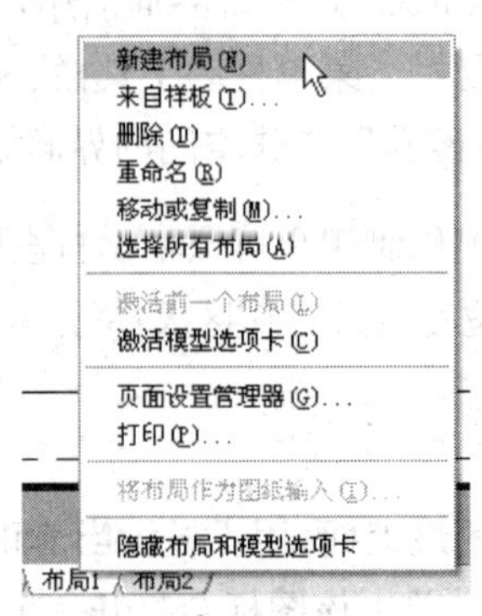

右 图 1-1-13

用户还可以通过单击"工具"→"选项"菜单命令，打开"选项"对话框。在该对话框的“用户系统配置”选项卡中，选中“Windows 标准”选项栏中的“绘图区域中使用快捷菜单”复选项，再单击“自定义右键单击”按钮，打开“自定义右键单击”对话框。在“自定义右键单击”对话框中的“默认模式”或“编辑模式”选项栏下，选择需要的选项。操作如图 1-1-14 和图 1-1-15 所示。

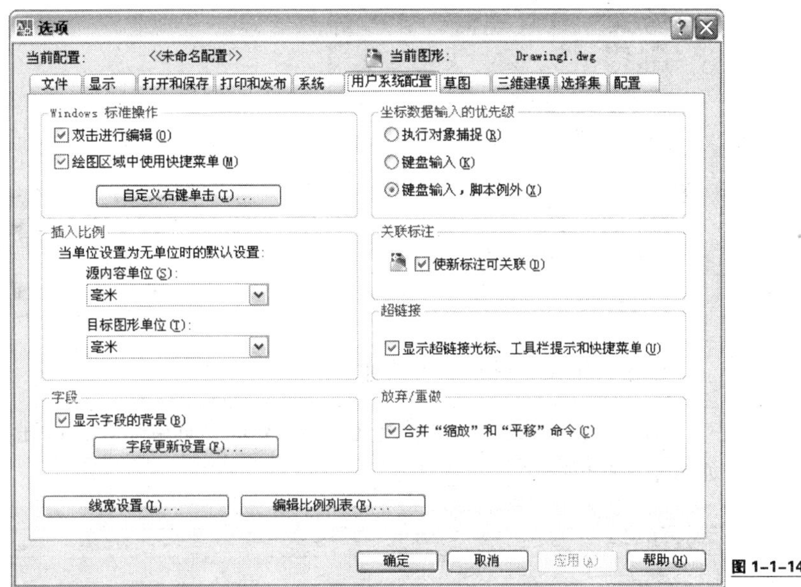

图 1-1-14

然后，单击“应用并关闭”按钮，返回“选项”对话框中。在“选项”对话框中，单击“确定”按钮，即可控制在没有执行任何命令时在绘图区上单击鼠标右键所产生的快捷菜单。

3. 工具栏

工具栏包含许多命令按钮，这些命令按钮是代替菜单命令操作的最简便工具。将鼠标指针移到工具栏按钮上时，工具栏将提示按钮的名称。右下角带有小黑三角形的按钮是包含相关命令的弹出工具栏。可以将鼠标指针放在图标上，然后按鼠标左键直到显示出弹出工具栏；或单击图标上的小黑三角形也可打开弹出工具栏。默认情况下，“标准”、“属性”、“绘图”和“修改”等工具栏处于显示状态。如果要显示当前已隐藏的工具栏，可以在任意工具栏上右击鼠标，此时会弹出一个快捷菜单，通过选择命令可以显示或关闭相应的工具栏。

用户可以通过鼠标拖曳的方式调整工具栏的位置。工具栏有两种状态：一种为固定状态，此时工具栏位于绘图区的左、右两侧或上方；另一种为浮动状态。工具栏为浮动状态时将鼠标指针移到工具栏左侧的双竖线上，按下鼠标左键并将其拖曳到绘图区后再释放鼠标左键，就可使该工具栏浮动在界面上。当工具栏处于浮动状态时，用户可以将其移动到任意位置调整浮动工具栏如图 1-1-16 所示。

用户可以向工具栏添加按钮，删除不常用的按钮以及重新排列按钮和工具栏，还可以创建自己的工具栏，并创建或更改与命令相关联的按钮图像。创建新工具栏时，首先需要为其指定一个名称，新工具栏显示为“空”或者不带按钮。从现有工具栏中或从“自定义”

对话框所列的命令中将所需按钮拖曳到新工具栏上。

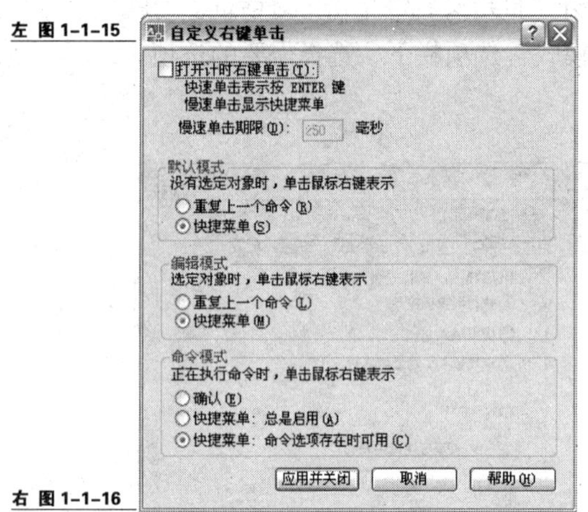

左 图 1-1-15

右 图 1-1-16

创建自定义工具栏的方法如下。

① 单击“工具”→“自定义”→“界面”菜单命令，打开“自定义用户界面”对话框，如图 1-1-17 所示。

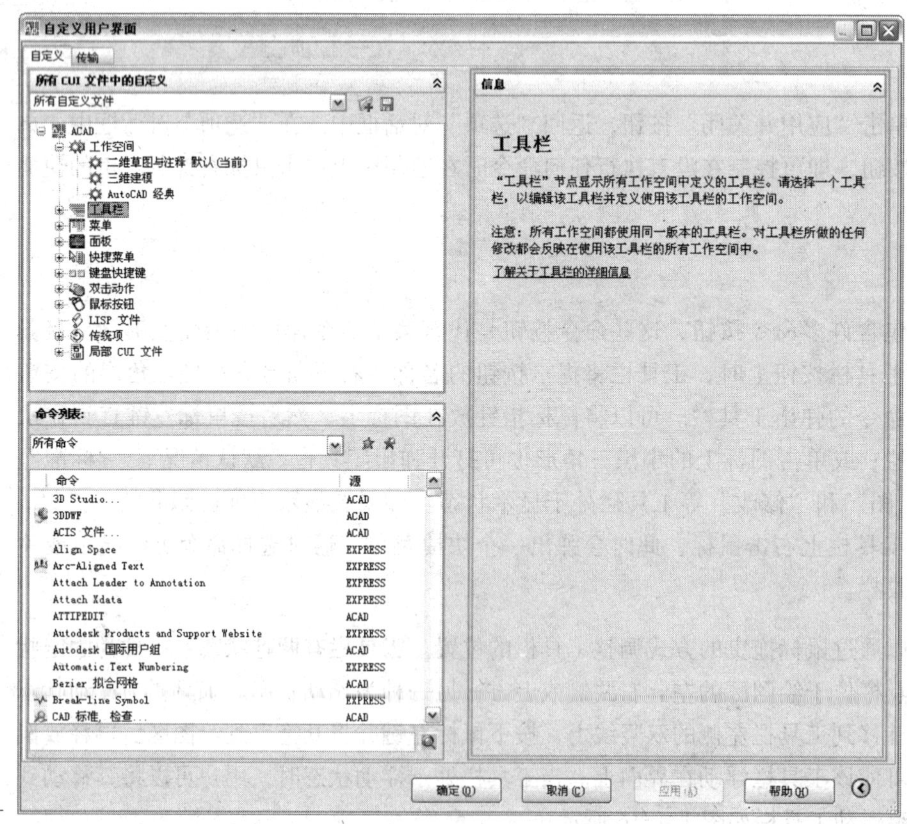

图 1-1-17

② 在该对话框左侧的自定义设置列表框中，选中“工具栏”选项，并在其名称之上单击鼠标右键，弹出自定义快捷菜单。

③ 在该快捷菜单中单击“新建”→“工具栏”菜单命令。此时会在“工具栏”树的底

部自动新建一个名为“工具栏 1”的新工具栏。在“工具栏 1”名称上单击鼠标右键，在弹出的快捷菜单中单击“重命名”命令。将该工具栏的名称更改为“用户”。

④ 此时，在该对话框的右侧显示出“特性”窗格，用于显示自定义工具栏的各种设置，在左下方的“命令列表”列表框中，将要添加的命令拖曳到“用户”工具栏名称下面的位置，即可向新工具栏添加命令，效果如图 1-1-18 所示。然后，单击“确定”按钮，即可完成自定义工具栏的设置。自定义的“用户”工具栏如图 1-1-19 所示。

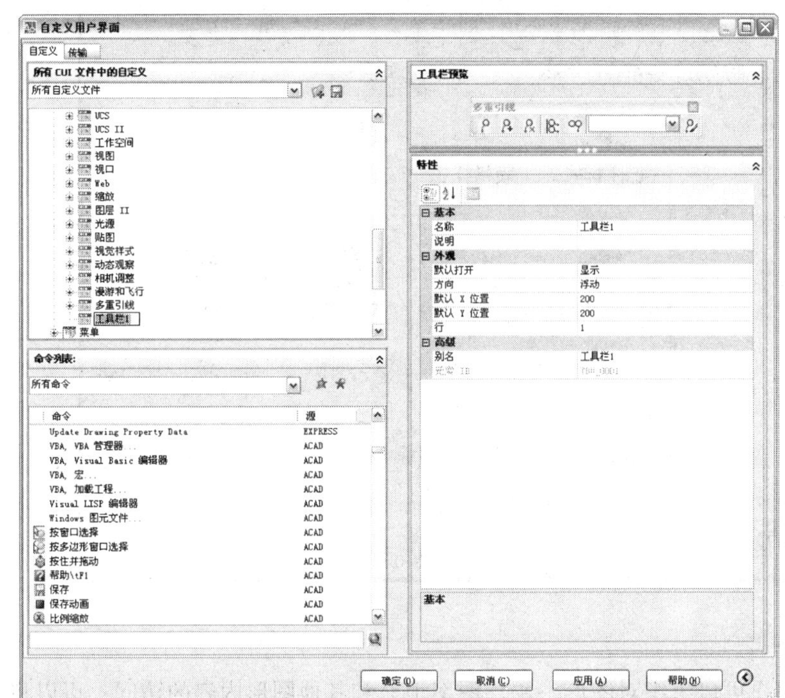

左 图 1-1-18

右 图 1-1-19

在“自定义用户界面”对话框左侧的“所有 CUI 文件中的自定义”列表框中，选中要删除的工具栏并在其上单击鼠标右键，在弹出的快捷菜单中单击“删除”命令，如图 1-1-20 所示。执行上述操作后弹出“AutoCAD”提示对话框，询问是否删除该元素，该对话框如图 1-1-21 所示。在“AutoCAD”提示对话框中单击“是”按钮，即可将选中的工具栏删除。

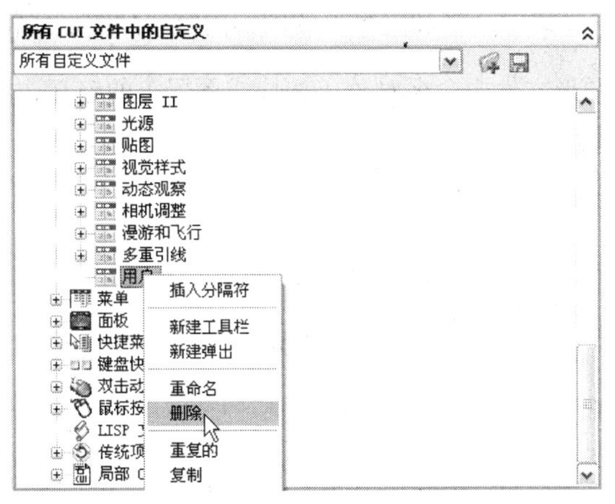

左 图 1-1-20

右 图 1-1-21

通过在命令行窗口输入“CUSTOMIIE”命令，也可以在弹出的“自定义”对话框中创建自定义工具栏。

4. 设计中心

单击“标准”工具栏中的“设计中心”按钮，即可弹出“设计中心”对话框，如图 1-1-22 所示。该对话框分为两部分，左边为树状列表区，右边为内容区。

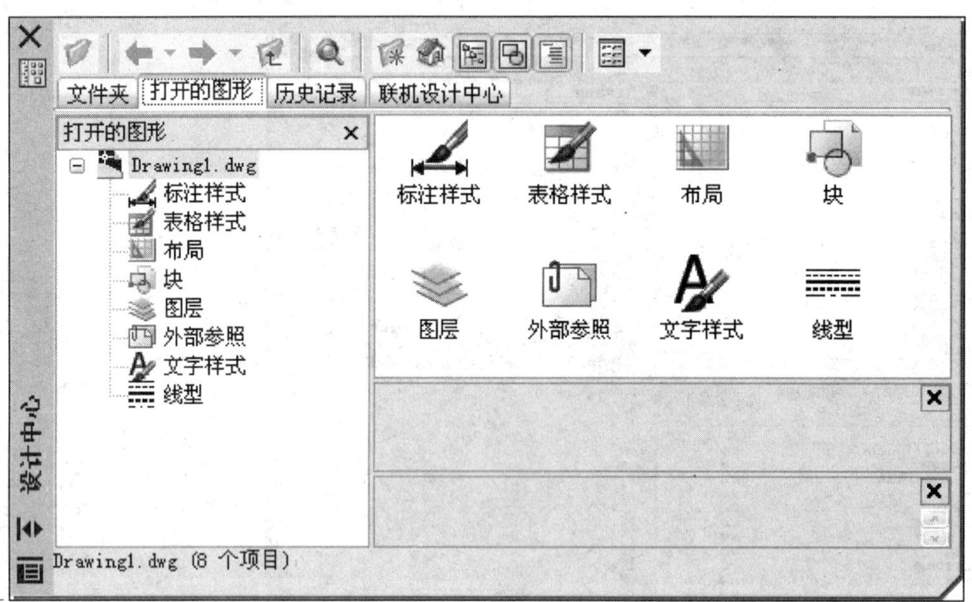

图 1-1-22

通过设计中心，用户可以组织对图形、块、图案填充和其他图形内容的访问；可以将原图形中的任何内容拖曳到当前图形中；可以将图形、块和图案填充拖曳到工具选项板上。原图形可以位于用户的计算机、网络位置或网站上。另外，如果打开了多个图形，则可以通过设计中心在图形之间复制或粘贴其他内容（如图层定义、布局或文字样式）来简化绘图过程。

使用设计中心可以完成以下操作。

（1）浏览用户计算机、网络驱动器和网页上的图形内容（如图形或符号库）。

（2）在定义表中查看图形文件中命名对象（如块或图层）的定义，然后将定义插入、附着、复制或粘贴到当前图形中。

（3）更新（重定义）块定义。

（4）创建指向常用图形、文件夹或 Internet 网址的快捷方式。

（5）向图形中添加内容（如外部参照、块或填充）。

（6）在新窗口中打开图形文件。

（7）将图形、块和填充拖曳到工具选项板上以便于访问。

5. 工具选项板

工具选项板是窗口中选项卡形式的区域，提供组织、共享和放置块以及填充图案的有效方法。工具选项板还可以包含由第三方开发人员提供的自定义工具。工具选项板主要具有以下特点。

（1）位于工具选项板上的块和图案填充称为工具。用户可以更改工具选项板上任何工具的插入特性或图案特性。

例如，要更改“指北针”工具的旋转角度的操作方法如下。

在“指北针”工具上单击鼠标右键，弹出工具快捷菜单，如图 1-1-23 所示。在该快捷菜单中单击“特性”命令，弹出“工具特性”对话框，如图 1-1-24 所示。在该对话框中更改“旋转”的角度为 30°。然后，单击“确定”按钮，即可将指北针旋转 30°。

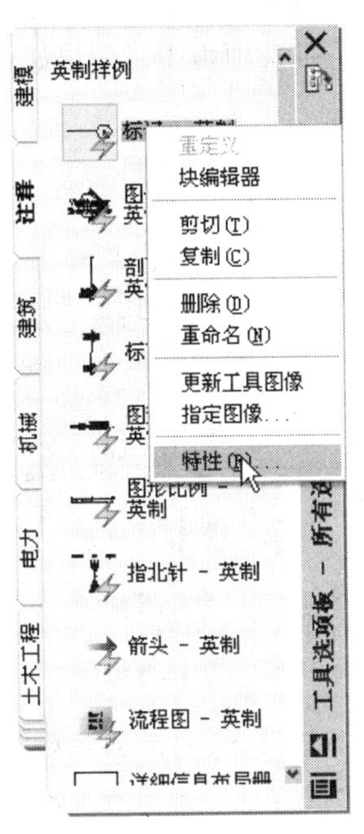

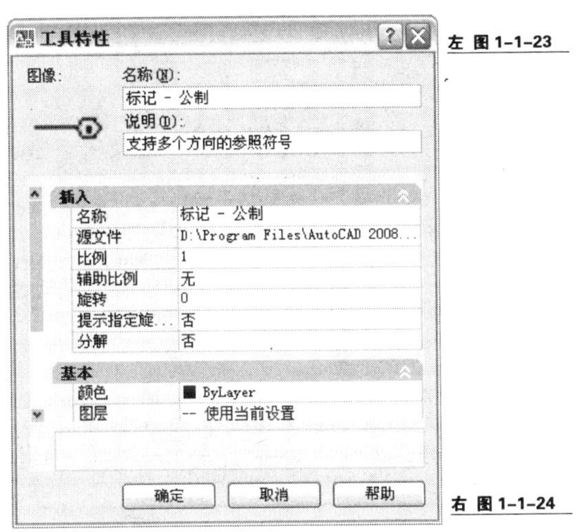

左 图 1-1-23

右 图 1-1-24

（2）从工具选项板中拖曳块到绘图区，可以将块放入当前图形；将图案拖曳至绘图区的某个图形，则可以快速填充该图形。

例如，用户只需简单地将“地面”图案从工具选项板拖曳至已绘制的圆中，即可用“地面”图案填充该圆形，效果如图 1-1-25 所示。

（3）单击工具选项板标题栏上的 ▤（特性）按钮，即可弹出工具选项板的快捷菜单。在该菜单中单击“新建选项板”命令，即可创建新的工具选项板。

（4）单击“标准”工具栏中的（工具选项板）按钮，即可打开或关闭工具选项板。

（5）用户还可使用以下方法在“工具选项板”中添加工具或创建新的工具选项板。

① 单击“标准”工具栏中的（设计中心）按钮，弹出“设计中心”对话框，用鼠标右键单击“设计中心”树中的文件夹、图形文件或块，然后在弹出的快捷菜单中单击“创

建工具选项板”命令，即可创建新的工具选项板，操作如图 1-1-26 所示。

左 图 1-1-25

右 图 1-1-26

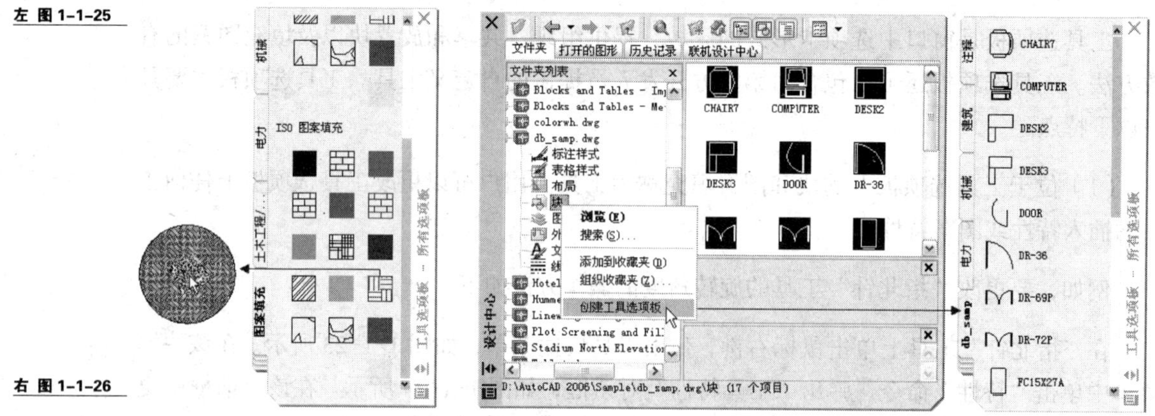

② 在设计中心的内容区域，将图形、块或图案填充从设计中心直接拖曳到当前工具选项板上释放鼠标，即可将选定项目添加到当前工具选项板中，效果如图 1-1-27 所示。

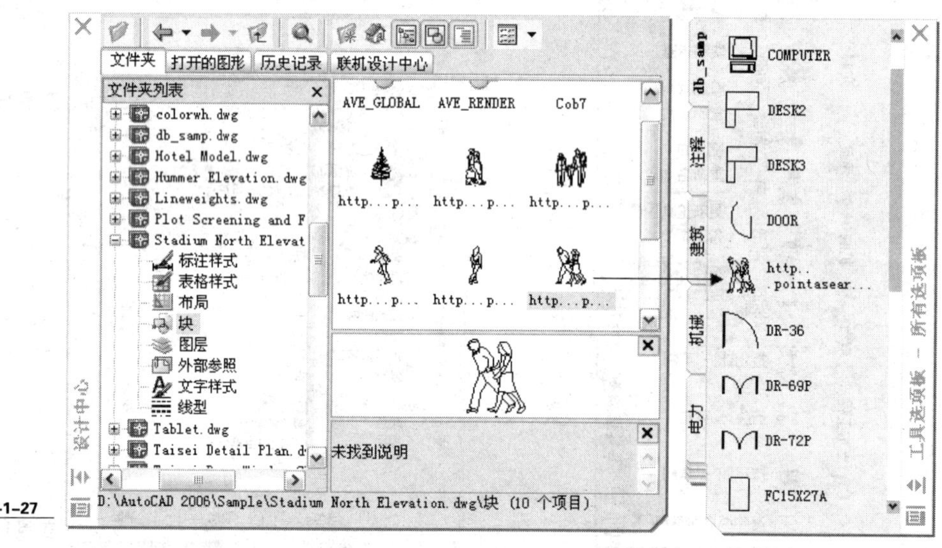

图 1-1-27

③ 使用剪切、复制和粘贴方法可以将一个工具选项板中的工具移动或复制到另一个工具选项板中。

6. 绘图窗口与文本窗口

（1）绘图窗口。在 AutoCAD 中，绘图窗口是用户在绘图时的工作区域，用户可以根据需要调整绘图区的大小，也可以关闭其周围的各个工具栏，以增大绘图空间。在绘图区的左下角有一个坐标系图标，显示了当前使用的坐标系类型以及坐标原点，*X* 轴、*Y* 轴、*Z* 轴的方向等。默认情况下，坐标系为世界坐标系（WCS）。如果用户重新设置了坐标系原点或调整坐标系的其他设置，则该坐标系由世界坐标系转换为用户（UCS）坐标系。“模型”和“布局”选项卡位于绘图区的下方，单击其标签可以在模型空间或布局空间之间切换。通常情况下，用户可先在模型空间绘制图形，绘图结束后再转换到布局空间安排图纸输出的布局。

（2）文本窗口。文本窗口是记录 AutoCAD 2008 命令操作的窗口，也可以说是放大的命令行窗口。用户可通过按“F2”快捷键或单击“视图”→“显示”→“文本窗口”菜单命令，打开 AutoCAD 文本窗口，如图 1-1-28 所示。

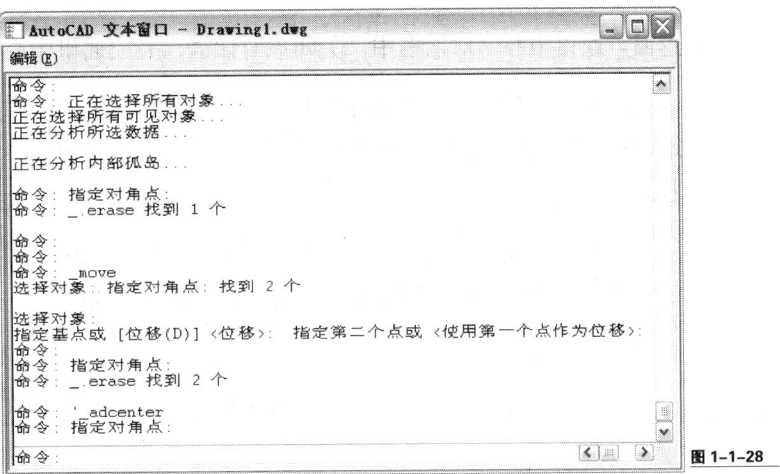

图 1-1-28

7. 命令行窗口与状态栏

（1）命令行窗口。命令行窗口位于绘图区的下方，如图 1-1-29 所示。用户在命令行窗口中通过键盘输入命令和参数来执行相应的操作，在命令行窗口输入命令后，按“Enter”键后系统即执行该命令。用户可以将命令行窗口放大、缩小或改变状态。

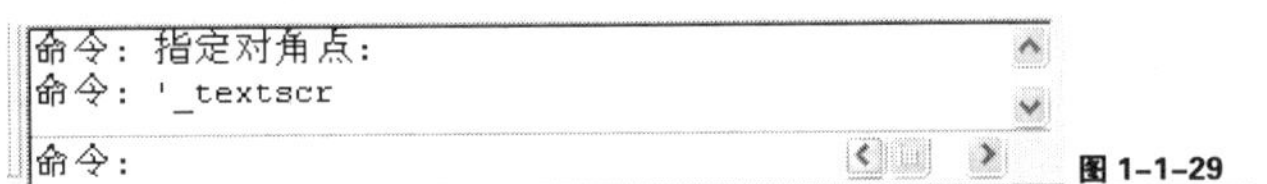

图 1-1-29

需要注意的是，在 AutoCAD 2008 中“空格”键具有与“Enter”键相同的功能，即通过命令行窗口输入相应的操作命令后，按“空格”键后系统也可执行该命令。

（2）状态栏。状态栏左边主要用于显示当前光标的坐标；中间显示光标的“捕捉”模式、“栅格”模式、“正交”模式以及当前图形所在空间等状态；右侧为“注释比例”、“性能调节器”图标、“锁定”按钮、“状态行菜单”按钮及“全屏显示”按钮，状态栏如图 1-1-30 所示。当状态栏中的某功能按钮呈按下状态时，表示此功能为打开状态。单击 ▾（状态行菜单）按钮，可打开“状态栏菜单”，在该菜单中单击取消某一命令前面的 ✔ 符号，即可在状态栏中取消该命令按钮的显示。

图 1-1-30

8. 通讯中心与“锁定”按钮

（1）设置通讯中心。通讯中心会自动在屏幕上提供最新的产品信息、软件更新、产品支持以及其他和产品相关的通知。用户可以根据需求方便地配置信息的类型和通知的频率。

当收到新的信息时，通讯中心将在状态栏的上方显示“气泡信息”来通知用户。单击该“气泡信息”即可打开“通讯中心”对话框，如图 1-1-31 所示。

在“通讯中心”对话框中单击“设置”按钮，即可打开“配置设置”对话框。如果希望通讯中心通过气泡通知用户，则在该对话框中选中“对新通告启动气泡式通知”复选项，如图 1-1-32 所示。然后，依次单击“应用”和“确定”按钮，关闭“配置设置”对话框并返回“通讯中心”对话框中。关闭该对话框，完成通讯中心的设置。

（2）“锁定”按钮。“锁定”按钮可以锁定工具栏和工具选项板的位置，防止它们意外地移动。锁定状态由状态栏上的挂锁图标表示：图标表示为锁定状态，图标为未锁定状态。

单击“窗口”→“锁定位置”菜单命令或单击状态栏上的“锁定”图标，均可打开“锁定”菜单。单击“锁定”图标打开的菜单如图 1-1-33 所示。在该菜单中单击选中需要锁定的选项，即可将其锁定。

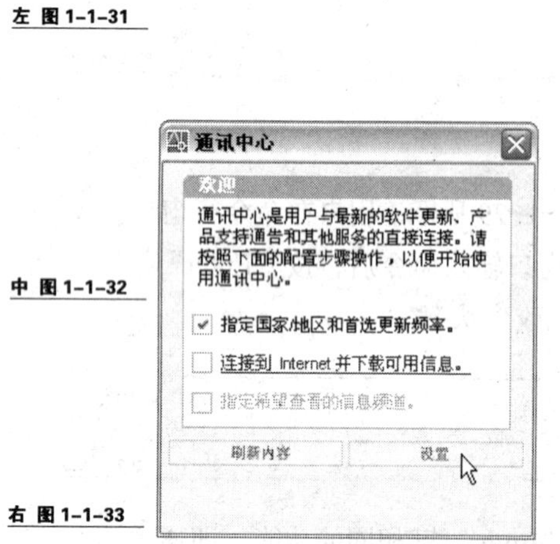

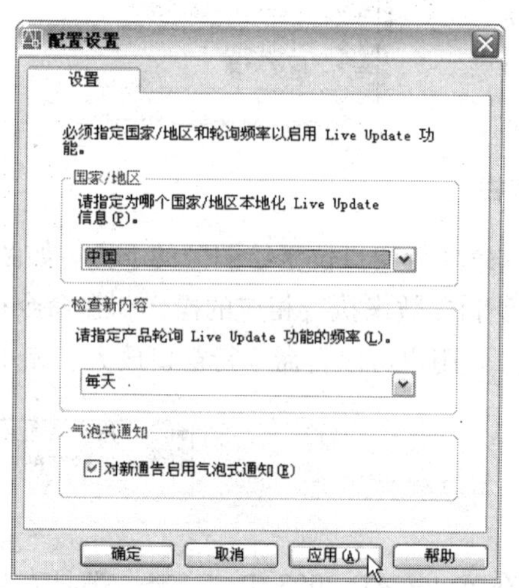

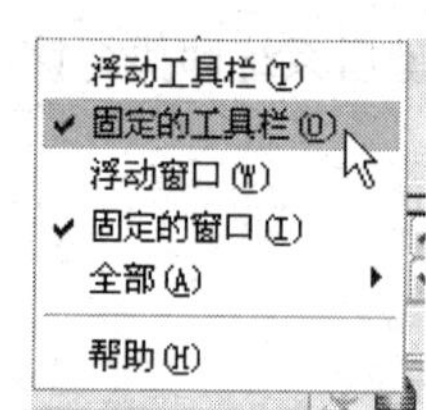

左 图 1-1-31

中 图 1-1-32

右 图 1-1-33

1.1.3 中文 AutoCAD 2008 的启动与退出

1. 中文 AutoCAD 2008 的启动

在 Windows 桌面上的“开始”菜单中，单击“所有程序”→“Autodesk”→“AutoCAD 2008-Simplified Chinese”→“AutoCAD 2008”菜单命令，操作如图 1-1-34 所示，或双击桌面上的 AutoCAD 2008 快捷方式图标，即可启动中文 AutoCAD 2008。

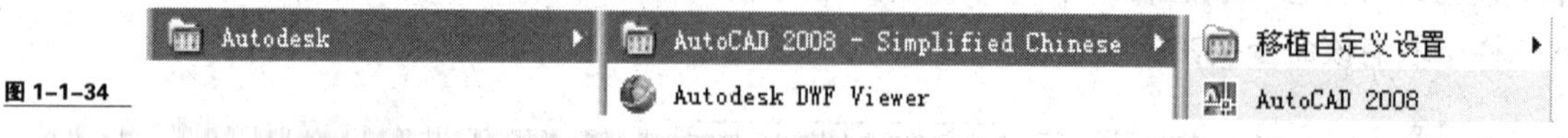

图 1-1-34

2. 中文 AutoCAD 2008 的退出

退出 AutoCAD 2008 有以下几种方式。

（1）单击标题栏最左边的图标，在弹出的下拉菜单中选择“关闭”命令。

（2）单击标题栏右边的（关闭）按钮。

（3）选择“文件”下拉菜单中的“退出”命令。

（4）使用快捷键“Alt+F4”。

思 考 练 习

1. 问答题

（1）简述 AutoCAD 2008 的基本功能。

（2）列举 AutoCAD 2008 输入和输出文件的常用格式。

2. 上机操作题

（1）练习工具栏的设置、工作空间的切换及工具选项板的调整。

（2）参照本课所学的知识，自定义图 1-1-35 所示的以各种螺钉为元素的工具选项板。

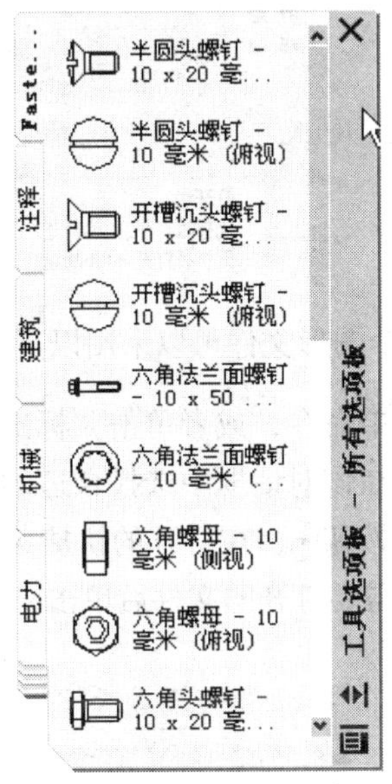

图 1-1-35

1.2 中文 AutoCAD 2008 基本操作

1.2.1 文件操作

1. 新建和打开图形文件

在 AutoCAD 2008 中新建图形文件有下面的几种方式。

（1）启动 AutoCAD 2008 后系统将使用默认设置自动创建一个空白文件。

（2）单击“文件”→“新建”菜单命令，或者单击“标准”工具栏中的（新建）按钮，均可打开“选择样板”对话框。在该对话框中选择需要的样板文件，然后单击“打开”按钮，即可关闭该对话框并以选择的样板创建一个新文件。

（3）如果不需要使用样板创建文件，可在“选择样板”对话框中单击“打开”按钮右侧的打开下拉按钮，打开快捷菜单，在该菜单中单击“无样板打开 - 公制”命令，如图 1-2-1 所示，即可以默认的公制设置创建一个新文件。

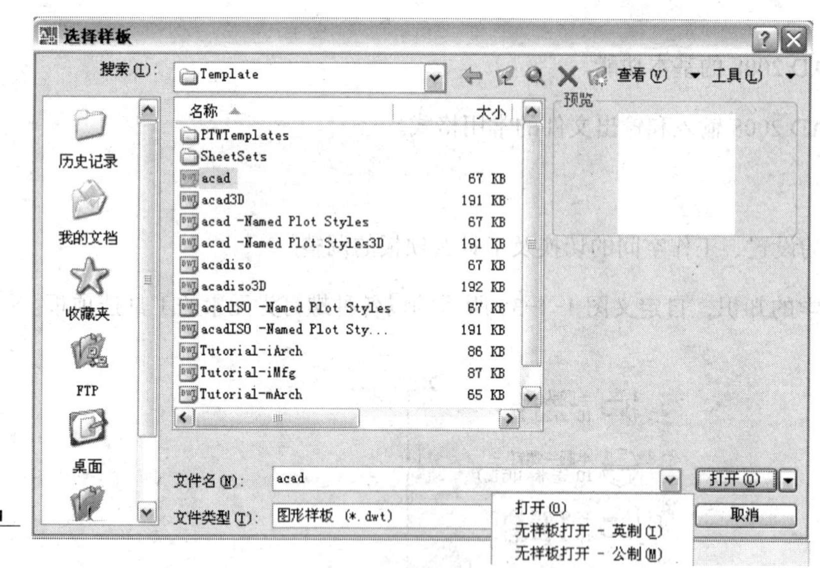

图 1-2-1

在 AutoCAD 2008 中打开一个图形文件可以采用以下方式。

单击“文件”→“打开”菜单命令，或者单击“标准”工具栏中的（打开）按钮，均可打开“选择文件”对话框。在该对话框中选择合适的文件类型。也可在该对话框中单击“打开”按钮右侧的打开下拉按钮，在打开的快捷菜单中选择局部打开或打开成只读的状态，如图 1-2-2 所示。选中需要打开的文件后单击“打开”按钮。

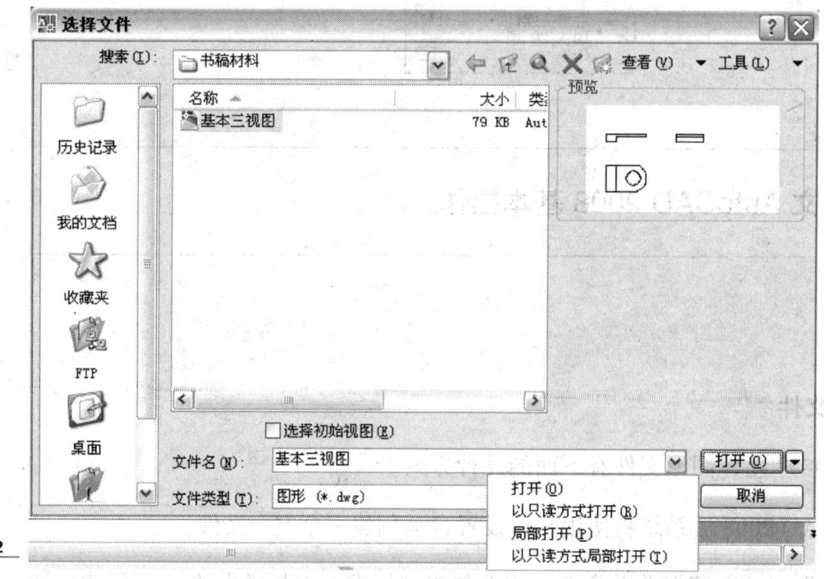

图 1-2-2

在 AutoCAD 2008 中可以打开多个图形文件。单击“窗口”→“层叠”菜单命令或单击“窗口”→“水平平铺/垂直平铺”菜单命令可以控制显示的多个图形文件以层叠方式显示还是以“水平平铺”或“垂直平铺”的方式显示。

2. 保存、加密和关闭图形文件

（1）保存图形文件。当完成图形作品后，需要将文件保存起来。如果所加工的图形是原先已经保存过的文件，只要单击“文件”→“保存”菜单命令，或者单击“标准”工具栏中的（保存）按钮就可以快速保存修改加工后的图形文件了。

如果是未保存过的文件，单击“文件”→“保存”菜单命令，或者单击“标准”工具栏中的（保存）按钮时会弹出“图形另存为”对话框。在该对话框中选择要保存图形文件的位置，在“文件名”文本框中输入要保存文件的名称，在“文件类型”下拉列表框中选择要保存文件的类型，完成设置后的对话框如图 1-2-3 所示。然后单击“保存”按钮，即可关闭该对话框并将图形文件保存到磁盘上。

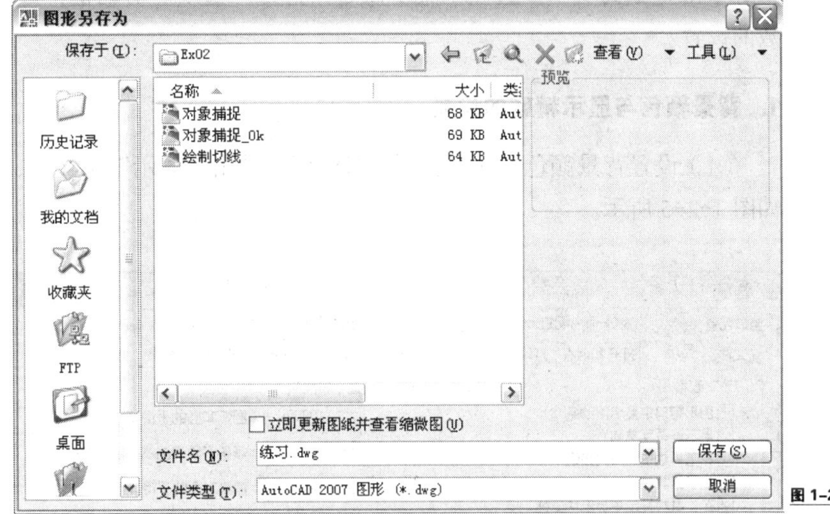

图 1-2-3

（2）加密图形文件。当所做的图形文件需要加密保护时可在“图形另存为”对话框中的工具(L) 下拉列表（如图 1-2-4（a）所示）中选择“安全选项”，在弹出的“安全选项”对话框（如图 1-2-4（b）所示）中设置密码，单击“确认”按钮返回“图形另存为”对话框，单击“保存”按钮，关闭该对话框并将图形文件保存到磁盘上。

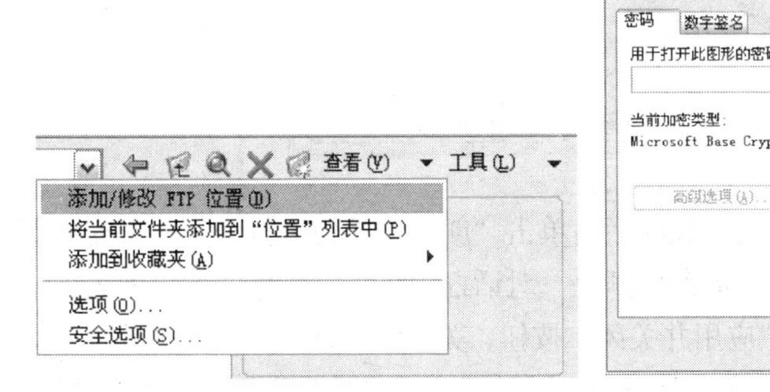

（a）“工具”下拉列表

（b）“安全选项”对话框

图 1-2-4

（3）关闭图形文件。单击“文件”→“关闭”菜单命令，或者单击 （关闭）按钮，均可关闭当前的图形文件。如果当前图形没有存盘，系统将弹出“AutoCAD”警告对话框，询问是否保存文件。此时，单击“是”按钮或直接按“Enter”键，均可以保存当前图形文件并将其关闭；单击“否”按钮，可以关闭当前图形文件但不存盘；单击“取消”按钮，取消关闭当前图形文件操作，即不保存也不关闭。如果当前所编辑的图形文件没有命名，那么单击“是”按钮后，AutoCAD 会打开“图形另存为”对话框，要求用户选择图形文件存放的位置并输入名称。

1.2.2 系统参数设置

AutoCAD 安装后的默认绘图区为黑色，并且各种线段或面域显示的精度不高。用户可根据自己的习惯，更改绘图区的颜色、并将各种线段或面域显示的精度提高。

单击“工具”→“选项”菜单命令，打开“选项”对话框，该对话框主要用于系统参数的设置。

1. 背景颜色与显示精度的设置

（1）设置背景颜色。在“选项”对话框中单击“显示”选项卡，“显示”选项卡的设置如图 1-2-5 所示。

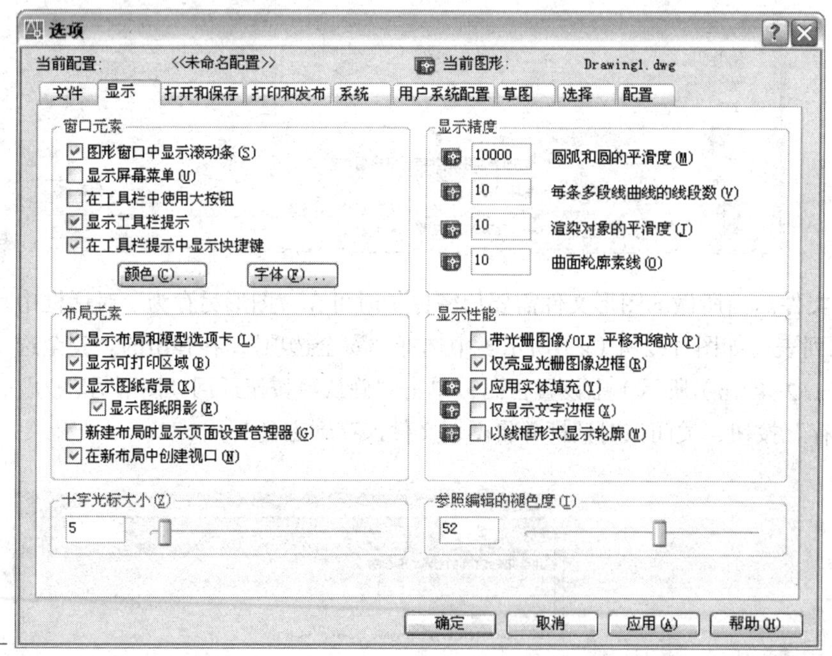

图 1-2-5

在“显示”选项卡中的“窗口元素”选项栏内单击“颜色”按钮，打开“图形窗口颜色”对话框，如图 1-2-6 所示。在“图形窗口颜色”对话框中单击“颜色”下拉列表框，在该列表中选中“白色”，然后单击“应用并关闭”按钮，关闭该对话框并返回“选项”对话框中，单击“应用”按钮将黑色的绘图区设置为白色，再单击“确定”按钮退出“选项”对话框。

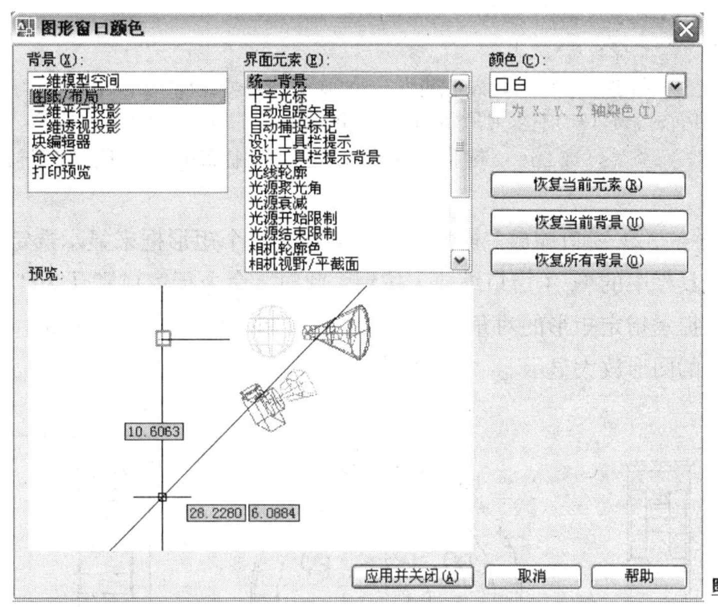

图 1-2-6

（2）设置显示精度。在“选项”对话框的“显示”选项卡中的“十字光标大小”选项栏内设置“十字光标大小”的值为 5；再在“显示精度”选项栏内设置“圆弧和圆的平滑度”为 10000，“每条多段线曲线的线段数”为 10，“渲染对象的平滑度”为 10，“曲面轮廓素线”为 10，“显示精度”选项栏的设置如图 1-2-7 所示。然后，单击“应用”按钮，完成背景颜色与显示精度的设置，再单击“确认”按钮退出“选项”对话框。

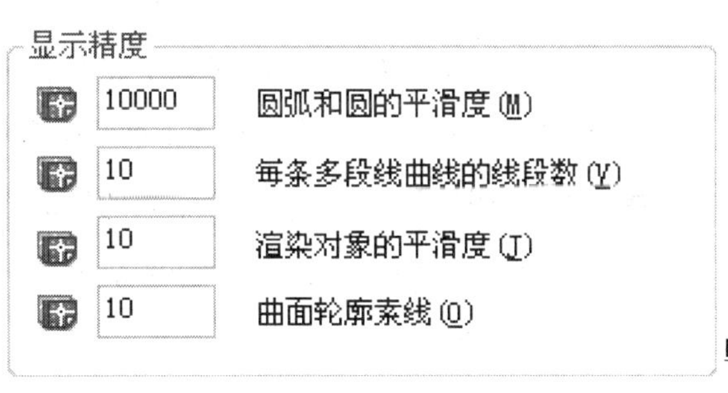

图 1-2-7

2. 视图的设置

（1）缩放视图。缩放视图有以下几种方法。

① 实时缩放。缩放视图的一种最简便的方法就是直接滚动鼠标滚轮，使用鼠标滚轮缩放时，会以光标的位置为缩放中心进行缩放。还有一种方法即使用（实时缩放）按钮对视图进行缩放，使用（实时缩放）按钮缩放时是以视图中心为缩放中心进行缩放的。操作的方法是单击“标准”工具栏中的（实时缩放）按钮，按“空格”键确认，鼠标变为和实时缩放按钮相同的图标时，按下鼠标左键在绘图区内拖曳，即可将绘图区域内的图形放大或缩小，如图 1-2-8 所示。将图形缩放到合适的比例后再按“空格”键确认缩放操作。要退出视图的实时缩放状态按一下键盘的“Esc”键即可。

命令行窗口中的命令提示如下。

```
命令:_ZOOM↵
指定窗口角点,输入比例因子(nX 或 nXP),或[全部(A)/中心点(C)/动态(D)/范围(E)/上一个(P)/比例(S)/窗口(W)]<实时>:↵(确认实时缩放)
按 Esc 或 Enter 键退出,或单击右键显示快捷菜单。(按下鼠标左键在绘图区拖曳)
```

② 窗口缩放。窗口缩放通过定义一个矩形框来显示选定的图形区域。单击“标准”工具栏中的（窗口缩放）按钮，此时，命令行窗口默认为“窗口”缩放方式。命令行窗口提示指定矩形的对角点，在绘图区绘制一个矩形框，如图 1-2-9 所示，即可将该矩形框内的图形放大显示。

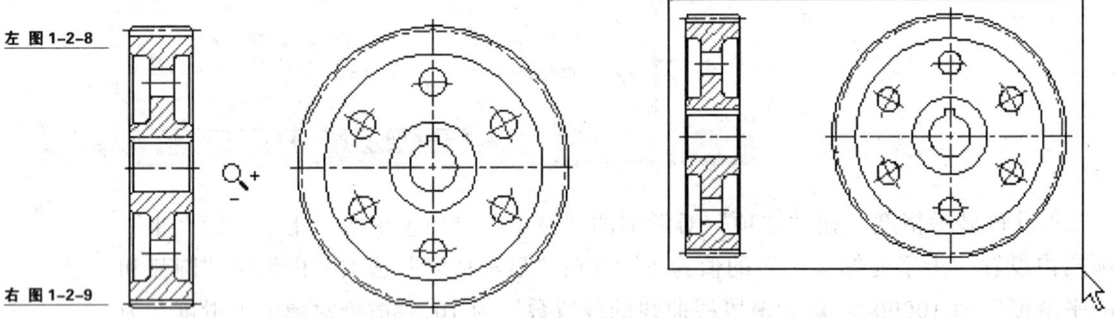

左 图 1-2-8

右 图 1-2-9

③ 按比例缩放。如果要按精确的比例缩放图形，可单击“视图”→“缩放”→“比例”菜单命令，然后使用以下 3 种方法缩放显示比例。

- 相对于图形界限：此时可直接输入一个不带任何后缀的比例值。
- 相对于当前视图：此时需在输入的比例值后加上 *X*。例如，输入“2X”，表示将当前视图放大一倍；输入 0.5X，表示将当前视图缩小一半。
- 相对于图纸单位：此时需在输入的比例值后加上 XP。

④ 全屏显示。单击“视图”下拉菜单中的“全屏显示”命令，可以只保留菜单栏和图形窗口，使视图区变大。

（2）移动视图。使用（实时平移）按钮可以将图形移动到窗口中的任意位置，并且不改变图形的大小。（实时平移）按钮配合（实时缩放）按钮一起使用可以方便的查看图形的各个部分。移动视图操作如图 1-2-10 所示。将图形移动到适当的位置后，按“空格”键或“Esc”键，即可确认平移操作并退出该命令。

命令行窗口中的命令提示如下。

```
命令:_PAN↵
按 Esc 或 Enter 键退出,或单击右键显示快捷菜单。(按"Esc"键或"Enter"可取消命令)
```

（3）鸟瞰视图。鸟瞰视图是一种定位工具，它在另外一个独立的窗口中显示整个图形视图，以便快速移动到目的区域。

单击“视图”→“鸟瞰视图”菜单命令，即可打开“鸟瞰视图”窗口，如图 1-2-11 所示。在绘图时，如果“鸟瞰视图”窗口保持打开状态，可以在不需要输入命令的状态下在该窗口中进行缩放和移动。

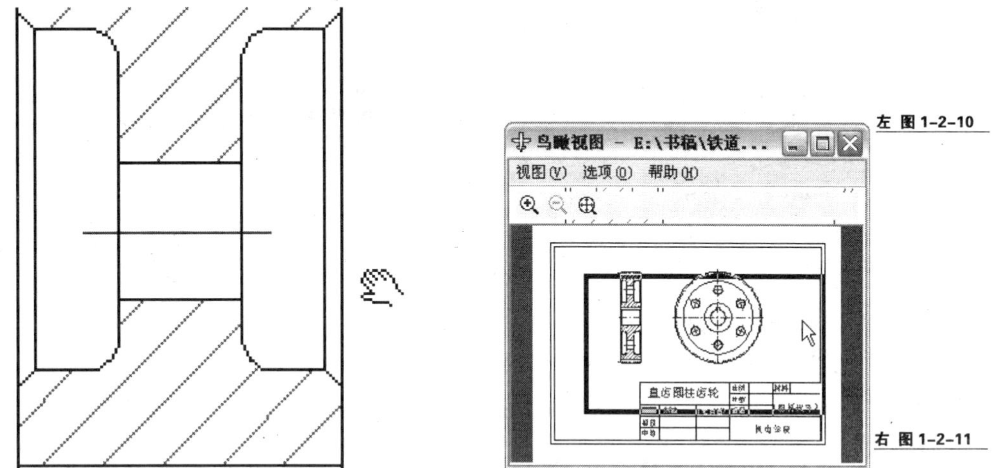

左 图 1-2-10

右 图 1-2-11

“鸟瞰视图”窗口可以在所有模型空间的视图下工作，还可以将其放置在视图的任意位置。

（4）命名视图。在“视图”下拉菜单中选择“命名视图”命令或单击“标准”工具栏中的（命名视图）按钮（如果工具栏中无此按钮可以单击“视图”→“工具栏”菜单命令，在打开的“自定义用户界面”对话框中进行选择），可以打开如图 1-2-12 所示的“视图管理器”对话框，对图形或图形中的某些常用部分进行视图的命名。

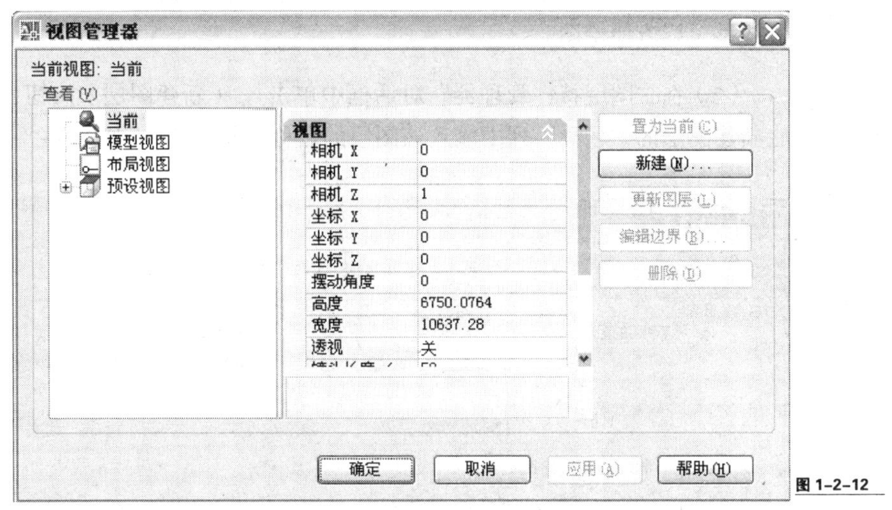

图 1-2-12

新建视图前使用“窗口”缩放工具对图形的区域进行框选放大，然后单击“视图管理器”对话框中的“新建”按钮，打开如图 1-2-13 所示的“新建视图”对话框，在“视图名称”文本框中输入新建的视图名称如“A1”。单击“确定”按钮返回“视图管理器”对话框，此时在右侧列表中出现了刚才新创建的视图，效果如图 1-2-14 所示。

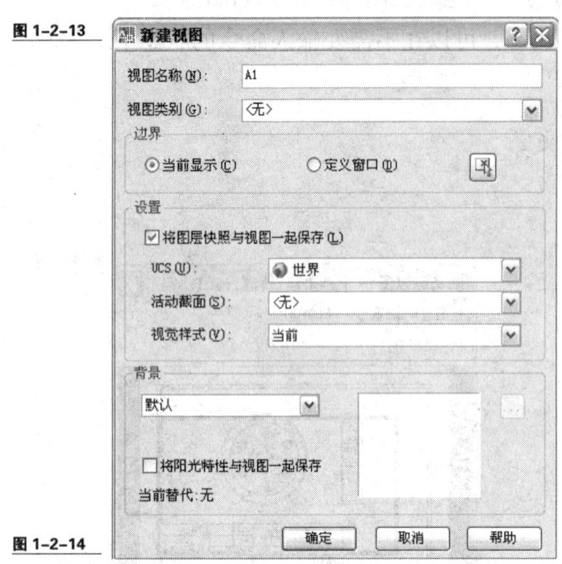

图 1-2-13

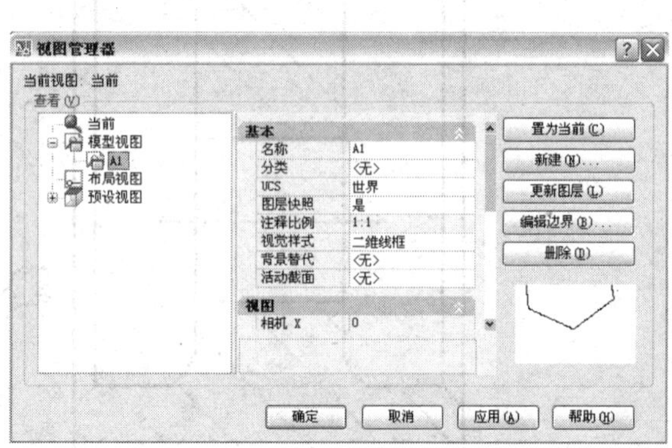

图 1-2-14

命名视图之后还可以通过“视图管理器”对话框中的“编辑边界”按钮来重新调整视图的范围。

3. 图层的设置

一般来说较复杂图形往往需要进行图层设置，在不同的图层上绘制图形。以 1.1 节中图 1-1-6 所示的图形效果为例，为图 1-1-6 中图形设置图层的方法如下。

（1）单击“格式”→“图层”菜单命令或单击“图层”工具栏中的（图层特性管理器）按钮，打开“图层特性管理器”对话框，在该对话框中可以定义图层，规定绘图颜色和线型，以方便绘图。

（2）在“图层特性管理器”对话框中单击（新建图层）按钮，新建一个图层。然后在新建图层的“名称”列中输入该图层的名称“轮廓线”，如图 1-2-15 所示。

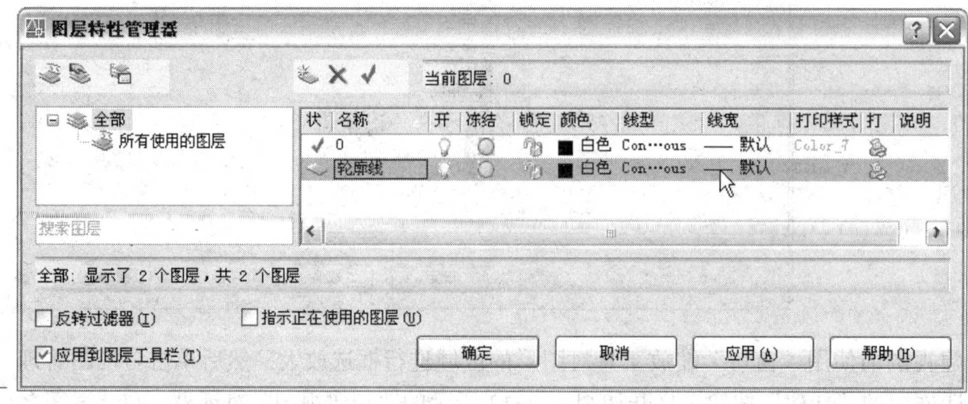

图 1-2-15

（3）单击“轮廓线”图层的“线宽”列，打开“线宽”对话框。在该对话框中选择“0.30 毫米”线宽，如图 1-2-16 所示。然后单击“确定”按钮，关闭“线宽”对话框并返回“图层特性管理器”对话框中，完成轮廓线的设置。

（4）在“图层特性管理器”对话框中，单击（新建图层）按钮，再新建一个图层。将该图层命名为“中心线”。单击“中心线”图层的“颜色”列，打开“选择颜色”对话框。在该对话框中选择“红色”，如图 1-2-17 所示。然后单击“确定”按钮，关闭“选择颜色”对话框并返回“图层特性管理器”对话框中，完成图层颜色的设置。

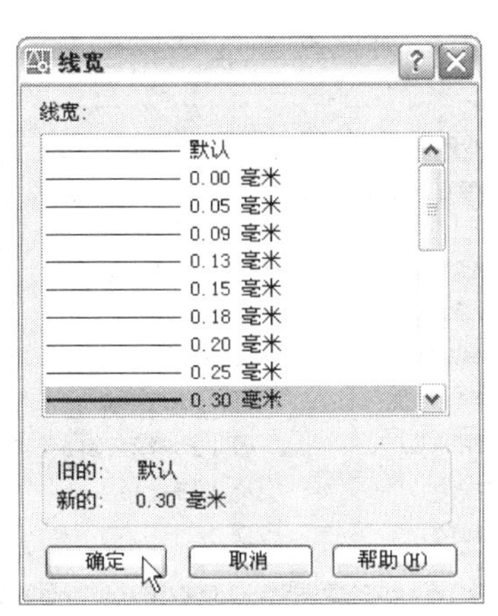

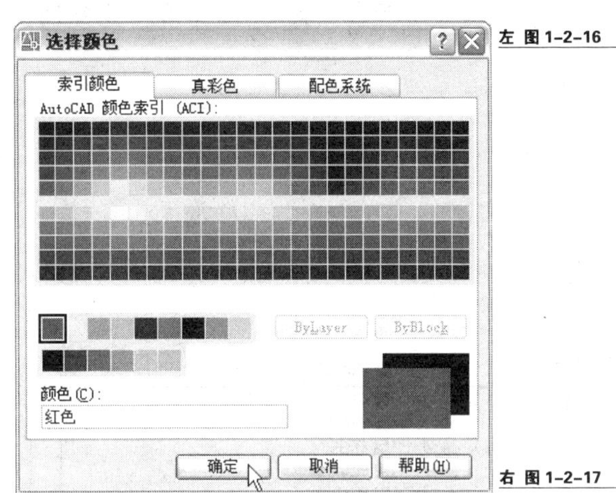

左 图 1-2-16

右 图 1-2-17

（5）在“图层特性管理器”对话框中，单击“中心线”图层的“线型”列，打开“选择线型”对话框，如图 1-2-18 所示。单击该对话框中“加载”按钮，打开“加载或重载线型”对话框。

（6）在“加载或重载线型”对话框中单击选择 CENTER2 线型，如图 1-2-19 所示。然后，单击“确定”按钮，关闭“加载或重载线型”对话框并返回“选择线型”对话框中。

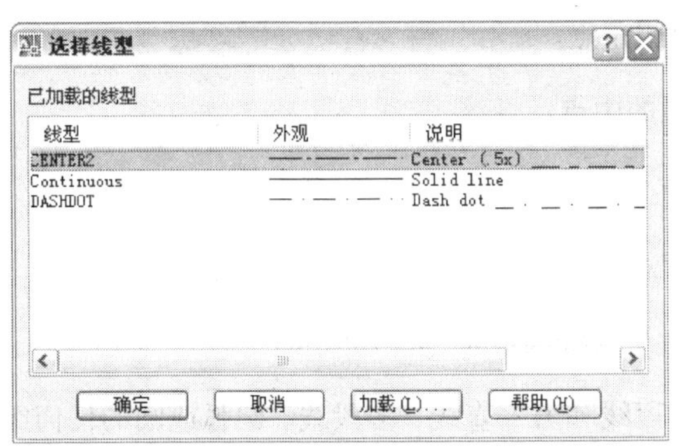

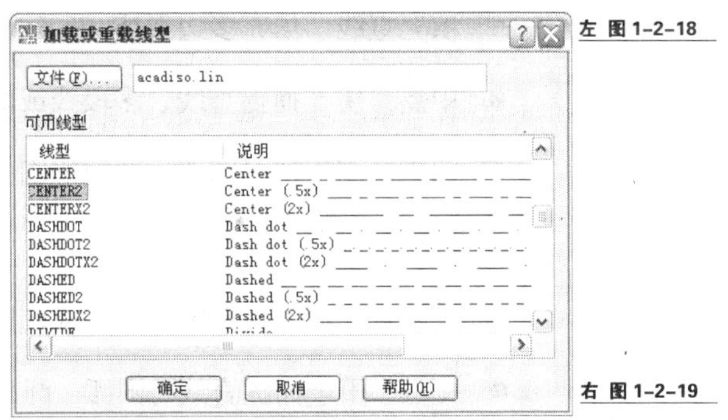

左 图 1-2-18

右 图 1-2-19

（7）在“选择线型”对话框中，选中 CENTER2 线型，如图 1-2-18 所示。然后单击“确定”按钮，关闭“选择线型”对话框并返回“图层特性管理器”对话框中。再将该图层的线宽设置为“0.15 毫米”，完成中心线的设置。

（8）以同样的方法设置其他图层，设置后的图层效果如图 1-2-20 所示。

4. 绘图辅助功能的设置

（1）设置对象捕捉。在 AutoCAD 中，使用“对象捕捉”功能可以精确的作图。AutoCAD

的对象捕捉是选择图形连接点的几何过滤器，它可以辅助用户选取指定点（如交点、垂足等）。例如，用户如想用两条直线的交点作图，则可设置对象捕捉为交点模式。作图时拾取靠近交点的一个点，系统则自动捕捉直线的准确交点。

单击“工具”→“草图设置”菜单命令，打开“草图设置”对话框，并进入“对象捕捉”选项卡。在“对象捕捉模式”选项栏中可以根据图形需要选择相应的对象捕捉模式复选项。“草图设置”对话框的“对象捕捉”选项卡如图 1-2-21 所示。

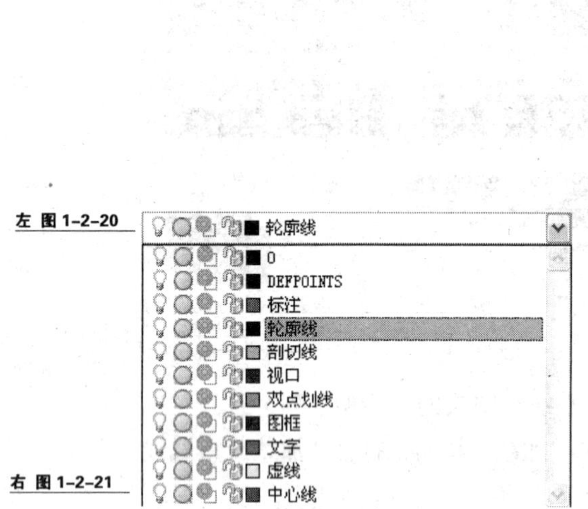

左 图 1-2-20

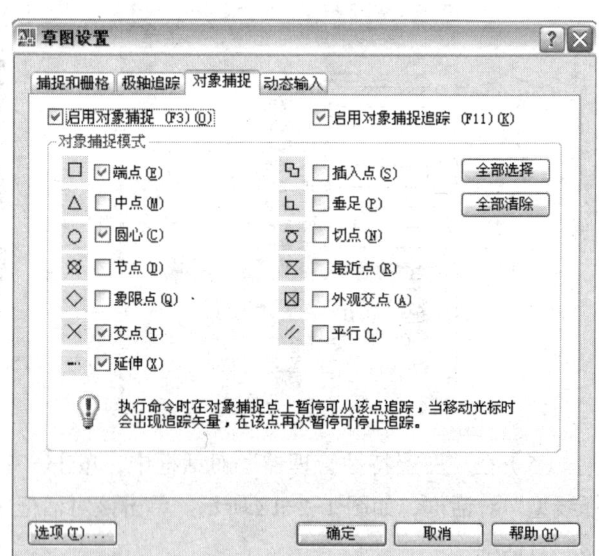

右 图 1-2-21

下面简要介绍各捕捉模式的特点。

- 端点：用于捕捉直线、圆弧或多段线的离拾取点最近的端点，以及离拾取点最近的填充直线、填充多边形或 3D 面的封闭角点。
- 中点：用于捕捉直线、多段线或圆弧的中点。
- 圆心：用于捕捉圆弧、圆或椭圆的中心。
- 节点：用于捕捉点对象，包括尺寸的定义点。
- 象限点：用于捕捉圆弧、圆或椭圆上 0°、90°、180°或 270°处的点。
- 交点：用于捕捉直线、圆弧、圆、多段线和另一直线、多段线、圆弧或圆的任何组合的最近的交点。如果第一次拾取时选择了一个对象，AutoCAD 提示输入第二个对象，捕捉的是两个对象真实的或延伸的交点。该捕捉模式不能和捕捉外观交点模式同时有效。
- 延伸：用于捕捉延伸点。即当光标移出对象的端点时，系统将显示沿对象轨迹延伸出来的虚拟点。
- 插入点：用于捕捉插入图形文件中的文字、属性和符号（块或形）的原点。
- 垂足：用于捕捉直线、圆弧、圆、椭圆或多段线上一点（对于用户拾取的对象），该点从最后一点到用户拾取的对象形成一条正交（垂直）线。结果点不一定在对象上。

- 切点：用于捕捉与圆、椭圆或圆弧相切的切点，该点从最后一点到拾取的圆、椭圆或圆弧形成一条切线。
- 最近点：用于捕捉对象上最近的点，一般是端点、垂足或交点。
- 外观交点：该选项与捕捉交点相同，只是它还可以捕捉三维空间中两个对象的视图交点（这两个对象实际上不一定相交，但看上去相交）。在二维空间中，捕捉外观交点和捕捉交点模式是等效的。
- 平行：用于捕捉与选定点平行的点。

在如图 1-2-21 所示的“草图设置”对话框的“对象捕捉”选项卡中单击“选项”按钮，打开“选项”对话框并显示出“草图”选项卡的设置内容，如图 1-2-22 所示。在该选项卡中可以对自动捕捉标记的颜色、自动捕捉标记的大小和捕捉靶框的大小等进行设置。

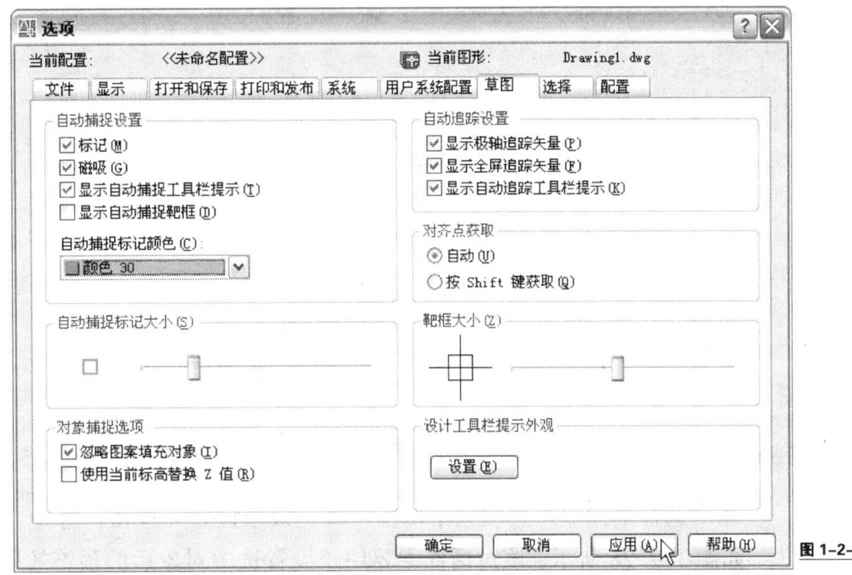

图 1-2-22

在“选项”对话框的“自动捕捉设置”选项栏中单击选中“标记”、“磁吸”和“显示自动捕捉工具栏提示”复选项。其中“标记”复选项是指当光标移至某些特殊点（如端点、圆心等）时显示在屏幕上一个方框，用来告诉用户当前的捕捉点；“磁吸”复选项表示确定是否将光标自动锁定到最近的捕捉点上；“显示自动捕捉工具栏提示”复选项是控制是否显示捕捉点类型提示；“显示自动捕捉靶框”复选项用来控制是否显示自动捕捉靶框。

接着设置“自动捕捉标记颜色”为“橙色”，设置如图 1-2-23 所示。单击“应用并关闭”按钮，完成捕捉标记的设置。

确认捕捉设置后，可以对某一对象的端点进行捕捉，效果如图 1-2-24 所示。

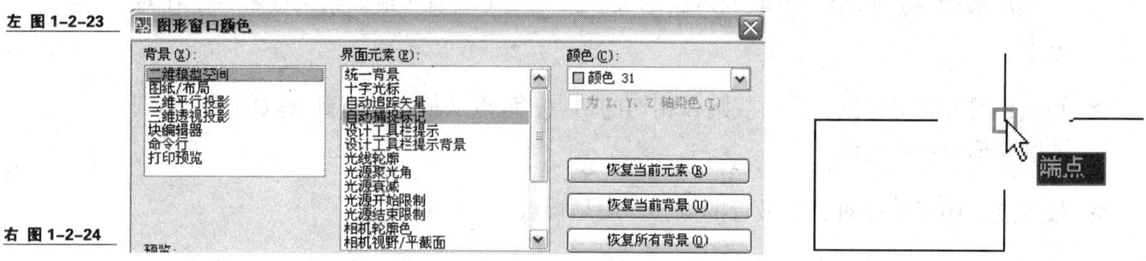

左 图 1-2-23

右 图 1-2-24

（2）设置选取效果。单击“工具”→“草图设置”菜单，打开“草图设置”对话框。在“草图设置”对话框的“对象捕捉”选项卡中单击“选项”按钮，打开“选项”对话框，在“选项”对话框中单击“选择集”选项卡，显示出“选择集”选项卡的设置内容。在该选项卡中可以对选择对象时或选择对象后选择集的模式、夹点的大小和颜色、拾取框的大小等进行设置，设置如图 1-2-25 所示。

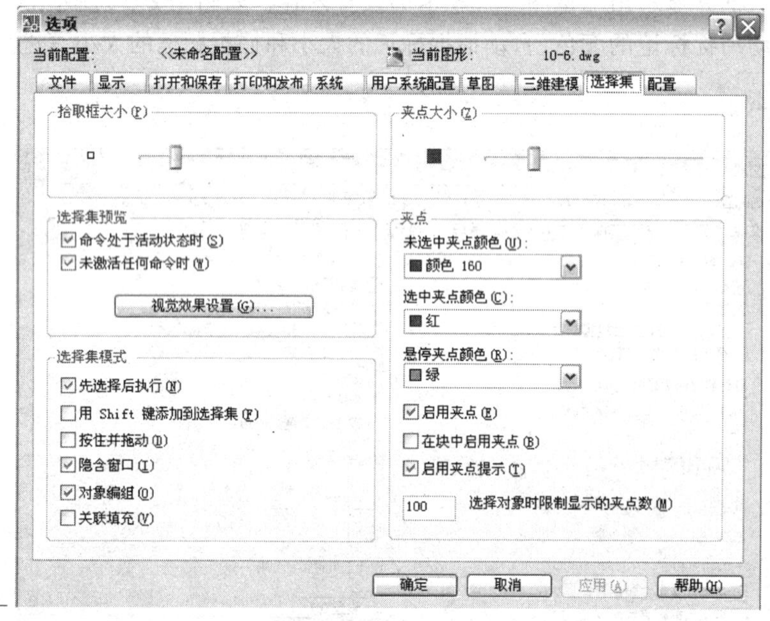

图 1-2-25

在“选择集预览”选项栏中单击“视觉效果设置”按钮，打开“视觉效果设置”对话框，如图 1-2-26 所示。该对话框主要用于设置选中对象后的预览效果，可通过预览效果将选择的对象区别于未选择的对象。

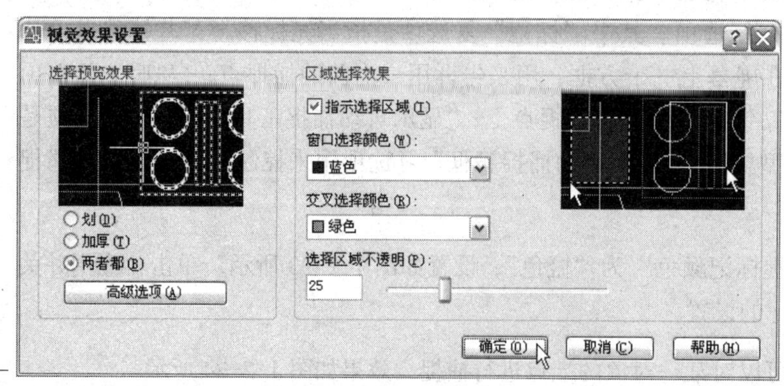

图 1-2-26

（3）设置极轴追踪。极轴追踪作用是在绘制图形时，当将鼠标移动到垂直或水平的位置停顿时会出现虚线，该虚线可以对下一步的操作辅以参考。极轴追踪往往配合角度来操作。在图 1-2-21 所示的“草图设置”对话框中选择“极轴追踪”选项卡，在“极轴角设置”选项栏中“增量角”下拉列表框中选择角度捕捉，单击“确定”按钮完成极轴追踪的设置，极轴追踪的设置如图 1-2-27 所示。

“草图设置”对话框中“极轴追踪”选项卡的主要参数含义如下。

- “启用极轴追踪”复选项：通过选中或取消该复选项，可打开或关闭极轴追踪模式。
- “增量角”下拉列表框：该下拉列表框用于选择极轴角的递增角度。默认情况下，增量角为 90°。因此，系统只能沿 X 轴或 Y 轴方向进行追踪。如果将增量角设置为 10°，则在确定起点后，可沿设定角度的倍数如 0°、10°、20°、30°等方向进行追踪。
- “附加角”复选项：通过设置附加角，可沿某些特殊方向进行追踪。例如，希望沿 15°方向进行追踪，则可在选中“附加角”复选项后，单击“新建”按钮，添加 15 作为附加角 ，如图 1-2-27 所示。
- “极轴角测量”选项栏：定义极轴角测量的方式后，选中“绝对”单选项，表示以当前 UCS 坐标的 X 轴为基准计算极轴角；如果选中“相对于上一段”单选项，表示以最后创建的对象为基准计算极轴角。

使用极轴追踪时,对齐路径由相对于起点和端点的极轴角定义,效果如图 1-2-28 所示。要打开或关闭极轴追踪，也可单击状态栏上的“极轴”按钮或按“F10”快捷键。

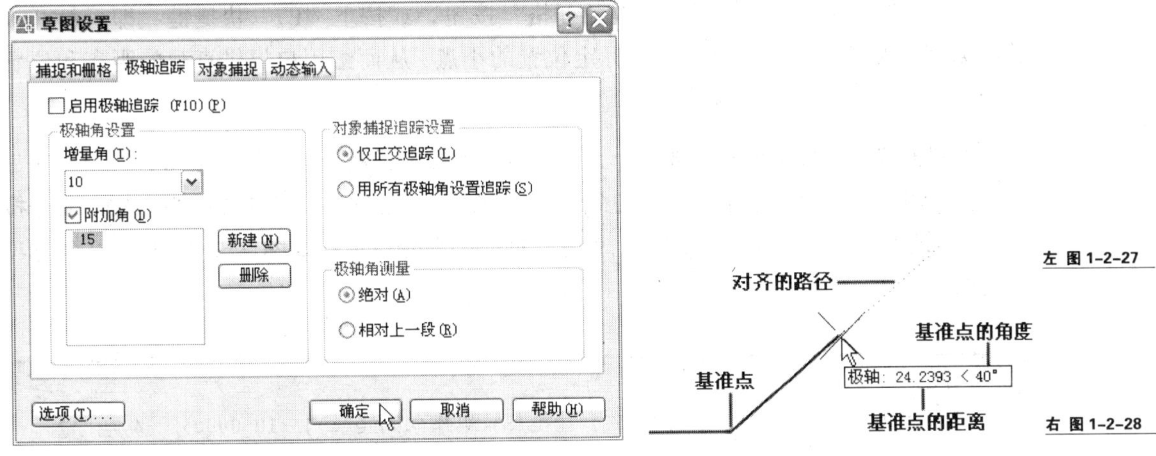

左 图 1-2-27

右 图 1-2-28

（4）捕捉、栅格与正交。捕捉和栅格同时打开能够控制鼠标指针的移动距离。绘制图形时，如需连贯画图时要将捕捉开关关掉。栅格是指在 AutoCAD 的绘图区中以等距离的点显示。正交命令的作用是在绘图时只能在垂直或水平方向上移动，该命令打开时只能绘制垂直或水平线段，因此在正交命令打开时极轴追踪命令就变为关闭状态。

① 设置捕捉。捕捉用于设定光标移动间距。在 AutoCAD 2008 中，有栅格捕捉和极轴捕捉两种。若选择栅格捕捉，则光标只能在栅格方向上精确移动；若选择极轴捕捉，则光标只能在极轴方向精确移动。

用户可以通过单击状态栏中的“捕捉”按钮或按“F9”快捷键，打开或关闭捕捉。用于设置捕捉的命令是“SNAP”，在命令行窗口输入“SNAP”按“空格”键确认，即可执行“SNAP”命令，此时的命令行窗口如图 1-2-29 所示。各选项含义如下。

```
命令:
命令: SNAP
指定捕捉间距或 [开(ON)/关(OFF)/纵横向间距(A)/旋转(R)/样式(S)/类型(T)] <10.0000>:
```

图 1-2-29

- 指定捕捉间距：默认选项，用于设置捕捉间距。
- 开（ON）：打开栅格捕捉。
- 关（OFF）：关闭栅格捕捉。
- 纵横向间距（A）：设置栅格捕捉水平及垂直间距，用于设定不规则的捕捉。
- 旋转（R）：提示指定一个角度和基点，可绕该点旋转捕捉方向（由十字光标指示）。
- 样式（S）：提示选定标准（S）或等轴测（I）捕捉。其中，“标准”样式设置通常的捕捉格式，“等轴测”样式用于绘制轴测图。
- 类型（T）：用于设置捕捉类型。

② 设置栅格。单击状态栏中的“栅格”按钮，或按下“F7”快捷键，即可打开或关闭栅格。栅格主要用于显示一些标定位置的小点，从而给用户提供直观的距离和位置参照。

设置栅格时，栅格间距不要太小，否则将导致图形模糊及屏幕刷新太慢，甚至无法显示栅格。用于设置栅格显示及间距的命令是“GRID”，在命令行窗口输入“GRID”命令按“Enter”键确认，即可执行“GRID”命令，此时的命令行窗口如图 1-2-30 所示。各选项意义如下。

```
命令:
命令: GRID
指定栅格间距 (X) 或 [开(ON)/关(OFF)/捕捉(S)/纵横向间距(A)] <10.0000>:
```

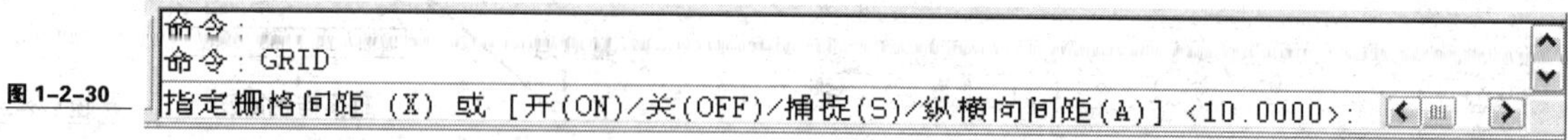

图 1-2-30

- 指定栅格间距（X）：默认选项，用于设置栅格间距，如其后跟 X，则用捕捉增量（它控制光标移动间隔）的倍数来设置栅格。
- 开（ON）：打开栅格显示。
- 关（OFF）：关闭栅格显示。

- 捕捉（S）：设置显示栅格间距，等于捕捉间距。
- 纵横向间距（A）：设置显示栅格水平及垂直间距，用于设定不规则的栅格。

③ 利用“草图设置”对话框，设置捕捉与栅格。

单击“工具”→“草图设置”菜单命令，打开“草图设置”对话框。在该对话框中单击“捕捉与栅格”选项卡，打开“捕捉与栅格”选项卡的内容，设置如图 1-2-31 所示。在该选项卡中即可对捕捉和栅格的选项进行设置。其中“极轴捕捉”单选项，用于设置捕捉模式为极轴捕捉，此时可利用“极轴距离”数值框设置极轴捕捉间距。

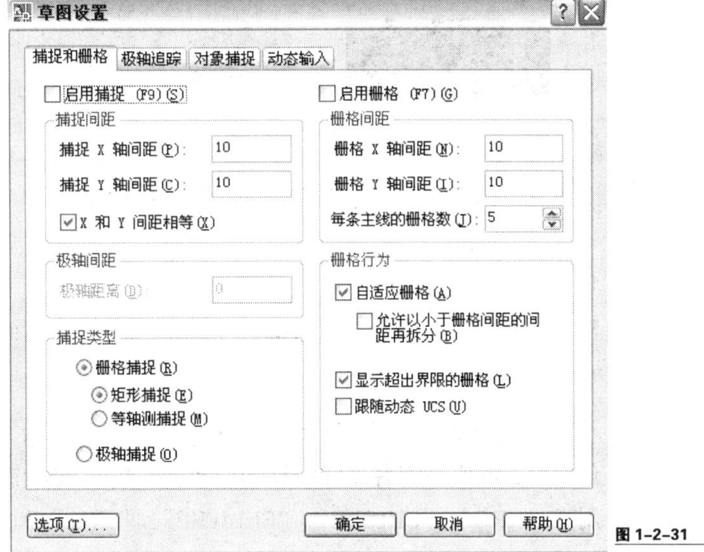

图 1-2-31

④ 正交。在状态栏中“正交”按钮按下时，可以绘制完全垂直或平行的线，或相互垂直和平行的线。利用“SNAP”中的“旋转”选项，可将图形中的捕捉及栅格旋转。这种旋转将影响栅格和正交模式，但不影响 UCS 坐标系的原点和方向。如果正交方式是打开的，则只能沿栅格方向绘制图形，而不再是坐标方向。

（5）动态输入。单击状态栏中的“DYN”按钮或按“F12”快捷键，即可打开或关闭“动态输入”模式。当启用“动态输入”模式时，工具栏提示将在光标附近显示信息，该信息会随着光标移动而动态更新。当某条命令为活动时，工具栏提示将为用户提示输入的位置。动态输入是 AutoCAD 2008 的新增功能。

提示： 透视图不支持“动态输入”模式。动态输入不会取代命令行窗口。可以隐藏命令行窗口以增加绘图区域，但是在有些操作中还是需要显示命令行窗口的。

设置启用“动态输入”模式时各个组件所显示的内容，可在“草图设置”对话框的“动态输入”选项卡中完成，如图 1-2-32 所示。

“动态输入”模式有 3 个组件：指针输入、标注输入和动态提示。

① 指针输入。当启用指针输入且有命令正在执行时，十字光标的位置将在光标附近的

工具栏提示中显示当前坐标。可以在工具栏提示中输入坐标值，而不必在命令行中输入，如图 1-2-33 所示。

左 图 1-2-32

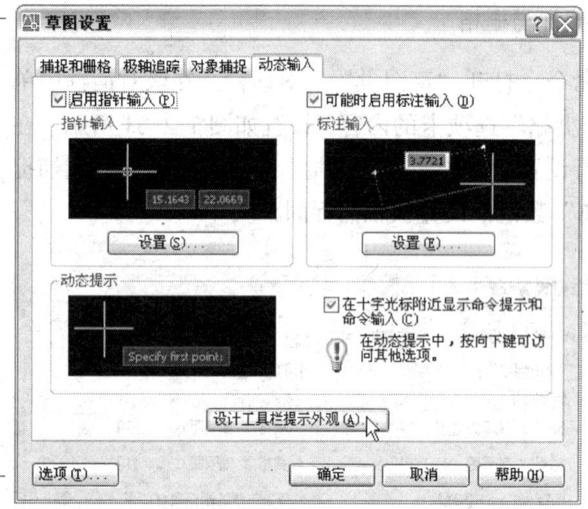

右 图 1-2-33

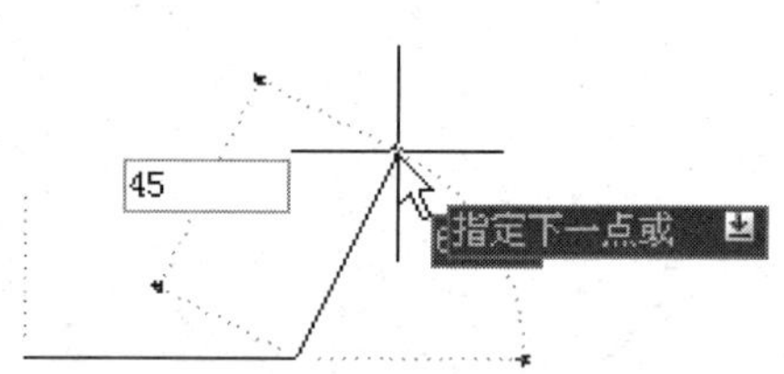

第二个点和后续点的默认设置为相对极坐标，不需要输入@符号。如果需要使用绝对坐标，需使用井号（#）为前缀。例如，要将对象移到原点，在提示输入第二个点时，输入#0，0 即可。

② 标注输入。启用标注输入后，当命令提示输入第二点时，工具栏提示将显示距离和角度值，该值将随着光标的移动而改变。按“Tab”键可以移动到要更改的值。标注输入可用于“ARC”、“CIRCLE”、“ELLIPSE”、“LINE”和“PLINE”等命令。

在标注输入状态下，工具栏提示会显示以下信息，如图 1-2-34 所示。

- 旧的长度。
- 移动夹点时更新的长度。
- 长度的改变。
- 角度。
- 移动夹点时角度的变化。
- 圆弧的半径。

③ 动态提示。启用动态提示时，在光标附近会显示工具栏提示，用户可以在工具栏提示（而不是在命令行窗口）中输入响应。按箭头键可以查看和选择选项，如按上箭头键可以显示最近的输入。

（6）图形单位的设置。在 AutoCAD 中绘制图形时，整张图的尺寸单位要一致。在 AutoCAD 2008 的“格式”下拉菜单中选择“单位”命令，会弹出图 1-2-35 所示的“图形单位”对话框，可在“图形单位”对话框中设置相应的参数。就“精度”参数而言，在制造业和建筑业两个领域中就有不同的要求。即使是同一领域，国内与国外的设置也有差异，所以在绘制时要根据要求设置不同的精度。

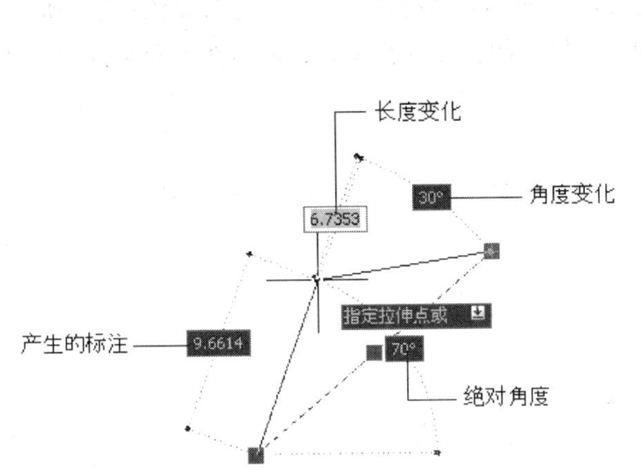

左 图 1-2-34

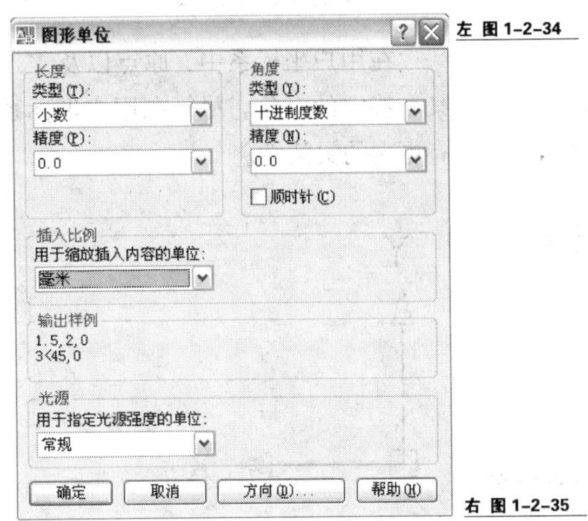

右 图 1-2-35

1.2.3　坐标系与坐标输入

1. AutoCAD 2008 的坐标系统

AutoCAD 2008 的坐标输入是通过在命令行窗口中，输入图形中点的坐标来实现的。这样输入既能够增加绘图的准确度，又能提高工作效率。

要熟练运用 AutoCAD 进行机械绘图，首先必须掌握 AutoCAD 所使用的坐标系统，AutoCAD 采用三维笛卡儿右手坐标系统（CCS）来确定点的位置。在进入 AutoCAD 绘图时，如未设定绘图界限等参数，系统将自动进入笛卡儿坐标系的第一象限，即世界坐标系（WCS），以屏幕左下角的点为坐标原点（0，0）。

任何一个 AutoCAD 实体都由三维点构成，它的坐标都以（*X*，*Y*，*Z*）的形式来确定。在操作界面下方的状态栏上所显示的三维坐标值，就是笛卡儿坐标系中的数值，它准确地反映了当前十字光标的位置。在绘图和编辑的过程中，世界坐标系的坐标原点和方向均不会改变。在默认情况下，*X* 轴以水平向右方向为正方向；*Y* 轴以垂直向上方向为正方向；*Z* 轴以垂直屏幕向外方向为正方向，坐标原点在绘图区左下角，坐标系在坐标系原点的时候，世界坐标系的图标如图 1-2-36 所示。

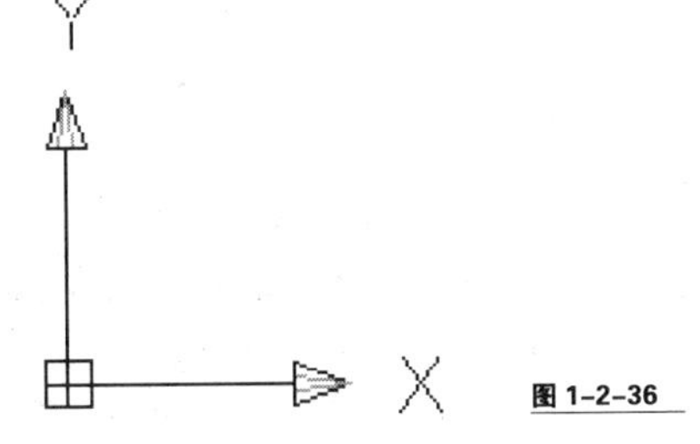

图 1-2-36

如果坐标系不在坐标原点显示，则世界坐标系（WCS）图标则有所不同，如图 1-2-37 所示。通过单击“视图”→“显示”→“UCS 图标”→“原点”菜单命令，可以控制坐标系图标是否显示在坐标原点。默认情况下，该菜单为开启状态，表示坐标系图标显示在坐标原点。

为了方便用户绘制图形，AutoCAD 提供了可变的用户坐标系统 UCS。在通常情况下，用户坐标系统与世界坐标系统相重合，而在绘制一些复杂的实体图形时，可根据具体需要，通过 UCS 命令，设定适合当前图形应用的坐标系统。用户坐标系和世界坐标系的图标基本一样，只是在左下角没有了“□”标记，如图 1-2-38 所示。

在用户坐标系中，原点以及 X、Y、Z 轴方向都可移动及旋转，甚至可以依赖于图形中某个特定的对象。尽管在用户坐标系中 3 个轴之间仍然互相垂直，但是在方向及位置上都有更大的灵活性。

中 图 1-2-37

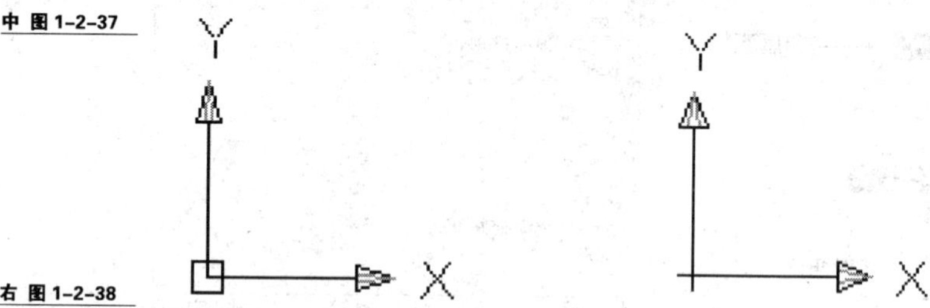

右 图 1-2-38

2. 创建与使用坐标系

（1）设置用户坐标系。

① 单击“工具”→“移动 UCS”菜单命令，然后，按照命令行窗口的提示在绘图区中的任意位置单击，将该点设置为新的 UCS 原点。

命令行窗口提示操作步骤如下。

```
命令:_UCS↲
当前 UCS 名称: *没有名称*
输入选项[新建(N)/移动(M)/正交(G)/上一个(P)/恢复(R)/保存(S)/删除(D)/应用(A)/?/世界(W)] <世界>:_MOVE↲(确认移动选项)
指定新原点或[Z 向深度(Z)]<0,0,0>: (在绘图区任意位置单击)
```

② 单击“工具”→“新建 UCS”→“Z”菜单命令，在命令行窗口输入“45”并按“Enter”键确认，即可将 UCS 坐标系绕 Z 轴旋转 45°，此时坐标系图标如图 1-2-39 所示。

命令行窗口提示操作步骤如下。

```
命令:_UCS↲
当前 UCS 名称: *没有名称*
输入选项[新建(N)/移动(M)/正交(G)/上一个(P)/恢复(R)/保存(S)/删除(D)/应用(A)/?/世界(W)] <世界>:_Z↲(确认 Z 轴选项)
指定绕 Z 轴的旋转角度<90>:45↲(输入 45 并按空格键确认)
```

③ 单击“绘图”工具栏中的 ╱（直线）按钮，以坐标的原点绘制两条中心辅助线，其中，各辅助线的起点与终点坐标见命令行窗口提示。此时，绘制的线段自动与坐标的轴向对齐，如图 1-2-40 所示。

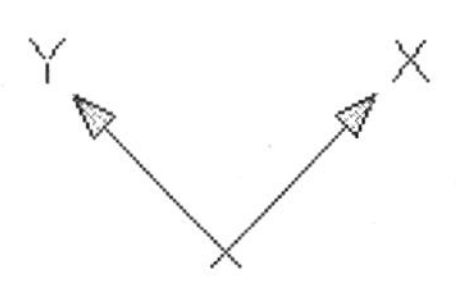

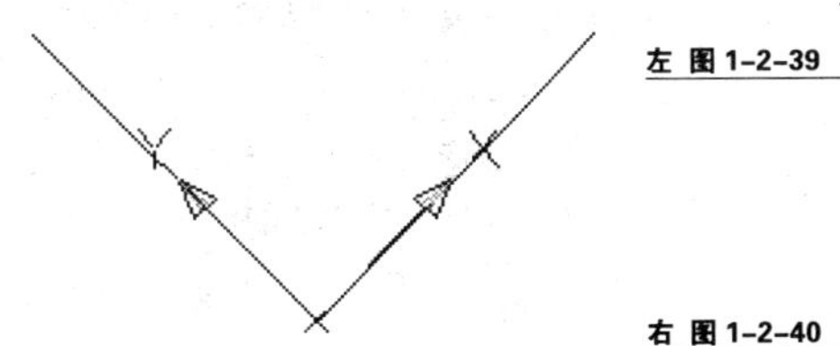

左 图 1-2-39

右 图 1-2-40

命令行窗口提示操作步骤如下。

```
命令:_LINE↵
指定第一点:0,0↵(输入坐标原点为第一点)
指定下一点或[放弃(U)]:500,0↵(输入线段的长度并按空格键确认)
指定下一点或[放弃(U)]:↵(确认)
命令:_LINE↵
指定第一点:0,0↵(输入坐标原点为第一点)
指定下一点或[放弃(U)]:0,500↵(输入线段的长度并按空格键确认)
指定下一点或[放弃(U)]:↵(确认)
```

（2）控制坐标系图标显示。单击“视图”→“显示”→“UCS 图标”→“开”菜单命令，或在命令行窗口中输入“UCSICON”命令，都可以控制坐标系图标的可见性及显示方法。此时，命令行窗口显示出控制 UCS 图标命令的选项，如图 1-2-41 所示。

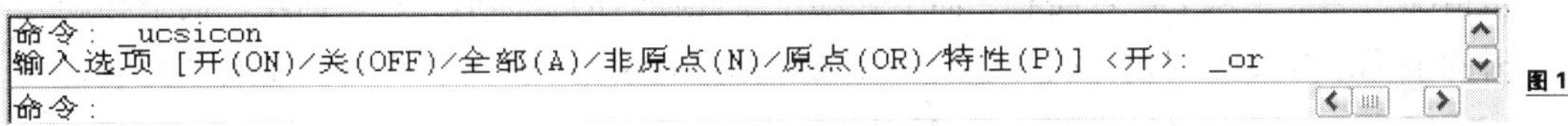

```
命令: _ucsicon
输入选项 [开(ON)/关(OFF)/全部(A)/非原点(N)/原点(OR)/特性(P)] <开>: _or
命令:
```

图 1-2-41

“UCSICON”命令各选项的含义如下。

- 开（ON）：在当前视区中打开 UCS 图标显示。
- 关（OFF）：在当前视区中关闭 UCS 图标显示。
- 全部（A）：把当前“UCSICON”命令所做设置应用到所有有效的视区中，并且重复命令提示。
- 非原点（N）：在视区的左下角显示 UCS 图标，而不在当前坐标系的原点显示。
- 原点（OR）：在当前坐标系的原点处显示 UCS 图标。在显示 UCS 图标时，它的左下角有一个小的十字。如果原点位于屏幕的外面或原点位置会使图标的一部分在屏幕外，则此图标将显示在视区的左下角。
- 特性（P）：控制 UCS 图标的显示特性，选择此项将打开如图 1-2-42 所示的“UCS 图标”对话框。该对话框可以控制 UCS 图标的样式、大小、颜色和布局选项卡图标颜色等。

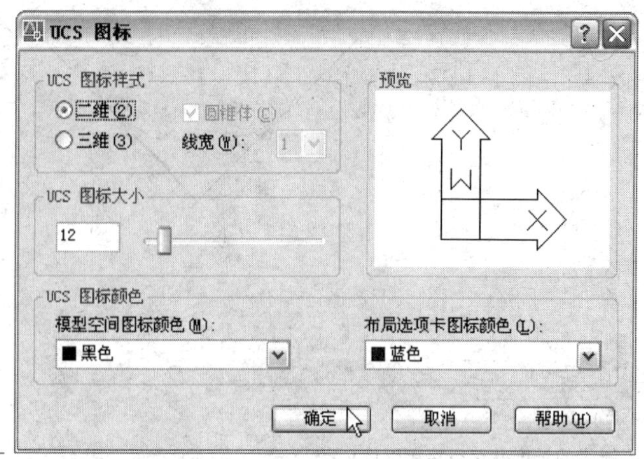

图 1-2-42

3. 坐标输入法

在绘图和编辑的过程中，为了确定实体的准确位置，大部分数据输入都为坐标点的输入。常用的坐标输入方法有绝对坐标、相对坐标和极坐标 3 种。

（1）绝对坐标输入法。绝对坐标是以坐标原点（0，0）为基准点来确定输入点的位置。绝对坐标的输入方式为（*X*，*Y*，*Z*），是相对于坐标原点的位移而确定的。如果只需要输入二维点，可以采用（*X*，*Y*）格式。

（2）相对坐标输入法。相对坐标是指某一点相对于上一点的坐标位置，相对坐标的输入方式为（@*X*，*Y*，*Z*），即在坐标值前加@符号。在确定相对坐标时，需分清坐标值的正、负情况。通常，从上一点向右、向上移动十字光标时的坐标值为正；向左、向下移动光标时的坐标值为负。例如，相对于前一点的坐标向右绘制一条长度单位为 100 的直线，表示方式应为（@100，0），如图 1-2-43 所示。

输入相对坐标的另一种方法是：通过单击鼠标光标指定方向，然后直接输入距离。此方法称为“直接距离输入”，在以后的绘图命令中均可使用此方法输入坐标值。

（3）极坐标输入法。极坐标输入法是长度结合角度的输入方法。绝对极坐标以原点为极点。如（20<45），表示该点与原点的距离为 20 个图形单位，而该点与原点的连线与 *X* 正方向的夹角为 45°。

相对极坐标是通过两点之间的距离和两点之间的连线与 *X* 轴正向所产生的角度来表示的。其格式为（@距离<角度）。如（@100<30），表示该点相对于上一点的距离为 100 个图形单位，而两者连线与 *X* 轴正向的夹角为 30°，如图 1-2-44 所示。

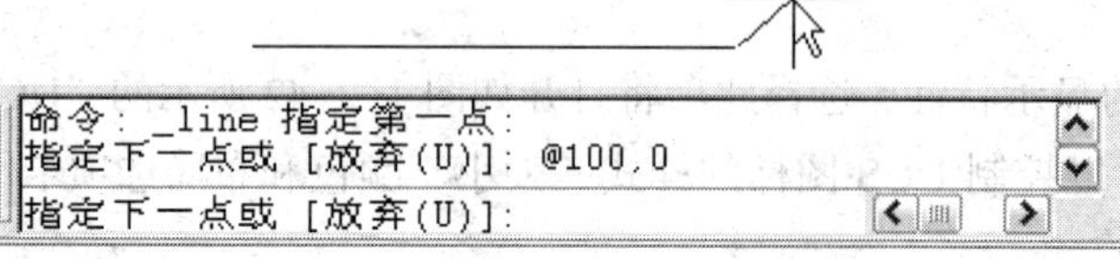

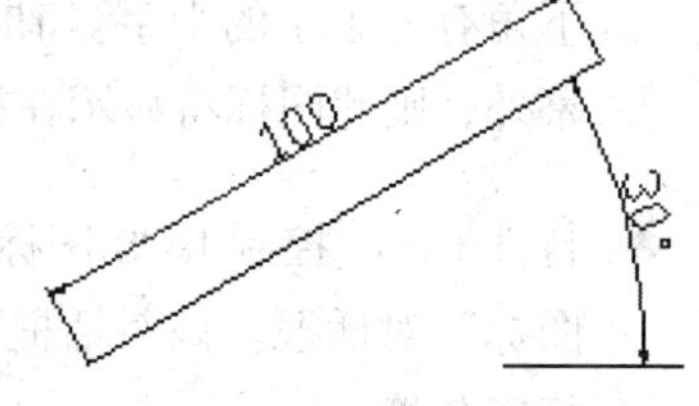

左 图 1-2-43

右 图 1-2-44

1.2.4 命令的使用

1. 执行命令的方法

AutoCAD 执行的每个动作，都建立在用户输入相应命令的基础之上。用户可以使用命令告诉系统需要完成什么操作，系统将对命令做出响应，并在命令行窗口提示执行命令的状态或给出执行命令需要进一步选择的选项。

AutoCAD 是以鼠标操作和命令输入相结合的软件。当使用鼠标操作执行命令时，通常使用鼠标左键拾取对象，鼠标右键相当于“Enter”键，用于结束当前命令。当使用命令输入方式时，在命令行窗口的当前命令行提示下输入命令及对象参数等内容。使用 AutoCAD 进行图形绘制时，要充分结合多种命令输入方法。

注意：只有命令行窗口中显示“命令:”（命令行为空）提示时，AutoCAD 才处于接收命令输入状态，如图 1-2-45 所示。

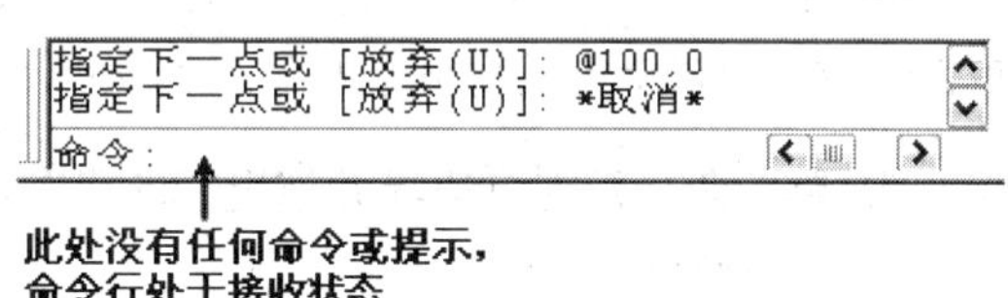

图 1-2-45

当通过下拉菜单、工具按钮执行命令或从命令行窗口输入命令并按“Enter”键或“空格”键后，AutoCAD 会在该窗口中显示出命令执行的提示（在中文版 AutoCAD 中，通过下拉菜单或工具按钮执行某命令后，命令行窗口会提示该命令对应的英文命令），来帮助用户输入命令所需的选项。这些交互式的信息输入完毕后，命令才能被执行。

命令中经常包含显示在方括号中的一些选项。如要选择某选项，可在命令行窗口中输入选项中的字母（输入时大写或小写均可）。如果选项以数字开头，例如，“CIRCLE”（圆）命令的选项“三点”，则输入数字和大写字母的 3P，表示使用三点画圆，如图 1-2-46 所示。

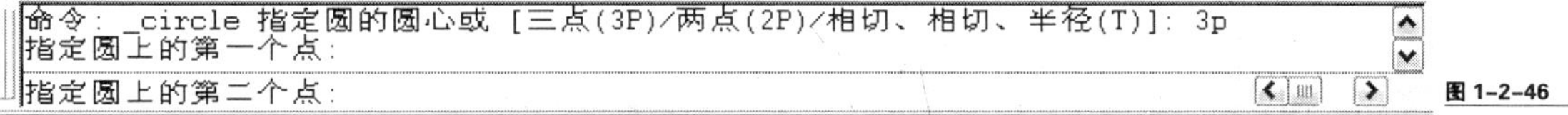

图 1-2-46

在 AutoCAD 2008 中执行命令主要有以下几种方法。

① 单击主菜单中的命令。

② 单击工具栏中的工具按钮。

③ 在快捷菜单中选择适当的命令。

④ 直接在命令行窗口输入命令名称，按“Enter”键或“空格”键确认。其中，有些命令还有缩写名称。例如，可以不输入“CIRCLE”（圆）而只输入“C”来执行“CIRCLE”（圆）命令。

无论以哪种方法执行命令，命令行窗口都以同样的方式运作。AutoCAD 要么在命令行窗口中显示提示，要么弹出一个对话框。

2. 使用命令行窗口

（1）默认情况下，命令行窗口位于绘图区的下方，显示 3 行文字。其中，上面两行用于显示之前使用过的命令，第 3 行显示“命令:”提示符。用户在该行输入命令后，系统将显示提示和消息。

（2）对于命令行窗口，有以下几点值得注意。

① 命令行窗口显示当前图形的命令状态及其历史记录。如果打开了多个图形，那么在切换图形时，其内容会自动变化。

② 当执行某些输出文字的命令（如“LIST”）或者按下“F2”快捷键时，系统将打开 AutoCAD 文本窗口。

③ 命令参数较多时，为了更好地显示命令提示，可以调整命令行窗口的大小的方法是单击命令行窗口上方的拆分条并且上下拖曳。

④ 单击命令行窗口边界并拖曳，将其拖离固定区域，再释放鼠标按键，可将命令行窗口设置为浮动窗口。

⑤ 在命令行窗口或文本窗口中单击鼠标右键，弹出 AutoCAD 文本快捷菜单。利用该快捷菜单，用户可以选择最近使用过的 6 个命令、复制选定文字、复制全部命令历史、粘贴文字或者打开“选项”对话框，如图 1-2-47 所示。

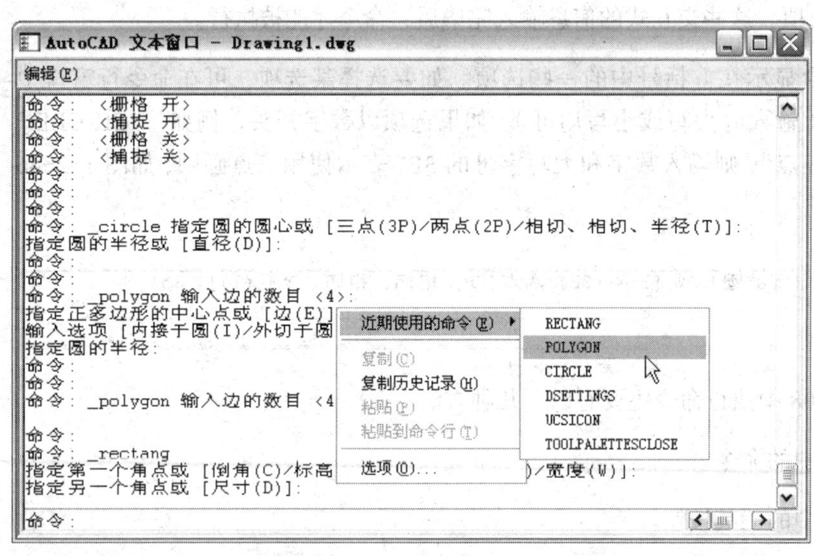

图 1-2-47

3. 命令的终止、撤销与重复

在 AutoCAD 2008 中，用户可以方便地终止命令的执行、重复执行同一条命令，或者撤销之前执行的一条或多条命令。此外，撤销执行之前的命令后，还可以通过重做来恢复之前执行的命令。

（1）终止命令。在命令执行的过程中，可随时按下“Esc”键，来终止执行中的任何命令。

（2）撤销命令。

① 放弃单个操作。例如，刚绘制了一个多边形，现在希望放弃该多边形，那么单击标准工具栏中的↶ ·（放弃）按钮或单击“编辑”→“放弃”菜单命令，即可取消该图形的绘制。

② 放弃多个操作。在命令行窗口输入“UNDO”命令，命令行窗口提示输入想要放弃操作的次数。例如，想要放弃最近的 10 次操作，应输入“10”，按“Enter”键确认，即可放弃最近的 10 次操作。

（3）重复命令。要重复上个命令，直接按“Enter”键，即可重复上一个命令。

重复执行最近的 6 个命令之一。将鼠标指针移动到命令行的上面，单击鼠标右键，弹出“命令行”快捷菜单。在该快捷菜单中单击“近期使用的命令”子命令，即可在调出的下一级子菜单中选择最近使用的 6 个命令之一，见图 1-2-47。

思 考 练 习

1. 问答题

（1）列举在 AutoCAD 2008 中打开和新建图形文件的方法。

（2）AutoCAD 2008 是如何进行数据的输入与输出的？

（3）在 AutoCAD 2008 中常用的坐标输入方式有哪几种？

（4）在 AutoCAD 2008 中如何进行命令的终止与撤销？

2. 上机操作题

使用窗口缩放工具和命名视图的方法将图形的四分之一定义为一个新的视图。

1.3 中文 AutoCAD 2008 绘图的基本流程及方法

1.3.1 AutoCAD 2008 绘图的基本流程

1. 制作绘图模板

一张正式的工程图纸都会有绘图界限、标题栏、线型及图层颜色等公共信息。为了避免每次绘图之前都要进行绘图环境的设置，做许多重复的工作，用户可以创建符合行业标准或企业要求的图纸模板，通常将这些公共信息创建在一个文件中并保存为模板文件。在以后的工作中直接调用该模板文件，绘制图形即可。在设置图纸模板的尺寸时，可根据具体绘图的需求，选择任意基本幅面的尺寸或按照行业制图的要求加长幅面。在模板的绘制过程中要完成以下工作。

（1）绘图单位的设置。

（2）图形界限的设置。

（3）图层及图层样式的设置。

（4）文字样式的设置。

（5）标注样式的设置。

（6）图框及标题栏的设置。

2. 绘制图形

模板创建完成后就可在模板的基础上进行图形的绘制，绘制图形的方法和格局会根据不同的要求而有所区别。例如，在机械制图中有零件三视图（主视图、俯视图及侧视图），有时还要求绘制零件某部分的剖面图；在建筑制图中有建筑平面图、立面图、剖面图及建筑总图等类型。在绘制时也会有二维平面图形或三维立体模型的要求。所以要针对不同的绘制要求，合理的选择绘图工具，使用正确的操作方法以实现图形效果。

3. 尺寸和文字标注

在图形绘制完成后，需要添加必要的文字和尺寸标注，来说明图形的各个部分的详细尺寸，为看图者和制造加工者提供足够的图形尺寸信息。机械绘图和建筑绘图对标注样式有不同的要求，在添加尺寸标注和文字标注时要符合行业的规范和要求，正确进行尺寸标注和文字标注的添加。

4. 图形的保存及打印输出

可以将绘制好的图形保存为“.dwg”格式的源文件或输出为各种图形文件格式。也可以安装打印设备，设置打印样式，将图形打印输出。

1.3.2 AutoCAD 2008 绘图的基本方法及书写方式

由于 AutoCAD 是以鼠标操作和命令输入相结合使用的软件，为了规范书写方式，方便读者阅读，下面以一个实际案例——螺母效果图来说明 AutoCAD 的基本绘图方法和书写方式。

案例效果如图 1-3-1 所示。

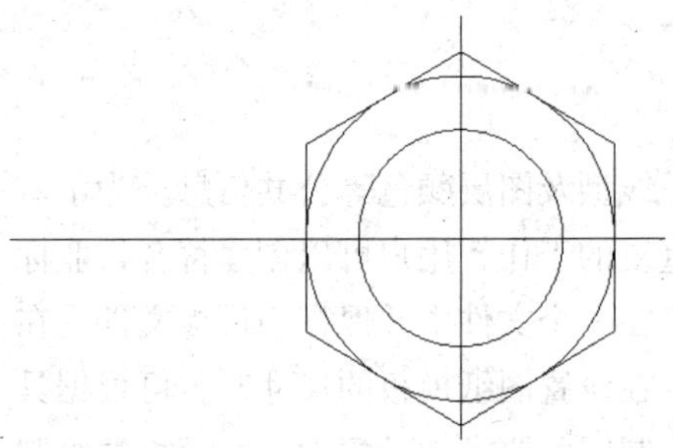

图 1-3-1

（1）启动 AutoCAD 2008，单击“标准”工具栏中的 （新建）按钮创建一个新的图形文件，当提示选择样板时，选择“acad.dwt”样板来创建新文件，单击（保存）按钮，将其命名为“螺母.dwg”并保存。

（2）设置绘图单位为“毫米”。

（3）单击“绘图”工具栏中的（构造线）按钮，命令行窗口中出现命令提示：

命令:_xline 指定点或[水平(H)/垂直(V)/角度(A)/二等分(B)/偏移(O)]:H ↵(绘制一条水平的构造线,按"Enter"键或"空格"键可以结束此命令)

（4）单击“绘图”工具栏中的（构造线）按钮，命令行窗口出现命令提示：

命令:_xline 指定点或[水平(H)/垂直(V)/角度(A)/二等分(B)/偏移(O)]:V ↵(绘制一条垂直的构造线,按"Enter"键或"空格"键可以结束此命令)

绘制构造线的效果如图 1-3-2 所示。

（5）单击“绘图”工具栏中的（圆）按钮，命令行窗口的命令提示如下。

命令:_circle 指定圆的圆心或[三点(3P)/两点(2P)/相切、相切、半径(T)]:
单击绘图窗口中两条构造线的交点,命令行窗口的命令提示如下。
指定圆的半径或[直径(D)]:
在命令栏输入:10 ↵,绘制出一个圆。

（6）再次单击“绘图”工具栏中的（圆）按钮，命令行窗口出现命令提示：

命令:_circle 指定圆的圆心或[三点(3P)/两点(2P)/相切、相切、半径(T)]:
用鼠标单击在绘图窗口中两条构造线的交点,命令行窗口出现命令提示:
指定圆的半径或[直径(D)]:

在命令栏输入：15 ↵，绘制第二个圆。绘制同心圆的效果如图 1-3-3 所示。

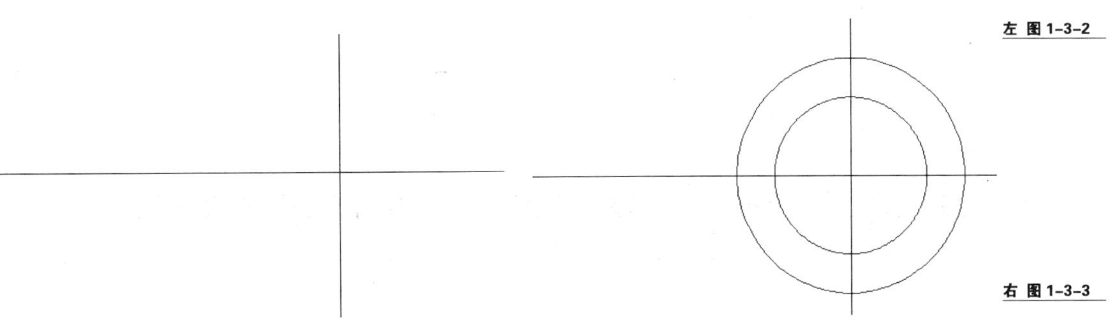

左 图 1-3-2

右 图 1-3-3

（7）单击“绘图”工具栏中的（正多边形）按钮，命令行窗口的命令提示如下。

命令:_polygon 输入边的数目<4>:
在命令栏输入:6 ↵。命令行窗口的命令提示如下。
指定正多边形的中心点或[边(E)]:
单击绘图窗口中两条构造线的交点,命令行窗口的命令提示如下。
输入选项[内接于圆(I)/外切于圆(C)]<I>:

在命令栏输入:C ↲。命令行窗口出现命令提示:
指定圆的半径:

单击水平构造线与外圆的交点。绘制效果如图 1-3-1 所示。

在 AutoCAD 中命令符号的表示方式如下。

① /(分隔符),分隔命令选项,括号中的大写字母表示命令缩写方式。
② < >(默认值),其中的值为默认值(系统自动赋予的初值,可重新输入或修改)或当前值。
③ ↲(回车符),表示确定某个命令操作时按下“Enter”键或“空格”键。
④ 要中途退出命令输入,可按“Esc”键,有的命令需要按两次“Esc”键。
⑤ 执行某命令后若对其结果不满意,可在“命令:”提示下输入“U”(放弃),即可退回到本次操作前的状态。
⑥ 执行完一条命令后直接按“Enter”键、“空格”键或单击鼠标右键,均可重复执行上一条命令。

思 考 练 习

1. 问答题

简述使用 AutoCAD 2008 绘图的基本流程。

2. 上机操作题

参照本节所学的知识,绘制一个图 1-3-4 所示的八边形。

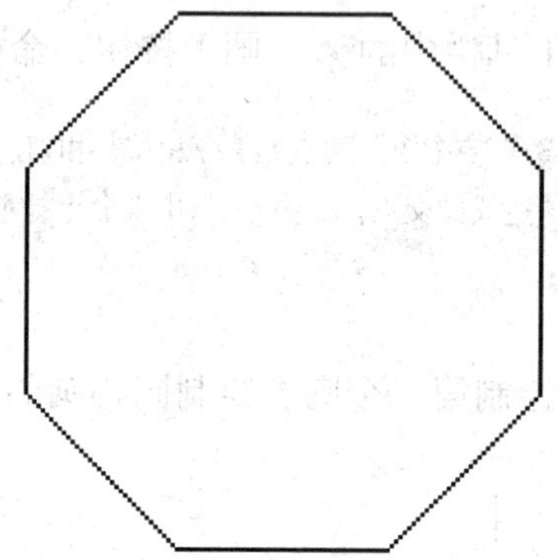

图 1-3-4

1.4 机械制图与建筑制图中常用件的绘制要求及画法

1.4.1 机械制图中常用件的绘制要求及画法

1. 零件图的内容

零件图是制造和检验零件时所用的图样。因此,图样中必须包括制造和检验该零件时所需要的全部资料,其具体内容如下。

(1)图形。用一组视图(包括正视图、剖视图、剖面图、局部放大图和简化画法等),

正确、完整、清晰、简便地表示出零件的结构形状。

（2）尺寸。用一组尺寸，正确、完整、清晰、合理地标注出零件的结构形状及其相互位置的大小。

（3）技术要求。用一些规定的符号、数字、字母和文字注解，简明、准确地给出零件在使用、制造和检验时应达到的技术要求（包括表面粗糙度、尺寸公差、形状和位置公差、表面处理和材料热处理的要求等）。

（4）标题栏。用标题栏明确地显示出零件的名称、材料、图样编号、比例、制图人与校核人的姓名以及日期等。

2. 零件的结构分析

零件的结构分析就是从设计要求和工艺要求出发，对零件的不同结构进行逐一分析。零件的结构分析主要有以下方面。

（1）零件是组成一部机器（或部件）的基本单元，它的结构形状、大小和技术要求是由设计要求和工艺要求决定的。

（2）从设计要求方面来看，零件在机器（或部件）中，可以起到支承、容纳、传动、配合、连接、安装、定位、密封和防松等其中的一项或几项功用，这是决定零件主要结构的根据。

（3）从工艺要求方面来看，为了使零件的毛坯制造、加工、测量以及装配和调整工作能进行得更顺利、方便，应设计出铸造圆角、拔模斜度、倒角等结构，这是决定零件局部结构的根据。

设计一个零件如此，观察和分析一个零件也是如此。通过对零件的结构分析，可对零件每一结构的功用加深认识。从而才能正确、完整、清晰和简便地表达出零件的结构形状；正确、清晰、完整与合理地标注出零件的尺寸和技术要求。

3. 主视图的选择

一般情况下，主视图是一组图形的核心。画图和看图时一般都从主视图开始。所以主视图选择得是否合理，直接关系到看图和画图是否方便。选择主视图时，应考虑以下两个方面。

（1）主视图的投影方向。主视图的投影方向能够反映出零件的形状特征，主要表现在该零件的主视图能清楚和大量地表达出该零件的结构特征，以及各结构形状之间的相互位置关系。

（2）零件主视图的位置。零件主视图的位置主要有如下两种。

① 零件的工作位置（或自然位置）。零件在机器上都有自己的工作位置，在选择主视图时，应尽量与零件的工作位置保持一致。

② 零件的加工位置。零件在制造过程中，特别是在机械加工时，要把它固定和夹紧在一定位置再进行加工。在选择视图时，应尽量选择与加工位置一致的主视图。这样在加工时，看图方便，可减少出现差错的几率。

4. 零件的机械加工结构

（1）倒角。铸件经机械加工后，铸造圆角被切去，出现了尖角。这时为了便于装配和保护装配面，一般做成倒角。

（2）退刀槽和越程槽。为了在切削加工时不至于使刀具损坏，并使刀具容易退出以及在装配时与相邻零件保持靠紧，常在加工表面的台肩处预先加工出退刀槽和越程槽。

（3）孔。零件上有各种不同形式和不同用途的孔，大多数是用钻头加工而成的。用钻头钻孔时，要求钻头尽量垂直于被钻孔的零件表面，以保证钻孔准确和避免钻头折断，同时还要保证工具能有最方便的工作条件。

（4）沉孔和凸台。为了保证零件间接触良好，零件上凡是与其他零件接触的表面一般都要被加工。但为了降低零件的制造费用，在设计零件时应尽量减少加工面。因此，在零件上常有凸台结构，而且凸台应在同一平面上，以保证加工方便。

有时也在零件的表面上，加工出沉孔（也叫鱼眼坑），以保证两零件间接触良好。

（5）滚花。为了防止操作时在零件表面上打滑，在某些手柄和圆头调整螺钉的头部常做出滚花。滚花有两种标准形式：直纹和网纹。

（6）螺纹。两零件常用螺纹连接。

（7）键槽。轴和轮类零件常带有键槽，通过键槽可以传递动力和运动。

5. 轴套类的作用与表达方案

轴一般是用来支承传动零件和传递动力的。套一般是装在轴上，起到轴向定位、传动或连接等作用。轴套类零件图的表达方案要求如下。

（1）轴套类零件一般在车床上加工，所以应按其形状特征和加工位置确定主视图。轴线横放，大头在左，小头在右，键槽、孔等结构可以朝前。轴套类零件的主要结构形状是回转体，一般只画一个主要视图。

（2）轴套类零件的其他结构形状，如键槽、退刀槽、越程槽和中心孔等结构可以用剖视图、剖面图、局部视图和局部放大图等加以补充。对形状简单且较长的零件还可以采用折断的方法表示，如两个剖面、A 向等。

（3）实心轴没有被剖开的必要，但轴上个别部分的内部结构形状可以采用局部剖视来表示。对于空心套则需要剖开表达它的内部结构形状，外部结构形状简单即可采用全剖视；外部较复杂的结构形状则用半剖视（或局部剖视）；内部简单的结构形状也可不剖或采用局部剖视。

6. 轴类零件图的尺寸标注

（1）轴类零件图的宽度方向和高度方向的主要基准是回转轴线，长度方向的主要基准是端面。

（2）轴类零件的主要形体是由同轴组成的，因而省略了定位尺寸。

（3）功能尺寸必须直接标注出来，其余尺寸按加工顺序标注。

（4）为了清晰和便于测量，在剖视图中，内外结构形状的尺寸要分开标注。

（5）零件上的标准结构（倒角、退刀槽、越程槽、键槽）较多时，应按该结构标准的尺寸标注。

7. 轴类零件图的技术要求

（1）有配合要求表面的表面粗糙度参数值较小；无配合要求表面的表面粗糙度参数值较大。

（2）有配合要求的轴颈尺寸公差等级较高、公差较小；无配合要求的轴颈尺寸公差等级较低或不需标注。

（3）有配合要求的轴颈和重要的端面应有形位公差的要求。

8. 齿轮的作用及种类

齿轮在机械传动中应用得非常广泛。它可以传递动力，改变运动速度和方向。齿轮常见的传动形式有以下几种。其中最常见的为圆柱齿轮。

（1）圆柱齿轮。用于两平行轴之间的传动。

（2）圆锥齿轮。用于两相交轴之间的传动。

（3）涡轮涡杆。用于两交叉轴之间的传动。

9. 圆柱齿轮的规定画法

齿轮部分如果按照真实投影来画相当复杂，也没有必要。国家标准（GB/T 4459.2—2003）对齿轮的画法做了如下规定。

（1）齿轮圆与齿轮线用粗实线绘制。

（2）分度圆与分度线用细点画线绘制（分度线应超出轮廓线 2～3mm）。

（3）齿根圆与齿根线用细实线绘制，也可省略不画。在剖视图中，齿根线用粗实线绘制。

（4）在剖视图中，当剖切平面通过齿轮的轴线时，齿轮一律按不剖视画出，齿轮的其他部分均按其真实投影画出。

10. 弹簧的作用及种类

弹簧是机械中常用的零件，具有转换作用，主要用于减震、测力、调节、压紧与复位等。弹簧的种类很多，常见的有圆柱压缩弹簧、板弹簧和平面涡卷弹簧等，其中圆柱压缩弹簧应用得最多。按所受载荷不同，圆柱压缩弹簧又分为压缩弹簧（Y 型）、拉伸弹簧（L 型）和扭转弹簧（N 型）3 种。

11. 普通圆柱螺旋压缩弹簧的规定画法

在国家标准（GB/T 4459.4—2003）中，对螺旋压缩弹簧的画法有如下规定。

（1）在平行于螺旋弹簧轴线投影面的视图中，其各圈的轮廓应画成直线。

（2）螺旋弹簧均可画成右旋，但对于左旋螺旋弹簧，不论画成左旋还是右旋，一律要标注旋向“左”字。

（3）如要求两端并紧磨平时，不论支承圈的圈数多少和末端贴紧情况如何，均按图 1-4-1（有效圈数为整数、支承圈为 2.5 圈）的形式绘制。必要时，也可按支承圈的实际结构绘制。

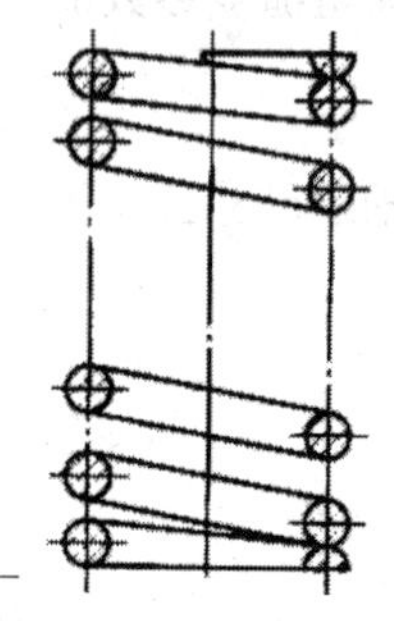
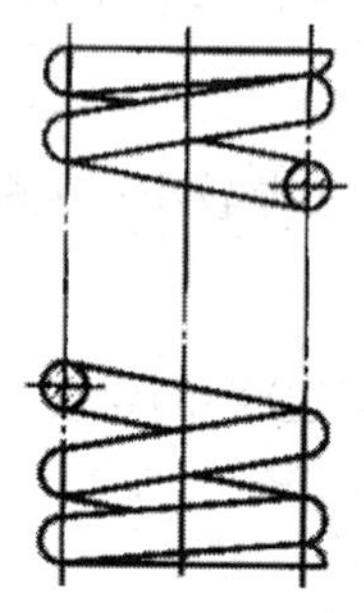

图 1-4-1

（4）有效圈数在 4 圈以上的螺旋弹簧，可以只画出两端的 1～2 圈（支承圈除外），中间部分省略不画，用通过弹簧钢丝中心的两条细点画线表示。圆柱螺旋弹簧中间部分省略后，可适当地缩短图形的长度。

（5）在装配图中，当弹簧材料直径或厚度在图样上等于或小于 2mm 时，允许用示意图绘制，其剖面也可涂黑表示。被弹簧挡住的结构一般不必画出。可见部分应从弹簧的外轮廓或从弹簧钢丝剖面的中心线画起。

12. 螺纹紧固件的作用

螺纹紧固件就是利用内、外螺纹的连接作用，来连接和紧固一些零部件。常用的螺纹紧固件有螺栓、螺钉、螺母和垫圈等。螺纹紧固件的结构、尺寸等都已标准化，在图样中只要画出螺纹紧固件的简单视图，标注主要尺寸，加上规定标记即可。标记可以用完整标记（螺栓 GB/T 5780—2000 M12 × 50），也可用简化标记（螺栓 GB/T 5780 M12 × 50）。

13. 螺纹连接的画法

（1）螺栓连接。螺栓是用来连接两个不太厚的且能钻成通孔的零件。为了防止损伤螺栓的螺纹，被连接的两个零件的孔都比螺栓稍大（孔径为 1.1d），螺栓上部套有垫圈，用以增大支撑面积和防止损伤零件表面。

（2）双头螺柱连接。螺柱的两端有螺纹，螺柱用于被连接的两个零件中，有一端的零件较厚且需经常拆卸。薄件上钻出稍大的孔，厚件上加工出螺纹孔，螺柱的一端（旋入端）全部旋入该螺孔内，一般不再旋出。

（3）螺钉连接。螺钉用于连接不经常拆卸、受力不大或被连接件较厚不便加工通孔的情况。螺钉根据头部的形状不同分为多种。连接时，一个零件应加工成稍大的光孔（孔径为 1.1d），并且应有与螺钉头部相配的结构；另一零件应加工成螺纹孔，螺纹孔的深度应大于旋入螺纹的长度。

14. 零件上的铸造结构

我们经常碰到的零件结构，多数是通过铸造和机械加工获得的，主要有以下结构。

（1）铸造圆角。为了满足铸造工艺的要求，防止砂型落砂，铸件产生裂纹和缩孔，在铸件各表面相交处都做成圆角而不做成尖角。圆角半径一般取壁厚的 0.2～0.4 倍。在同一铸件上圆角半径的种类应尽可能减少。

（2）拔模斜度。为了在铸造时，便于将木模从砂型中取出，在铸件的内外壁上常设计出拔模斜度。木模的拔模斜度常为 1°～3°；金属模的拔模斜度用手工造型时为 1°～2°，用机械造型时为 0.5°～1°。

在图上表达拔模斜度较小的零件时，如果在一个视图中已表达清楚，其他视图允许只按小端画出。有时，拔模斜度在图上也可以不画，而在图外用文字说明。

（3）铸件壁厚要均匀。为了保证铸件质量、防止产生缩孔和裂纹，铸件壁厚要均匀，并要避免突然改变壁厚和局部肥大现象。

（4）铸件各部分形状应尽量简化。为了便于制模、造型、清理、去除浇冒口和机械加工，铸件外形应尽可能平直，内壁也应减少凸起或分支部分。

15. 过渡线的画法

由于铸件上有圆角和拔模斜度存在，铸件表面上的相贯线就不是很明显了，这种线称为过渡线。过渡线的画法与相贯线的画法一样，先按没有圆角的情况求出相贯线的投影，然后画到理论上的交点处为止。

其他形式的过渡线的画法：当底板上表面与圆柱面相交，相交线如果处在大于或等于 60° 的位置时，过渡线按两端带小圆角的直线画出；当底板上表面与圆柱面相交，相交线如果处在小于 45° 的位置时，过渡线按两端不到头的直线画出。

16. 叉架类零件的作用与表达方案

叉架类零件包括各种用途的拔叉、连杆和支架等零件。拔叉主要用在机床、内燃机等各种机器的操纵机构上，拔叉的作用是操纵机器、调节速度。支架主要起支承和连接的作用。此类零件结构形状差别较大，结构不规则，外形较复杂。零件上常有弯曲或倾斜结构，以及肋板、轴孔、耳板、底板等，局部结构常有螺孔、沉孔、油孔、油槽等。其表达方法主要有以下几种。

（1）叉架类零件一般都是铸件或锻件毛坯，毛坯形状较为复杂，需经不同的机械加工，而加工位置难以分出主次。所以在选择主视图时，主要根据形状特征和工作位置（或自然位置）确定。

（2）叉架类零件的结构形状较为复杂，一般都需要两个以上的视图。由于此类零件的某些结构形状不平行于基本投影面，所以常常采用斜视图、斜剖视图和剖面图来表示。对零件上的一些内部结构形状可采用局部剖视来表示；对某些较小的结构，也可采用局部放大图来表示。

17. 叉架类零件图的尺寸标注

（1）叉架类零件的长度方向、宽度方向、高度方向的主要基准一般为孔的中心线、轴线、对称平面或较大的加工平面。

（2）定位尺寸较多，用户要注意能否保证定位的精度。一般要标注出孔中心线（或轴线）间的距离，或者孔中心线（或轴线）到平面的距离，或者平面到平面的距离。

（3）定形尺寸一般都采用形体分析法标注尺寸，以便于制作木模。一般情况下，内外结构形状要注意保持一致。拔模斜度、铸造圆角也要标注出来。

叉架类零件图的表面粗糙度、尺寸公差、形位公差没有特殊的要求。

18. 箱体类零件图的作用与表达方案

箱体类零件多为铸件，如减速箱的箱体、阀体、泵体等都属于箱体类零件。箱体类零件一般起支承、容纳、定位和密封等作用，结构形状最为复杂，而且加工位置变化也最多。其表达方法如下。

（1）箱体类零件多数经过较多工序制造而成，各工序的加工位置不尽相同，因而主视图主要按其形状特征和工作位置确定。

（2）箱体类零件一般都较复杂，常需要用 3 个以上的基本视图。其内部结构形状都采用剖视图表示。如果外部结构形状简单，内部结构形状复杂，且具有对称平面时，可采用半剖视图；果外部结构形状复杂，内部结构形状简单，且具有对称平面时，可采用局部剖视或用虚线表示，如果内外部结构形状都较复杂，且投影不重叠时，也可采用局部剖视；重叠时，外部结构形状和内部结构形状应分别表达；对局部的内外部结构形状可采用局部视图、局部削视和剖面来表示。

（3）箱体类零件投影关系复杂，常会出现截交线和相贯线，由于它们是铸件毛坯，所以经常会遇到过渡线，用户要认真分析。

19. 箱体类零件图的尺寸标注

（1）箱体类零件的长度方向、宽度方向、高度方向的主要基准也是孔的中心线、轴线、对称平面和较大的加工平面。

（2）箱体类零件的定位尺寸更多，各孔中心线（或轴线）间的距离一定要直接标注出来。

（3）定形尺寸仍用形体分析法标注。

20. 箱体类零件图的技术要求

（1）重要的箱体孔和表面的粗糙度参数值较小。

（2）重要的箱体孔和表面应该有尺寸公差和形位公差的要求。

21. 轴测图的分类

轴测图按轴测投射方向与轴测投影面是否垂直，可分为正轴轴测图和斜轴测图两大类。

根据轴向伸缩系数的不同，这两类轴测图又可分为以下 3 种。本章主要介绍正等周测图的绘制。

（1）投射方向 S 垂直于投影面 P（p = q = r），简称正等轴测图。

（2）投射方向 S 垂直于投影面 P（p = r = 2q），简称正二轴测图。

（3）投射方向 S 斜顷于投影面 P（p = r = 2q），简称斜二轴测图。

22. 等轴测平面

（1）轴测投影的视线与长方体的对角线共线，用户的视线相对于基础平面为 45°，并向上与基础平面成 45°，长方体仅有 3 个面可见。等轴测图形从特定的视点模拟三维对象。尽管等轴测图形看似三维图形，但它实际是二维图形。因此，不能在视图中提取三维距离和面积，也不能从不同视口显示对象或自动删除消隐线。

（2）如果捕捉角度是 0，那么等轴测平面的轴是 30°、90°和 150°。将捕捉样式设置为“等轴测”后，可以在 3 个平面中的任何一个平面上工作，每个平面都有一对关联轴。其中左视图的捕捉和栅格沿 90°和 150°轴对齐；俯视图的捕捉和栅格沿 30°和 150°轴对齐；右视图的捕捉和栅格沿 30°和 90°轴对齐。

（3）选择 3 个等轴测平面中的一个将导致“正交”和十字光标沿相应的等轴测轴对齐。例如，打开“正交”模式时，指定点将沿正在上面绘图的模拟平面对齐。因此，可以先绘制上平面，然后切换到左平面绘制另一侧，接着再切换到右平面完成图形绘制。

（4）连续按下“F5”快捷键或“Ctrl+E”组合键，即可轮流在“等轴测平面 上”、“等轴测平面 左”和“等轴测平面 右”3 种视图方式之间切换。

23. 装配图的要求

由于装配图和零件图所表达的重点不同，因此，国家标准对装配图还提出了一些规定画法和特殊表达方法。

（1）相邻两零件的接触面画一条线表示，而非接触面，不论间隙多小，均画两条线，并留有间隙。

（2）相邻两零件的剖面线方向应相反或方向一致，但间隔不同。在同一装配图的不同视图中，同一零件的剖面线方向相同、间隔相等。在图样中，宽度等于或小于 2mm 的狭小剖面，可用涂黑代替剖面。

（3）对于螺纹紧固件以及轴、连杆、手柄、球、键、销等实心零件，若剖切平面通过其轴线或对称平面时，则这些零件按不剖切时绘制。如需特别表明零件的构造，如键槽、销孔等，则可用局部剖视来表示。

24. 装配图的内容

表示一台机器或部件的工作原理和各零件之间的装配、连接关系以及技术要求的图样称为装配图。一张完整的装配图应具有以下内容。

（1）一组视图。用一组视图来表示机器或部件的工作原理，零件间的装配关系、连接方式和零件的主要结构形状等。

（2）必要的尺寸。注明机器或部件的规格、特征以及装配、检验、安装时所需要的尺寸。

（3）技术要求。说明机器或部件在装配、调试、检验、安装时所要达到的技术要求。

（4）零件编号、明细栏和标题栏。说明机器或部件及其所包括的零件的序号、名称、材料、数量、比例以及设计者、审核者的签名等。

25. 装配图的画法

装配图以表达部件或机器的工作原理和各零件间的装配关系（包括连接关系）为主，因此，它有一些不同于零件图的规定画法和特殊画法。

（1）接触面与配合面的画法。接触面与配合面用一条轮廓线表示，不可画成两条线或一条加粗的实线。但当两相邻零件间要保留空隙时，即使其间隙很小，也必须用两条线表示。

（2）剖面线的画法。

- 在装配图中，相互邻接的金属零件的剖面线，其倾斜方向应相反。
- 同一零件的剖面线在各视图中应保持间隔一致，方向相同。
- 当 3 个零件相互相邻时，应把其中两个零件的剖面线画成相反方向，并改变第三个零件剖面线的间隔，且第三个零件的剖面线要与另两个零件中与其方向相同的剖面线错开。
- 薄片零件（如垫片等）可涂黑。

（3）实心杆件和某些紧固件的画法。在剖视图中，若剖切平面通过实心杆件（如轴、手柄、连杆、球、键和销等）和某些紧固件（如螺母、螺栓、垫圈等）的基本轴线时，则这些零件都按不剖切处理，只画出其外形即可。

（4）拆卸画法。为了表达被遮挡的装配关系或其他零件，可假想拆去一个或几个零件，只画出所要表达部分的视图，这种方法称为拆卸画法。

（5）沿结合面剖切画法。为了表达零件的内部结构，可采用沿结合面剖切的画法。零件的结合面不画剖面线，被剖切的零件一般都应画出剖面线。

（6）单独表达某个零件。为了单独表达某个零件的主要结构，可单独画出该零件的某一视图。

（7）夸大画法。遇到薄片零件、细丝弹簧、微小间隙时，无法按实际尺寸画出，虽能画出但不能明确表达其结构时（如圆锥销、锥销孔的锥度甚小），均采取夸大画法，即把垫圈片厚度、簧丝直径、微小间隙以及锥度等适当夸大画出。

（8）假想画法。在装配图中，可用双点画线画出某些零件的外形。例如，机器或部件中某些运动零件的极限位置或中间位置可用双点画线画出其轮廓。在表示与本部件有装配关系，但又不与本部件相邻的其他零部件时，也可采用假想画法，用双点画线画出有关零件的投影轮廓。

（9）展开画法。在表达某些重叠装配关系，如多级传动变速箱时，为了表示齿轮的传动顺序和装配关系，假想将空间轴系按传动顺序展开在一个平面上，画成剖视图，这种画法称为展开画法。

（10）简化画法。对于装配图中螺栓连接等若干相同的零件组，可只详细地画出一组或几组，其余的只用点画线表示出中心位置。

在装配图中，当剖切平面通过的某些部件为标准产品或该部件已由其他图形表示清楚时，可按不剖切绘制。

在装配图中表示滚动轴承时，允许只画出对称图形的一半，另一半仅画出轮廓，并用粗实线画出滚子的示意图。

在装配图中，零件的工艺结构如小圆角、倒角、退刀槽等可不画出。

1.4.2 建筑制图中常用件的绘制要求及画法

1. 建筑绘图基本原则

（1）建筑绘图的长度单位为“mm”。标高的单位为“m”

（2）建筑绘图的长、宽应以 300 为模数，高度以 100 为模数。

（3）外墙的宽度一般为 240mm 或 360mm，非承重墙为 120mm。

（4）一般楼梯间的宽度为 2 400mm 或 2 700mm。台阶高度一般为 150mm，宽为 300mm。扶手的高度为 900mm。

（5）阳台栏杆的高为 1 100mm，窗台的高为 900mm。

（6）窗的宽一般为 300 的整倍数，房间门宽一般为 900mm，入口防盗门的宽度为 1 000mm，卫生间和厨房门的宽度为 650～700mm。

2. 建筑平面图

（1）建筑平面图是反映建筑内部合作功能、建筑内外空间关系、交通联系、建筑设备、室内装饰布置、空间流线组织及建筑结构形式等最直观的手段，它是立面、剖面及三维模型和透视图的基础。

（2）建筑空间的划分绝大部分是用墙体来组织的，在砖混结构体系中，墙体更是承重体系，在高层建筑中，剪力墙不但要承重，还要抵抗水平推力。墙体设计是根据平面功能和轴网来布置的。墙体设计的主要任务是对总体设计的单体模型外轮廓进行调整和具体化，绘制出建筑的外围护墙，补充绘制内部墙体。

（3）在一般情况下，绘制建筑平面图都从轴线开始，因为轴线是建筑物尺寸和模数的基准。而墙体则是在轴线确定后，以轴线尺寸为依据生成的。

3. 建筑立面图的应用和设计

（1）建筑立面图的应用。建筑立面图一般包括立面图的平面图素、墙线、门窗等其他装饰部件。对于单个建筑设计而言，一栋建筑外观设计的好坏取决于建筑的立面设计。建筑立面图则是反映建筑外部空间关系：门窗位置、形式与开启方式，室外装饰布置及建筑结构形式等最直观的手段，它是三维模型和透视图的基础。

一栋建筑根据观察方向的不同有几个方向的立面图，而立面图的绘制是建立在建筑平面图的基础上的，它的尺寸在宽度方向受建筑平面的约束，而高度方向的尺寸则由每一层的建筑层高及建筑部件在高度方向的位置确定。

在立面设计中，上一层立面总是基于下一层平面的外墙轮廓，因此，在完成第一层平面设计后，可以将其复制再进行修改得到二、三、四乃至其他层的立面。

（2）建筑立面的设计。建筑立面设计可分为方案设计、初步设计和施工图设计 3 个阶段。

① 方案设计阶段的立面图一般根据平面图设计方案，在完成草图后再用计算机绘图。方案设计阶段的立面图表达的内容比较简单，主要包括墙体、门窗、阳台、雨篷、踏步等建筑部件的大体外观和位置，确定各部件的初步尺寸，这些尺寸可以不必十分精确。

② 初步设计阶段的建筑立面设计以方案设计阶段的立面图、城市规划要求及总体初步方案为根据，对单体建筑立面设计进行具体化。与方案设计阶段的立面图相比，初步设计阶段的建筑立面设计的尺寸应该基本准确，可以标注水平尺寸和标高。门窗的外观要能比较准确地表示，墙体外轮廓需画粗线，其他装饰部件也必须准确表示。

③ 建筑立面施工图必须表明建筑各部分的位置、构造、材料、尺寸、细部节点，文本说明也要十分详尽，要注明建筑所采用的标准图集号或做法。建筑设计的绘制顺序没有标准，在传统的手工绘图中，一般是在完成建筑平面施工图的绘制后进行立面图的绘制。否则，建筑平面施工图的修改将给其他图纸的修改带来巨大的工作量。但在运用 AutoCAD 辅助建筑设计的过程中，则可完全打破这一束缚，可以利用 AutoCAD 便于修改的强大优势任意选定某一类图纸进行设计作图。

（3）绘制立面图的两种基本方法。

① 各向独立绘制立面图。传统立面图的绘制方法是基于手工绘图的 AutoCAD 方法。该绘制方法必须先绘制建筑平面图。这种立面图绘制方法如同手工绘图，即直接调用平面图，关闭不要的图层，删除一些不必要的图素，根据平面图某方向的外墙、外门窗等的位置和尺寸，按照“长相等、高平齐、宽对正”的原则直接用 AutoCAD 绘图命令绘制某方向的建筑立面投影图。在绘制时，可以用“直线”和“偏移”命令绘制一些辅助线帮助精确定位。这种绘图方法简单、直观、准确，是最基本的作图方法，犹如手工绘制图形，能体现出计算机绘图定位准确、修改方便的优势，但它产生的立面图是彼此分离的，不同方向的立面图必须独立绘制。

② 模型投影法。模型投影法方法是利用 AutoCAD 建模准确、“消隐”迅速的优势，

先建立建筑的三维模型（可以是建筑物外表的三维模型，也可以是实体模型），然后通过选择不同视点观察模型并进行“消隐”处理，得到不同方向的建筑立面图。这种方法的优点是能直接从三维模型上提取二维立面信息，一旦完成建模工作，就可以得到任意方向的建筑立面图。可在此基础上作必要的补充和修改，生成不同视点的室外三维透视图。很多专业的 CAD 软件就是采用这种方法生成图形的。具体做法是将关闭了无用图层，删除不必要图素后的层建筑平面图组合起来，根据平面图的外墙、外门窗等的位置和尺寸，构造建筑物表面三维模型或实体模型。一般为了减小三维模型的数据量，只需建立建筑的所有外墙和屋顶表面模型即可。

（4）绘制立面图的要素。

① 建筑设计中，平面决定立面。但建筑立面施工图并不需要反映建筑内部墙、门窗、家具、设备、楼梯等构件以及平面图中的文本标注等，而且过多的标注和构件还会影响三维图形的绘制和观察。因此，在进行三维图形的绘制之前，应首先将这些无关图形删除或关闭。

② 作为立面生成基础的平面图中需保留的构件只有外墙、台阶、雨篷、阳台、室外楼梯、外墙上的门窗、花台、散水等。如果用户在绘制建筑平面施工图时，设置了绘图图层，则可用分层删除的方法删除无关图层。例如，用“层”命令锁定和冻结墙线、门窗、台阶、阳台、楼梯等有用图层，然后用“删除”命令删除其他无关图层。

③ 若建筑物每层变化不大，可以选择一层或标准层平面作为生成立面的基础平面，但若建筑物的形体起伏变化较大，各层平面差别较大，如高层建筑物裙楼、塔楼、楼顶层等就必须每层分开处理，分别利用各层生成立面，然后加以拼接、调整，完成整体立画图。

④ 以上一步得到的平面图为基础，依据建筑的外墙尺寸和层高，生成外墙立面，然后以平面图为基础，绘制平面图中有起伏转折的部分墙体；依据屋顶形式和女儿墙的高度（一般上人屋面女儿墙的高度为 900～1 200mm，非上人屋面女儿墙的高度为 500～600mm，单个屋顶和坡屋顶没有女儿墙），生成屋顶立面。

⑤ 绘制墙体可以以轴线为参考，用“直线”、“多段线”、“偏移”等命令绘制。在绘制墙体时，可以单独为外墙设置绘图环境，打开“轴线层”和“墙体层”，设定栅格间距和光标捕捉模数为 100（因为建筑设计规范规定建筑立面的模数一般为 100mm），并打开捕捉功能和正交模式。

4. 绘制墙线的方法与技巧

（1）应依据建筑门窗的形式和尺寸、门窗离地面的高度绘制立面门窗。门窗的大小、高度应符合建筑模数，一般门窗的尺寸都有一定的规定，如普通门的高度为 2m，入口防盗门的宽度为 1m，高窗底框的高度应在 1.5m 以上，一般窗户底框的高度为 0.9m。门的宽度、高度及门的立面形式是根据门平面的位置和尺寸、人流量而决定的；窗的大小和类型由窗平面的位置和尺寸、房间的采光要求、使用功能及建筑造型确定。

（2）在工程项目的设计中，建筑师应该尽量减少门窗的种类和数量。在用 AutoCAD

绘制门窗时，最佳办法是先根据不同种类的门窗制作一些标准立面门和窗块，在需要时根据实际尺寸按比例缩放插入，或直接调用建筑专业图库的图形。

（3）绘制好立面墙体和门窗后，可依据台阶、雨篷、阳台、室外楼梯、花台等建筑部件的具体平面位置和高度绘制其立面形状，依据装饰方案绘制特殊的装饰部件。在绘制这些部件时，需要注意这些部件的平面位置和高度方向。

5. 剖面图的应用和构成

（1）剖面图的应用。对于单体建筑设计而言，一栋建筑仅仅只有平面图和立面图是难以准确表达其整体构造的。例如，楼梯的构造、梁柱的结构和室内门窗、装饰部件的布置等只有用剖面图才能表达清楚。

建筑剖面图是反映建筑外部空间关系和室内门窗、室内装饰部件、楼梯及室内特殊构造的有效手段。绘制建筑剖面图的目的是表达建筑物内部空间及构造。建筑剖面图是假设剖切平面沿指定位置将建筑物切成两部分，并沿剖视方向进行平行投影得到的平面图形。

在绘制剖面图前，需先确定剖切位置及方向，剖切位置及方向一般设在最能表达建筑空间位置及构造的部位，如主要楼梯部位。一般应有一个图通过建筑的主要楼梯以表达建筑的立体交通关系。

（2）剖面图的构成。剖面图中被剖切的部分主要有楼梯（电梯）、墙体、楼板、天棚、门窗、屋面等，以及未剖切到但可看到的门、窗及其他可见墙体、梁、柱等构件轮廓，这些部分都可用“直线”、“多段线”、“圆弧”等命令绘制完成。

在绘制剖面图中，平面、立面决定剖面。作为剖面生成基础的平面图和立面图中需保留的构件有沿剖视方向剖切到的外墙、台阶、雨篷、阳台、楼梯、门窗、花台、散水及屋顶等。

若建筑物每层变化不大，可以选择一层或标准层平面作为生成剖面的基础平面，但若建筑物的形体起伏变化较大，各层平面差别较大，如高层建筑物裙楼、塔楼、楼顶层等就必须每层分开处理，分别利用各部分生成剖面，然后加以拼接、调整完成整体剖面图。

6. 墙体剖面

（1）以平面图和立面图为基础，依据建筑的外墙尺寸和层高，生成外墙剖面（一般外墙轮廓线为粗实线，各层连接处不能断开），然后以平面图为基础绘制平面图中沿剖视方向未剖切到但能看到的部分墙体。

（2）依据屋顶形式和女儿墙的高度，生成屋顶剖面。在绘制剖面墙体时应注意，墙体是有宽度的，一般外墙宽度为 240mm 或 360mm，因此，在绘制时剖切到的外墙应向定位轴线外偏移 120mm 或 180mm。

（3）在剖面设计中，上一层剖面的墙体基本上是基于下一层平面的外墙轮廓，因此，在完成第一层平面后，可以将其复制后进行修改得到第二、三、四乃至其他层的剖面。墙轮廓线有规律地重复出现时可用复制工具，如“复制”、“阵列”、“镜像”、“偏移”等快速绘制大量复制有规律排列的墙线。

7. 门窗与楼梯剖面

（1）在用 AutoCAD 绘制门窗时，最佳办法是事先根据不同种类的门窗制作一些标准立面门和窗块，在需要时根据实际尺寸指定比例缩放插入，或直接调用建筑专业图库的图形。

（2）由于剖面图表现的重点是主要楼梯，所以楼梯剖切到的部分有梯段、楼梯平台、栏杆等。按制图规范，剖切到的梯段和楼梯平台以粗实线表示，能观察到但未被剖切到的梯段和楼梯栏杆等用细实线绘制。如果绘图比例较大，剖切到的梯段和楼梯下台中间应填充材质，因此可以根据出图比例指定宽度。

（3）如果每一个楼梯段的踏步都重复绘制的话，速度太慢，可以先绘制一个踏步，然后用“阵列”命令沿 *Y* 轴方向阵列，完成踏步剖切线后，再用“直线”命令绘制出楼梯平台及踏步另一侧的下沿轮廓线，最后用“图案填充”命令填充剖切部分材质。

（4）如在第一层以上仍有楼梯，可用“阵列”或“多重复制”的方式完成，然后对不符合要求的部分作适当调整和修改即可。

（5）绘制好剖面墙体和门窗后，就可依据台阶、雨篷、阳台、楼梯、花台、散水等建筑部件的具体平面位置和高度绘制其立面形状，然后依据装饰方案绘制装饰部件。在绘制这些部件时，需要注意这些部件在平面的位置和高度方向的位置。

8. 建筑总图的绘制

（1）地形图的绘制。

① 建筑设计一般从设计建筑总平面图开始，总平面图的内容主要包括原有地形、地貌、地物、原有建筑物、构筑物、建筑红线、用地红线、建筑道路、绿化与环境规划、建筑小品及新建建筑等。

② 作为施工图纸，还应该有大地标高定位点、经纬度、指北针、尺寸标注、标高标注、层数标注以及设计说明等辅助说明图素。

③ 任何建筑都是基于甲方提供的地形现状图进行设计的，在进行设计之前，设计师需要先绘制地形现状图。总平面图中的地形现状图的输入，依据具体条件的不同，方法也不尽相同，一般分 3 种：第一种是高低起伏不大的地形，叫“近似地看作平地”，用简单的绘图命令即可完成；第二种是较复杂的地形，尤其是高低起伏较大的地形，应用“直线”、“多段线”、“圆弧”等命令绘制等高线或网格形体；第三种是特别复杂的地形，可以用扫描仪扫描为光栅文件，然后用“XREF”命令进行外部引用，也可直接用数字化仪输入为矢量文件。

（2）地物的绘制。

① 现状图中的地物通常用简单的二维绘图命令按相应规范绘制即可。这些地物主要包

括铁路、道路、地下管线、河流、桥梁、绿化、湖泊、雕塑等。

② 在建筑设计中有两种红线：建筑红线和用地红线。用地红线是主管部门或城市规划部门依据城市建设总体规划要求确定的可使用的用地范围；建筑红线是拟建建筑应摆放在该用地范围中的位置，新建建筑不可超出建筑红线。用地红线一般用点画线绘制，建筑红线一般用粗虚线绘制，它一般由比较简单的直线或弧线组成，颜色一般设为红色，因此，要用指定线型绘制。

③ 建筑用地是根据城市道路骨架和城市规划骨架以及其他建筑用地划分的，因此，用地红线和建筑红线与周边道路、建筑等往往平行，可用“OFFSET”命令偏移规定距离后再修改其颜色和线型。

（3）辅助图素的绘制。

总平面设计中的辅助图素（如大地坐标、经纬度、绝对标高、特征点标高、指北针等）可用尺寸标注、文本标注等方式标注或调用图块。由于这些数值或参数是施工设计和施工放样的主要参考标准，因此，设计绘图中应注意绘制精确、定位准确。

思 考 练 习

问答题

（1）简述零件的机械加工结构。

（2）简述箱体类零件图的作用与表达方案。

（3）装配图的内容有哪些？

（4）简述装配图的画法。

（5）简述剖面图的应用。

（6）简述剖面图的构成。

（7）设计建筑总平面图时应该注意哪些问题？

第2章 二维平面图形的绘制

学习目标：掌握基本的二维绘图命令及二维平面图形的绘制，能熟练地绘制点、直线、矩形、圆、椭圆、多边形等基本图形并在此基础上绘制圆环、圆弧、椭圆弧、多段线、构造线等平面图形。掌握在鼠标操作及命令模式下绘制平面图形的方法。另外，还通过实例的制作，掌握绘制二维平面图形的基本操作方法和技巧。

不管是制造业还是建筑领域的图形都可以分解成简单的点、线、面、多边形等基本图形。只要熟练掌握这些基本图形的绘制方法，就可以很快绘制出各种复杂的图形。

2.1 绘制基本图形

2.1.1 直线、矩形、椭圆、多边形、圆环、椭圆弧、多段线等图形的绘制

1. 直线的绘制

AutoCAD 中提供了多种绘制基本线的命令，包括“直线”、“构造线”、“射线”、“多线”、“多段线”、“三维多段线”命令。除了熟练掌握这些画线命令外，为了更精确地绘制图形，还可以利用第 1 章介绍的正交捕捉模式、对象捕捉模式等绘图辅助功能来实现图形位置的快速定位，使用鼠标绘制输入坐标或命令行窗口输入参数的方式来绘图。

直线命令用于绘制一系列连续的直线段，每条直线段作为一个图形对象来处理。基本直线的绘制非常简单，选择 ⁄（直线）按钮后，在图形窗口中按住鼠标左键，确定直线起点与终点或起点与线段长度即可完成直线的绘制。

在绘图工具栏中选择 ⁄（直线）按钮，在图形窗口中指定线段第 1 个点的位置。向右水平移动鼠标，在显示的提示信息栏中输入线段的长度值，按“Enter”键或“空格”键可以确定线段，最后按“Esc”键退出命令。

使用鼠标及提示信息栏绘制直线的方法如图 2-1-1 所示。

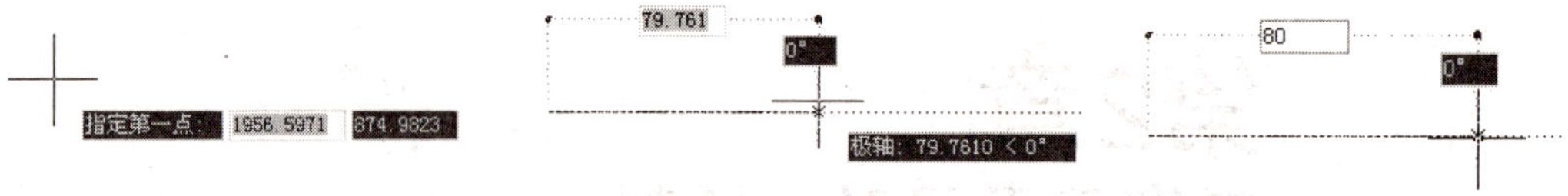

指定第一点: 1956.5971 874.9823

79.761 0° 极轴: 79.7610 < 0°

80 0°

图 2-1-1

在使用（直线）按钮绘制线段的过程中，命令行窗口的命令提示如下。

```
命令:_line 指定第一点:
指定下一点或[放弃(U)]:
指定下一点或[闭合(C)/放弃(U)]:
```

可以在命令行窗口中输入点的坐标或用鼠标直接指定端点。这样就可以绘制一系列连续的直线段，每条直线段都是一个独立的对象。按“Enter”键或“空格”键可以结束直线的绘制。

在命令行窗口中的命令提示中出现的“闭合”选项，用于在绘制一系列直线段（两条或两条以上）后，将这些直线段首尾闭合。

在命令行窗口中的命令提示中出现“放弃”选项，用于删除最新绘制的线段，多次按“U”键，可按绘制顺序的逆序逐个删除线段。

示例：使用在命令行窗口输入参数的方式绘制图 2-1-2 所示的闭合直线段。

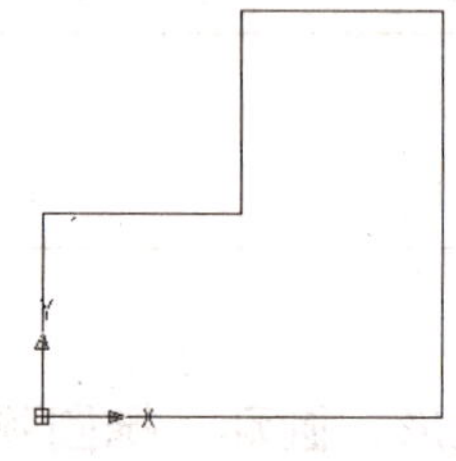

图 2-1-2

单击“绘图”工具栏中的（直线）按钮，命令行窗口的命令提示如下。

```
命令:_line 指定第一点:0,0↵
指定下一点或[放弃(U)]:0,10↵
指定下一点或[放弃(U)]:10,10↵
指定下一点或[放弃(U)]:10,20↵
指定下一点或[放弃(U)]:20,20↵
指定下一点或[放弃(U)]:20, 0↵
指定下一点或[放弃(U)]:C↵
```

2. 矩形与正多边形的绘制

（1）矩形的绘制。在 AutoCAD 中，矩形是最常用的基本图形之一，用户可以通过指定矩形的两个对角点来绘制矩形，也可以指定矩形面积和长度或宽度来绘制图形。

单击“绘图”工具栏中的（矩形）按钮，命令行窗口的命令提示如下。

```
指定第 1 个角点或[倒角(C)/标高(E)/圆角(F)/厚度(T)/宽度(W)]:(指定第 1 点 P1)
指定另一个角点或[面积(A)/尺寸(D)/旋转(R)]:(指定第 2 点 P2)
```

绘制出的矩形如图 2-1-3 所示。

图 2-1-3

绘制矩形还可以使用设置长宽的方法来实现。单击“绘图”工具栏中的▭（矩形）按钮，在绘图区确定矩形的第 1 个点后，命令行窗口的命令提示如下。

```
指定另一个角点或[面积(A)/尺寸(D)/旋转(R)]:D↵ (转换为尺寸模式)
指定矩形的长度:(输入矩形的长度值)
指定矩形的宽度:(输入矩形的宽度值)
```

在绘制矩形时，通过命令行窗口的矩形命令提示可以看到绘制矩形还可以使用设置矩形面积和倾斜角度的方法，读者可以自行练习。

在绘制矩形前，还可以使用一些命令来绘制特殊矩形，如倒角矩形、圆角矩形及带宽边的矩形等。特殊矩形命令及实现方法见表 2-1。

表 2-1 特殊矩形命令表

矩 形 类 型	输 入 命 令	实 现 方 法
倒角矩形	C	输入 C，设置第 1 和第 2 倒角距离
圆角矩形	F	输入 F，设置矩形圆角半径
宽边矩形	W	输入 W，设置线宽
厚度矩形	T	输入 T，设置矩形的厚度（要改变方向才可看到）
标高矩形	E	输入 E，设置与 XY 平面的距离

示例：绘制倒角矩形及宽边圆角矩形。

使用“绘图”工具栏中的▭（矩形）按钮，按照命令行窗口的提示，绘制一个倒角矩形和宽边圆角矩形，其效果分别如图 2-1-4 和图 2-1-5 所示。

左 图 2-1-4

右 图 2-1-5

绘制倒角矩形时命令行窗口中的命令提示如下。

```
命令:_RECTANG↵
指定第 1 个角点或[倒角(C)/标高(E)/圆角(F)/厚度(T)/宽度(W)]:C↵(输入倒角选项)
指定矩形的倒角半径<20>:5↵(输入倒角半径值)
```

```
指定第 1 个角点或[倒角(C)/标高(E)/圆角(F)/厚度(T)/宽度(W)]:(指定第 1 个点)
指定另一个角点或[尺寸(D)]:@60,25↵(输入长宽值)
```

绘制宽边圆角矩形时命令行窗口中的命令提示如下。

```
命令:_RECTANG↵
指定第 1 个角点或[倒角(C)/标高(E)/圆角(F)/厚度(T)/宽度(W)]:F↵(输入圆角选项)
指定矩形的第 1 个倒角距离<0>:6↵(输入圆角半径值)
指定第 1 个角点或[倒角(C)/标高(E)/圆角(F)/厚度(T)/宽度(W)]:W↵(输入宽度选项)
指定矩形的线宽<0>:1↵(输入线宽值)
指定第 1 个角点或[倒角(C)/标高(E)/圆角(F)/厚度(T)/宽度(W)]: (指定第 1 个点)
指定另 1 个角点或[尺寸(D)]:@65,25↵(输入长宽值)
```

（2）正多边形的绘制。利用 AutoCAD 提供的绘制正多边形命令，可以绘制具有 3～1024 条边的正多边形，多边形是一个独立对象。用此命令可以很方便地绘制正方形，正六边形等。

在命令行窗口输入参数绘制正多边形的方法如下。

单击“绘图”工具栏中的 ⬠（正多边形）按钮，命令行窗口的命令提示如下。

```
命令:_polygon 输入边的数目<4>:
```

在命令行输入多边形边数。命令行窗口的命令提示如下。

```
指定正多边形的中心点或[边(E)]:
```

在绘图窗口中单击指定正多边形的中心点，命令行窗口的命令提示如下。

```
输入选项[内接于圆(I)/外切于圆(C)]<I>:
```

在命令行输入“I”或“C”，按“Enter”键。命令行窗口的命令提示如下。

```
指定圆的半径:
```

在命令行中输入与要绘制的正多边形内接或外切的圆的半径。

可以使用多种方法创建正多边形。

① 如果已知正多边形的中心与每条边（内接）端点之间的距离，则可以指定与其内接的圆的半径。

② 如果已知正多边形的中心与每条边(外切)中点之间的距离，则指定与其外切的圆的半径。

③ 指定边的长度和放置边的位置。

示例：绘制图 2-1-6 所示的正六边形。

单击“绘图”工具栏中的 ⬠（正多边形）

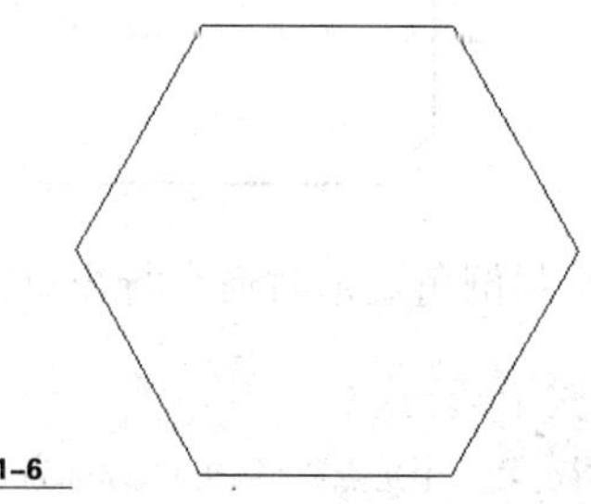

图 2-1-6

按钮，命令行窗口的命令提示如下。

```
命令:_polygon 输入边的数目<4>:6↵
指定正多边形的中心点或[边(E)]:(用鼠标在绘图窗口中任意取一点为中心点)
输入选项[内接于圆(I)/外切于圆(C)]<I>:(可忽略此步骤,直接按"Enter"键)
指定圆的半径:10↵
```

3. 圆、圆弧与圆环的绘制

（1）圆的绘制。绘制圆的方法有多种，AutoCAD 2008 中的默认方法是指定圆心和半径来绘制圆。绘制圆也可以用指定圆心和直径、用两点定义直径、用三点定义圆周等方法。另外，还可以根据与其他已知圆的相切关系来绘制圆，这些方法与“绘图”→“圆”子菜单中的命令相对应。

单击“绘图”→“圆”菜单命令中的子命令，可以选择各种方式绘制圆，使用各种方法绘制的各种圆的效果，如图 2-1-7 所示。

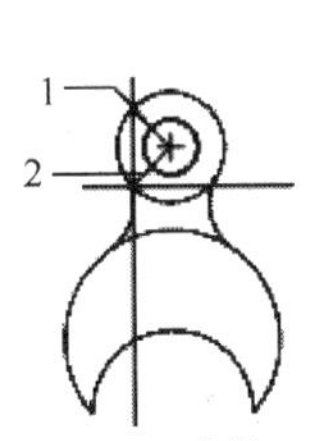

圆心、半径

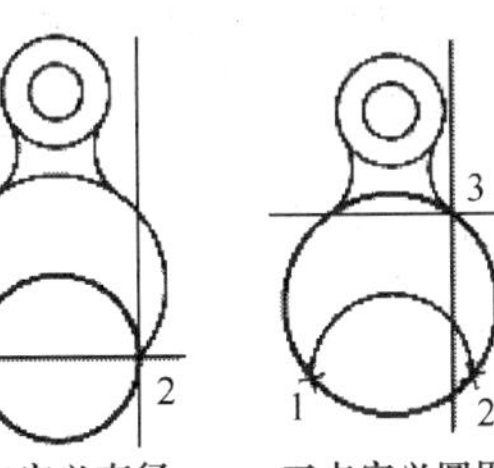

两点定义直径　三点定义圆周

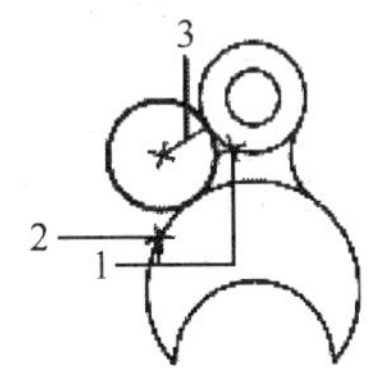

切点、切点、半径

图 2-1-7

在命令行窗口输入参数来绘制圆的方法如下。

单击“绘图”工具栏中的⊙（圆）按钮，命令行窗口的命令提示如下。

```
命令:_circle 指定圆的圆心或[三点(3P)/两点(2P)/相切、相切、半径(T)]:
```

① 以圆心方式绘制圆。单击绘图工具栏中的⊙（圆）按钮，命令行窗口的命令提示如下。

```
命令:_circle 指定圆的圆心或[三点(3P)/两点(2P)/相切、相切、半径(T)]:
```

在命令行输入圆心的坐标，命令行窗口的命令提示如下。

```
指定圆的半径:
```

在命令行输入要绘制的圆的半径即可画出圆。

② 以三点方式绘制圆。单击“绘图”工具栏中的⊙（圆）按钮，命令行窗口的命令提示如下。

```
命令:_circle 指定圆的圆心或[三点(3P)/两点(2P)/相切、相切、半径(T)]:
```

在命令行输入：3P。命令行窗口的命令提示如下。

```
指定圆上的第 1 个点:(指定点 1)
指定圆上的第 2 个点:(指定点 2)
指定圆上的第 3 个点:(指定点 3)
```

③ 以二点方式绘制圆。单击“绘图”工具栏中的 （圆）按钮，命令行窗口的命令提示如下。

```
命令:_circle 指定圆的圆心或[三点(3P)/两点(2P)/相切、相切、半径(T)]:
```

在命令行输入“2P”。命令行窗口的命令提示如下。

```
指定圆上的第 1 个点:(指定点 1)
指定圆上的第 2 个点:(指定点 2)
```

④ 以相切、相切、半径方式绘制圆。单击“绘图”工具栏中的 （圆）按钮，命令行窗口的命令提示如下。

```
命令:_circle 指定圆的圆心或[三点(3P)/两点(2P)/相切、相切、半径(T)]:
```

在命令行输入“T”。命令行窗口的命令提示如下。

```
指定对象与圆的第 1 个切点:(选择圆、圆弧或直线)
指定对象与圆的第 2 个切点:(选择圆、圆弧或直线)
指定圆的半径:(输入半径)
```

示例：绘制图 2-1-8 所示的圆。

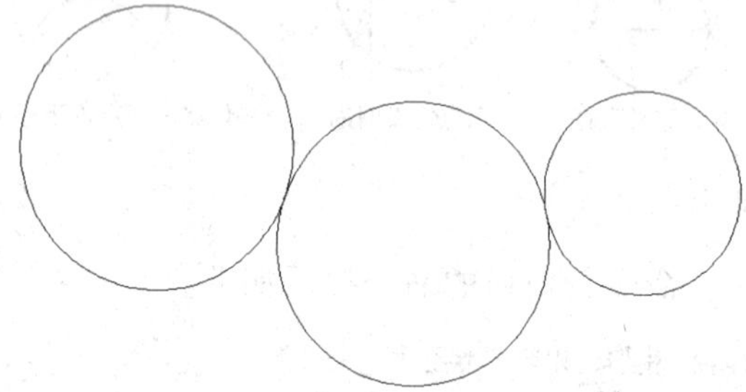

图 2-1-8

① 单击“绘图”工具栏中的 （圆）按钮，命令行窗口的命令提示如下。

```
命令:_circle 指定圆的圆心或[三点(3P)/两点(2P)/相切、相切、半径(T)]:
```

在绘图窗口中的任意位置单击，指定圆点，命令行窗口的命令提示如下。

```
指定圆的半径:
```

在命令行输入“10”，按“Enter”键，绘制一个圆，效果如图 2-1-9 所示。

② 单击“绘图”工具栏中的 （圆）按钮，命令行窗口的命令提示如下。

```
命令:_circle 指定圆的圆心或[三点(3P)/两点(2P)/相切、相切、半径(T)]:
```

在命令行输入：2P。命令行窗口的命令提示如下。

```
指定圆上的第 1 个点:
指定圆上的第 2 个点:
```

在绘图窗口中的任意两个位置单击，指定圆的两个点，绘制第 2 个圆，效果如图 2-1-10 所示。

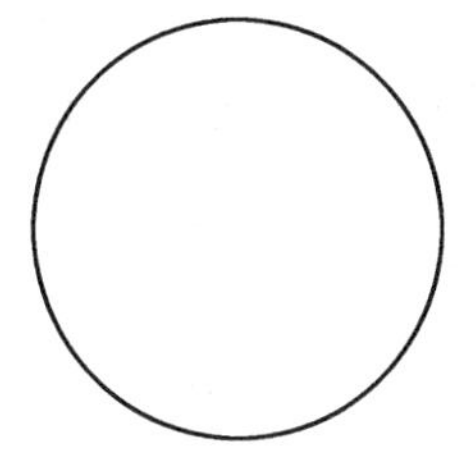

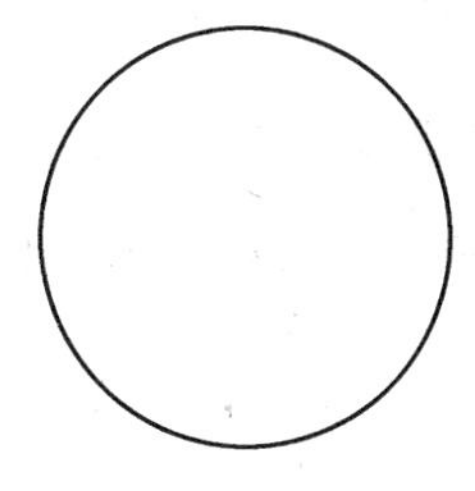

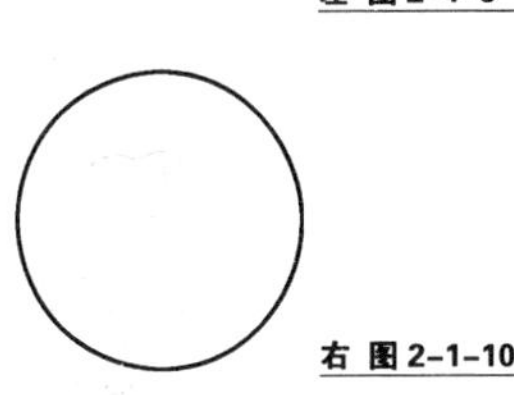

左 图 2-1-9

右 图 2-1-10

③ 单击“绘图”工具栏中的 （圆）按钮，命令行窗口的命令提示如下。

```
命令:_circle 指定圆的圆心或[三点(3P)/两点(2P)/相切、相切、半径(T)]:
```

在命令行输入“T”。命令行窗口的命令提示如下。

```
指定对象与圆的第 1 个切点:
指定对象与圆的第 2 个切点:
```

指定圆的半径：

用鼠标在绘图窗口中的两个圆上各取一点，再输入其半径 10，绘制第 3 个圆，绘制效果如图 2-1-8 所示。

（2）圆弧的绘制。在 AutoCAD 中可以按顺时针和逆时针方向绘制圆弧，默认情况下，按逆时针方向绘制圆弧。在通过指定夹角来绘制圆弧时，将夹角设置为负值可按顺时针方向绘制圆弧。

AutoCAD 提供了多种绘制圆弧的方式，以供用户选择。这些方式与“绘图”→“圆弧”菜单中的命令相对应。

在 AutoCAD 中绘制圆弧的方法有以下几种。

① 通过指定三点绘制圆弧。通过指定三点绘制圆弧的方法如下。

单击“绘图”工具栏中的 （圆弧）按钮，命令行窗口的命令提示如下。

```
命令:_arc 指定圆弧的起点或[圆心(C)]:
```

在绘图窗口中单击指定第 1 点。命令行窗口的命令提示如下。

```
指定圆弧的第 2 个点或[圆心(C),端点(E)]:
```

在绘图窗口中单击指定第 2 点。命令行窗口的命令提示如下。

```
指定圆弧的端点:
```

在绘图窗口中单击指定一个端点。

通过指定三点绘制圆弧的效果如图 2-1-11 所示。

② 通过指定起点、圆心、端点绘制圆弧。

如果已知起点、中心点和端点，可以通过指定起点或中心点来绘制圆弧。中心点是指圆弧所在圆的圆心。使用起点、圆心、端点绘制圆弧的方法如下。

单击“绘图”工具栏中的⌒（圆弧）按钮，命令行窗口的命令提示如下。

```
命令:_arc 指定圆弧的起点或[圆心(C)]:
```

在命令行输入“C”。命令行窗口的命令提示如下。

```
指定圆弧的圆心:
```

在绘图窗口中单击指定圆弧的圆心。

```
指定圆弧的起点:
```

在绘图窗口中单击指定圆弧的起点。

```
指定圆弧的端点或[角度(A)/弦长(L)]:
```

在绘图窗口中单击指定圆弧的端点。

通过指定起点、圆心、端点绘制圆弧的效果如图 2-1-12 所示。

左 图 2-1-11

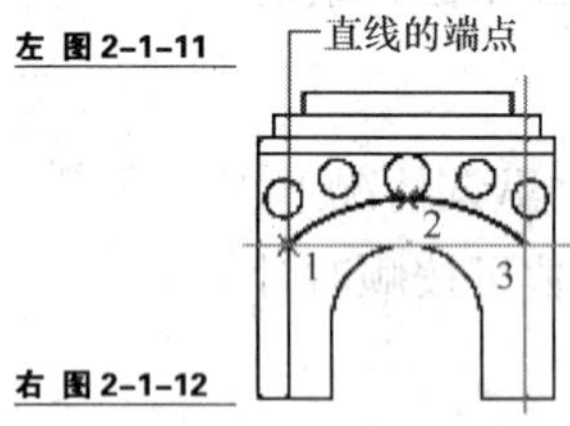

右 图 2-1-12

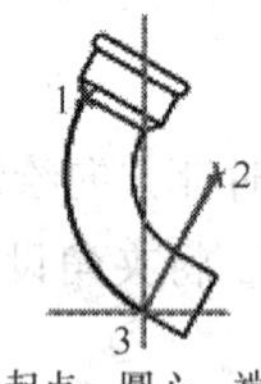

起点、圆心、端点

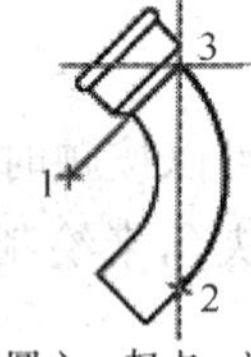

圆心、起点、端点

③ 通过指定起点、圆心、角度绘制圆弧。如果存在可以捕捉到的起点和圆心，并且已知包含角度，则可使用指定起点、圆心、角度或指定圆心、起点、角度的方式来绘制圆弧，如图 2-1-13 所示。如果已知两个端点但不能捕捉到圆心，则可使用指定“起点、端点、角度”的方式来绘制圆弧，如图 2-1-14 所示。使用起点、圆心、角度绘制圆弧的命令输入方法如下。

单击绘图工具栏中的⌒（圆弧）按钮，命令行窗口的命令提示如下。

左 图 2-1-13

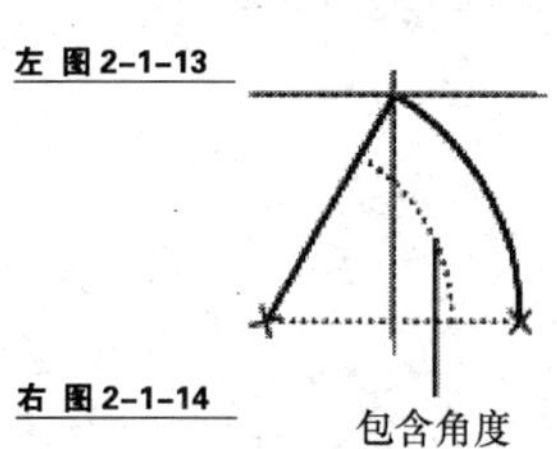

右 图 2-1-14

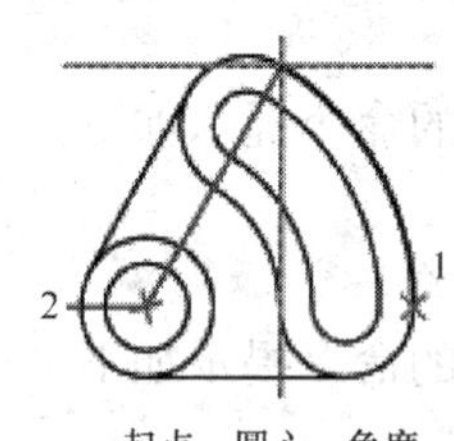

起点、圆心、角度

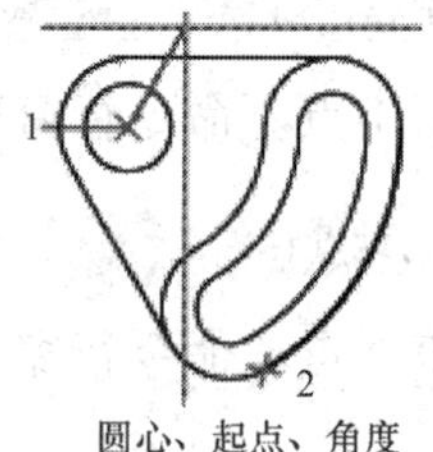

圆心、起点、角度

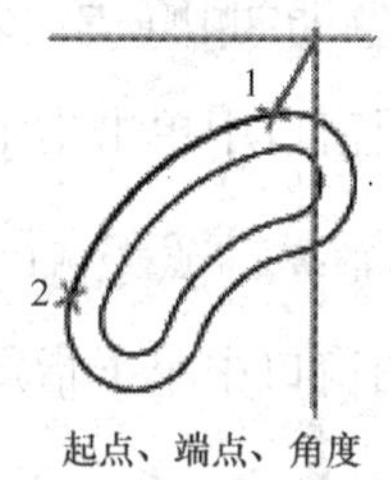

起点、端点、角度

```
命令:_arc 指定圆弧的起点或[圆心(C)]:
```

在命令行输入“C”。命令行窗口的命令提示如下。

```
指定圆弧的圆心:
```

在绘图窗口中单击指定圆弧的圆心。

```
指定圆弧的起点:
```

在绘图窗口中单击指定圆弧的起点。

```
指定圆弧的端点或[角度(A)/弦长(L)]:
```

在命令行输入“A”。命令行窗口的命令提示如下。

```
指定包含角:
```

在命令行输入该圆弧的角度。

④ 通过指定起点、圆心、长度绘制圆弧。如果存在可以捕捉到的起点和圆心，并且已知弦长，则可使用指定起点、圆心、长度或指定圆心、起点、长度来绘制圆弧，如图 2-1-15 所示。其中，弧的弦长决定包含角度。

⑤ 通过指定起点、端点、方向或半径绘制圆弧。如果存在起点和端点，则可使用指定起点、端点、方向或指定起点、端点、半径来绘制圆弧，如图 2-1-16 所示。通过指定起点、端点和半径绘制圆弧时，可以通过输入长度，或者通过顺时针或逆时针移动定点位并单击确定一段距离来指定半径；通过指定起点、端点和方向绘制圆弧时，向起点和端点的上方移动光标将绘制上凸的圆弧，向下移动光标将绘制下凹的圆弧。

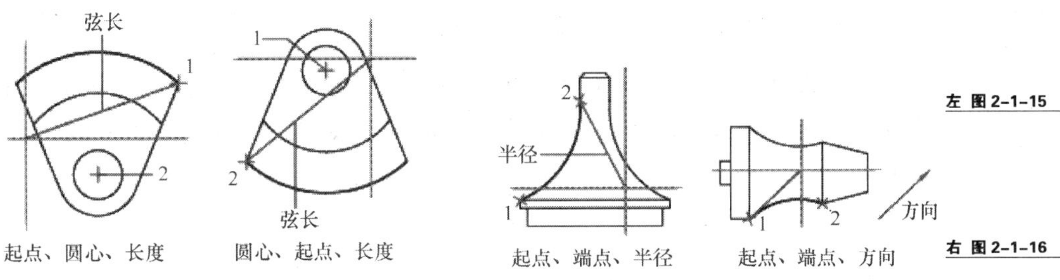

左 图 2-1-15

右 图 2-1-16

（3）绘制相切的圆弧和直线。绘制圆弧后，在“指定第一点”提示下，通过使用“LINE”命令并按“空格”键，只需指定线长，即可绘制与圆弧相切的直线；反之，绘制好直线后，在“指定起点”提示下，通过使用“ARC”命令并按“空格”键确认，只需指定圆弧的端点，即可绘制与直线相切的圆弧，如图 2-1-17 所示。

（4）圆环的绘制。圆环可以是填充环或实体填充圆，即带有宽度的闭合多段线。圆环命令没有显示在“绘图”工具栏中，只能单击“绘图”→“圆环”菜单命令来执行。要创建圆环，分别指定它的内外直径和圆心即可。通过指定不同的中心点，可以创建圆环的多个副本。如果要创建实体填充圆，需将内径设置为 0。图 2-1-18 所示为空心圆环与实体填充圆的效果。

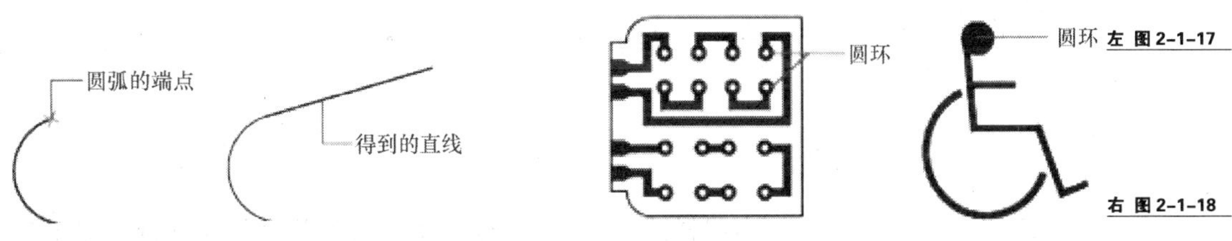

左 图 2-1-17

右 图 2-1-18

4. 多线与多段线的绘制

（1）多线的绘制。多线包含 1～16 条平行线，这些平行线称为元素。通过指定每个元素与多线原点的偏移量，可以确定元素的位置。可以创建和保存多线样式，或者使用包含两个元素的默认样式。还可以设置每个元素的颜色、线型，以及显示或隐藏多线的接头。接头是出现在多线元素每个顶点处的线段。

多线可以使用多种端点封口，如直线或圆弧。最多可以为一个多线样式添加 16 个元素。如果创建或修改一个元素，使它偏移量为负值，则它将出现在“多线样式”对话框的图像控件的原点下方。

使用现有的多线样式绘制多线时，可以使用包含两个元素的默认样式，也可以使用一个以前创建的样式。默认样式是最近使用的多线样式。如果未使用过 MLINE 命令，也可以使用“STANDARD”样式。开始绘制之前，可以修改多线的对正和比例。对正用来确定多线是绘制在光标的上端还是下端，或者确定多线的原点是否与光标中心对齐。默认设置为下端（上对正）。比例用来控制多线的全局宽度（使用当前单位）。

多线比例不影响线型比例。如果要修改多线比例，可能需要对线型比例做相应的修改，以防止点画线的尺寸不正确。

使用多线命令可以同时绘制多条平行线，每条线的特性可以不同，其线宽、偏移量、比例、样式和端点都可以进行设置。多线在默认状态下为双线，如图 2-1-19 所示。

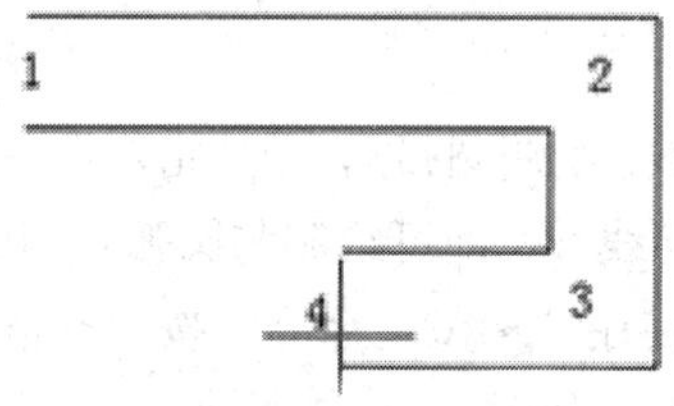

图 2-1-19

绘制多线时，命令行窗口提示操作步骤如下。

```
命令:_MLINE ↵
当前设置:对正 = 上,比例 = 20.00,样式=STANDARD ↵
指定起点式[对正(J) /比例(S)/样式(ST)]:(单击点 1) ↵
指定下一点:(单击点 2) ↵
指定下一点或[放弃(U)]:(单击 3) ↵
指定下一点或[闭合(C)/放弃(U)]:(单击点 4) ↵
指定下一点或[闭合(C)/放弃(U)]: ↵(确认操作) ↵
```

（2）多线样式的设置。

① 单击“格式”→“多线样式”菜单命令，打开“多线样式”对话框，如图 2-1-20

所示。在该对话框中单击“新建”按钮，弹出图 2-1-21 所示的“创建新的多线样式”对话框。

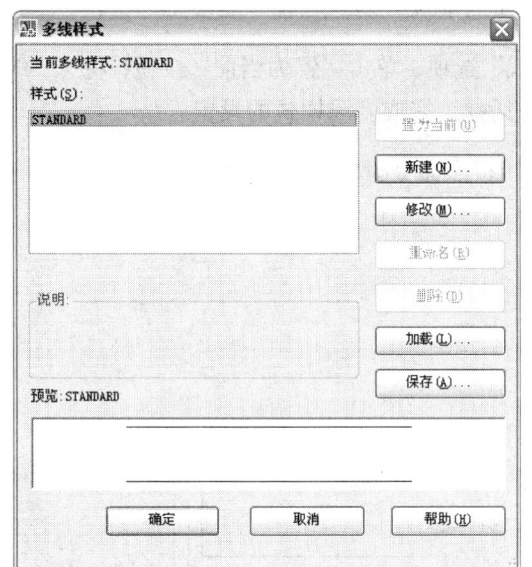

左 图 2-1-20

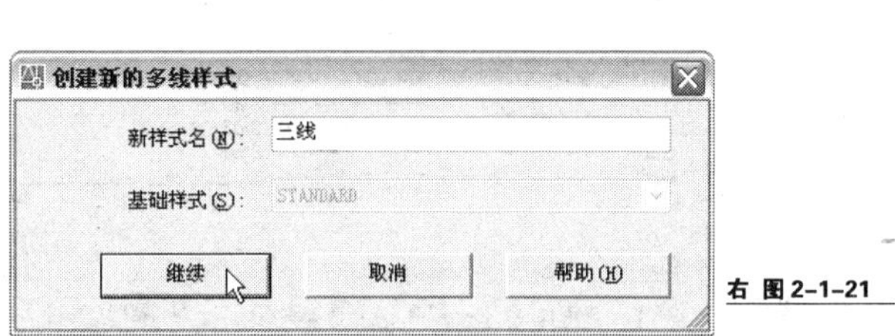

右 图 2-1-21

② 在该对话框中输入多线样式的名称，单击“继续”按钮，打开“新建多线样式”:“三线”对话框。在该对话框的“封口”选项栏中，选中“直线”后面的 2 个复选项，设置起点和端点的封口方式为直线。

③ 在“元素”选项栏中单击两次“添加”按钮，添加 2 条线段。然后选中第 1 条线段，设置其与中心线的偏移量为 3 毫米，“颜色”为黑色；选中第 2 条线段，设置其与中心线的偏移量为 0 毫米，“颜色”为红色；选中第 3 条线段，设置其与中心线的“偏移”量为 -3 毫米、“颜色”为黑色。此时的“新建多线样式：三线”对话框如图 2-1-22 所示。

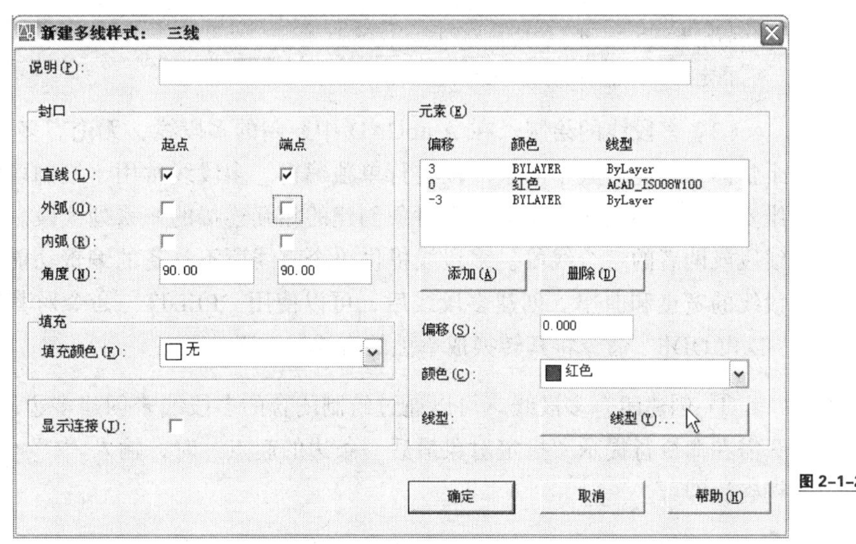

图 2-1-22

④ 在“元素”选项栏选中第二条线段，单击“线型”按钮，打开“选择线型”对话框。在该对话框中选中“ACAD_IS008W100”线型，如图 2-1-23 所示。然后单击“确定”

按钮，关闭该对话框并返回“新建多线样式：三线”对话框中。

⑤ 在“新建多线样式：三线”对话框中单击“确定”按钮，关闭该对话框并返回“多线样式”对话框中，此时该对话框中显示出了当前设置的“三线”效果。

⑥ 在“多线样式”对话框中选中“三线”选项，单击“置为当前”按钮，将“三线”样式设置为当前使用的效果。然后关闭该对话框，完成多线样式的设置。

⑦ 单击“绘图”→“多线”菜单命令，按照命令行窗口的提示，绘制图 2-1-24 所示的多线图形。

左 图2-1-23

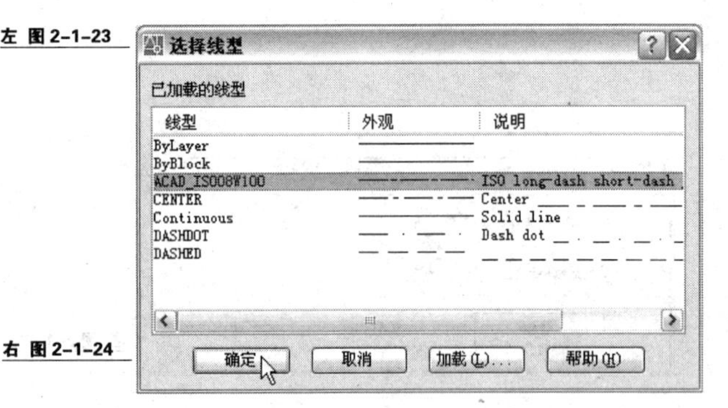

右 图2-1-24

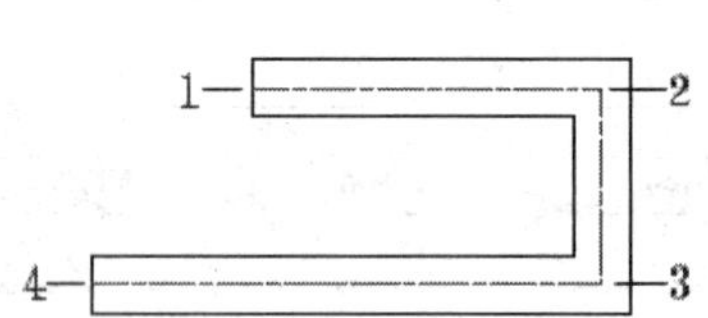

命令行窗口提示操作步骤如下。

```
命令:_MLINE↵
当前设置:对正=无,比例=20.0,样式=三线
指定起点或[对正(J)/(S)/样式(ST)]:S↵(输入比例选项)
输入多线比例<20.00>:1↵(输入比例值)
指定起点或[对正(J)/比例(S)/样式(ST)]:(单击点1)
指定下一点: (单击点2)
指定下一点或[放弃(U)]: (单击点3)
指定下一点或[闭合(C)/放弃(U)]:(单击点4)
指定下一点或[闭合(C)/放弃(U)]:↵
```

（3）多段线的绘制。在 AutoCAD 中绘制的多段线，无论有多少个点（段），均为一个整体，不能对其中的某一段进行单独编辑。多段线常用于绘制各种构件、外轮廓和三维实体等。多段线是作为单个对象创建的相互连接的一系列线段。可以创建直线段、弧线段或两者的组合线段。多段线提供单个直线所不具备的编辑功能。例如，可以调整多段线的宽度和曲率。创建多段线后，可以使用“PEDIT”命令对其进行编辑，或者使用“EXPLODE”命令将其转换成单独的直线段或弧线段。

① 创建闭合多段线。可以通过绘制闭合的多段线来创建多边形。要使多段线闭合，只需在命令行提示“指定对象最后一条边的起点”时，输入“C”（闭合）并按“空格”键确认即可。

② 创建宽度多段线。使用“宽度”和“半宽”选项可以绘制各种宽度的多段线。可以依次设置每条线段的宽度，使它们从一个宽度到另一宽度逐渐变化。指定多段线的起点之后，即可使用这些选项。

利用“半宽”选项绘制的箭头图形，效果如图 2-1-25 所示。在绘制多段线的过程中，每一段都可以重新设置半宽值。

图 2-1-25

在绘制宽度多段线时，命令行窗口提示操作步骤如下。

命令:_PLINE↵

指定起点:<正交 开> (在绘图区任意处单击)

当前线宽为 0.0

指定下一个点或[圆弧(A)/半宽(H)/长度(L)/放弃(U)/宽度(W)]:H↵(输入半宽选项)

指定起点半宽<0.0>:1↵(输入线宽值)

指定端点半宽<1.0>:↵(确认线宽值)

指定下一个点或[圆弧(A)/半宽(H)/长度(L)/放弃(U)/宽度(W)]:120↵(向右拖曳鼠标并输入线段的长度)

指定下一点或[圆弧(A)/闭合(C)/半宽(H)/长度(L)/放弃(U)/宽度(W)]:H↵(输入半宽选项)

指定起点半宽<1.0>:5↵(输入线宽值)

指定端点半宽<5.0>:0↵(输入线宽值)

指定下一点或[圆弧(A)/闭合(C)/半宽(H)/长度(L)/放弃(U)/宽度(W)]:10↵(向右拖曳鼠标并输入第一个箭头的长度)

指定下一点或[圆弧(A)/闭合(C)/半宽(H)/长度(L)/放弃(U)/宽度(W)]:H↵(输入半宽选项)

指定起点半宽<1.0>:5↵(输入线宽值)

指定端点半宽<5.0>:0↵(输入线宽值)

指定下一点或[圆弧(A)/闭合(C)/半宽(H)/长度(L)/放弃(U)/宽度(W)]:10↵(向右拖曳鼠标并输入第二个箭头的长度)

指定下一点或[圆弧(A)/闭合(C)/半宽(H)/长度(L)/放弃(U)/宽度(W)]:↵(确认)

③ 从对象的边界创建多段线。可以从闭合区域重叠对象的边界来创建多段线，如图 2-1-26 所示。使用边界方式创建的多段线是独立的对象，与用来创建它的对象不同，可以按照编辑其他多段线的方法对其进行编辑。

④ 创建圆弧多段线。利用“圆弧”选项绘制图 2-1-27 所示的图形。绘制多段线的弧线段时，圆弧的起点就是前一条线段的端点。可以指定圆弧的角度、圆心、方向或半径。通过指定一个中点和一个端点也可以完成圆弧的绘制。在绘制多段线的过程中，如上一段是圆弧，将绘制出与该圆弧相切的线段或圆弧。

左 图 2-1-26

右 图 2-1-27

绘制圆弧多段线时，命令行窗口提示操作步骤如下。

命令:_PLINE↵

指定起点:<正交 开>(在绘图区任意位置单击)

```
当前线宽为 20.0
指定下一个点或[圆弧(A)/半宽(H)/长度(L)/放弃(U)/宽度(W)]:H↵(输入"半宽"选项)
指定起点半宽<10.0>:1↵(输入半宽值)
指定端点半宽<1.0>:↵(确认半宽值)
指定下一个点或[圆弧(A)/半宽(H)/长度(L)/放弃(U)/宽度(W)]:100↵(向右拖曳鼠标并输入线段的长度)
指定下一点或[圆弧(A)/闭合(C)/半宽(H)/长度(L)/放弃(U)/宽度(W)]:A↵(输入"圆弧"选项)
指定圆弧的端点或[角度(A)/圆心(CE)/闭合(CL)/方向(D)/半宽(H)/直线(L)/半径(R)/第 2 个点(S)/放弃(U)/宽度(W)]:30↵ (向上拖曳鼠标并输入圆弧的半径值)
指定圆弧的端点或[角度(A)/圆心(CE)/闭合(CL)/方向(D)/半宽(H)/直线(L)/半径(R)/第 2 个点(S)/放弃(U)/宽度(W)]:L↵ (输入“直线”选项)
指定下一点或[圆弧(A)/闭合(C)/半宽(H)/长度(L)/放弃(U)/宽度(W)]:40↵ (向左拖曳鼠标并输入直线的长度)
指定下一点或[圆弧(A)/闭合(C)/半宽(H)/长度(L)/放弃(U)/宽度(W)]:A↵ (输入“圆弧”选项)
指定圆弧的端点或[角度(A)/圆心(CE)/闭合(CL)/方向(D)/半宽(H)/直线(L)/半径(R)/第 2 个点(S)/放弃(U)/宽度(W)]:30↵ (向上拖曳鼠标并输入圆弧的半径值)
指定圆弧的端点或[角度(A)/圆心(CE)/闭合(CL)/方向(D)/半宽(H)/直线(L)/半径(R)/第 2 个点(S)/放弃(U)/宽度(W)]:↵ (确认)
```

5. 构造线与射线的绘制

向一个或两个方向无限延伸的直线，分别称为射线和构造线。在 AutoCAD 中射线和构造线主要用于绘制辅助参考线。

（1）构造线的绘制。通过设置两点可以得到向两端无限延伸的直线即构造线。可使用方法绘制角平分线，且无需知道角度值，能准确、快速地平分角，以达到精确定位的目的。

构造线的画法有多种，单击“绘图”工具栏中的（构造线）按钮或在命令行输入“XLINE”命令，如果直接在绘图区单击，则可通过指定任意两点创建构造线；如果在命令行输入“H”、“V”、“A”、“B”、“O”等选项，则可按照提示绘制水平、垂直、倾斜角度、二等分、偏移等形式的构造线。各种构造线的画法如图 2-1-28 所示。

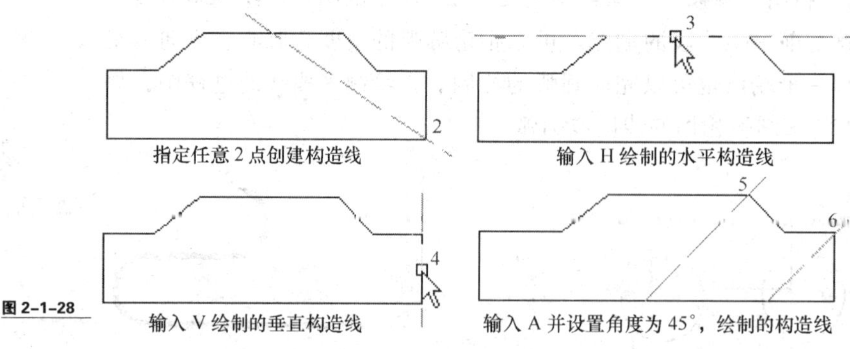

图 2-1-28

命令行窗口提示操作步骤如下。

```
命令:_XLINE↵
指定点或[水平(H)/垂直(V)/角度(A)/二等分(B)/偏移(O)]: (在绘图区确定第一点)
```

```
指定通过点:(单击点 1)
指定通过点:(单击点 2)
指定通过点:↵(确认操作)
命令:_XLINE↵
指定点或[水平(H)/垂直(V)/角度(A)/二等分(B)/偏移(O)]:H↵(输入"水平"选项)
指定通过点:(单击点 3)
指定通过点:↵(确认操作)
命令:_XLINE↵
指定点或[水平(H)/垂直(V)/角度(A)/二等分(B)/偏移(O)]:V↵(输入"垂直"选项)
指定通过点:(单击点 4)
指定通过点:↵
命令:_XLINE↵
指定点或[水平(H)/垂直(V)/角度(A)/二等分(B)/偏移(O)]:A↵(输入"角度"选项)
输入构造线的角度(0)或[参照(R)]:45↵(输入角度值)
指定通过点:(单击点 5)
指定通过点:(单击点 6)
指定通过点:↵(确认操作)
```

(2)射线。射线是三维空间中起始于指定点且无限延伸的直线。与在两个方向上延伸的构造线不同，射线仅在一个方向上延伸。单击“绘图”→“射线”菜单命令或在命令行输入“RAY“命令，用户只需指定射线的起点与通过点即可。图 2-1-29 所示为使用射线绘制的图形效果。

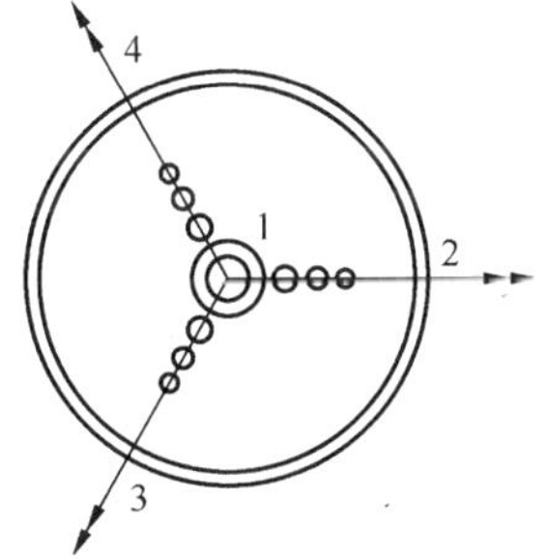

图 2-1-29

6. 样条曲线及修订云线的绘制

(1)样条曲线的绘制。样条曲线是一种特殊的线段，专用于曲线的绘制，许多对外形平滑度要求较高的图形对象都可以借助样条曲线来绘制。AutoCAD 中使用的样条曲线称为非一致有理 B 样条曲线(NURBS)。NURBS 曲线在控制点之间产生一条光滑的曲线。样条曲线可用于创建形状不规则的曲线，例如应用于地理信息系统(GIS)或绘制汽车的轮廓线。

使用“样条曲线”命令 ~ 创建的曲线，即 NURBS 曲线。与使用拟合多段线绘制的图形相比，使用样条曲线绘制的图形占用的内存和磁盘空间较少。

样条曲线的创建可以采用“闭合”、“拟合公差”、“起点切向”等方式。创建样条曲线最简单的方法是单击“绘图“工具栏中的 ～（样条曲线）按钮，用鼠标在图形窗口依次单击各点绘制曲线。同样，创建样条曲线也可以按照命令行窗口的提示进行绘制，绘制的样条曲线效果如图 2-1-30 所示。

命令行窗口提示操作步骤如下。

```
命令:_SPLINE↵
指定第一个点或[对象(O)]:(单击点 1)
指定下一点:
指定下一点或[闭合(C)/拟合公差(F)]<起点切向>:(单击点 2)
指定下一点或[闭合(C)/拟合公差(F)]<起点切向>:(单击点 3)
指定下一点或[闭合(C)/拟合公差(F)]<起点切向>:(单击点 4)
指定下一点或[闭合(C)/拟合公差(F)]<起点切向>:↵(确认)
指定起点切向:↵(确认)
指定端点切向:↵(确认)
```

样条曲线创建后，还可以对其进行编辑操作，使其更符合图形需要。样条曲线的编辑主要有“移动顶点”、“精度”、“反转”等操作。

（2）绘制修订云线。修订云线是由连续的圆弧组成的多段线，用于标记图形对象的某个部分，在检查或用红线圈阅图形时，可以使用修订云线功能亮显标记以提高工作效率。在绘图工具栏中单击（修订云线）按钮，设置基本圆弧的长度，在图形上圈出一块特定区域就可以绘制出修订云线。用户可以为修订云线选择“普通”或“画笔”选项。选择“画笔”选项可以使修订云线具有画笔效果，如图 2-1-31 所示。

左 图2-1-30

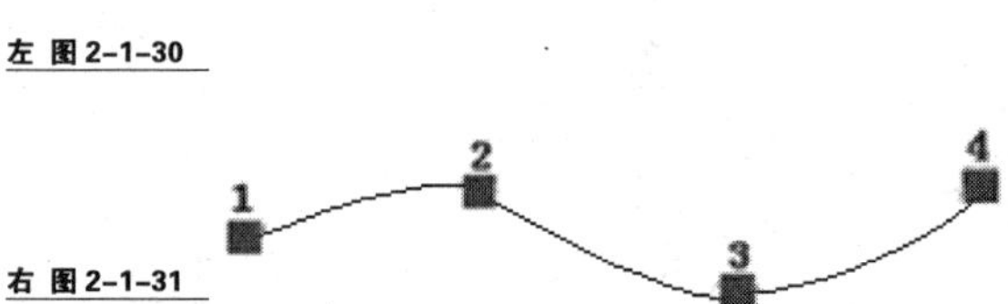

右 图2-1-31

创建修订云线可以通过绘制的方法，也可以将对象（如圆、椭圆、多段线或样条曲线）转换为修订云线。按照命令行窗口的提示，绘制画笔样式的修订云线，效果如图 2-1-31 所示。

命令行窗口提示操作步骤如下。

```
命令:_REVCLOUD↵(或单击“绘图”工具栏中的按钮)
最小弧长:10   最大弧长:10   样式:普通
指定起点或[弧长(A)/对象(O)/样式(S)]<对象>:A↵(输入“弧长”选项)
指定最小弧长<15>:30↵(输入最小弧长值)
指定最大弧长<30>:45↵(输入最大弧长值)
指定起点或[弧长(A)/对象(O)/样式(S)]<对象>:S↵(输入“样式”选项)
选择圆弧样式[普通(N)/手绘(C)]<普通>:C↵(输入“手绘”选项)
```

```
圆弧样式=手绘
指定起点或[弧长(A)/对象(O)/样式(S)]<对象>:(单击任意点)
沿云线路径引导十字光标...(拖曳绘制)
修订云线完成↵
```

2.1.2 【案例 1】绘制窗户

本案例将绘制图 2-1-32 所示的窗户效果图。

绘制窗户的操作步骤如下。

（1）启动 AutoCAD 2008，单击“标准”工具栏中的（新建）按钮创建一个新的图形文件，当提示选择样板时，选择“acad.dwt”模板创建新文件，单击（保存）按钮，将其命名为“窗户.dwg”并保存。

（2）右键单击状态栏中的“对象捕捉”按钮，在弹出的快捷菜单中单击“设置”命令，打开“草图设置”对话框，并单击“对象捕捉”选项卡，如图 2-1-33 所示。在“对象捕捉”选项卡中选中“端点”复选项和“中点”复选项进行对象捕捉。

图 2-1-32

（3）绘制下部窗台。单击“绘图”工具栏中的（矩形）按钮，命令行窗口的命令提示如下。

```
命令:_rectang
指定第1个角点或[倒角(C)/标高(E)/圆角(F)/厚度(T)/宽度(W)]:(用鼠标在在绘图窗口中任意取一点)
指定另一个角点或[面积(A)/尺寸(D)/旋转(R)]: @1300,100↵
```

（4）设置用户坐标系。在命令行窗口中输入“ucs”命令，命令行窗口中的命令提示如下。

```
命令:ucs↵
指定UCS的原点或[面(F)/命名(NA)/对象(OB)/上一个(P)/视图(V)/世界(W)/X/Y/Z/Z轴(ZA)]<世界>:(将新的坐标原点指向窗台上面一条边的中点)
指定X轴上的点或<接受>:↵
```

设置好用户坐标系后的效果如图 2-1-34 所示。

（5）绘制窗户的外轮廓线。由于坐标的（0，0）在窗台下部上面一条边的中点，所以绘制 1000×1200 的外轮廓线可以采用“矩形”命令输入两角点的方式。单击“绘图”工具栏中的（矩形）按钮，命令行窗口中的命令提示如下。

```
命令:_rectang
指定第一个角点或 [倒角(C)/标高(E)/圆角(F)/厚度(T)/宽度(W)]: -500,0↵
指定另一个角点或 [面积(A)/尺寸(D)/旋转(R)]:500,1200↵
```

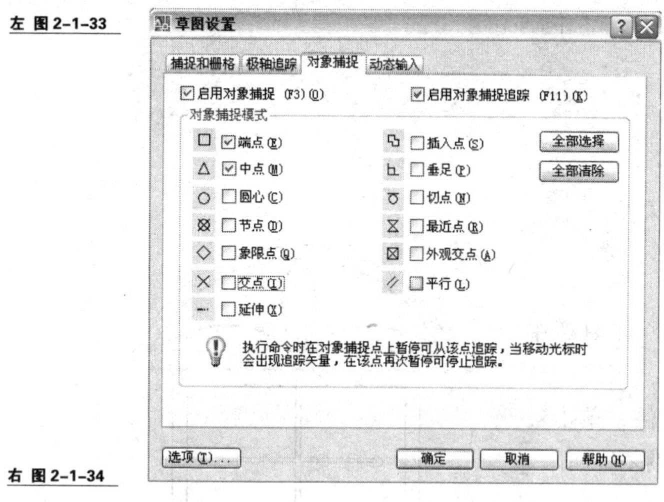

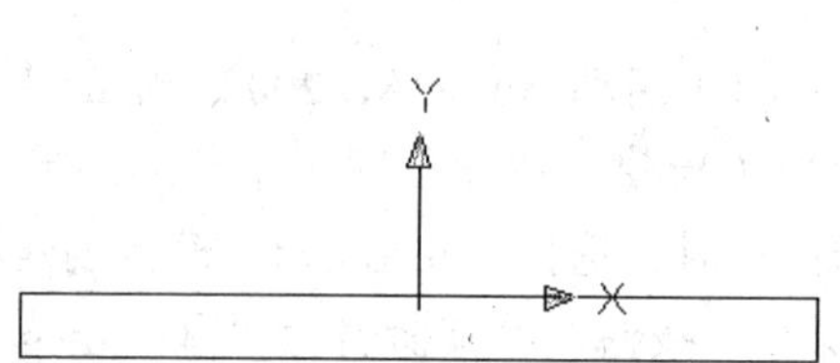

左 图 2-1-33

右 图 2-1-34

绘制完成的效果如图 2-1-35 所示。

（6）绘制窗户的内轮廓线。单击“修改”工具栏中的（偏移）按钮，命令行窗口中的命令提示如下。

```
命令:_offset
指定偏移距离或 [通过(T)/删除(E)/图层(L)] <通过> :60 ↵
指定要偏移的那一侧上的点,或 [退出(E)/多个(M)/放弃(U)] <退出>:(选择窗户外轮廓线内部的点)
```

按“Esc”键退出偏移命令。完成的效果如图 2-1-36 所示。

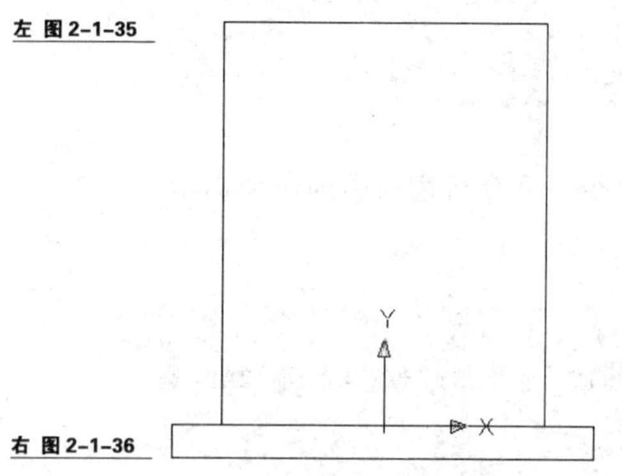

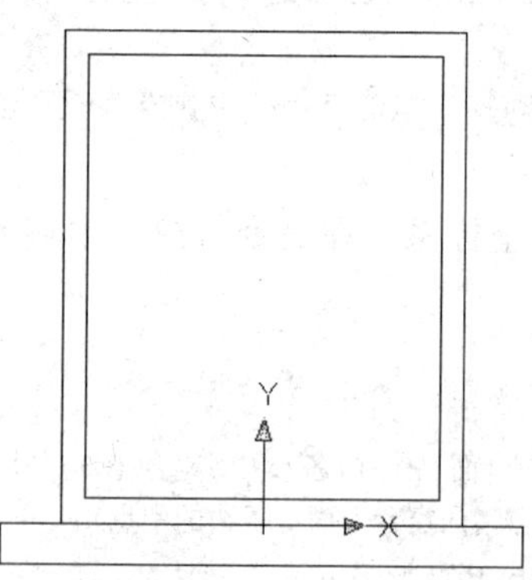

左 图 2-1-35

右 图 2-1-36

（7）绘制窗格线。单击“绘图”→“多线”菜单命令，命令行窗口中的命令提示如下。

```
命令: _mline
当前设置: 对正=上,比例=20.00,样式=STANDARD
指定起点或 [对正(J)/比例(S)/样式(ST)]:(指定起点为窗户内轮廓线左边线的一点)
指定下一点:(指定为窗户内轮廓线右边线上与起点在同一水平线上的点)
```

按“空格”键或“Enter”键确定。用同样的方法绘制水平方向第 2 个窗格线及垂直方向的窗格线。绘制完的窗格效果如图 2-1-37 所示。

（8）去除水平窗格线与垂直窗格线的交线。单击“修改”→“对象”→“多线”菜单命令，打开“多线编辑工具”对话框，选择“十字合并”图标，分别单击水平窗格线与垂直窗格线，去除水平窗格线与垂直窗格线交线后的效果如图 2-1-38 所示。

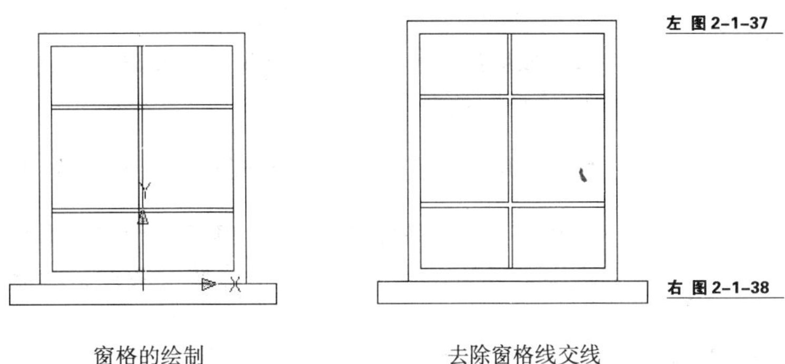

左 图 2-1-37 窗格的绘制

右 图 2-1-38 去除窗格线交线

命令行窗口中的命令提示如下。

```
命令: _mledit
选择第 1 条多线:(选择水平方向的第 1 个窗格线)
选择第 2 条多线:(选择垂直方向的窗格线)
选择第 1 条多线 或 [放弃(U)]:(选择水平方向的第 2 个窗格线)
选择第 2 条多线:(选择垂直方向的窗格线)
```

（9）绘制窗户的上窗台。单击“绘图”工具栏中的▭（矩形）按钮，命令行窗口中的命令提示如下。

```
命令: _rectang
当前矩形模式: 圆角=10.0000
指定第 1 个角点或 [倒角(C)/标高(E)/圆角(F)/厚度(T)/宽度(W)]: f ↵
指定矩形的圆角半径 <10.0000>: 30 ↵
指定第 1 个角点或 [倒角(C)/标高(E)/圆角(F)/厚度(T)/宽度(W)]:
指定另 1 个角点或 [面积(A)/尺寸(D)/旋转(R)]:
```

绘制上窗台后的效果如图 2-1-39 所示。

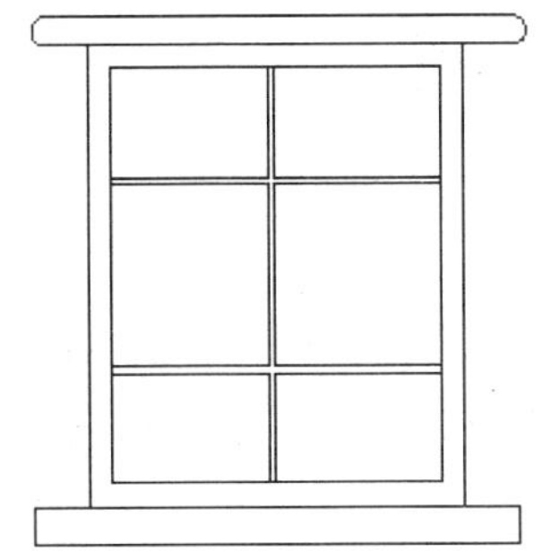

图 2-1-39

（10）绘制窗户上方弧形拱。单击“绘图”工具栏中的⌒（圆弧）按钮，命令行窗口中的命令提示如下。

```
命令:_arc 指定圆弧的起点或 [圆心(C)]:(指定为对象捕捉到的上窗台左上角点)
指定圆弧的第 2 个点或 [圆心(C)/端点(E)]:(圆弧中点)
指定圆弧的端点:(指定为对象捕捉到的上窗台右上角点)
```

选择弧形拱对象，使用“修改”工具栏中的（偏移）按钮及（打断）按钮实现图 2-1-40 所示的窗户效果。

继续使用（圆弧）工具和对象捕捉绘制图 2-1-41 所示的效果。

选择拱内的两个圆弧对象，单击“修改”工具栏中的（镜像）按钮，设置上窗台上边中点及弧形拱中点为两个镜像参考点，绘制图 2-1-42 所示的窗户效果。

左 图 2-1-40

中 图 2-1-41

右 图 2-1-42

2.1.3 【案例 2】绘制螺母

本案例将绘制图 2-1-43 所示的螺母图形。

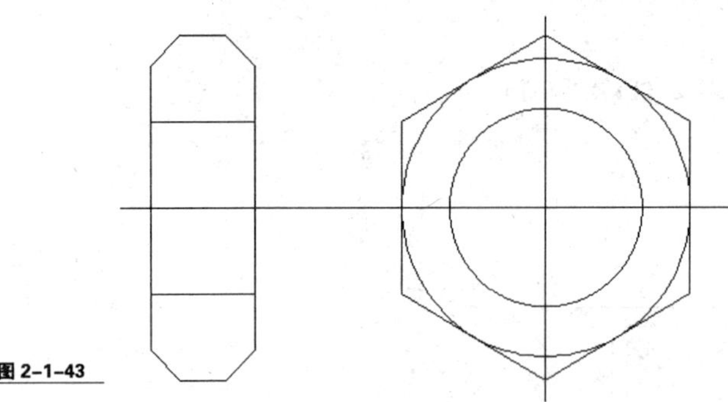

图 2-1-43

绘制螺母的操作步骤如下。

（1）启动 AutoCAD 2008，单击“标准”工具栏中的（新建）按钮创建一个新的图形文件，当提示选择样板时，选择“acad.dwt”模板创建新文件，单击（保存）按钮，将其命名为“螺母.dwg”并保存。

（2）绘制水平构造线。单击“绘图”工具栏中的（构造线）按钮，命令行窗口的命令提示如下。

```
命令:_xline 指定点或[水平(H)/垂直(V)/角度(A)/二等分(B)/偏移(O)]:H ↵
```

（3）绘制垂直构造线。单击“绘图”工具栏中的 （构造线）按钮，命令行窗口的命令提示如下。

```
命令:_xline 指定点或[水平(H)/垂直(V)/角度(A)/二等分(B)/偏移(O)]:V ↵
```

绘制完成的构造线如图 2-1-44 所示。

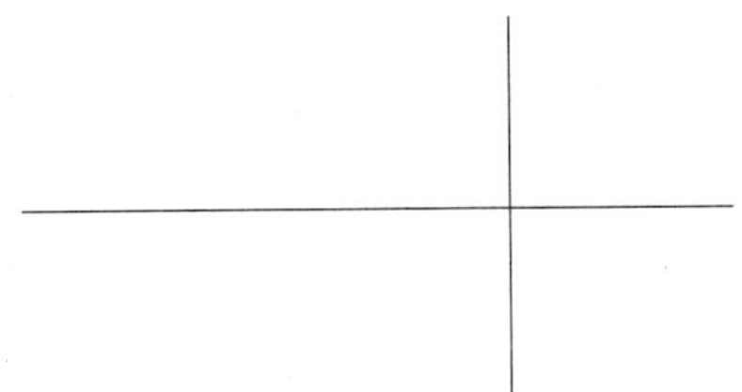

图 2-1-44

（4）单击“绘图”工具栏中的 （圆）按钮，命令行窗口的命令提示如下。

```
命令:_circle 指定圆的圆心或[三点(3P)/两点(2P)/相切、相切、半径(T)]:
```

单击绘图窗口中两条构造线的交点，命令行窗口的命令提示如下。

```
指定圆的半径或[直径(D)]:
```

在命令栏输入“10”，绘制一个圆，效果如图 2-1-45 所示。

（5）单击“绘图”工具栏中的 （圆）按钮，命令行窗口的命令提示如下。

```
命令:_circle 指定圆的圆心或[三点(3P)/两点(2P)/相切、相切、半径(T)]:
```

单击绘图窗口中两条构造线的交点，命令行窗口的命令提示如下。

```
指定圆的半径或[直径(D)]:
```

在命令行输入“15”，绘制一个圆，效果如图 2-1-46 所示。

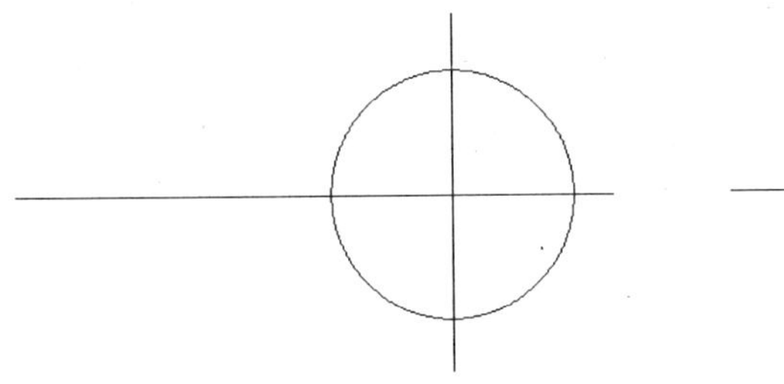

左 图 2-1-45

右 图 2-1-46

（6）单击“绘图”工具栏中的 （正多边形）按钮，命令行窗口的命令提示如下。

```
命令:_polygon 输入边的数目<4>:6 ↵
指定正多边形的中心点或[边(E)]:
```

单击绘图窗口中两条构造线的交点，命令行窗口的命令提示如下。

```
输入选项[内接于圆(I)/外切于圆(C)]<I>:C ↵
指定圆的半径:
```

单击水平构造线与外圆的交点，绘制六边形，效果如图 2-1-47 所示。

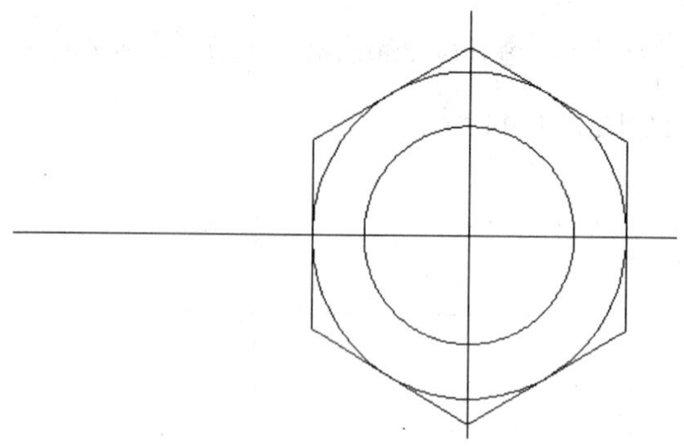

图 2-1-47

（7）单击“绘图”工具栏中的 （直线）按钮，命令行窗口的命令提示如下。

```
命令:_line 指定第一点:
```

单击六边形的最高一个角水平向左的一个点，如图 2-1-48 所示。连续单击，绘制出一个长方形，当要结束直线的绘制时，按“Enter”键或“空格”键。绘制效果如图 2-1-49 所示。

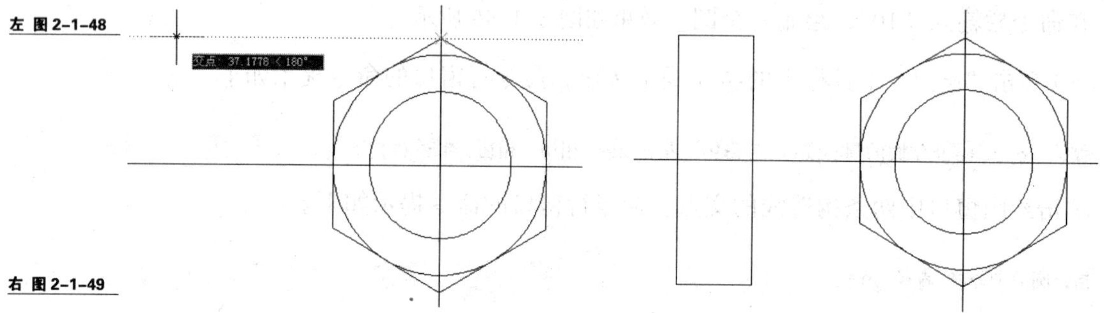

左 图 2-1-48

右 图 2-1-49

（8）单击“绘图”工具栏中的 （直线）按钮，命令行窗口的命令提示如下。

```
命令:_line 指定第 1 点:
```

单击六边形第二高的角水平向左的与矩形相交的点，如图 2-1-50 所示。绘制一条直线，效果如图 2-1-51 所示。

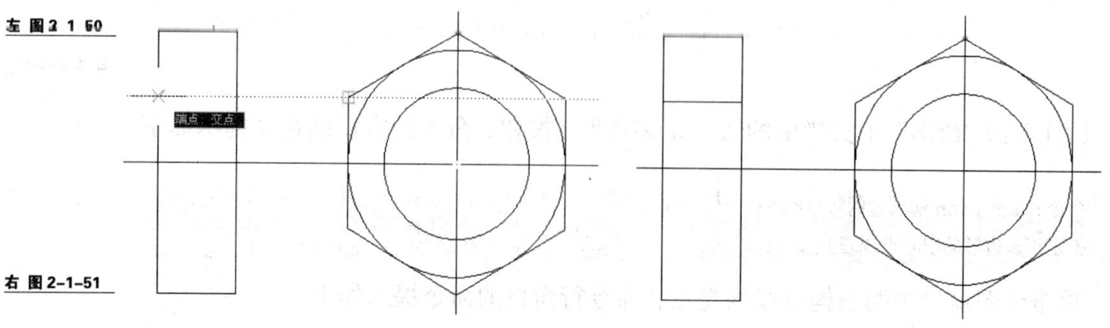

左 图 2-1-50

右 图 2-1-51

（9）单击“绘图”工具栏中的 （直线）按钮，命令行窗口的命令提示如下。

```
命令：_line 指定第 1 点：
```

单击六边形左半部分的第 2 个角水平向左与矩形相交的点，如图 2-1-52 所示。绘制一条直线，效果如图 2-1-53 所示。

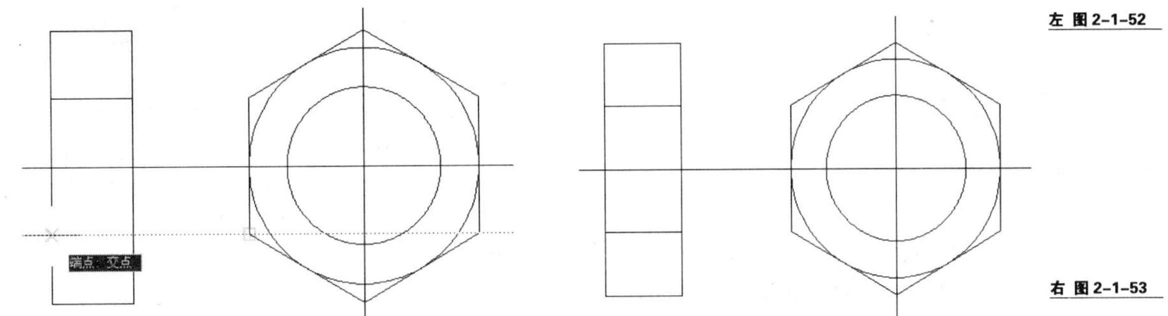

左 图 2-1-52

右 图 2-1-53

（10）单击“绘图”工具栏中的 （倒角）按钮，命令行窗口的命令提示如下。

```
选择第 1 条直线或[放弃(U)/多段线(P)/距离(D)/角度(A)/修剪(T)/方式(E)/多个(M)]:A↵
指定第 1 条直线的倒角长度:3↵
指定第 1 条直线的倒角角度:45↵
```

单击要进行倒角的两条线，制作倒角效果如图 2-1-54 所示。用同样的方法将矩形 4 个角都进行倒角操作，效果如图 2-1-55 所示。

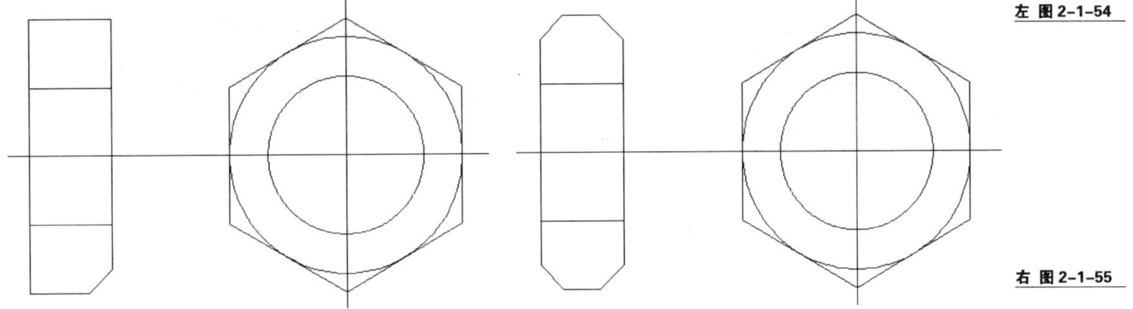

左 图 2-1-54

右 图 2-1-55

2.1.4 【案例 3】绘制壳体三视图

本案例使用 AutoCAD 中的基本图形工具绘制壳体模型，效果如图 2-1-56 所示。

绘制壳体的操作步骤如下。

1. 左视图的绘制

（1）启动 AutoCAD 2008。单击“标准”工具栏中的 （新建）按钮创建一个新的图形文件，当提示选择样板时，选择“acad.dwt”创建新文件，单击 （保存）按钮，将其命名为“壳体.dwg”并保存。

（2）选择线型和线宽。在工具栏线型下拉列表中选择“CENTER”线型，如图 2-1-57 所示。在工具栏线宽下拉列表中选择“默认”线宽，如图 2-1-58 所示。

左 图2-1-56

中 图2-1-57

右 图2-1-58

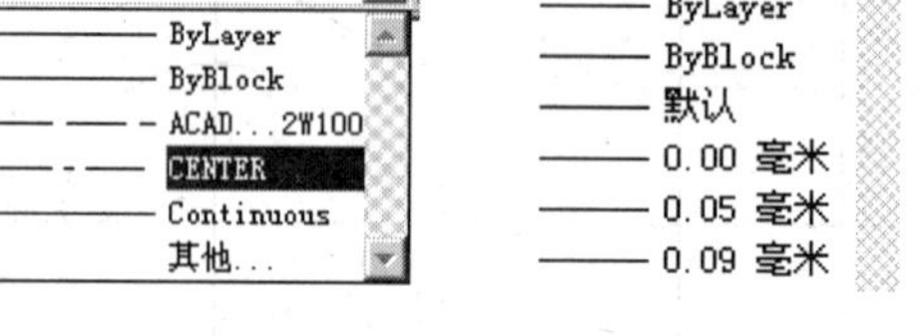

（3）绘制水平构造线和垂直构造线。单击“绘图”工具栏中的（构造线）按钮，命令行窗口的命令提示如下。

```
命令：_xline 指定点或[水平(H)/垂直(V)/角度(A)/二等分(B)/偏移(O)]:H↵
```

再次单击“绘图”工具栏中的（构造线）按钮，命令行窗口的命令提示如下。

```
命令：_xline 指定点或[水平(H)/垂直(V)/角度(A)/二等分(B)/偏移(O)]:V↵
```

绘制的构造线效果如图 2-1-59 所示。

再次单击“绘图”工具栏中的（构造线）按钮，命令行窗口的命令提示如下。

```
命令：_xline 指定点或[水平(H)/垂直(V)/角度(A)/二等分(B)/偏移(O)]:H↵
```

在距离上两条构造线中点下 40 个单位处绘制出另一条水平的构造线，按“Enter”键或“空格”键结束构造线的绘制。绘制的构造线如图 2-1-60 所示。

左 图2-1-59

右 图2-1-60

（4）单击“绘图”工具栏中的（圆）按钮，命令行窗口的命令提示如下。

```
命令：_circle 指定圆的圆心或[三点(3P)/两点(2P)/相切、相切、半径(T)]:
```

单击绘图窗口中两条构造线的交点，命令行窗口的命令提示如下。

```
指定圆的半径或[直径(D)]:26↵
```

绘制的效果如图 2-1-61 所示。

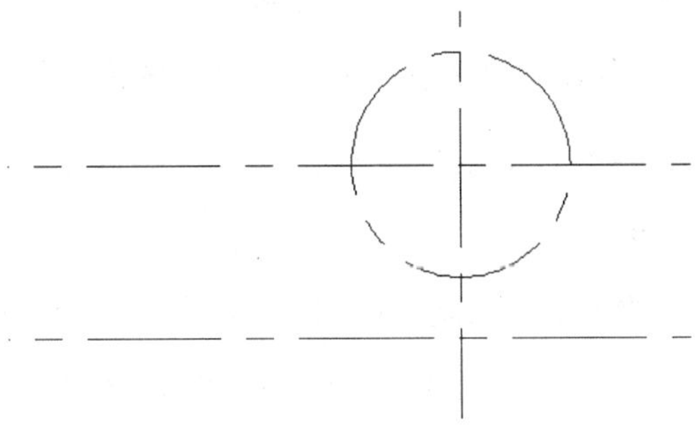

图 2-1-61

（5）选择线型和线宽。在工具栏线型下拉列表中选择“Continuous”线型，如图 2-1-62 所示。在工具栏线宽下拉列表中选择“0.30 毫米”线型，如图 2-1-63 所示。

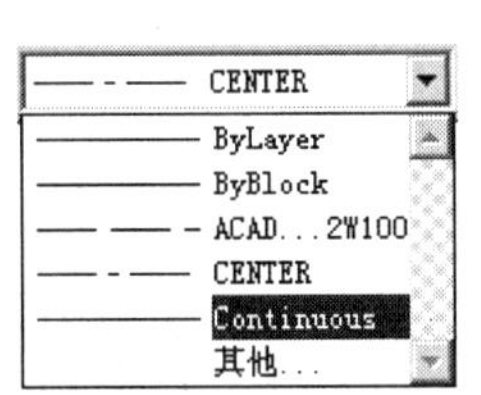

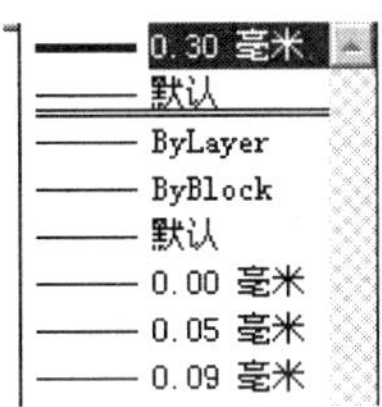

左 图 2-1-62

右 图 2-1-63

（6）单击“绘图”工具栏中的 （圆）按钮，命令行窗口的命令提示如下。

```
命令：_circle 指定圆的圆心或[三点(3P)/两点(2P)/相切、相切、半径(T)]:
```

单击绘图窗口中两条构造线的交点，命令行窗口的命令提示如下。

```
指定圆的半径或[直径(D)]:20 ↵
```

绘制的效果如图 2-1-64 所示。

再次单击“绘图”工具栏中的 （圆）按钮，命令行窗口的命令提示如下。

```
命令：_circle 指定圆的圆心或[三点(3P)/两点(2P)/相切、相切、半径(T)]:
```

单击绘图窗口中两条构造线的交点，命令行窗口的命令提示如下。

```
指定圆的半径或[直径(D)]:31 ↵
```

绘制的效果如图 2-1-65 所示。

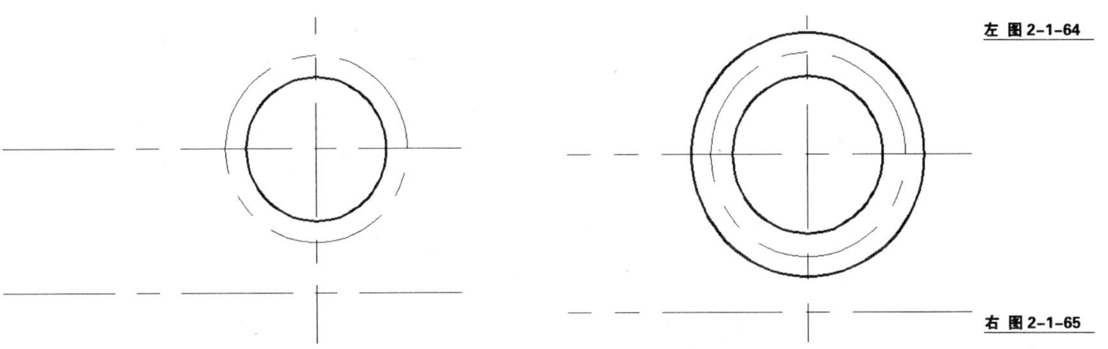

左 图 2-1-64

右 图 2-1-65

再次单击“绘图”工具栏中的 （圆）按钮，命令行窗口的命令提示如下。

```
命令:_circle 指定圆的圆心或[三点(3P)/两点(2P)/相切、相切、半径(T)]:
```

单击绘图窗口中两条构造线的交点，命令行窗口的命令提示如下。

```
指定圆的半径或[直径(D)]:40↵
```

绘制的效果如图 2-1-66 所示。

（7）绘制小圆。单击“绘图”工具栏中的 （圆）按钮，命令行窗口的命令提示如下。

```
命令:_circle 指定圆的圆心或[三点(3P)/两点(2P)/相切、相切、半径(T)]:
```

单击绘图窗口中圆与两条构造线的交点，命令行窗口的命令提示如下。

```
指定圆的半径或[直径(D)]:2↵
```

用同样的方法绘制其他 3 个小圆，完成效果如图 2-1-67 所示。

左 图 2-1-66

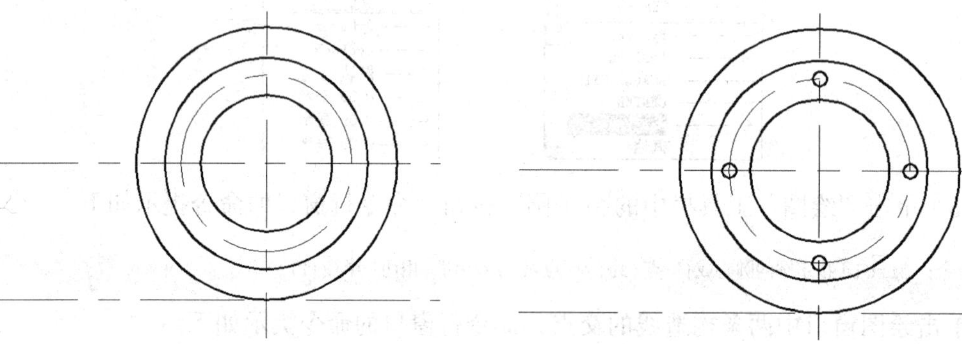

右 图 2-1-67

（8）单击“绘图”工具栏中的 （直线）按钮，命令行窗口的命令提示如下。

```
命令:_line 指定第 1 点:
```

在同心圆的圆心处单击，垂直移动鼠标指针至圆心下方绘制一条长度为 62 的直线。再以这条直线的最底端为基点绘制一条长度为 70 的水平直线。然后在这条直线两端分别向上延伸出两条直线，与最外层的同心圆相连。最后再删除第 1 条直线。绘制的效果如图 2-1-68 所示。

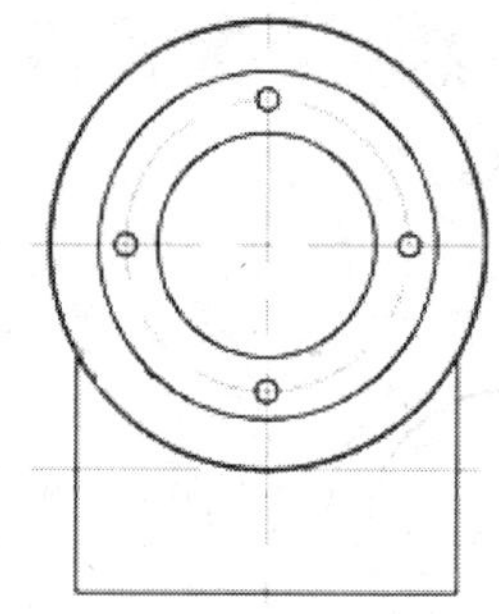

图 2-1-68

（9）单击“修改”工具栏中的 （打断）按钮，命令行窗口的命令提示如下。

```
命令:_break 选择对象:
```

单击图 2-1-69 所示的点 1。

再次单击“绘图”工具栏中的 （打断）按钮，命令行窗口的命令提示如下。

指定第 2 个打断点或[第 1 点(F)]:

图 2-1-69 所示的点 2。绘制的效果如图 2-1-70 所示。

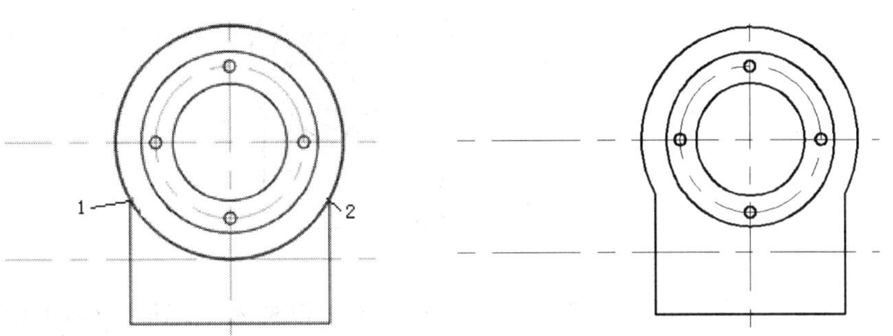

左 图 2-1-69

右 图 2-1-70

（10）单击“绘图”工具栏中的 ╱（直线）按钮，在与步骤（8）所绘制的直线间距 10 处绘制两条直线，效果如图 2-1-71 所示。

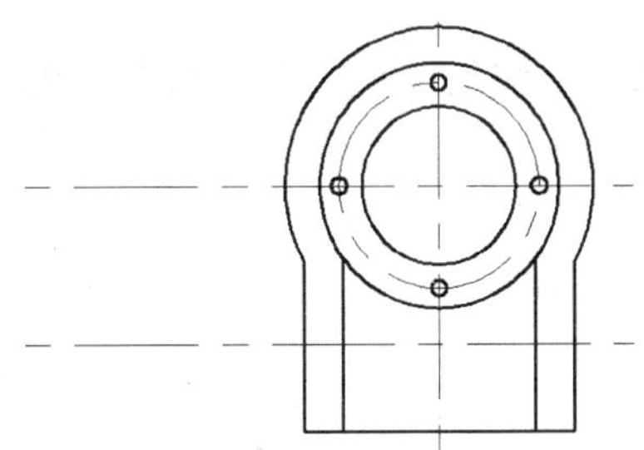

图 2-1-71

2. 主视图的绘制

（1）选择线型和线宽。在工具栏线型下拉列表中选择“CENTER”线型，在工具栏线宽下拉列表中选择“默认”线型。

（2）单击“绘图”工具栏中的 ╱（构造线）按钮，命令行窗口的命令提示如下。

命令:_xline 指定点或[水平(H)/垂直(V)/角度(A)/二等分(B)/偏移(O)]:V ↵

绘制图 2-1-72 所示的垂直构造线。

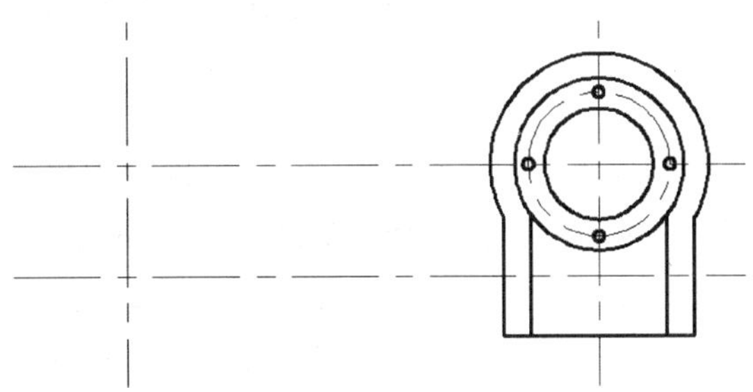

图 2-1-72

（3）单击“绘图”工具栏中的 ⊙（圆）按钮，命令行窗口的命令提示如下。

命令:_circle 指定圆的圆心或[三点(3P)/两点(2P)/相切、相切、半径(T)]:

单击在绘图窗口中两条构造线的交点，命令行窗口的命令提示如下。

指定圆的半径或[直径(D)]:14 ↵

在绘图窗口绘制一个圆，效果如图 2-1-73 所示。

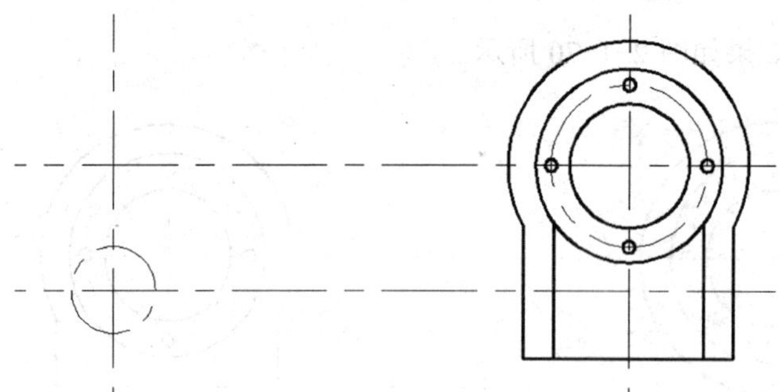

图 2-1-73

（4）选择线型和线宽。在工具栏线型下拉列表中选择“Continuous”线型。在工具栏线宽下拉列表中选择“0.30 毫米”线宽。

（5）单击“绘图”工具栏中的 （圆）按钮，命令行窗口的命令提示如下。

```
命令: _circle 指定圆的圆心或[三点(3P)/两点(2P)/相切、相切、半径(T)]:
```

在绘图窗口中单击两条构造线的交点，命令行窗口的命令提示如下。

```
指定圆的半径或[直径(D)]:6 ↵
```

用同样的方法绘制半径分别为 10 和 19 的圆。绘制完成的 3 个同心圆的效果如图 2-1-74 所示。

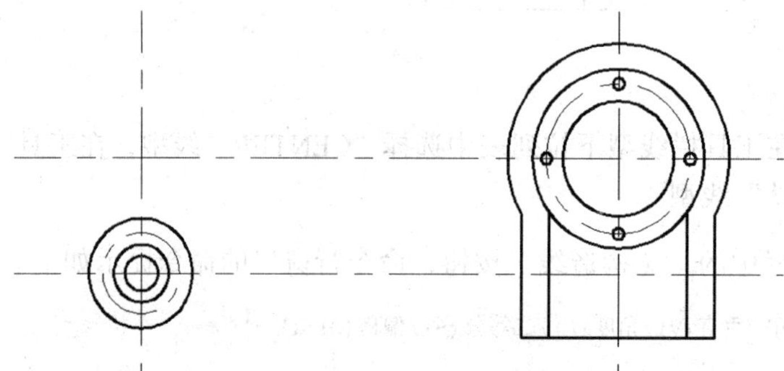

图 2-1-74

（6）单击“绘图”工具栏中的 （直线）按钮，命令行窗口的命令提示如下。

```
命令: _line 指定第一点:
```

单击前视图最底边与侧视图垂直构造线的交点，出现端点坐标提示，水平向右移动鼠标绘制出一条长度为 27 的直线。绘制效果如图 2-1-75 所示。

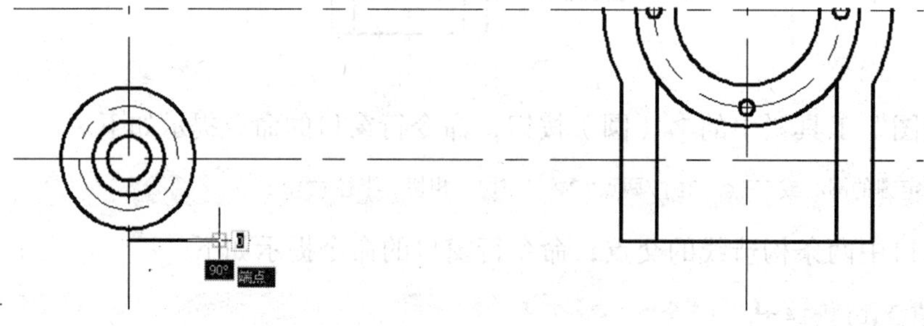

图 2-1-75

将鼠标指针指向上一步所绘制的直线的上侧，使其夹角成为直角。在命令窗口中输入“22”，绘制直线，效果如图 2-1-76 所示。

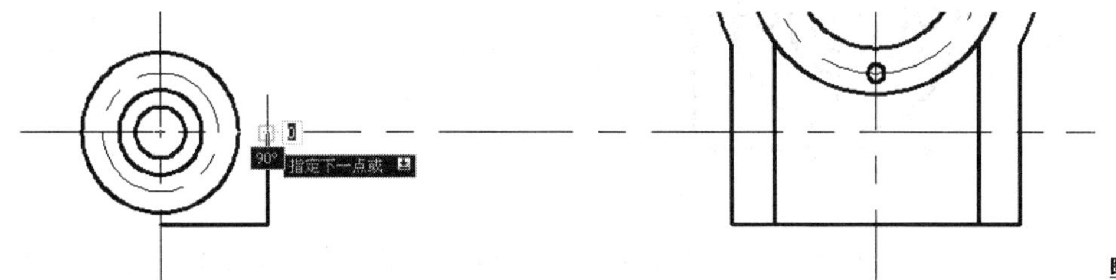

图 2-1-76

```
将鼠标指针指向上一步所绘制的垂直线的右侧,使其夹角成为直角。在命令窗口中输入“16”↵
将鼠标指针指向上一步所绘制的水平线的上侧,使其夹角成为直角。在命令窗口中输入“80”↵
将鼠标指针指向上一步所绘制的垂直线的左侧,使其夹角成为直角。在命令窗口中输入“67”↵
将鼠标指针指向上一步所绘制的水平线的下侧,使其夹角成为直角。在命令窗口中输入“9”↵
将鼠标指针指向上一步所绘制的垂直线的右侧,使其夹角成为直角。在命令窗口中输入“3”↵
将鼠标指针指向上一步所绘制的水平线的下侧,使其夹角成为直角。在命令窗口中输入“62”↵
将鼠标指针指向上一步所绘制的垂直线的右侧,使其夹角成为直角。在命令窗口中输入“3”↵
将鼠标指针指向上一步所绘制的水平线的下侧,使其夹角成为直角。在命令窗口中输入“31”↵
将鼠标指针指向上一步所绘制的垂直线的右侧,使其夹角成为直角。在命令窗口中输入“27”↵
```

参照前面左视图的绘制中步骤（7）的方法绘制小圆，绘制完成后的效果如图 2-1-77 所示。

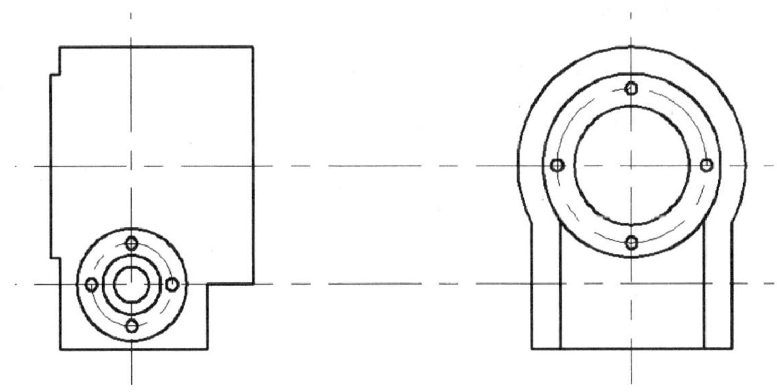

图 2-1-77

（7）单击“绘图”工具栏中的（圆角）按钮，命令行窗口的命令提示如下。

```
当前设置:模式=修剪,半径=0.0000
选择第 1 个对象或[放弃(U)/多段线(P)/半径(R)/修剪(T)/多个(M)]:R↵
指定圆角半径:3↵
选择第 1 个对象或[放弃(U)/多段线(P)/半径(R)/修剪(T)/多个(M)]:
```

选择要进行倒圆角的第 1 条线段，命令行窗口的命令提示如下。

```
选择第 2 个对象,或按住 Shift 键选择要应用角点的对象:
```

选择要进行倒圆角的第 2 条线段，绘制倒角，效果如图 2-1-78 所示。

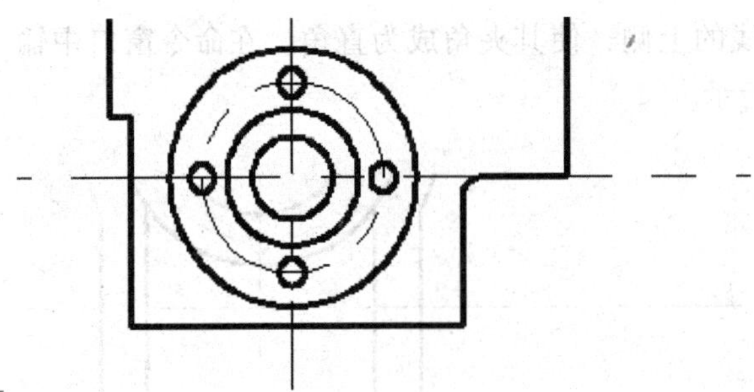

图 2-1-78

再次单击“绘图”工具栏中的（圆角）按钮，以半径 3 对图 2-1-79 中的 1、2、3、4 角进行倒圆角操作，效果如图 2-1-80 所示。

左 图 2-1-79

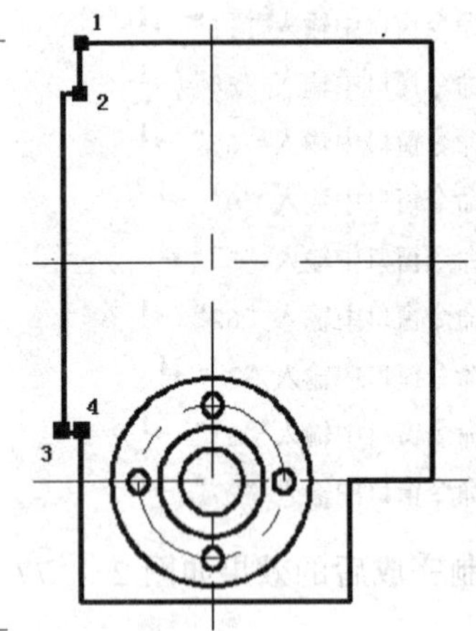

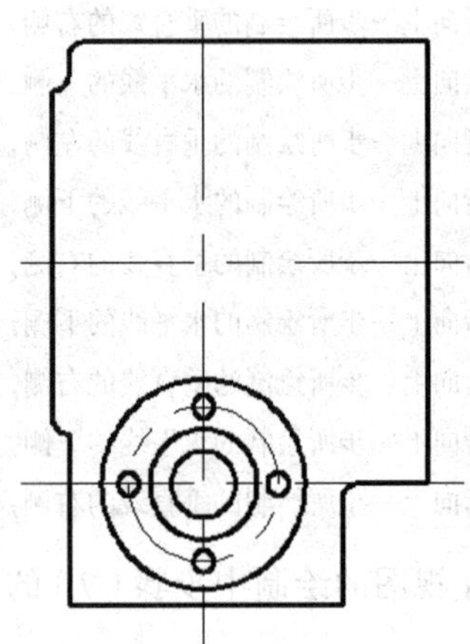

右 图 2-1-80

3. 俯视图的绘制

（1）选择线型和线宽。在工具栏线型下拉列表中选择“CENTER”线型，在工具栏线宽下拉列表中选择“默认”线宽。

（2）单击“绘图”工具栏中的（构造线）按钮，命令行窗口的命令提示如下。

```
命令：_xline 指定点或[水平(H)/垂直(V)/角度(A)/二等分(B)/偏移(O)]：H ↵
```

在已绘制的垂直构造线上再绘制一条水平构造线。绘制效果如图 2-1-81 所示。

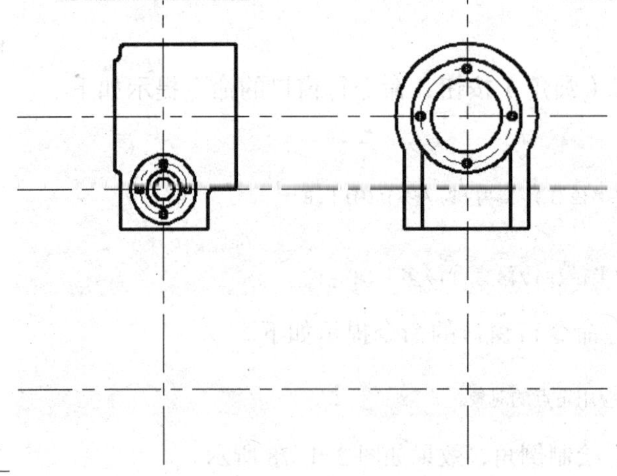

图 2-1-81

（3）选择线型和线宽。在工具栏线型下拉列表中选择“Continuous”线型。在工具栏线宽下拉列表中选择“0.30 毫米”线宽。

（4）单击“绘图”工具栏中的 （直线）按钮，命令行窗口的命令提示如下。

```
命令：_line 指定第 1 点：
```

单击侧视图最外边缘辅助线与俯视图水平构造线的交点，出现端点坐标提示，垂直向下移动鼠标绘制出一条长度为 27 的直线。绘制效果如图 2-1-82 所示。

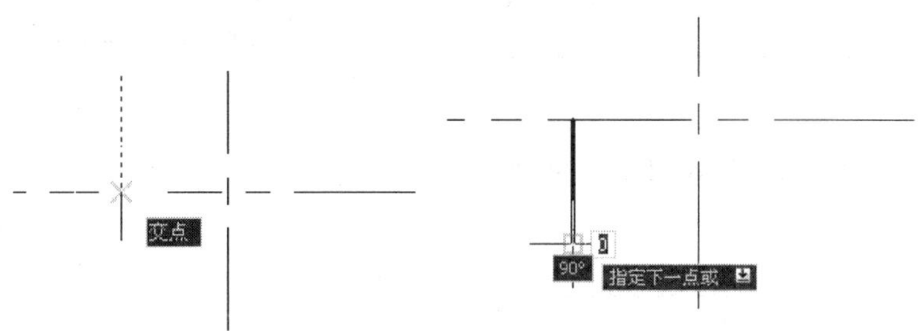

图 2-1-82

将鼠标指针指向上一步所绘制的垂直线的右侧，使其夹角成为直角。在命令窗口中输入“70” ↵
将鼠标指针指向上一步所绘制的水平线的上侧，使其夹角成为直角。在命令窗口中输入“54” ↵
将鼠标指针指向上一步所绘制的垂直线的左侧，使其夹角成为直角。在命令窗口中输入“70” ↵
将鼠标指针指向上一步所绘制的水平线的下侧，使其夹角成为直角。在命令窗口中输入“27” ↵

绘制的效果如图 2-1-83 所示。

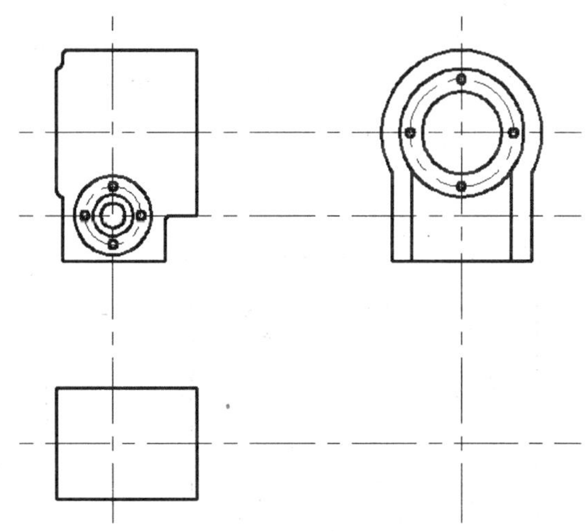

图 2-1-83

（5）单击“绘图”工具栏中的 （直线）按钮，命令行窗口的命令提示如下。

```
命令：_line 指定第 1 点：
```

单击与俯视图构造线的交点左侧水平距离为 19 的点，出现端点坐标提示，垂直移动移动鼠标绘制出一条长度为 17 的直线。绘制的效果如图 2-1-84 所示。

将鼠标指针指向上一步所绘制的垂直线的右侧，使其夹角成为直角。在命令窗口中输入“50” ↵
将鼠标指针指向上一步所绘制的水平线的上侧，使其夹角成为直角。在命令窗口中输入“34” ↵

将鼠标指针指向上一步所绘制的垂直线的左侧，使其夹角成为直角。在命令窗口中输入“50” ↵
将鼠标指针指向上一步所绘制的水平线的下侧，使其夹角成为直角。在命令窗口中输入“17” ↵

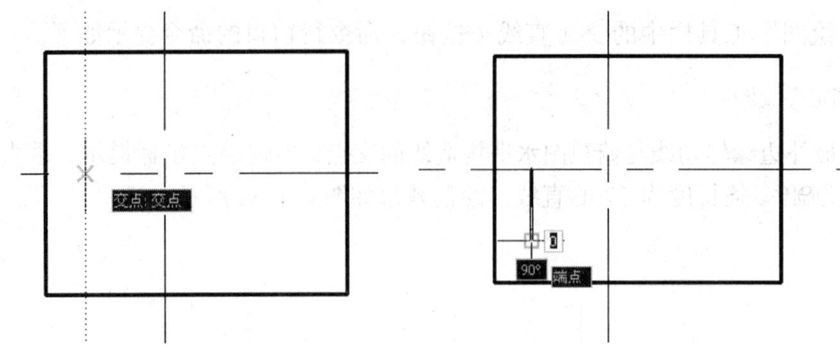

图 2-1-84

绘制的效果如图 2-1-85 所示。

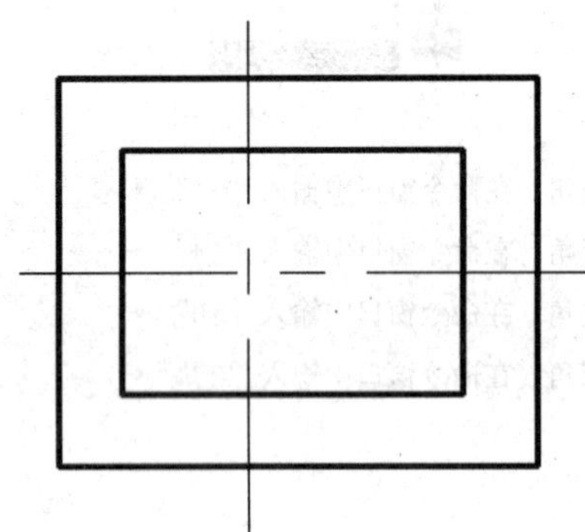

图 2-1-85

（6）单击“绘图”工具栏中的（圆角）按钮，以半径 3 对图 2-1-86 中的 1、2、3、4、5、6、7、8 角进行倒圆角操作，效果如图 2-1-87 所示。至此完成作品的绘制，最终效果如图 2-1-56 所示。

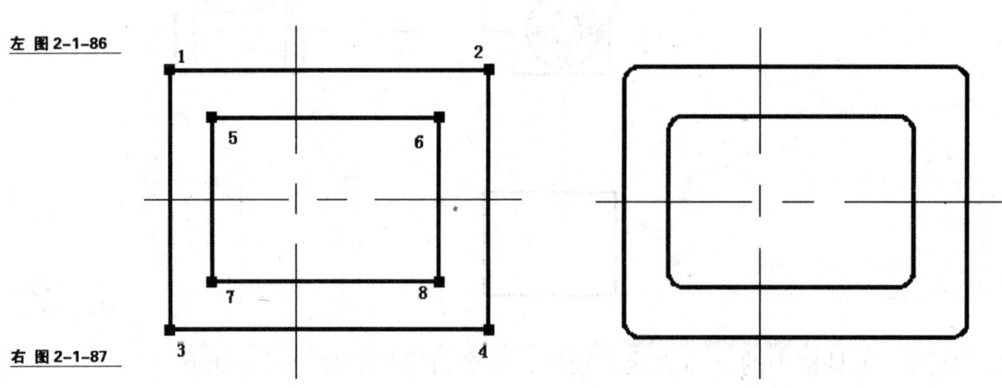

左 图 2-1-86

右 图 2-1-87

思 考 练 习

1. 问答题

（1）列举绘制圆弧的几种方式。

（2）如何编辑修改多线、多段线及样条曲线？

2. 上机操作题

（1）参照本节所学的绘图方法，绘制图 2-1-88 所示的螺钉零件效果图。

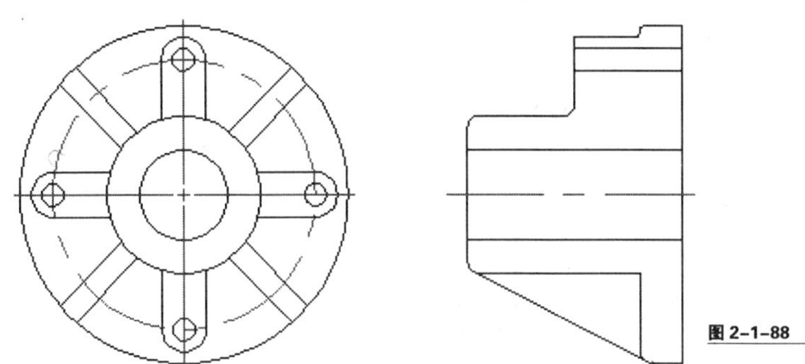

图 2-1-88

（2）绘制机械制图模板，并将上题中的零件图放置在模板中。

2.2 绘制简单平面图形

2.2.1 技术图样的相关标准、绘制简单平面图形的方法

1. 技术图样的相关标准

技术图样被称为是“工程界技术交流的语言”，它是一个新产品从市场调研、方案确定、设计、制造、检测、安装、使用到维修整个过程中不可缺少的技术资料，是发展和交流科学技术的重要工具。

图样是设计和制造产品的重要技术文件，是工程界表达和交流技术思想的共同语言。因此，图样的绘制必须遵守统一的规范，这个统一的规范就是技术制图和机械制图的国家标准，我们国家的国家标准为 GB 或 GB/T（GB 为强制性国家标准，GB/T 为推荐性国家标准），通常统称为制图标准。工程技术人员在绘制工程图样时必须严格遵守，认真贯彻国家标准。国家标准对图纸幅面、线性比例、图框格式及应用都做了统一规定，现简要介绍如下。

（1）图纸幅面。图纸的基本规格有 5 种，分别用幅面代号 A0、A1、A2、A3、A4 表示，它由我国国家标准（GB/T 14689—1993）规定。绘制技术图样时，应优先采用基本幅面，即 A0～A4 图纸，如图 2-1-23 所示。必要时，可以按规定加大幅面，但加大后的幅面尺寸是基本幅面短边的整数倍。基本幅面的具体规格如下。

- A0 图纸的规格为 841 × 1189mm
- A1 图纸的规格为 594 × 841mm
- A2 图纸的规格为 420 × 594mm

- A3 图纸的规格为 297×420mm
- A4 图纸的规格为 210×297mm

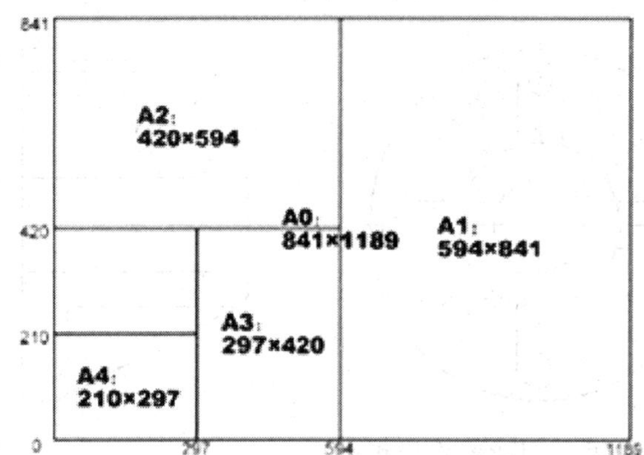

图 2-2-1

（2）线型比例及应用。在机械绘图中线宽和线型都有标准规范，我国国家标准（GB/T 17450-1998）中规定了 15 种基本线型以及粗线、中线和细线的宽度比例（4:2:1）。

机械制图中常用的线型有以下几种。

- 01 实线、02 虚线、08 长画短画线、09 长画双短画线、10 点画线、12 双点画线。
- 粗线一般用于强调线，线宽一般为 0.6mm。
- 中线一般用于轮廓线，线宽一般为 0.3mm。
- 细线用于一般引注线、标注线和辅助线，线宽一般为 0.15mm。

在计算机中进行机械绘图时为了方便管理及编辑不同的图形对象，需要使用不同颜色和线型的线。常用颜色及线型的使用可参见表 2-2。

表 2-2　机械绘图中的常用线型及颜色

颜　色	线　型	线宽（mm）	作　用
黑色	Continuous（实线）	0.3	一般用于轮廓线
黑色	Continuous（实线）	0.15	一般用于波浪线
红色	ACD-ISO08W100（短画线）	0.15	一般用于轴网线、点画线和双点画线等
蓝色	Continuous（实线）	0.15	一般用于绘制尺寸线和标注线
紫色	Continuous（实线）	0.15	一般用于编写技术说明等文字
绿色	Continuous（实线）	0.15	一般用于绘制剖面线
黄色	ACD-ISO09W100（双点画线）	0.15	一般用于绘制虚线

（3）图框格式。

① 在图纸上必须用粗实线画图框，其格式分为不留装订边和留有装订边两种，但同一产品的图样只能采用一种格式。

② 不留装订边的图纸的图框格式如图 2-2-2 所示；留有装订边的图纸的图框格式如

图 2-2-3 所示，其尺寸根据需要的图纸规格进行设置。

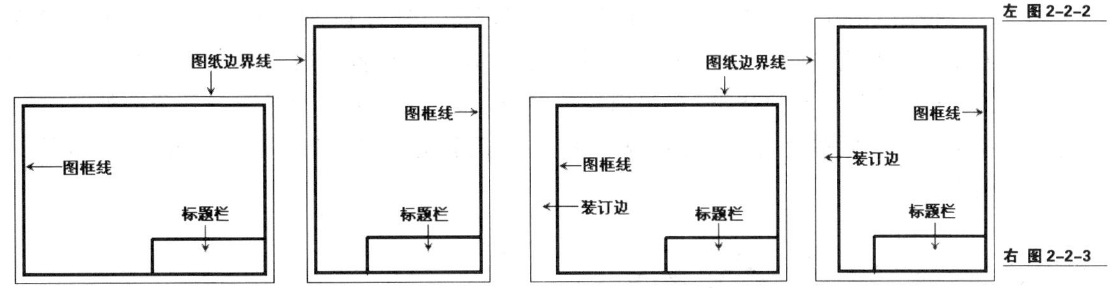

左 图 2-2-2

右 图 2-2-3

（4）标题栏。每张技术图样中都要画出标题栏。标题栏一般位于图纸的右下角，看图的方向应与标题栏中文字的方向一致。国家标准（GB/T10609.1—1989）对标题栏的格式规定，如图 2-2-4 所示。在实际的生产过程中，不同的生产厂商往往会使用更适合自己的标题栏。

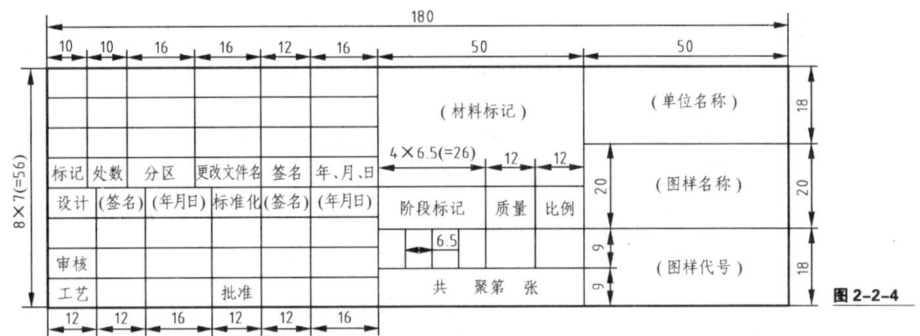

图 2-2-4

（5）在绘制建筑图时也需要遵守如下规范。

① 建筑绘图的长度单位为“mm”。标高的单位为“m”

② 建筑绘图的长、宽应以 300 为模数，高度以 100 为模数。

③ 外墙的宽度一般为 240 或 360mm，非承重墙为 120mm。

④ 一般楼梯间的宽度为 2400mm 或 2700mm。台阶高度一般为 150mm，宽为 300mm。扶手的高度为 900mm。

⑤ 阳台栏杆高为 1100mm，窗台高为 900mm。

⑥ 窗宽一般为 300 的整倍数，房间门宽一般为 900mm，入口防盗门宽为 1000mm，卫生间和厨房门宽为 650～700mm。

⑦ 绘制建筑平面图一般从轴线开始，因为轴线是确定建筑物尺寸和模数的基础。而墙体则是在轴线确定后，以轴线尺寸为依据生成的。

（6）建筑绘图中的门窗和轴网。

① 建筑绘图中的门。在绘制门窗时，最好为门窗专门设置一个图层并命令为“门窗”。在制作门窗块时，打开该图层进行编辑即可。门窗块最好用“WBLOCK”命令做成外部

块并保存在一个专门的图库目录中。

按照 GBJ104—87《建筑制图标准》可以将门分为 13 种，即单扇（平开或弹簧）门、双扇（平开或单面弹簧）门、对开折叠门、墙外单扇推拉门、墙外双扇拉门、墙内双扇推拉门、单扇双面弹簧门、单扇内外开层门（包括平开或单面弹簧）、双扇内外双层站（包括平开或单面弹簧）、转门、折叠上翻门、卷门和提升门，其中几种常用的门块如图 2-2-5 所示。

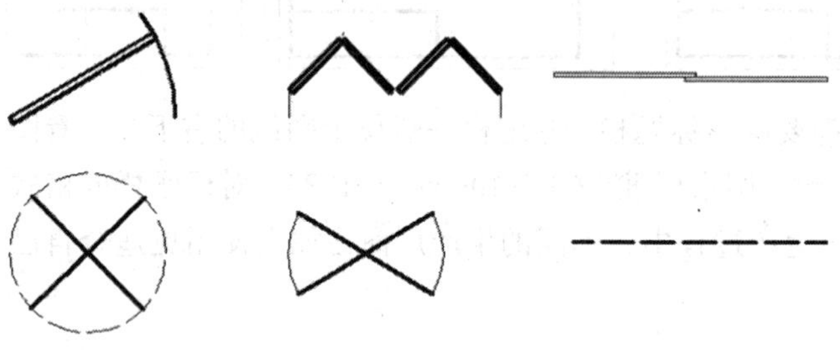

图 2-2-5

提示：建筑设计中，不是每一种门都会涉及到，常用的有平开门、弹簧门、推拉门及卷帘门，门块可制成宽度为 1000 的标准块，插入时便于输入比例。

② 建筑绘图中的窗。建筑制图中的窗块共分为 11 种，即单层固定窗、单层外开上悬窗、单层中悬窗、单层内开下悬窗、单层外开平面窗、立转窗、单层内开平窗、单层内外开平开窗、左右推拉窗、上推窗、百叶窗。窗共有 6 种表现形式，如图 2-2-6 所示。

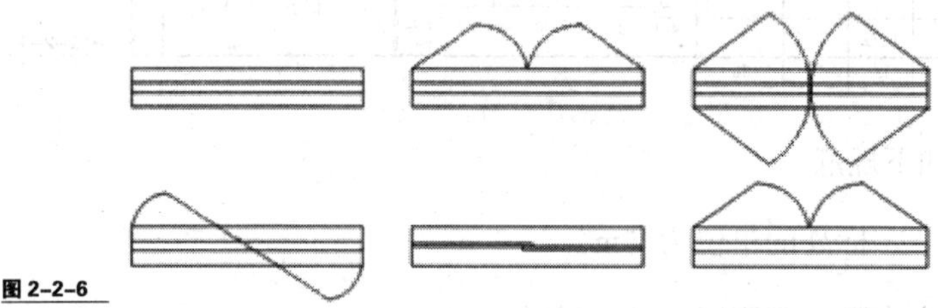

图 2-2-6

③建筑绘图中的轴网。建筑的平面设计绘图一般从定位轴线开始，建筑的轴线主要用于确定建筑的结构体系，是建筑定位最根本的依据，也是建筑体量的决定因素。建筑施工的每一个部件都是以轴线为基准定位的，确定了轴线，也就确定了建筑的承重体系和非承重体系、建筑的开间及进深以及楼板、柱网、墙体的布置形式。因此，轴线一般以柱网或主要墙体为基准布置。

轴线按平面形式分为 3 种：正交轴网、斜交轴网和圆弧轴网，各种轴线的绘制方法分别如下。

- 正交轴网的绘制：正交轴网是指以水平轴线与垂直组成的轴线网络。正交轴网的绘制方法一般是先用“LINE（直线）”命令绘制一条水平轴线一条垂直轴线，再用“OFFSET（偏移）”命令或阵列生成其他轴线。

正交轴网有两种，一种是正交正放，如图 2-2-7 所示；另一种是正交斜放，如图 2-2-8 所示。正交斜放轴网的绘制方法与正交正放轴网类似，只是在正交正放轴网绘制完成后用“ROTATE（旋转）”命令将其旋转合适的角度，如果轴网具有对称性或单元性，可在作为对称部分或单元轴网后用“MIRROR（镜像）”或“COPY（复制）”命令绘制相同的轴网，这样可大大减少工作量，充分发挥 AutoCAD 的绘图优势。

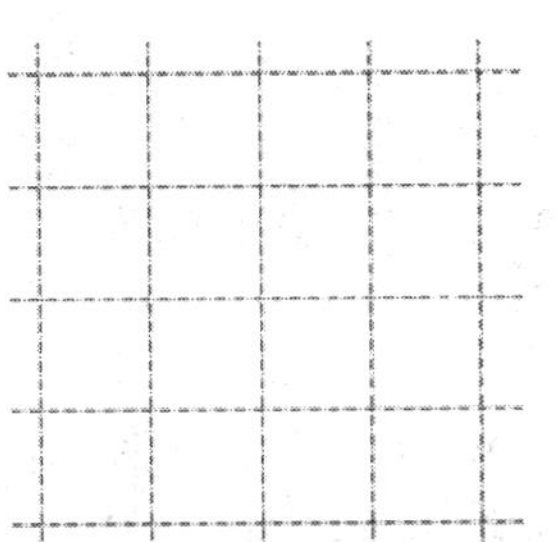

左 图 2-2-7

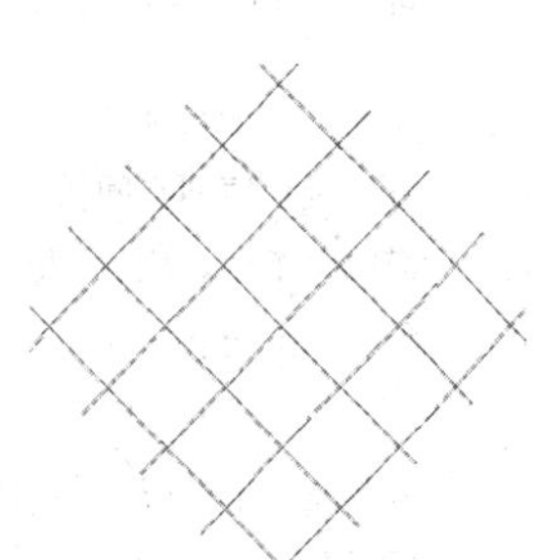

右 图 2-2-8

- 斜交轴网的绘制：在建筑设计中，由于用地的特殊性和建筑设计的复杂性，经常也会使用到斜交轴网，如图 2-2-9 所示。所谓斜交轴网是指同一方各轴线平行，但轴线与轴线之间是非垂直角度的轴网。斜交轴网的绘制方法与正交轴网基本相同，只是绘制时要控制轴线之间的夹角，轴线的引线亦应同时偏移相应的角度，而且轴线之间的夹角还应在图纸中标注清楚。
- 圆弧轴网的绘制：对于圆弧形的建筑，其结构体系和柱网布置也要与相应的圆弧一致。圆弧轴网如图 2-2-10 所示。圆弧轴网的绘制方法是以圆心为基准，先绘制一条轴线，然后用“ARRAY（阵列）”命令环形阵列径向轴线，最后用“CIRCLE（圆）”或“ARC（圆弧）”命令绘制环形轴线，因此，圆弧轴线绘制的首要条件是圆心的定义要精确。

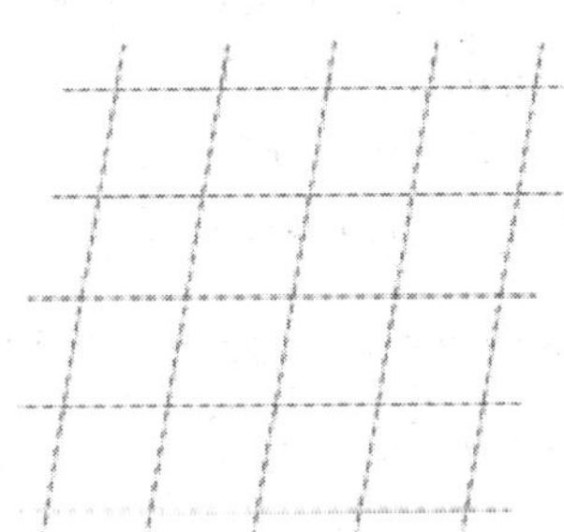

左 图 2-2-9

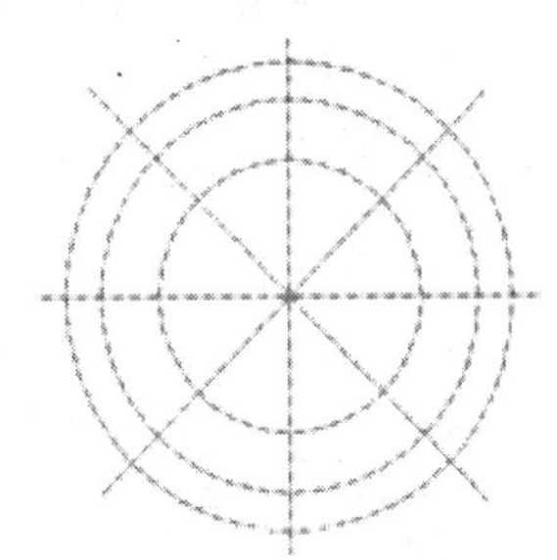

右 图 2 2 10

2. 设置图形界限

图纸的大小反映到 AutoCAD 中，就是绘图的界限，绘图界限的设置应与选定图纸的大小相对应。由于绘制图形时采用 1∶1 的比例，所以用户需按照图形的实际尺寸对图纸进行相应的调整。

在 AutoCAD 中模型空间是无限大的，设置绘图界限，规定一个范围，使所绘制的图形始终处于这一范围内，避免打印输出时出错。

例如，选用 A4 图纸（横放），并以毫米为单位，那么应该将图形界限的宽度定义为 420，高度定义为 297。

设置图形界限的方法如下。

（1）单击“格式”→“图形界限”菜单命令或在命令行窗口输入“LIMITS”，系统提示重新设置模型空间界限。在命令行窗口输入左下角的点（默认即可），然后输入图形界限右上角的点即可。

命令行窗口提示操作步骤如下。

```
命令:_LIMITS↵
重新设置模型空间界限:
指定左下角点或[开(ON)/关(OFF)]<0.0,0.0>:ON↵ (输入“开”选项)
命令:_LIMITS↵
重新设置模型空间界限:
指定左下角点或[开(ON)/关(OFF)]<0.0,0.0>:↵ (输入图形边界左下角的点)
指定右上角点<420,297>420,297↵ (输入图形边界右上角的点)
```

（2）在提示“指定左下角点或[开(ON)/关(OFF)]<0.0,0.0>:”时输入“ON”，打开绘图界限控制，这样绘制的图形不会超出设置的界限；输入“OFF”，关闭绘图界限，这样所绘制的图形不受图形界限的控制。

3. 绘制表格

表格是由行和列相交构成的单元格组成的矩形矩阵，这些单元格中包含注释（主要是文字，但也有块）。可以在表格中插入简单的公式，用于进行计算以及定义简单的算术表达式。创建表格对象时，首先创建一个空表格，然后在表格的单元格中添加内容。创建表格的方法如下。

（1）单击“绘图”工具栏中的▦（表格）按钮，打开“插入表格”对话框。在该对话框的“插入方式”选项栏中有“指定插入点”和“指定窗口”两种插入方式，根据插入表格的操作需要选择插入表格的方式；在“行和列设置”选项栏中设置“列数”、列宽、数据行及行高，“插入表格”对话框的参数设置如图 2-2-11 所示。

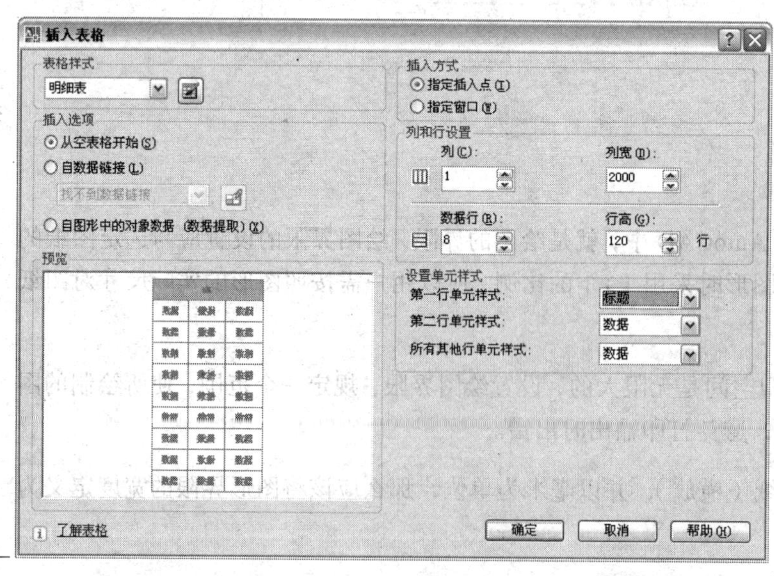

图 2-2-11

（2）单击▣（启动表格样式）按钮，打开“表格样式”对话框，如图 2-2-12 所示。在“表格样式”对话框中单击“新建”按钮，打开“创建新的表格样式”对话框。在“创建新的表格样式”对话框中，输入“新样式名”为“明细栏”，“基础样式”为“Standard”，设置参数如图 2-2-13 所示。

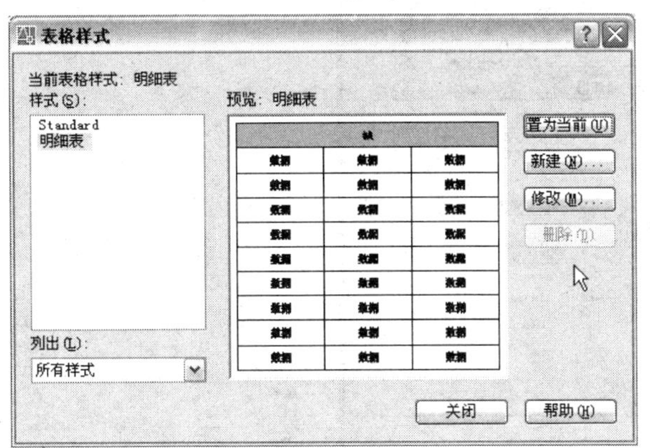

左 图 2-2-12

右 图 2-2-13

（3）在“创建新的表格样式”对话框中单击“继续”按钮，打开“新建表格样式：明细栏”对话框。在“新建表格样式：明细表”对话框的“单元样式”选项栏中单击“基本”选项卡完成相应的内容设置。在该选项卡的“特性”选项栏中设置单元格填充颜色、对齐方式、使用的文本格式及类型；在“页边距”选项栏中设置水平和垂直边距等内容，参数设置如图 2-2-14 所示。

图 2-2-14

（4）在“新建表格样式：明细栏”对话框中单击“文字”选项卡完成相应的内容设置。在该选项卡的“特性”选项栏中，可以设置“文字样式”、“文字颜色”和“文字角度”等与文本相关属性，参数设置如图 2-2-15 所示。

（5）在“新建表格样式：明细栏”对话框中单去“边框”选项卡完成相应的内容设置。在该选项卡的“特性”选项栏中可以设置线宽、线型、颜色和间距等与边框相关的属性，参数设置如图 2-2-16 所示。然后单击“确定”按钮，关闭该对话框并返回“表格样式”对话框中。

（6）在“表格样式”对话框中单击“置为当前”和“关闭”按钮，关闭该对话框并返回“插入表格”对话框中。在该对话框中单击“确定”按钮，关闭该对话框。

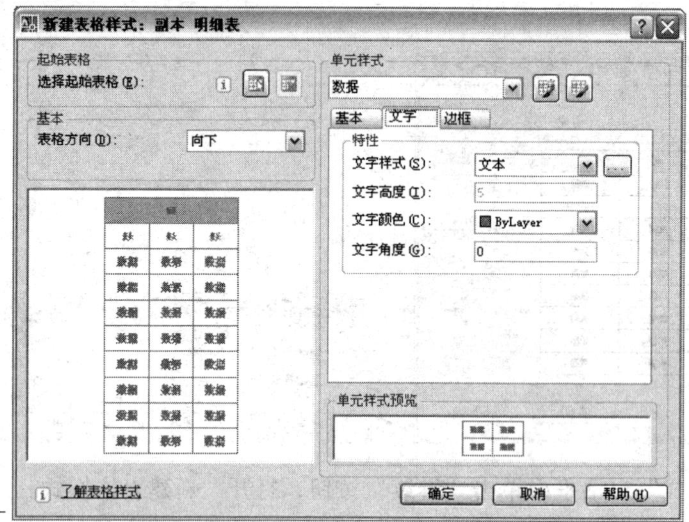

图 2-2-15

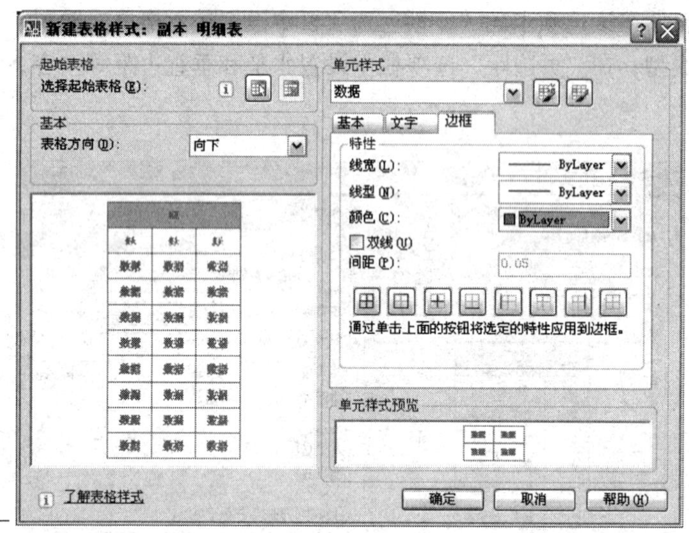

图 2-2-16

（7）在绘图区单击，即可确定插入表格的位置。此时，打开“文字格式”工具栏及表格编辑区。在“文字格式”工具栏中设置文字样式和文字大小。双击需要添加文字的单元格，然后在该单元格输入中文字即可。

命令行窗口提示操作步骤如下。

```
命令:_TABLE ↵
指定插入点: (单击图框右上角的点)
命令:_TABLEDIT (双击表格)
```

表格创建完成后，用户可以单击该表格中的任意网格线选中表格，然后通过使用“特性”面板或夹点来修改该表格。还可以在表格中插入公式和进行计算。

（1）选中要插入公式的表格单元格，然后单击鼠标右键，选择快捷菜单中的“插入公式”命令。也可以使用在位文字编辑器来输入公式，先双击单元格打开在位文字编辑器，然后输入要插入的公式。在图 2-2-17 所示的表格中，用求和公式计算单元格 A2～A4 之和。

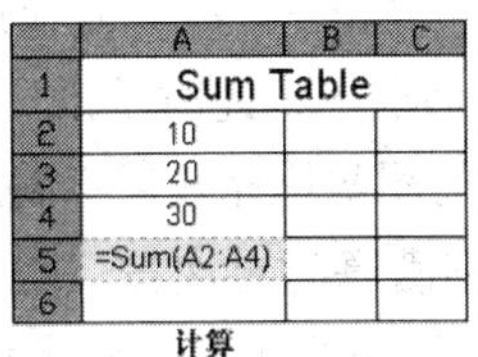

	A	B	C
1	Sum Table		
2	10		
3	20		
4	30		
5	=Sum(A2:A4)		
6			

计算

Sum Table		
10		
20		
30		
60		

结果

图 2-2-17

（2）在单元格中可+、–、/、*、^和=运算符来对单元格中的数值进行计算。在图 2-2-18 所示的表格中，用乘积公式计算单元格 A2～A4 的乘积。

	A	B	C
1	Sum Table		
2	10		
3	20		
4	30		
5	=A2*A3*A4		
6			

计算

Sum Table		
10		
20		
30		
6000		

结果

图 2-2-18

4. 图形填充

图形填充用于突出图形的某个区域，并完善图形的表现效果。图形填充的方式主要有两种，分别是图案填充和渐变色填充。下面以图 2-2-26 所示的填充效果为例来介绍图案填充与渐变色填充的方法。

（1）图案填充。

① 使用拾取点的方式填充中圆与小圆之间的区域。单击“绘图”→“图案填充”菜单命令或单击“绘图”工具栏中的▦（图案填充）按钮，打开图 2-2-19 所示的“图案填充和渐变色”对话框。单击“图案填充”选项卡，在“类型和图案”选项栏中单击样例块，打开“填充图案选项板”对话框，如图 2-2-20 所示。在其中选择一种填充图案。

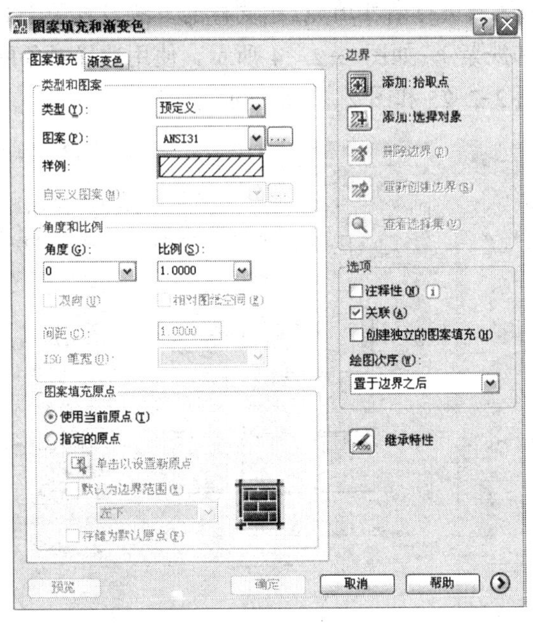

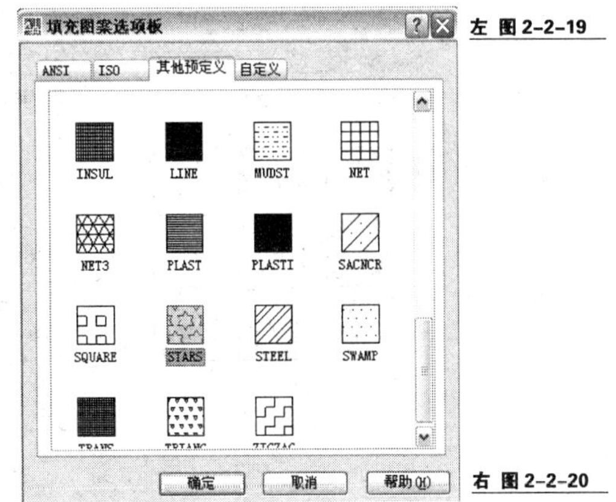

左 图 2-2-19

右 图 2-2-20

单击“确定”按钮，返回“图案填充和渐变色”对话框中。在“角度和比例”选项栏中设置比例为 3，然后单击“边界”选项栏中的▣（添加：拾取点）按钮，在中圆内小圆外的某一点单击，然后按“空格”键或“Enter”键。完成这一步后不会马上看到填充效果，而是返回“图案填充和渐变色”对话框中，此时单击“预览”按钮可以在图形区域看到效果，如图 2-2-21 所示。如果对预览的图案填充效果不满意，可以按“Esc”键返回“图案填充和渐变色”对话框中继续设置直到满意时再次按“空格”键或“Enter”键，然后在“图案填充和渐变色”对话框单击“确定”按钮使填充效果生效。

② 使用选择对象的方式填充六边形。单击“绘图”工具栏中的▦（图案填充）按钮，打开“图案填充和渐变色”对话框，选择填充样例为////////，设置角度为-45，比例为 5，然后单击“边界”选项栏中的▦（添加：选择对象）按钮，在六边形上单击，然后按“空格”键或“Enter”键返回“图案填充和渐变色”对话框中，单击“预览”按钮可以在图形区域看到图 2-2-22 所示的效果，填充设置好后再次按“空格”键或“Enter”键，在“图案填充和渐变色”对话框中单击“确定”按钮使填充效果生效。

左 图 2-2-21

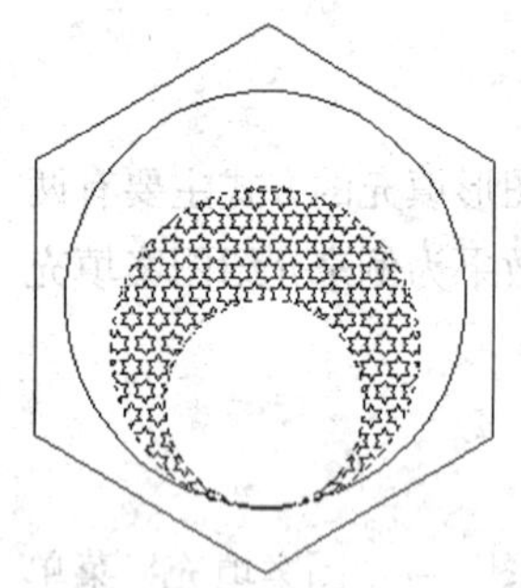

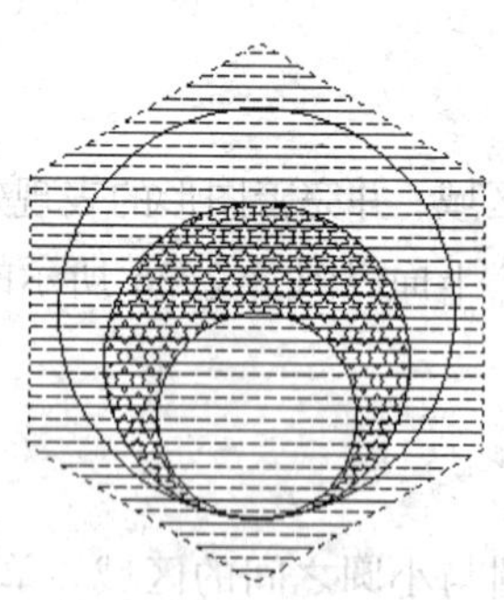

右 图 2-2-22

（2）渐变色填充。单击“绘图”→“图案填充”菜单命令或单击“绘图”工具栏中的▦（渐变色）按钮，打开“图案填充和渐变色”对话框。单击“渐变色”选项卡，在“颜色”选项栏中选择“双色”单选项，调整两个渐变色（桔红和黄色）的效果如图 2-2-23 所示。选择拾取点方式对中圆与小圆之间的区域进行渐变填充。用同样的方法设置用于对六边形进行渐变填充的两个渐变色（天蓝和淡紫），如图 2-2-24 所示，使用选择对象的方式进行填充。渐变填充后的效果分别如图 2-2-25 和图 2-2-26 所示。

左 图 2-2-23

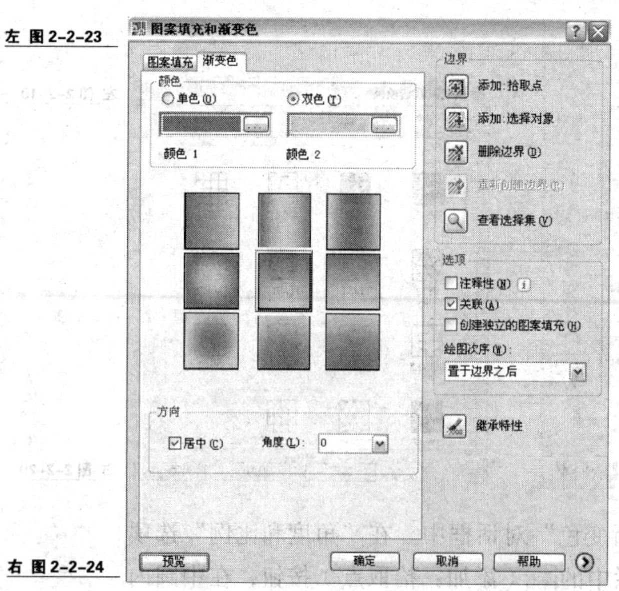

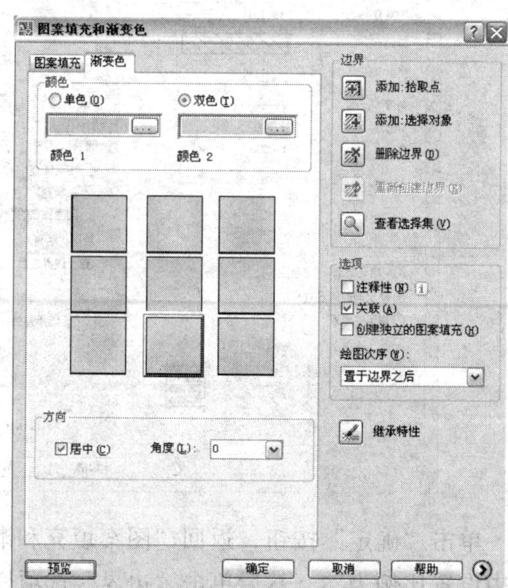

右 图 2-2-24

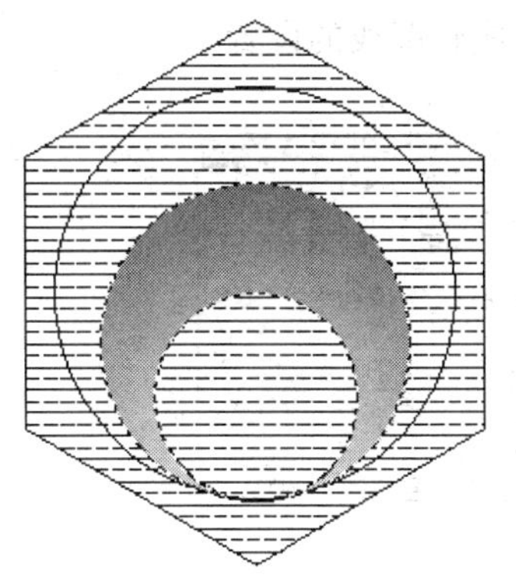

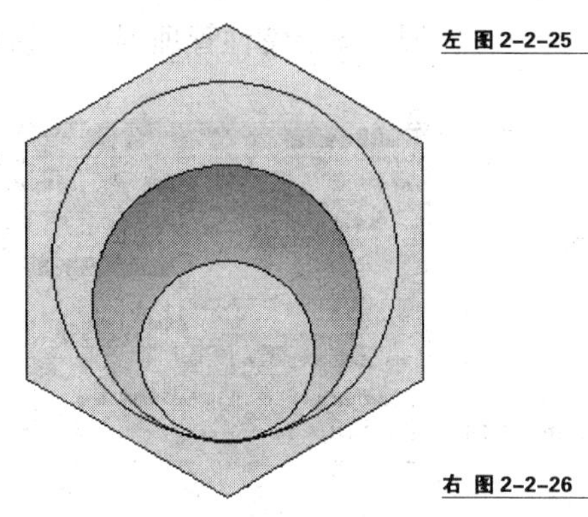

左 图 2-2-25

右 图 2-2-26

5. 设置和使用图层

图层就像透明的覆盖层，图层是图形中的主要组织工具。用户可以在图层中对各种不同的图形信息进行组织和编组。图层用于按功能在图形中组织信息以及执行线型、颜色及其他标准，如图 2-2-27 所示。

通过创建图层，可以将类型相似的对象放在同一个图层中使其相关联。例如，将构造线、文字、标注和标题栏置于不同的图层上，然后对不同图层上的对象从以下几方面进行控制。

- 图层上的对象是否在任何视口中都可见。
- 是否打印对象以及如何打印对象。
- 为图层上的所有对象指定何种颜色。
- 为图层上的所有对象指定何种默认线型和线宽。
- 图层上的对象是否可以修改。

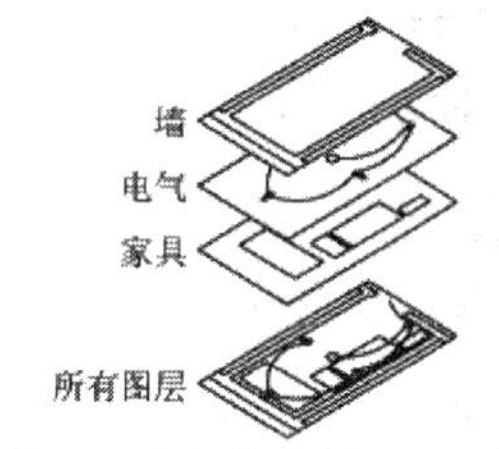

图 2-2-27

提示：每个图形都包括一个名为 0 的图层，不能删除或重命名 0 图层。该图层有两个用途：一是确保每个图形至少包括一个图层；二是提供与块中的控制颜色相关的特殊图层。所以建议创建几个新图层来组织图形，而不是将整个图形均创建在 0 图层上。

一般图层的创建过程可以概括为如下步骤。

（1）单击“格式”→“图层”菜单命令，或单击“图层”工具栏中的（图层特性管理器）按钮，打开“图层特性管理器”对话框，定义图层，规范绘图颜色和线型，以方便绘图。

（2）在该对话框中单击（新建图层）按钮，新建一个图层。然后在新建图层的“名称”列中输入该图层的名称“轮廓线”，如图 2-2-28 所示。

（3）单击“轮廓线”图层的“线宽”列，打开“线宽”对话框。在该对话框中选择

"0.3 毫米"线宽，如图 2-2-29 所示。然后单击"确定"按钮，关闭"线宽"对话框并返回"图层特性管理器"对话框中，完成轮廓线的设置。

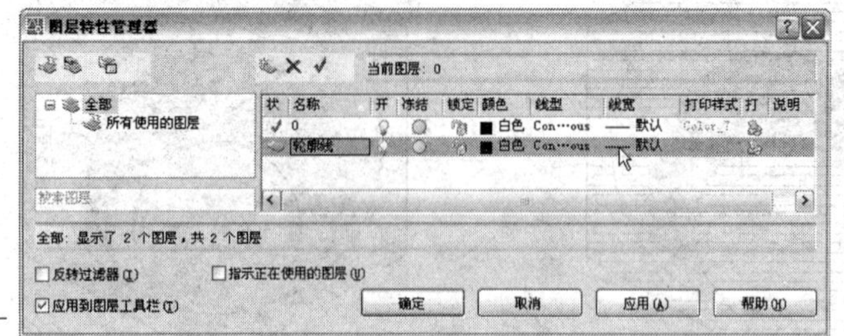

图 2-2-28

（4）在"图层特性管理器"对话框中，单击 （新建图层）按钮，再新建一个图层。将该图层命名为"轴线"。单击"轴线"图层的"颜色"列，打开"选择颜色"对话框。在该对话框中选择"红色"，如图 2-2-30 所示。然后单击"确定"按钮，关闭"选择颜色"对话框并返回"图层特性管理器"对话框中，完成图层颜色的设置。

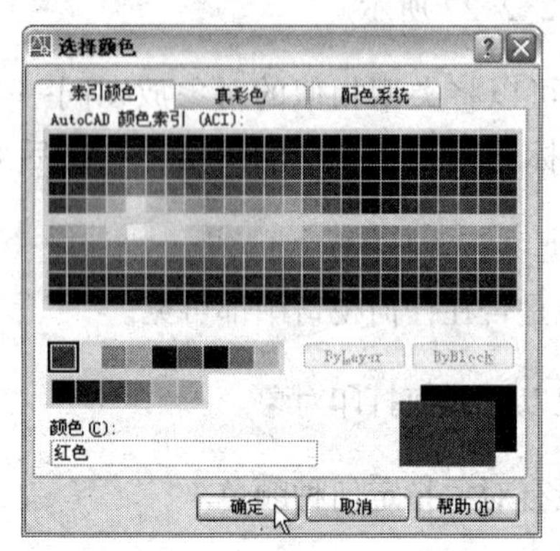

左 图 2-2-29

右 图 2-2-30

（5）在"图层特性管理器"对话框中，单击"轴线"图层的"线型"列，打开"选择线型"对话框，如图 2-2-31 所示。单击该对话框中的"加载"按钮，打开"加载或重载线型"对话框。

（6）在"加载或重载线型"对话框中选择"CENTER2"线型，如图 2-2-32 所示。然后单击"确定"按钮，关闭"加载或重载线型"对话框并返回"选择线型"对话框中。

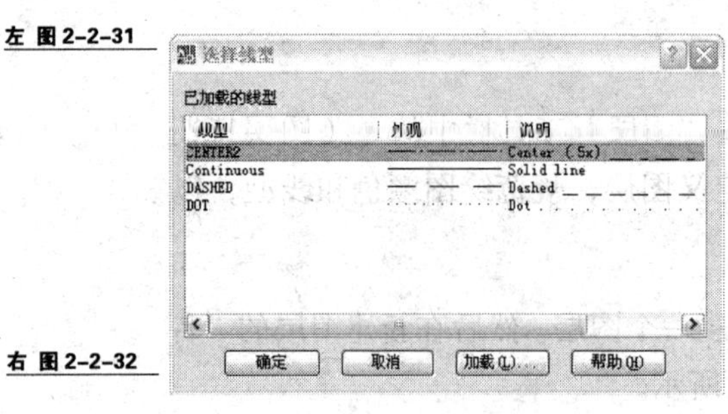

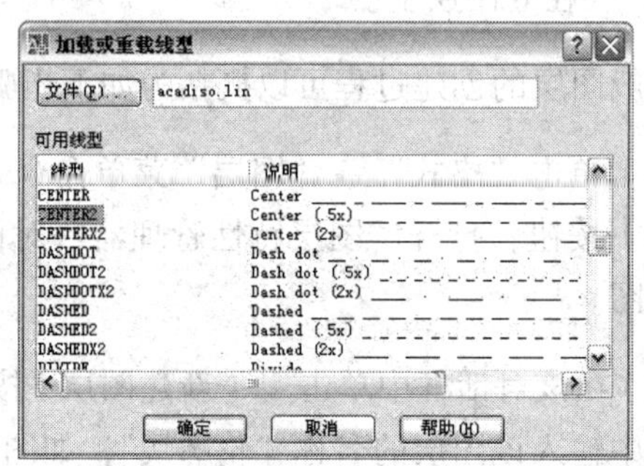

左 图 2-2-31

右 图 2-2-32

（7）在"选择线型"对话框中选择"CENTER2"线型，如图 2-2-31 所示。然后单击“确定”按钮，关闭“选择线型”对话框并返回“图层特性管理器”对话框中。再将该图层的线宽设置为“0.15 毫米”，完成轴线的设置。

（8）以同样的方法按照表 2-3 中的定义其他常用图层，然后单击“确定”按钮，关闭“图层特性管理器”对话框。

表 2-3　其他图层中的线型

名　称	颜　色	线　型	线宽（mm）
标注	蓝色	实线	0.15
轮廓线	白色	实线	0.3
剖面	绿色	实线	0.15
文字	紫色（202）	实线	0.15
轴线	红色	Center2(.5x)（短点画线）	0.15
虚线	黄色	Dashed（虚线）	0.15

如果由于图层上的对象较多而干扰了绘图过程，可以暂时关闭该图层，使该图层上的对象不显示。单击“打开/关闭”按钮，即可实现图层的打开和关闭。图层打开时显示 图标，关闭时显示 图标，如图 2-2-33 所示。当图层打开时，图层上的对象可见，并且可以打印；当图层关闭时，图层上的对象不可见，并且不可以打印。

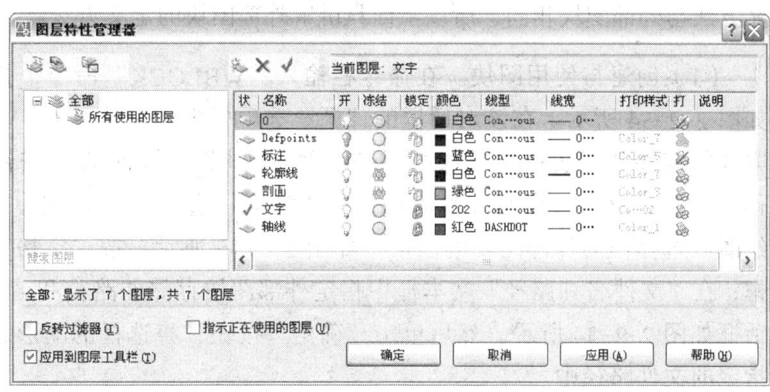

图 2-2-33

还可以冻结图层，使该图层不可见，图层解冻后才可见。单击“冻结/解冻”按钮，可以冻结/解冻图层，图层解冻时显示 图标，冻结时显示 图标，如图 2-2-33 所示。冻结图层可以加快“缩放”、“平移”等操作的运行速度，增强对象选择的性能，并减少复杂图形的重新生成的时间。

如果不需要对某一图层上的对象进行编辑时，可锁定该图层。需要再次编辑时可以将图层解锁。解锁时显示 图标、锁定时显示 图标，如图 2-2-33 所示。被锁定图层中的对象将不能选择或编辑，但仍可以显示并以其为参考对象进行对象捕捉等操作。

若不希望打印某图层，可将该图层设置为不可打印。图层可打印时显示🖨图标，不可打印时显示🖨图标，如图 2-2-33 所示。

6. 使用图块

在 AutoCAD 中绘图时一般会将常用的对象创建为图块，如洗脸池、马桶、螺丝等，在制作平面图时可以方便地调用图块。图块是由一个或多个图形实体组成的、具有名称的图形单元。还可以是绘制在几个图层上不同特性对象的组合。图块可以在同一图形或其他图形中重复使用。要定义一个图块，首先绘制好要组成图块的图形实体，然后再对其进行定义。图块分为内部图块和外部图块两类。因此，图块定义又分为内部图块定义和外部图块定义。

内部图块是指只能在定义该图块的图形内部使用，不能应用于其他图形的一个 AutoCAD 内部文件。通常在绘制较复杂的图形时，会用到内部图块。使用“绘图”工具栏中的（创建块）按钮，可以定义内部图块。在定义内部图块时，需指定图块的名称、插入点和插入单位。

使用“WBLOCK（创建外部块）”命令，可以将所选实体以图形文件的形式保存在计算机中，即外部图块。用该命令生成的图形文件与其他图形文件一样可以打开、编辑和插入。在建筑制图中，外部图块的使用也很广泛，用户可以先将所要使用的图形绘制出来，然后用“WBLOCK”命令将其定义为外部图块，从而在实际绘图时，快速插入图形中。

在建筑绘图中，一些常用件（如门、窗、洁具等）的使用频率较高，常常需要重复使用，对于这些件，用户可以将其定义为外部图块，以便随时调用。由于内部图块的定义方法与外部图块相同，所以下面只讲解外部图块的定义方法。

（1）创建与使用图块。在命令栏输入“WBLOCK”命令，打开“写块”对话框，如图 2-2-34 所示。在该对话框的“源”选项栏中选中“对象”单选项，以选择对象的方式指定外部图块；在“基点”选项栏中单击（拾取点）按钮，在绘图区单击点 1 作为基点，返回“写块”对话框；在“对象”选项栏中单击（选择对象）按钮，在绘图区选择作为外部图块的图形，如图 2-2-35 所示。按“空格”键返回“写块”对话框；在“文件名和路径”文本框中指定外部图块存储的路径和名称，此时的“写块”对话框如图 2-2-34 所示。然后单击“确定”按钮，将选择的图形定义为图块，并保存在指定的文件路径中。

左 图 2-2-34

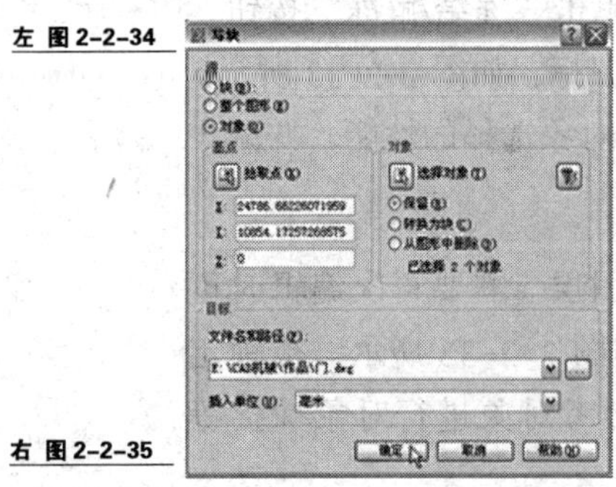

右 图 2-2-35

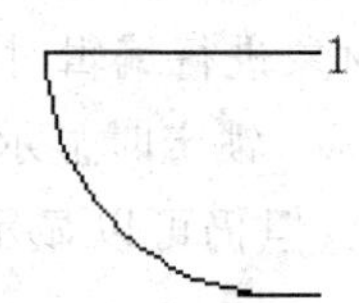

单击“绘图”工具栏中的（插入块）按钮，打开“插入”对话框。在该对话框中单击“浏览”按钮，打开“选择图形文件”对话框。在该对话框中选择“门”图块，单击“打开”按钮，关闭该对话框并返回“插入”对话框中，如图 2-2-36 所示。

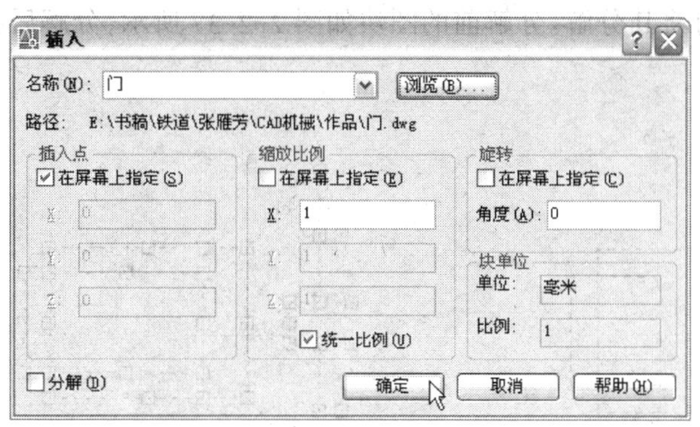

图 2-2-36

在“插入”对话框中设置缩放比例和旋转角度，单击“确定”按钮。然后在绘图区单击，即可插入“门”图块。

命令行窗口提示操作步骤如下。

```
命令:_INSERT ↵
指定插入点或[比例(S)/X/Y/Z/旋转(R)/预览比例(PS)/PX/PY/PZ/预览旋转(PR)]:(单击点)
```

（2）图块的特性。在建立一个图块时，组成图块的图形的实体特性将随图块定义一起存储，当在其他图形中插入图块时，这些特性也随着一起插入。

① 0 图层中图块的特性：0 图层上“随层”块的特性随其插入图层特性的改变而改变。如果组成图块的实体是在 0 图层上绘制的且用“随层”设置特性，则该图块无论插入哪一图层，其特性都采用当前图层的设置。

② 指定颜色和线型的图块特性：如果组成图块的实体具有指定的颜色和线型，则图块的特性也是固定的，在插入时不受当前图形设置的影响。

③“随块”图块特性：“随块”图块的特性是随着不同的绘图环境而变化的。如果组成块的实体采用“随块”设置，则图块在插入前没有任何图层、颜色、线型、线宽设置，被视为黑色连续线。当图块插入当前图形中时，图块使用当前绘图环境的图层、颜色、线型和线宽设置。

④“随层”图块特性：如果由某个“随层”设置的实体组成一个内部图块，该图层的颜色和线型等特性将设置并储存在图块中，以后不管在哪个图层插入都保持这些特性。如果在当前图形中插入一个具有“随层”设置的外部图块，当外部图块所在图层在当前图形中未定义，则 AutoCAD 自动建创放置该图块的图层，此时图块的特性与其定义时的一致；如果当前图形中存在与之同名而特性不同的图层，当前图形中该图层的特性将覆盖图块原有的特性。

（3）图块的编辑。图块是由一个或多个实体组成的特殊实体，可以使用“移动”、“旋转”等命令对图块进行整体编辑，但不能使用“修剪”、“偏移”等命令对其进行编辑。

使用“分解”命令可以将图块分解成若干个基本组成对象。此外，该命令还可以用于对三维线框、实体、多线或面域等对象的分解。

使用“修改”工具栏中的（分解）工具，按照命令行窗口的提示，在绘图区选择要分解的对象，即可将其分解。分解前的图块如图 2-2-37 所示，分解后的图块如图 2-2-38 所示。

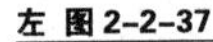

左 图2-2-37

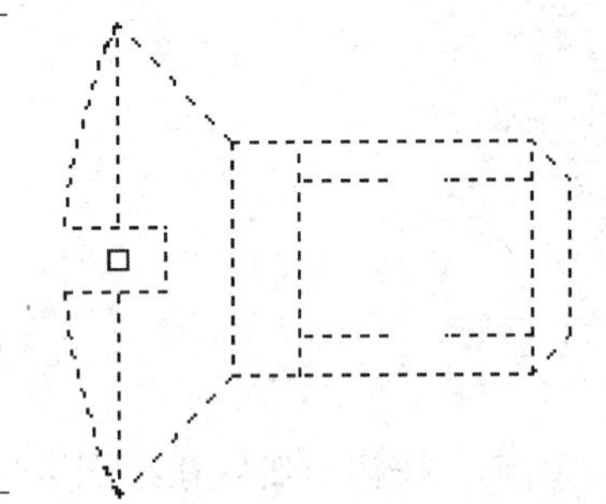

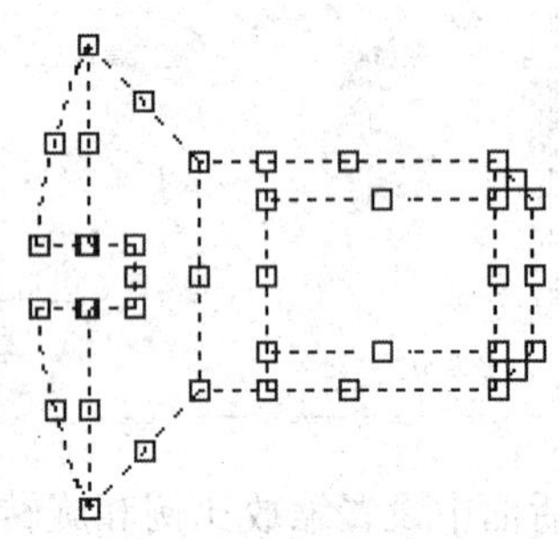

右 图2-2-38

命令行窗口提示操作步骤如下。

```
命令：_EXPLODE ↵
选择对象：
指定对角点：找到 1 个 ↵
选择对象：↵
```

若一个图块被重复插入一幅图形文件中，当对这些已插入的图块进行整体修改时，对图块进行重新定义即可一次性更新所有已插入的图块而不用单独修改每个图块。重新定义块图的方法一般是先将一个插入的图块分解后加以修改编辑，再用 BLOCK 命令重新定义为同名的图块，将原有的图块覆盖，图形中引用的相同图块将全部自动更新。这种方法常用于修改比较简单的图块。

（4）图块的属性。一个图形、符号除自身的几何形状外往往还包含很多相关的文字说明、参数等信息，在 AutoCAD 中用属性来设置图块的附加信息，具体的信息内容称为属性值。属性必须依赖于图块而存在，没有图块就没有属性。

① 单击“绘图”→“块”→“定义属性”菜单命令或在命令栏输入“ATTDEF”命令，打开“属性定义”对话框。在该对话框的“标记”文本框中输入“SS”，指定属性显示标记；在“提示”文本框中输入“门”，指定属性的提示信息；在“值”文本框中输入“1900”，指定属性的默认值，如图 2-2-39 所示。

② 在“属性定义”对话框的“插入点”选项栏中，选中“在屏幕上指定”和“锁定块中的位置”复选框，在“文字选项”选项栏中设置属性文字的对正方式、样式、大小和旋转角度。然后单击“确定”按钮完成属性定义，效果如图 2-2-40 所示。

命令行窗口提示操作步骤如下。

```
命令：_ATTDEF ↵
起点：↵
```

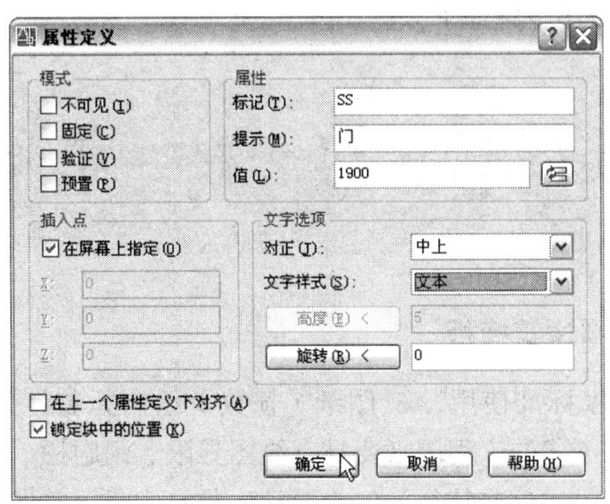

左 图 2-2-39

SS

右 图 2-2-40

③ 定义好属性后，双击属性文字或在命令栏中输入“DDEDIT（文字编辑）”命令，即可打开“编辑属性定义”对话框，在该对话框中可以修改属性的显示标记、提示内容及缺省属性值。将“标记”文本框中的文字更改为“入户门”，此时的“编辑属性定义”对话框如图 2-2-41 所示。

④ 单击“修改”→“对象”→“文字”→“编辑”菜单命令或在命令行输入“DDEDIT”命令，选择要修改属性的图形，即可修改属性。

命令行窗口提示操作步骤如下。

```
命令: _DDEDIT ↵
选择注释对象或[放弃(U)]: ↵ (选择要修改的属性)
```

在打开的“编辑属性定义”对话框中，修改属性。

```
选择注释对象或[放弃(U)]: ↵ (按“空格”键结束操作)
```

⑤ 完成了图块属性的定义及编辑后，即可在实际作图中插入带属性的图块，插入的方法与前面介绍的插入内部图块或外部图块的方法相同，不同的是完成插入点、插入比例等的设置后，系统会多出一个属性提示。

⑥ 单击“绘图”工具栏中的（插入块）按钮，打开“插入”对话框。在该对话框的“名称”下拉列表框中选择“门”选项，并设置缩放比例和旋转角度，再单击“确定”按钮，如图 2-2-42 所示。然后在绘图区插入带属性的“门”图块。

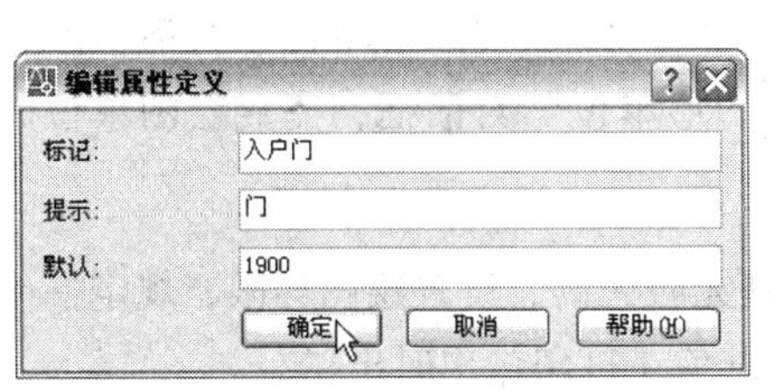

左 图 2-2-41

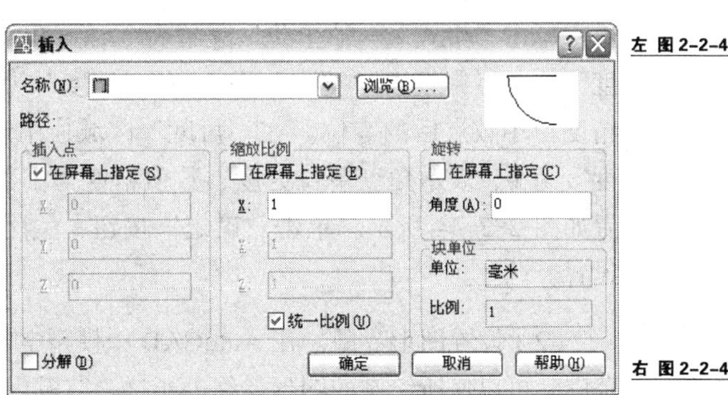

右 图 2-2-42

命令行窗口提示操作步骤如下。

```
命令:_INSERT↵
指定插入点或[基点(B)/比例(S)/X/Y/Z/旋转(R)/预览比例(PS)/PX/PY/PZ/预览旋转(PR)]:
输入属性值
门<入户门>:↵
```

2.2.2 【案例 4】绘制建筑模板

本案例将根据国家标准使用 A3 图纸（横放）绘制无装订边的建筑模板，效果如图 2-2-43 所示。一张正式的工程图纸要具有绘图界限、标题栏、线型、图层颜色等一系列 AutoCAD 的绘图特性。这些特征一般由设计人员自定义，并保存为一个模板文件，在以后的绘图中直接调用即可。

图 2-2-43

绘制建筑模板的操作步骤如下。

（1）设置绘图单位。在 AutoCAD 中，长度单位的类型包括建筑、小数、工程、分数和科学 5 种。我国工程界普遍采用“小数”作为绘图的长度单位。

在 AutoCAD 中，角度单位的类型包括十进制度数、度/分/秒、百分度、弧度和勘测单位 5 种。我国工程界普遍采用“十进制度数”作为绘图的角度单位。

单击“格式”→“单位”菜单命令，打开“图形单位”对话框。在该对话框的“长度”选项栏中设置“类型”为小数，“精度”为 0，表示长度单位为公制十进制，数值精度为小数点后的零位。在“角度”区域栏中设置角度的“类型”为十进制度数、“精度”为 0，表示角度单位为度，数值精度为小数点后的 0 位，“图形单位”对话框的设置如图 2-2-44 所示。单击“确定”按钮，关闭“图形单位”对话框，完成绘图单位的设置。

（2）设置图形界限。在 AutoCAD 中模型空间是无限大的，设置绘图界限，规定一个范围，可以使所绘制的图形始终处于这一范围内，避免在打印输出时出错。

图纸的大小反映到 AutoCAD 中，就是绘图的界限，绘图界限的设置应与所用图纸的大小相对应。由于图形绘制时采用 1∶1 的比例，所以用户需按照图形的实际尺寸对图纸进行相应的调整。例如，选用 A3 图纸（横放），以毫米为单位，那么图形界限的宽度就应定义为 420，高度为 297。

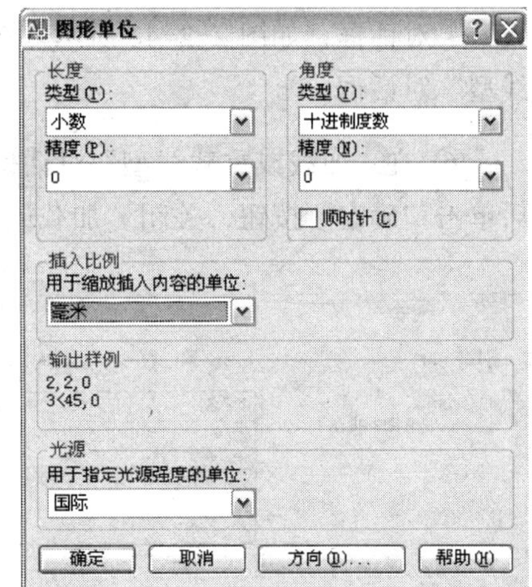

图 2-2-44

单击“格式”→“图形界限”菜单命令或在命令行窗口输入“LIMITS”，系统提示重新设置模型空间界限。在命令行窗口输入左下角的坐标值（默认即可），然后输入图形界限右上角的坐标值即可。

命令行窗口提示操作步骤如下。

```
命令:_LIMITS↵
重新设置模型空间界限:
指定左下角点或[开(ON)/关(OFF)]<0.0,0.0>:ON↵ (输入“开”选项)
命令:_LIMITS↵
重新设置模型空间界限:
指定左下角点或[开(ON)/关(OFF)]<0.0,0.0>:↵ (输入图形边界左下角的点)
指定右上角点<11.0,9.0>420,297↵ (输入图形边界右上角的点)
```

在命令行窗口提示“指定左下角点或[开(ON)/关(OFF)]<0.0,0.0>:”时输入“ON”，打开绘图界限控制，不允许绘制的图形超出设置的界限。输入“OFF”，关闭绘图界限，所绘制的图形不受图形界限的限制。

（3）设置图层。

① 单击“格式”→“图层”菜单命令，或单击“图层”工具栏中的（图层特性管理器）按钮，打开“图层特性管理器”对话框，定义图层，设置绘图颜色和线型，以方便绘图。

② 在对话框中单击（新建图层）按钮，新建一个图层。然后在新建图层的“名称”列中输入该图层的名称“墙线”，如图 2-2-45 所示。

③ 单击“墙线”图层的“线宽”列，打开“线宽”对话框。在该对话框中选择“0.3 毫米”的线宽，如图 2-2-46 所示。然后单击“确定”按钮，关闭“线宽”对话框并返回“图层特性管理器”对话框中，完成“墙线”图层的设置。

④ 在“图层特性管理器”对话框中，单击（新建图层）按钮，再新建一个图层。将该图层命名为“轴线”。单击“轴线”图层的“颜色”列，打开“选择颜色”对话框。在该对话框中选择“红色”，如图 2-2-47 所示。然后单击“确定”按钮，关闭“选择颜色”对话框并返回“图层特性管理器”对话框中，完成图层颜色的设置。

⑤ 在“图层特性管理器”对话框中，单击“轴线”图层的“线型”列，打开“选择线型”对话框，如图 2-2-48 所示。在该对话框中单击“加载”按钮，打开“加载或重载线型”对话框。

⑥ 在“加载或重载线型”对话框中选择“DASHDOT”线型，如图 2-2-49 所示。然后单击“确定”按钮，关闭“加载或重载线型”对话框并返回“选择线型”对话框中。

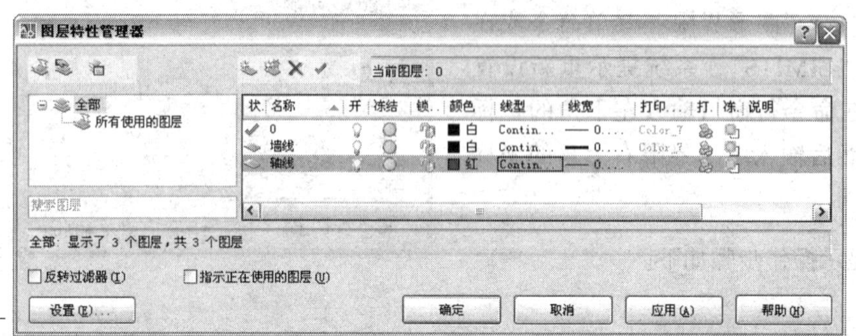

图 2-2-45

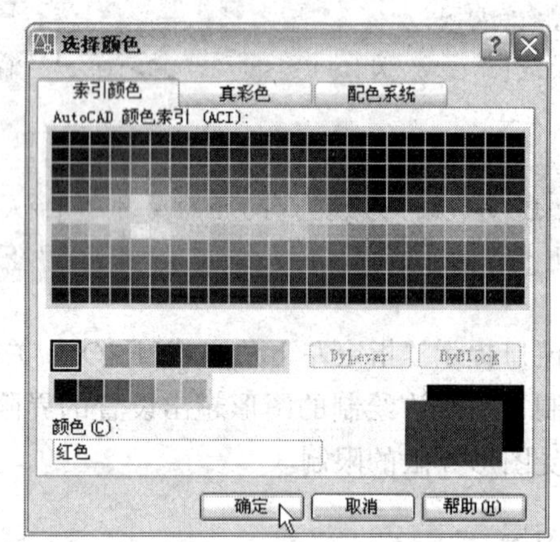

左 图 2-2-46

右 图 2-2-47

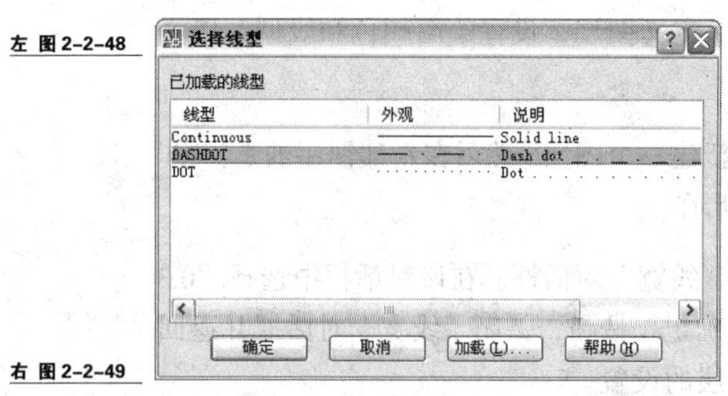

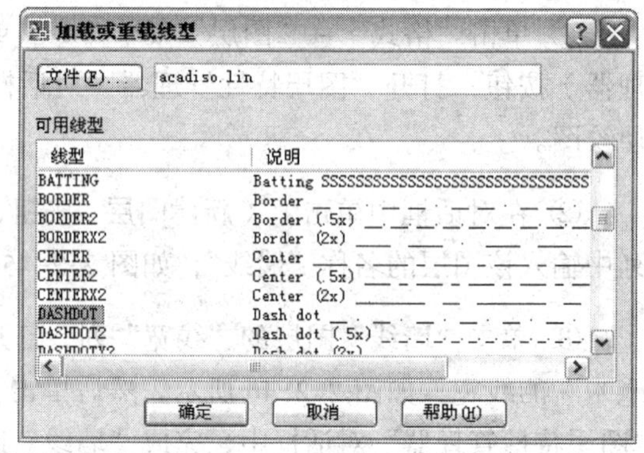

左 图 2-2-48

右 图 2-2-49

⑦ 在“选择线型”对话框中选择“DASHDOT”线型，如图 2-2-48 所示。然后单击“确定”按钮，关闭“选择线型”对话框并返回“图层特性管理器”对话框中。再将该图层的线宽设置为 0.15 毫米，完成轴线的设置。

⑧ 以同样的方法定义其他图层，定义好的图层效果如图 2-2-50 所示。然后单击“确

定”按钮，关闭“图层特性管理器”对话框。

（4）设置文字样式。根据 AutoCAD 制图的实际情况，需要为字母、数字和文字指定不同的文字样式。

设置文字样式的操作步骤如下。

① 单击“格式”→“文字样式”菜单命令，打开“文字样式”对话框，在该对话框中单击“新建”按钮，打开“新建文字样式”对话框，输入新建样式的名称“Text”，如图 2-2-51 所示。

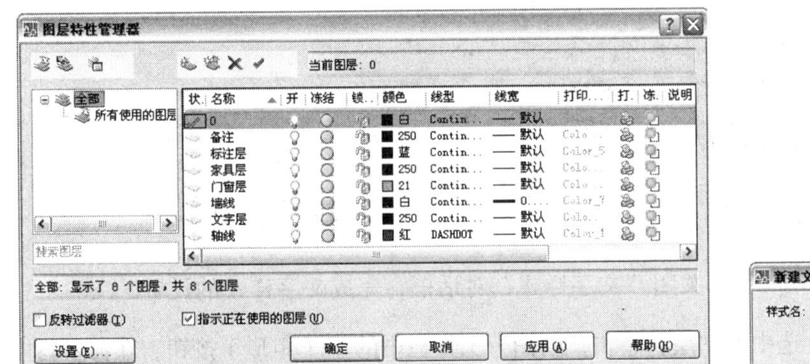

左 图 2-2-50

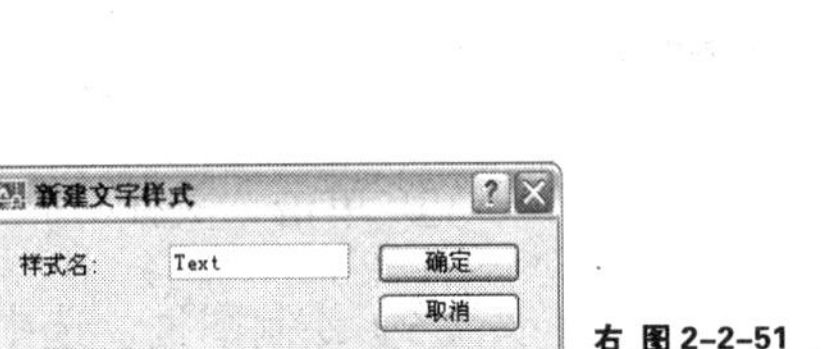

右 图 2-2-51

② 单击“确定”按钮，关闭“新建文字样式”对话框并返回“文字样式”对话框中。在“文字样式”对话框中取消“使用大字体”复选框，然后在“字体名”下拉列表框中选择“宋体”选项，在“高度”文本框中设置文字的高度为“5”，在“宽度因子”文本框中设置文字的宽度为“1”，如图 2-2-52 所示。然后单击“应用”按钮，保存设置的文字样式。

图 2-2-52

③ 在“文字样式”对话框中再次单击“新建”按钮，打开“新建文字样式”对话框。在该对话框的“样式名”文本框中输入新建样式的名称“Number”，单击“确定”按钮，关闭“新建文字样式”对话框并返回“文字样式”对话框中。

④ 在“文字样式”对话框的“字体名”下拉列表框中选择“Arial”字体；在“高度”

文本框中输入文字的高度为“3”，在“宽度因子”文本框中输入文字的宽度为“0.7”，在“倾斜角度”文本框中输入倾斜角度为“15”，如图 2-2-53 所示。然后单击“应用”按钮，保存设置的文字样式。

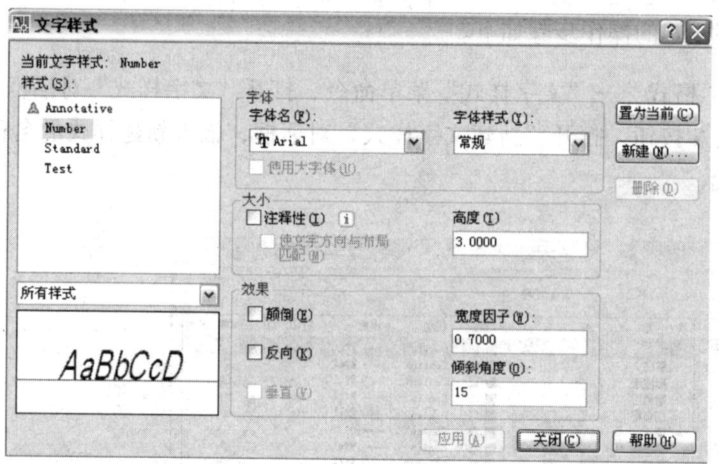

图 2-2-53

⑤ 单击“关闭”按钮，关闭“文字样式”对话框，完成文字样式的设置。

（5）绘制图框。选中 0 图层，单击“绘图”工具栏中的▭（矩形）按钮，在命令行中输入矩形的起点坐标（0，0），再在命令行窗口输入矩形的对角点坐标（420，297），按“Enter”键确认。然后单击“修改”工具栏中的（偏移）按钮，将矩形向内偏移 5 毫米（缩小并复制一个），作为图纸的外框，再将图纸的外框向内偏移 5 毫米，作为图纸的内框，最后删除第一个矩形，效果如图 2-2-54 所示。这样可以避免图形超出打印区域。

图 2-2-54

命令行窗口提示操作步骤如下。

```
命令：_LAYER↵
命令：_RECTANG：↵
指定第 1 个角点或[倒角(C)/标高(E)/圆角(F)/厚度(T)/宽度(W)]：0,0
指定另一个角点或[尺寸(D)]：@420,297↵ （输入矩形的对角点坐标）
命令：_OFFSET↵
指定偏移距离或[通过(T)]<通过>：5↵ （输入偏移值）
选择要偏移的对象或<退出>：（单击矩形）
```

```
指定点以确定偏移所在一侧：（在矩形内单击）
选择要偏移的对象或<退出>：（单击内侧矩形）
指定点以确定偏移所在一侧：（在内侧矩形内单击）
选择要偏移的对象或<退出>：↵
```

单击最外侧矩形，然后按“Delete”键删除。

（6）使用表格绘制标题栏。早期版本的 AutoCAD 是不提供表格命令的，使用新版本中的表格命令可以使用户方便地绘制标题栏。首先在“绘图”工具栏中单击▦（表格）按钮，打开“插入表格”对话框，在“列和行设置”选项栏中设置列数为 5，“数据行”为 3，“插入方式”为“指定插入点”，如图 2-2-55 所示。

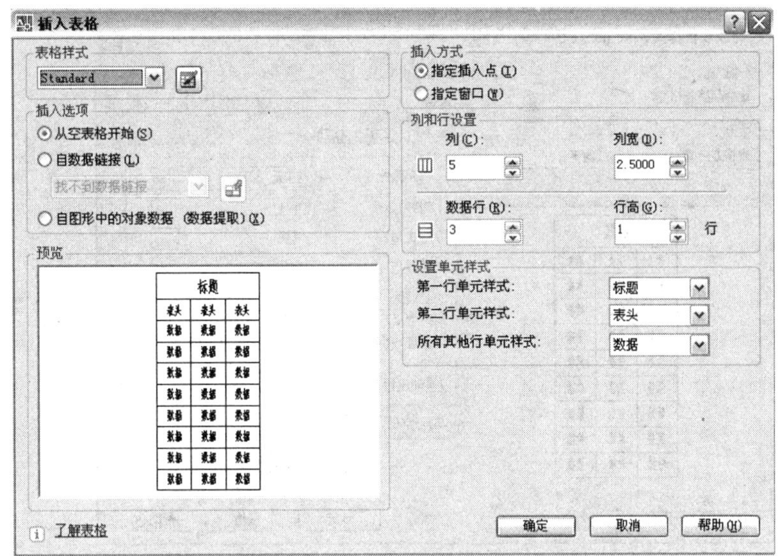

图 2-2-55

单击“确认”按钮退出“插入表格”对话框，在图纸中选择插入表格的位置即可插入一个设置的表格。表格插入后，单击表格边框可以进入图 2-2-56 所示的表格边框编辑模式，此时可通过拖曳边框来调整表格和单元格的大小，调整后的效果如图 2-2-57 所示。

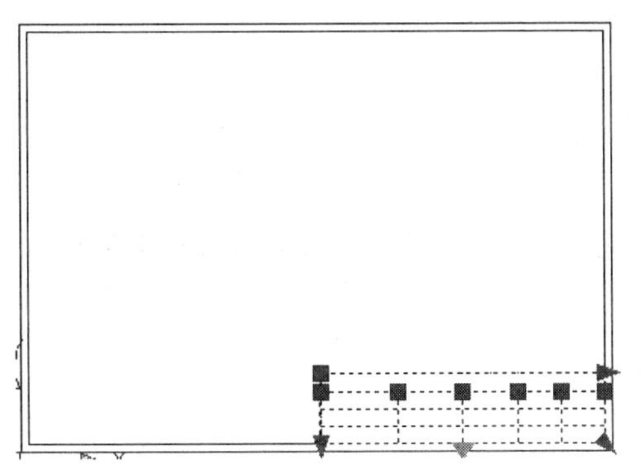

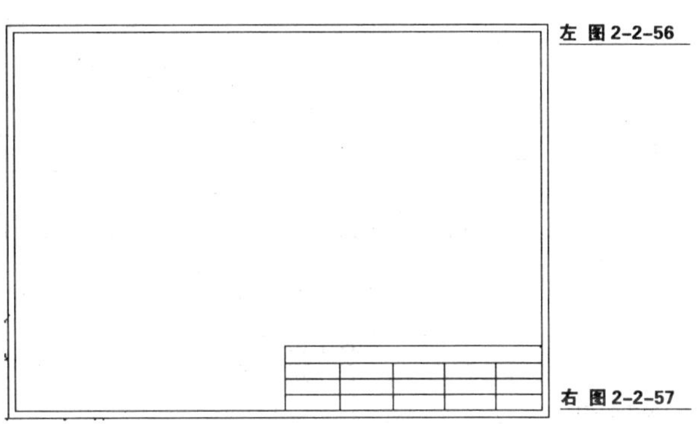

左 图 2-2-56

右 图 2-2-57

若用户对创建的表格样式不满意，可以通过单击“格式”→“表格样式”菜单命令打开“表格样式”对话框，如图 2-2-58 所示。单击“修改”按钮，打开“修改表格样式”对话框，对表格样式进行修改，如图 2-2-59 所示。

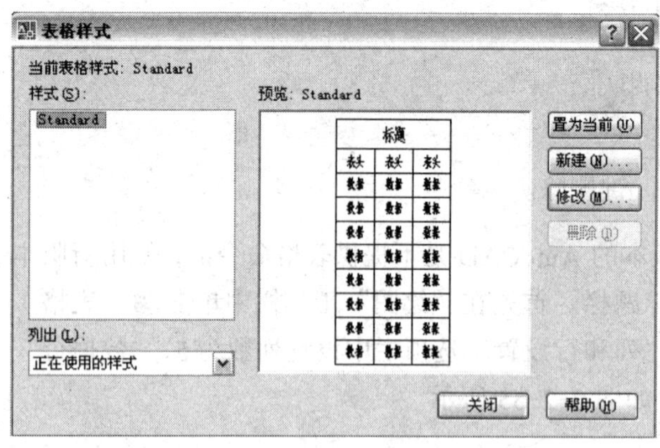

图 2-2-58

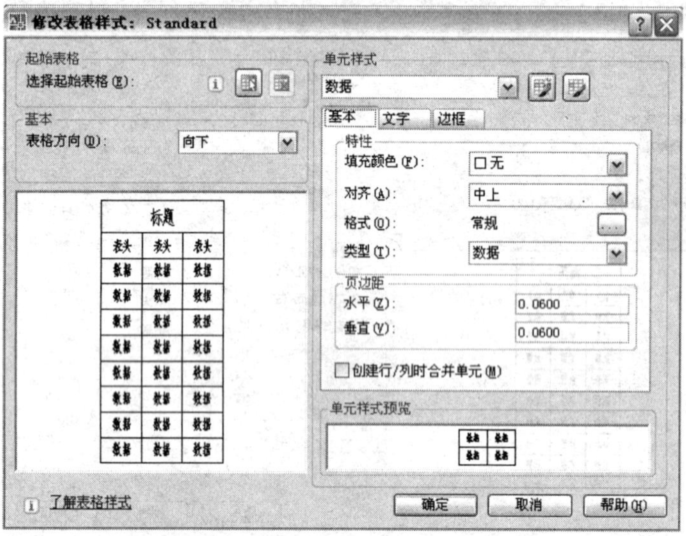

图 2-2-59

(7) 在标题栏中输入文字。双击表格中的单元格进入文字输入状态,并打开"文字格式"窗口,选择步骤(4)设置的文字样式"Text",设置"宽度因子"为 1.5,输入文字"设计公司"。完成后的效果如图 2-2-60 所示。

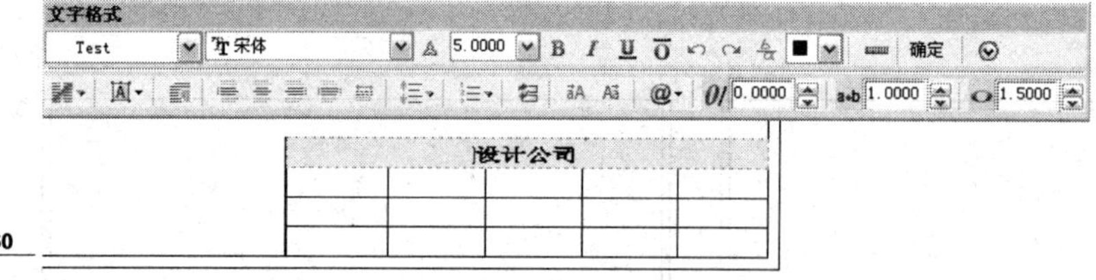

图 2-2-60

以同样的方法完成其他单元格文字的输入。然后根据内容调整或增删单元格,完成后的效果如图 2-2-61 所示。

设计公司				
项目编号	比例	图别	设计员	备注

图 2-2-61

(8) 保存为模板文件。将完成的文件保存为模板文件以便以后可以随时使用。单击"文件"→"另存为"菜单命令,打开"图形另存为"对话框。设置文件名为"Template_A3",文件类型为"AutoCAD 图形样板(*.dwt)",然后保存到 AutoCAD 默认的模板文件夹中

（用户可以在“选项”对话框中的“样本图形文件位置”找到此文件夹），如图 2-2-62 所示。

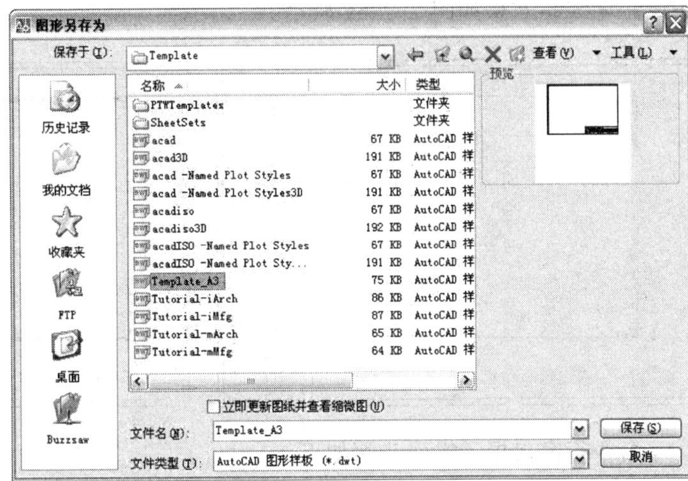

图 2-2-62

2.2.3 【案例 5】绘制卧室平面图

本案例通过绘制卧室墙线、门窗、床及床柜实现图 2-2-63 所示的卧室平面图。

绘制卧室平面效果图的操作步骤如下。

（1）单击“文件”下拉菜单中的“新建”命令，打开“选择样板”对话框。在该对话框中选择【案例 4】中绘制的模板，单击“打开”按钮，退出“选择样板”对话框，进入新建的图形文件，并将当前图层切换到“轴线”图层。

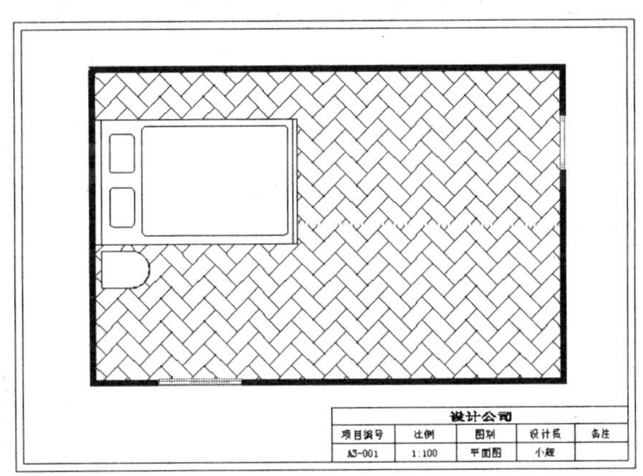

图 2-2-63

（2）单击“绘图”工具栏中的 ⁄（直线）按钮，按照命令行窗口的提示，首尾相连绘制 4 条线段，作为墙线的基准线段，如图 2-2-64 所示。

命令行窗口的操作步骤提示如下。

```
命令: _line 指定第一点:(在绘图窗口指定一点)
指定下一点或 [放弃(U)]: 200↵
指定下一点或 [放弃(U)]: 310↵
指定下一点或 [闭合(C)/放弃(U)]: 200↵
指定下一点或 [闭合(C)/放弃(U)]: 310↵
```

（3）切换到“墙线”图层。单击“绘图”工具栏中的 （多段线）按钮，在绘图区中绘制墙线，效果如图 2-2-65 所示。

左 图 2-2-64

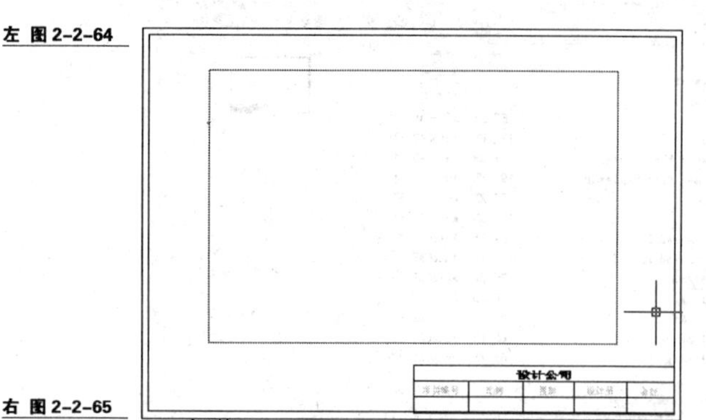

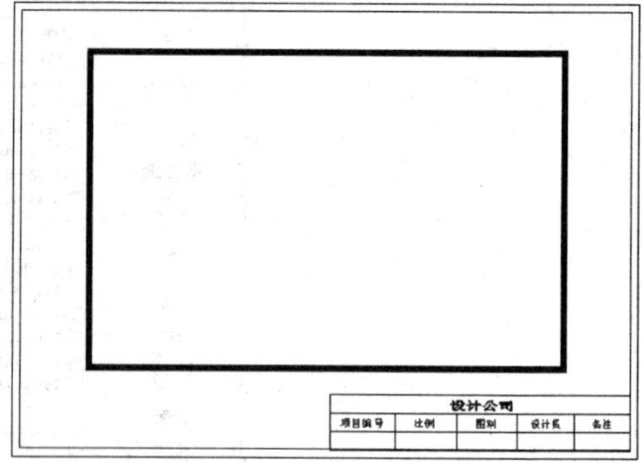

右 图 2-2-65

命令行窗口提示操作步骤如下。

```
命令: _pline
指定起点:(指定通过对象捕捉到的轴线某一端点)
当前线宽为 0.0000
指定下一个点或 [圆弧(A)/半宽(H)/长度(L)/放弃(U)/宽度(W)]: w↵
指定起点宽度 <0.0000>: 3.5↵
指定端点宽度 <3.5000>:↵
指定下一个点或 [圆弧(A)/半宽(H)/长度(L)/放弃(U)/宽度(W)]:
指定下一点或 [圆弧(A)/闭合(C)/半宽(H)/长度(L)/放弃(U)/宽度(W)]:
指定下一点或 [圆弧(A)/闭合(C)/半宽(H)/长度(L)/放弃(U)/宽度(W)]:
指定下一点或 [圆弧(A)/闭合(C)/半宽(H)/长度(L)/放弃(U)/宽度(W)]:
```

完成后按“Esc”键退出命令，绘制的墙线效果如图 2-2-65 所示。

（4）绘制门窗洞的辅助线。单击“绘图”工具栏中的 （直线）按钮，绘制图 2-2-66 所示的两条直线。单击“修改”工具栏中的 （偏移）按钮，绘制门窗洞的另外一条辅助线，绘制效果如图 2-2-67 所示。

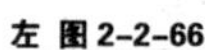
左 图 2-2-66

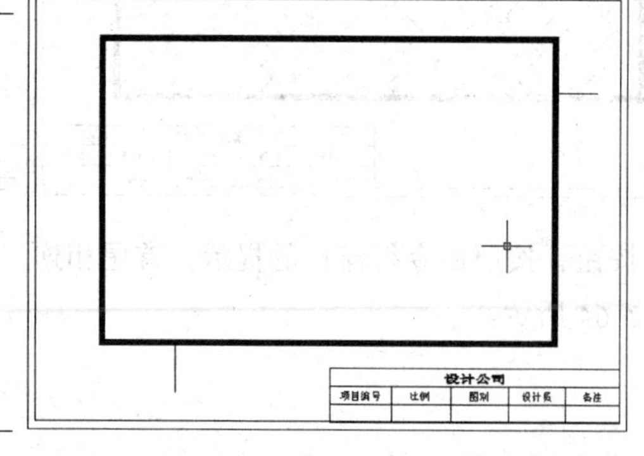

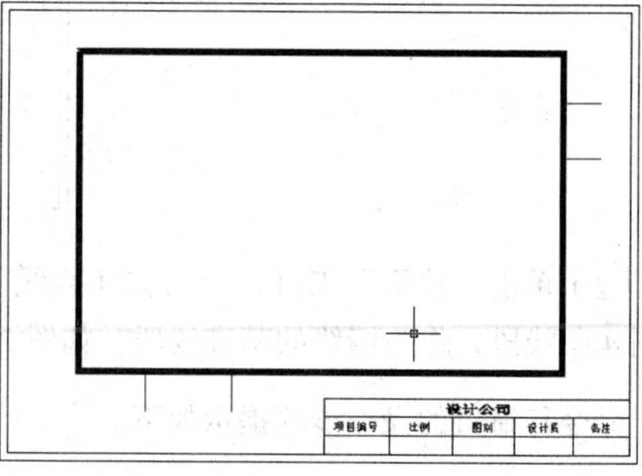

右 图 2-2-67

命令行窗口的命令提示如下。

```
命令: _offset
当前设置: 删除源=否  图层=源  OFFSETGAPTYPE=0
指定偏移距离或 [通过(T)/删除(E)/图层(L)] <40.0000>:  55 ↵
```

```
选择要偏移的对象,或 [退出(E)/放弃(U)] <退出>:(选择第一条窗洞辅助线)
指定要偏移的那一侧上的点,或 [退出(E)/多个(M)/放弃(U)] <退出>:(选中要偏移方向的墙线上的点)
命令: _offset
当前设置: 删除源=否  图层=源  OFFSETGAPTYPE=0
指定偏移距离或 [通过(T)/删除(E)/图层(L)] <55.0000>:  35 ↵
选择要偏移的对象,或 [退出(E)/放弃(U)] <退出>:(选择第 1 条门洞辅助线)
指定要偏移的那一侧上的点,或 [退出(E)/多个(M)/放弃(U)] <退出>:(选中要偏移方向的墙线上的点)
```

按“Esc”键结束命令。

（5）生成门窗洞。单击“修改”工具栏中的 -/-（修剪）按钮，分别选择门窗洞的两条辅助线，修剪辅助线之间的墙线，修剪好后删除辅助线，效果如图 2-2-68 所示。

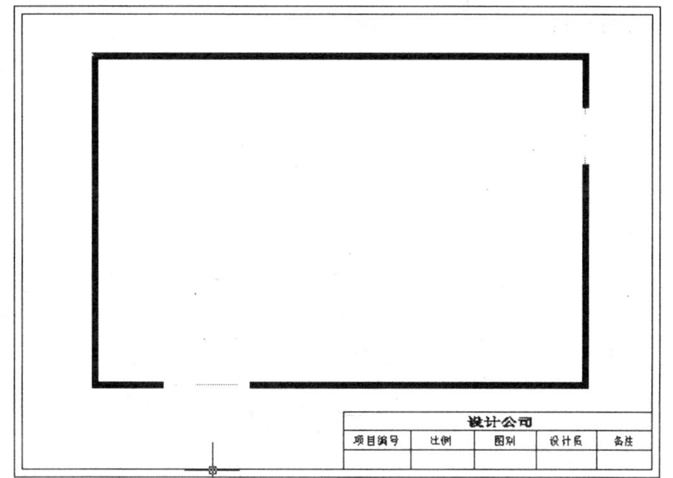

图 2-2-68

（6）使用多线绘制门窗。切换到“门窗”图层。单击“格式”→“多线样式”菜单命令，打开“多线样式”对话框，如图 2-2-69 所示。在该对话框中单击“新建”按钮，打开“创建新的多线样式”对话框。

在“创建新的多线样式”对话框中设置“新样式名”为“窗口”，如图 2-2-70 所示。然后单击“继续”按钮，关闭该对话框并进入“新建多线样式：窗口”对话框。

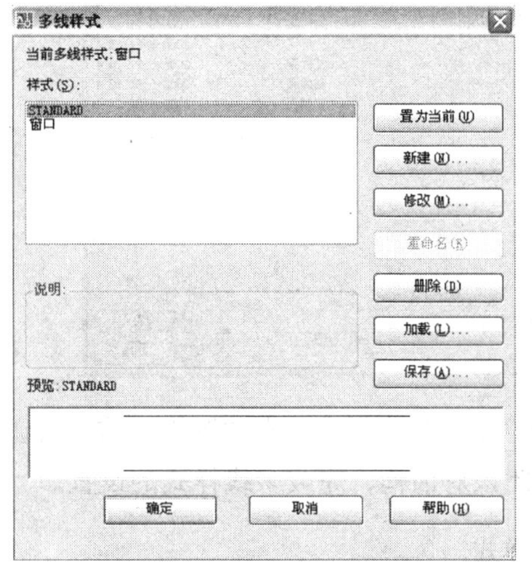

左 图 2-2-69

右 图 2-2-70

在“新建多线样式：窗口”对话框的“封口”选项栏中选中“直线”后面的两个复选框，表示起点和端点的封口方式为直线。在“图元”选项栏中单击 2 次“添加”按钮，添加两条线段。然后选中第 1 条线段，设置其与中心的“偏移”距离为 2，“颜色”为 Bylayer（随层）；选中第 2 条线段，设置其与中心的“偏移”距离为 1，“颜色”为 Bylayer（随层）；选中第 3 条线段，设置其与中心的“偏移”距离为-1、“颜色”为 Bylayer（随层）；选中第 4 条线段，设置其与中心的“偏移”距离为-2、“颜色”为 Bylayer（随层），此时的“新建多线样式：窗口”对话框如图 2-2-71 所示。单击“确认”按钮返回“多线样式对话框”，此时在“多线样式”对话框的“样式”列表中显示新建的“窗口”样式，并在预览窗口中显示其预览效果，如图 2-2-72 所示。

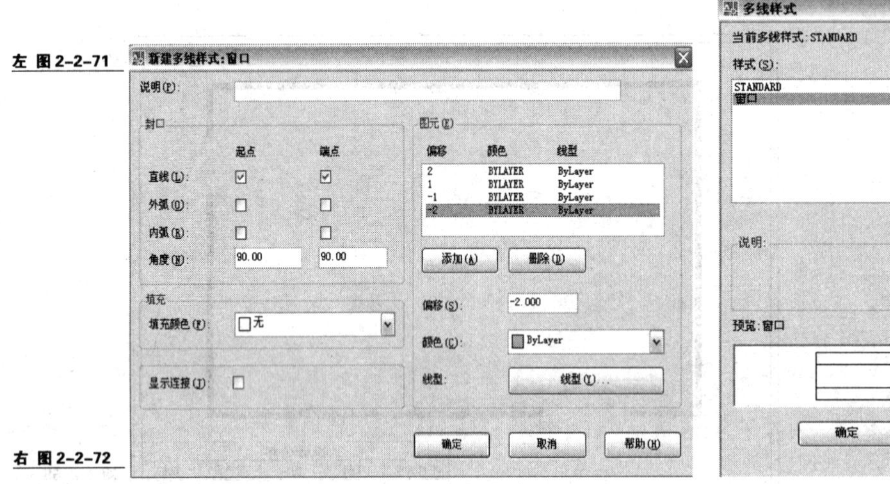

左 图 2-2-71

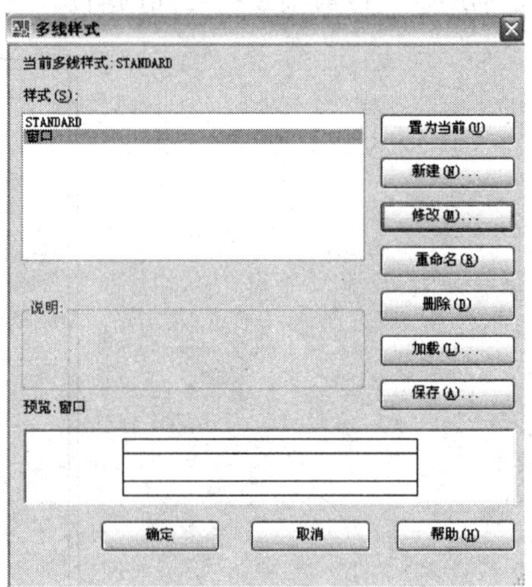

右 图 2-2-72

在图 2-2-72 所示的“多线样式”对话框中选择“窗口”样式，单击“保存”按钮，打开“保存多线样式”对话框。在该对话框中设置保存的“文件名”为窗口、“文件类型”为*.mln，如图 2-2-73 所示。然后单击“保存”按钮，返回“多线样式”对话框中，将设置好的多线样式保存下来，方便以后调用。

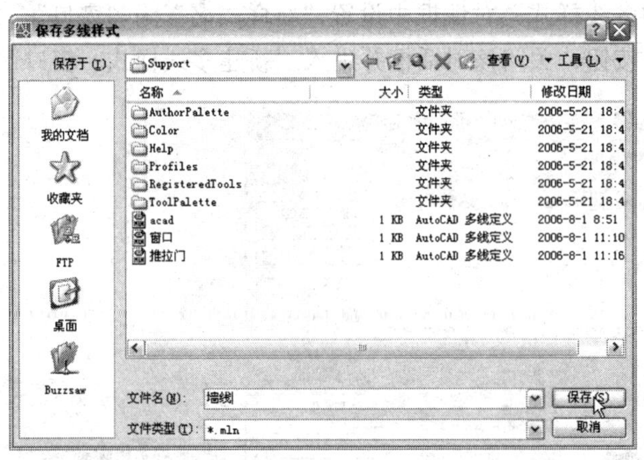

图 2-2-73

在“多线样式”对话框中，选中“窗口”选项，单击“置为当前”按钮，将“窗口”样式设置为当前使用的效果。然后关闭该对话框，完成多线样式的设置。

用同样的方法设置“门”的多线样式。

门窗的多线样式设置完成后就可以在绘图区相应的位置绘制门窗效果。

绘制窗口多线时在“多线样式”对话框中选择“窗口”样式，单击“绘图”→“多线”菜单命令，在绘图区中的窗口位置处绘制多线。命令行窗口的命令提示如下。

```
命令: _mline
当前设置: 对正 = 上,比例 = 1.00,样式 = 窗口
指定起点或 [对正(J)/比例(S)/样式(ST)]:(以窗洞的左边界为起点)
指定下一点:(以窗洞的右边界为终点)
```

按“空格”键确认，并退出多线命令。

绘制门时在“多线样式”对话框中选择“门”样式，单击“绘图”→“多线”菜单命令，在绘图区中的门位置绘制多线。命令行窗口的提示如下。

```
命令: _mline
当前设置: 对正 = 上,比例 = 1.00,样式 = 窗口
指定起点或 [对正(J)/比例(S)/样式(ST)]:(以门洞的上边界为起点)
指定下一点:(以门洞的下边界为终点)
```

按“空格”键确认，并退出多线命令。

绘制完成的门窗效果如图 2-2-74 所示。

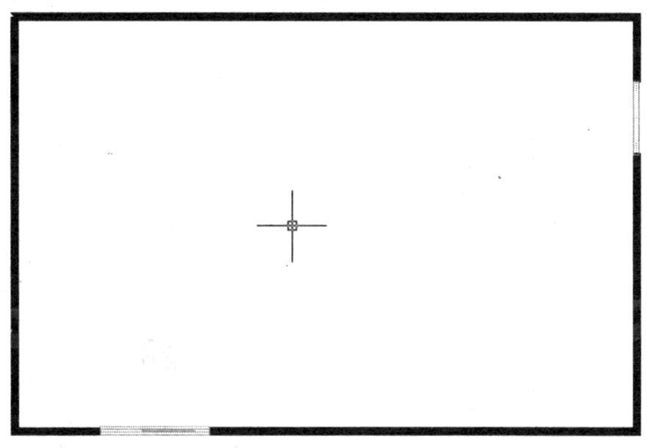

图 2-2-74

（7）绘制卧室床及床柜。切换到“家具”图层，使用“直线”、“矩形”、“圆角”等命令绘制床及床上的枕头。

然后使用“多段线”命令绘制床柜。命令行窗口的命令提示如下。

```
命令: _pline
指定起点:(指定为床柜靠近床的角点)
当前线宽为 0.3000
指定下一个点或 [圆弧(A)/半宽(H)/长度(L)/放弃(U)/宽度(W)]: w↵
指定起点宽度 <0.3000>:↵
指定端点宽度 <0.3000>:↵
指定下一个点或 [圆弧(A)/半宽(H)/长度(L)/放弃(U)/宽度(W)]:(指定为与床柜弧度边相交点)
指定下一点或 [圆弧(A)/闭合(C)/半宽(H)/长度(L)/放弃(U)/宽度(W)]: A↵
指定圆弧的端点或[角度(A)/圆心(CE)/闭合(CL)/方向(D)/半宽(H)/直线(L)/半径(R)/第 2 个点
```

(S)/放弃(U)/宽度(W)]:(选定圆弧端点)

指定圆弧的端点或[角度(A)/圆心(CE)/闭合(CL)/方向(D)/半宽(H)/直线(L)/半径(R)/第 2 个点(S)/放弃(U)/宽度(W)]: L↵

指定下一点或 [圆弧(A)/闭合(C)/半宽(H)/长度(L)/放弃(U)/宽度(W)]:(指定为床柜另一角点)

指定下一点或 [圆弧(A)/闭合(C)/半宽(H)/长度(L)/放弃(U)/宽度(W)]: c↵

绘制完成的效果如图 2-2-75 所示。

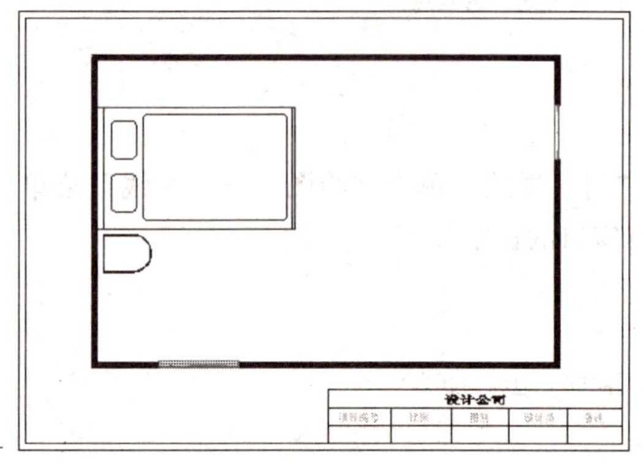

图 2-2-75

（8）为卧室平面图填充图案。单击“绘图”工具栏中的 （图案填充）按钮，打开图 2-2-76 所示的“图案填充和渐变色”对话框。选择 “图案填充”选项卡，在“类型和图案”选项栏中单击样例块，打开“填充图案选项板”对话框，从中选择一种填充图案，操作如图 2-2-77 所示。

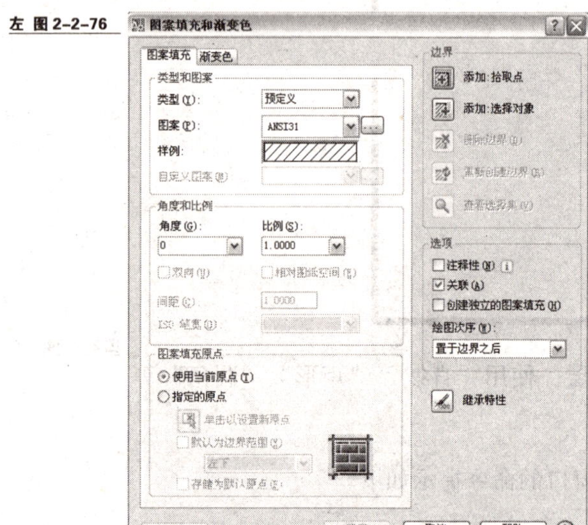

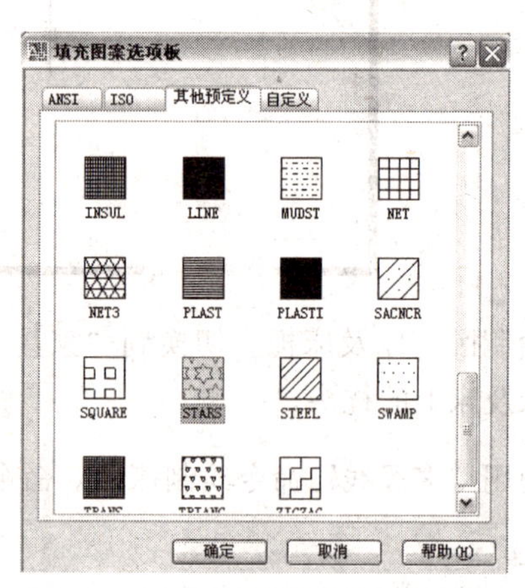

左 图 2-2-76

右 图 2-2-77

单击“确认”按钮，返回“图案填充和渐变色”对话框中。在“角度和比例”选项栏中设置比例为 0.1，然后单击“边界”选项栏中的 （添加：拾取点）工具，在卧室平面图中的地面某一点单击，按“空格”或“Enter”键。此时不会马上看到填充效果，而是返回“图案填充和渐变色”对话框中，单击“预览”按钮可以在图形区域看到效果如图 2-2-78 所示。如果对预览的图案填充效果不满意，可以通过按“Esc”键返回“图案填充和渐变色”对话框中继续设置，直到满意时按“空格”或“Enter”键，然后在“图案填充和渐变色”对话框单击“确定”按钮使填充生效。

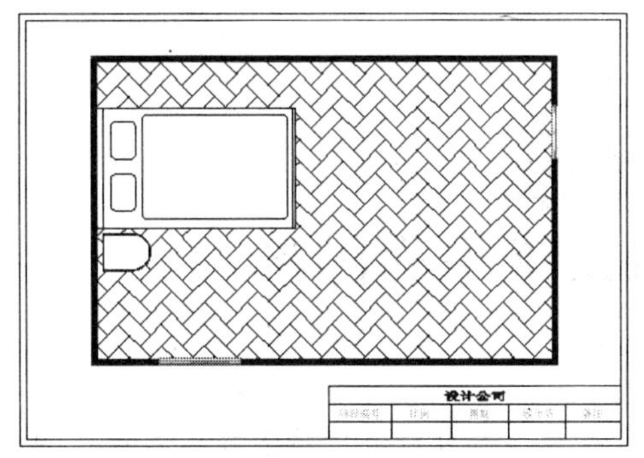

图 2-2-78

（9）制作完成后，在图纸标题栏中输入相应的文字内容，实现图 2-2-63 所示的最终效果图。

思 考 练 习

1. 问答题

（1）简述将图形设置为图块的过程，以及如何在新文件中调用图块。

（2）国家规定的图纸规格有哪些？国家规定的图框格式与标题栏有哪些要求？

2. 上机操作题

（1）参照本章所学的绘图方法及图案填充方法，绘制图 2-2-79 所示的居室平面图。

（2）绘制建筑平面图模板，并将上题的居室平面图放置在模板中。

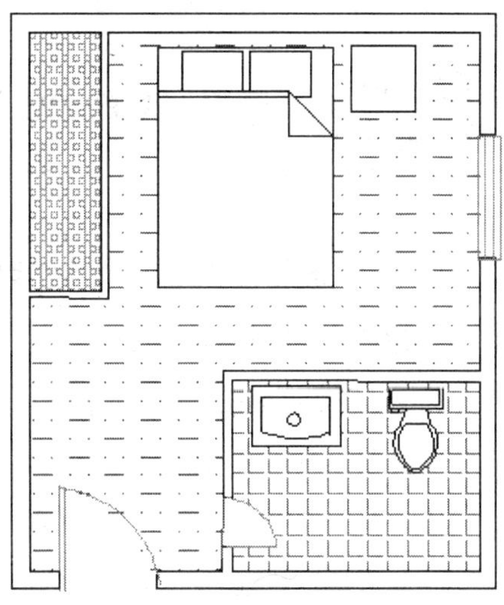

图 2-2-79

第3章 编辑二维平面图形

学习目标：通过前两章的学习，读者对 AutoCAD 提供的多种绘图方式已经有了一定的了解。本章重点介绍如何对二维平面图形的大小、形状、图案样式和位置等进行调整和优化，使读者能快速、准确地绘制出理想的图形。本章要重点掌握二维图形的基本编辑和修改方法，如打断、合并、对齐对象、修剪、延伸、拉长、分解及图形对象的圆角和倒角操作；掌握图形对象的移动与复制方法，如阵列、偏移、缩放、旋转、镜像等。另外，还要通过实例的制作，掌握编辑二维平面图形的一些基本操作方法和技巧。

3.1 图形对象的编辑与修改

3.1.1 二维图形对象的编辑与修改操作

1. 图形对象的选择与删除

在绘图中经常要选取一个或多个图形进行编辑，因此，AutoCAD 提供了几种“图形选取”模式，以供用户选择。在使用“图形选取”模式选择对象时，屏幕的十字光标变成了一个活动的小方框，如图 3-1-1 所示。

（1）直接单击选择。在命令行窗口输入“SELECT”命令，命令行窗口提示选择对象时，在绘图区直接单击要选择的图形对象，即可将其选中（虚线显示的图形为选中状态）。如果在此状态下依次单击不同的对象，即可将单击的对象选中，并且命令行窗口显示当前已选择对象的个数。

命令行窗口提示操作步骤如下。

```
命令:_SELECT↵
选择对象:找到 1 个 (单击要选择的图形对象)
选择对象:找到 1 个, 总计 2 个 (当前已选择对象的数目)
选择对象:找到 1 个, 总计 3 个 (当前已选择对象的数目)
选择对象:找到 1 个, 总计 4 个 (当前已选择对象的数目)
```

（2）框选方式 1。在命令行窗口输入“SELECT”命令，命令行窗口提示选择对象时，在要选择图形对象的左上角向右下角拖曳鼠标，屏幕上出现一个蓝色的选择范围框，释放鼠标左键，即可选中完全被选择范围框住的对象（虚线显示的图形为选中状态）。没有被完全框住的对象不会被选中，如图 3-1-2 所示，并且命令行窗口显示出当前已选择对象的个数。

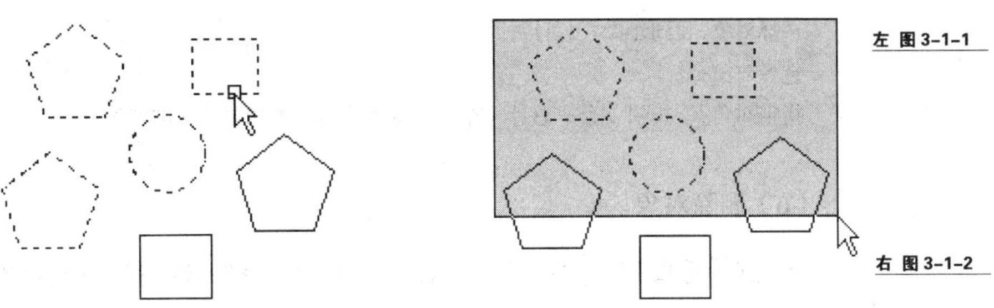

左 图 3-1-1

右 图 3-1-2

命令行窗口提示操作步骤如下。

```
命令:_SELECT ↵
指定对角点:找到 3 个 （当前已选择对象的个数）
```

（3）框选方式 2。在命令行窗口输入 SELECT 命令，命令行窗口提示选择对象时，从绘图区要选择图形对象的右下角至左上角拖曳鼠标，屏幕上出现一个绿色的选择范围框，则完全框住和没有被完全框中的对象全部选中（虚线显示的图形为选中状态），如图 3-1-3 所示，并且命令行窗口显示出当前已选择对象的个数。

命令行窗口提示操作步骤如下。

```
命令:_SELECT ↵
指定对角点:找到 6 个 ↵ （当前已选择对象的数目）
```

（4）移除选择。如果要在已选中的多个对象中取消选择某个对象。在命令行窗口提示“选择对象:”时输入“R”，再在绘图区中单击想要取消选择的对象，即可取消该对象的选择，如图 3-1-4 所示。

右 图 3-1-3

右 图 3-1-4

命令行窗口提示操作步骤如下。

```
选择对象:R ↵ （输入 R 选项）
删除对象:找到 1 个，删除 1 个，总计 5 个
删除对象:找到 1 个，删除 1 个，总计 4 个
删除对象:找到 1 个，删除 1 个，总计 3 个
删除对象:找到 1 个，删除 1 个，总计 2 个 ↵ （显示出当前移除对象后的选择状态）
```

（5）添加选择。添加选择和取消选择的操作相反，如果要在已选中的对象中再增加对某个对象的选择，则在命令行窗口提示“选择对象:”时输入“A”，再在绘图区中想要添加选择的对象上单击，即可将该对象添加到选择集中。

命令行窗口提示操作步骤如下。

```
选择对象:A↵（输入“A”选项）
选择对象:找到 1 个，总计 5 个
选择对象:
指定对角点:找到 1 个，总计 6 个↵（显示出当前添加对象后的状态）
```

（6）删除对象。

① 选择想要删除的对象，然后按“Delete”键，即可将所选对象删除。

② 单击“修改”工具栏中的（删除）按钮，在命令行窗口提示选择对象时单击或框选要删除的对象，按“空格”键确认，即可将所选对象删除。

命令行窗口提示操作步骤如下。

```
命令:_ERASE↵
选择对象:找到 1 个（单击要删除的对象）
选择对象:找到 1 个，总计 2 个（单击要删除的对象）
选择对象:找到 1 个，总计 3 个（单击要删除的对象）
选择对象:找到 1 个，总计 4 个↵（确认删除操作）
```

2. 点对象定数等分与定距等分

（1）创建点对象。点命令一般用于标示，使用“绘图”工具栏中的（点）按钮，可以生成单个或多个不同样式的点对象。作为节点或参照几何图形的点对象，在对象捕捉和相对偏移时非常有用。绘制点前需先在“点样式”对话框中设置点的样式和大小。

若以系统默认的点样式来进行绘制，在屏幕上只会显示出很小的黑点，所以往往需要修改点的样式。单击“格式”→“点样式”菜单命令或在命令栏中输入“DDPTYPE”，打开“点样式”对话框，在该对话框中选择所需的点样式，也可在“点大小”文本框中设置点的大小。在设置点的大小时，系统提供了两种方式：“相对于屏幕设置大小”和“按绝对单位设置大小”，如图 3-1-5 所示，这两种方式的含义如下。

- 相对于屏幕设置大小：相对于屏幕的显示设置点的大小。
- 按绝对单位设置大小：以绝对单位设置点的大小。

（2）定数等分。选择要定数等分的图形对象，如线、弧、圆、矩形、多边形、多段线等图形，单击“绘图”→“点”→“定数等分”菜单命令，输入等分数即可在所选对象上等分放置点或图块。

例如，使用“定数等分”命令在图 3-1-6 所示的图形上等分插入 10 个点，使其结果如图 3-1-7 所示。命令行窗口提示操作步骤如下。

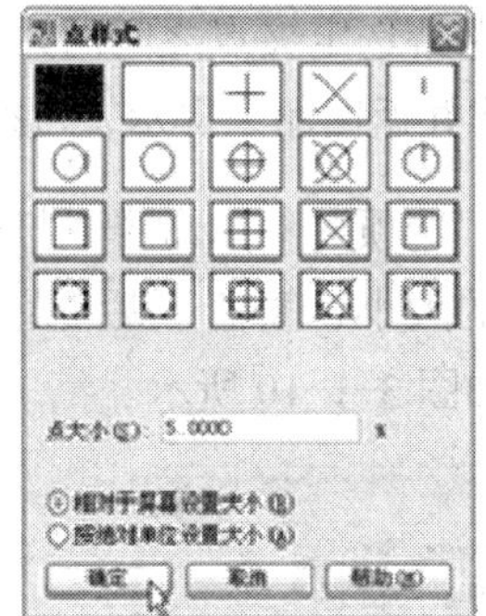

左 图 3-1-5

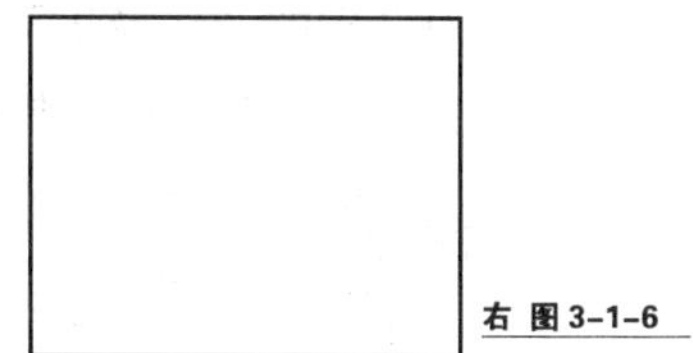

右 图 3-1-6

```
命令:_DIVIDE ↵
选择要定数等分的对象:（单击矩形）
输入线段数目或[块(B)]:10 ↵（输入等分的数量）
```

（3）定距等分。选择要定距等分的图形对象，单击“绘图”→“点”→“定距等分”菜单命令，输入线段长度，即可在所选对象上以给定的距离等分放置点或图块。

例如，使用“定距等分”命令在图 3-1-6 所示的图形上以 100mm 的距离插入点，使其结果如图 3-1-8 所示。

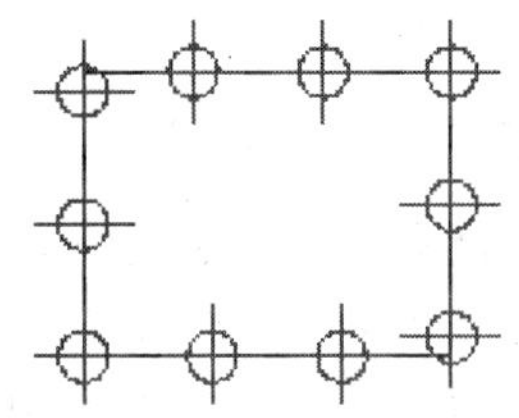

左 图 3-1-7

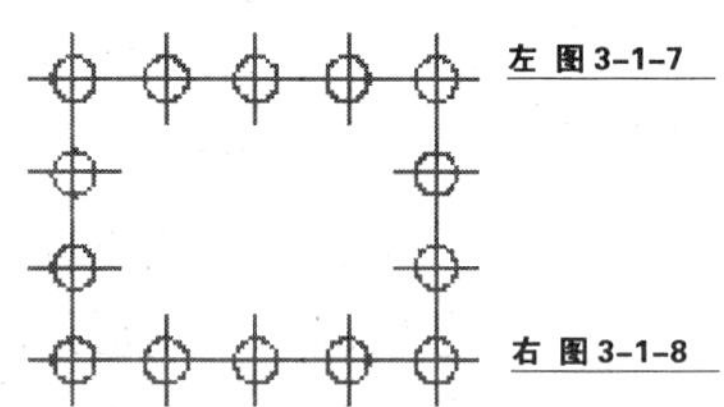

右 图 3-1-8

命令行窗口提示操作步骤如下。

```
命令:_MEASURE ↵
选择要定距等分的对象:（单击矩形）
指定线段长度或[块(B)]:100 ↵（输入等分的长度）
```

不论是定数等分还是定距等分，都不会对图形进行任何操作，只是显示点来表示分段数或距离位置。

3. 夹点模式

夹点模式是指通过拖动夹点来执行移动、拉伸、旋转、缩放和镜像等操作。“夹点”是一些实心的小方框，使用定点位指定对象时，对象关键点上将出现夹点，如图 3-1-9 所示。使用夹点编辑对象时，要先选择作为基点的夹点，即基夹点。然后按“空格”键或“Enter”键选择一种夹点模式，如拉伸、移动、旋转、缩放或镜像。

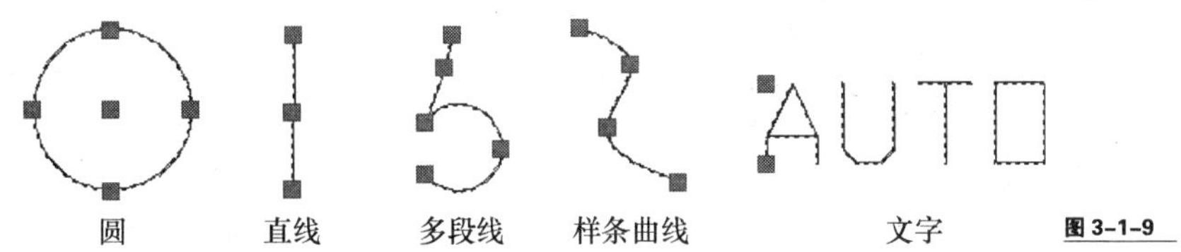

图 3-1-9

如果要将多个夹点作为基夹点，并且保持选定夹点之间的几何图形完好如初，需在选择夹点时按住“Shift”键。要退出夹点模式并返回命令提示，可按“Esc”键。

（1）设置夹点样式。单击“工具”→“选项”菜单命令，打开“选项”对话框。在该对话框的“选择集”选项卡中，可对夹点的大小、颜色，夹点及夹点提示的启用，在显示夹点时限制对象选择的数目等进行设置，如图 3-1-10 所示。

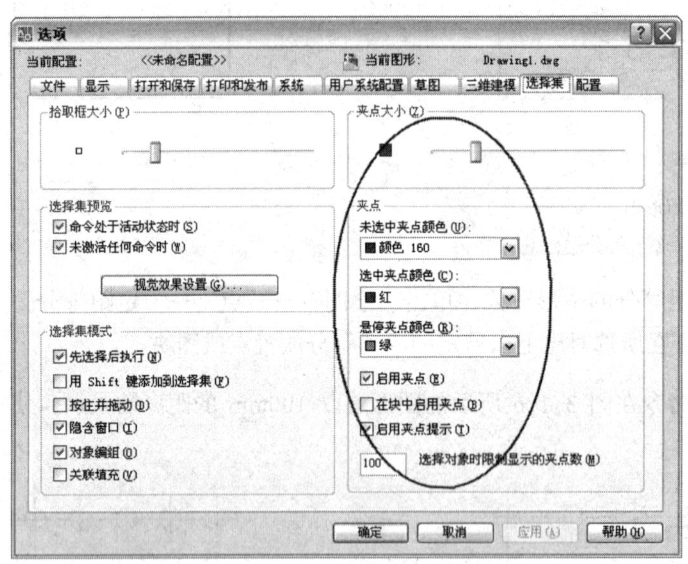

图 3-1-10

（2）利用夹点拉伸对象。默认情况下激活夹点后，夹点操作模式为拉伸。因此，通过移动选择夹点，可将对象拉伸到新的位置，如图 3-1-11 所示。但是，对于某些夹点，如文字对象、块、直线中点、圆心、椭圆圆心和点对象上的夹点等，移动夹点是移动对象而不是拉伸对象。

利用夹点拉伸对象的方法如下。

① 选择要拉伸的对象。

② 在对象上选择基夹点。

③ 选中的夹点高亮显示，并激活默认的夹点操作模式“拉伸”。

④ 移动定点位并单击。

⑤ 随着夹点的移动拉伸选定对象。

（3）利用夹点移动和旋转对象。要利用夹点移动对象，可先选中要移动的对象，然后单击某个夹点使之高亮显示，按“空格”键进入移动模式，接着拖曳基夹点到新位置，如图 3-1-12 所示。最后按“Esc”键，取消夹点编辑模式。

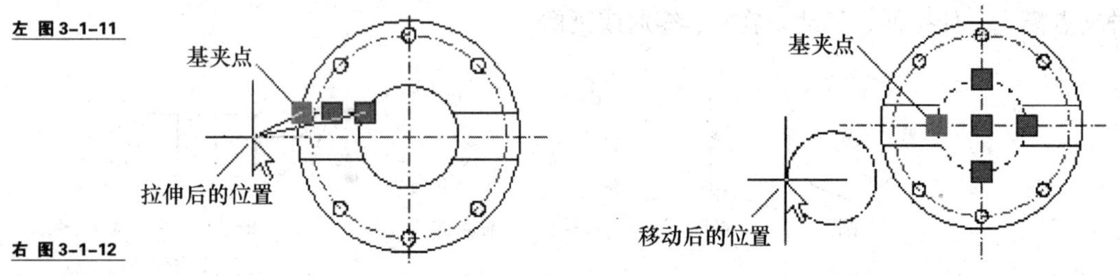

左 图 3-1-11

右 图 3-1-12

要利用夹点旋转对象，可先选中要旋转的对象，然后单击某个夹点使之高亮显示，按2次“空格”键进入旋转模式，接着移动光标，旋转对象到新位置，如图 3-1-13 所示。最后按“Esc”键，取消夹点编辑模式。

（4）利用夹点按比例缩放对象。激活夹点后，用户可以使用比例缩放夹点模式缩放对象。例如，通过向外或向内拖曳基夹点来增大或减小图形的尺寸。如果希望进行精确比例缩放，也可以输入缩放比例的具体数值。

（5）利用夹点创建镜像图形。要利用夹点创建镜像图，可先选中源图形，然后单击某个夹点使之高亮显示，按 4 次“空格”键进入镜像夹点模式。接着移动光标并单击，确定镜像线，最后按“Esc”键，取消夹点编辑模式。如果在确定镜像线时按住“Shift”键，则该操作可以镜像复制对象，如图 3-1-14 所示。

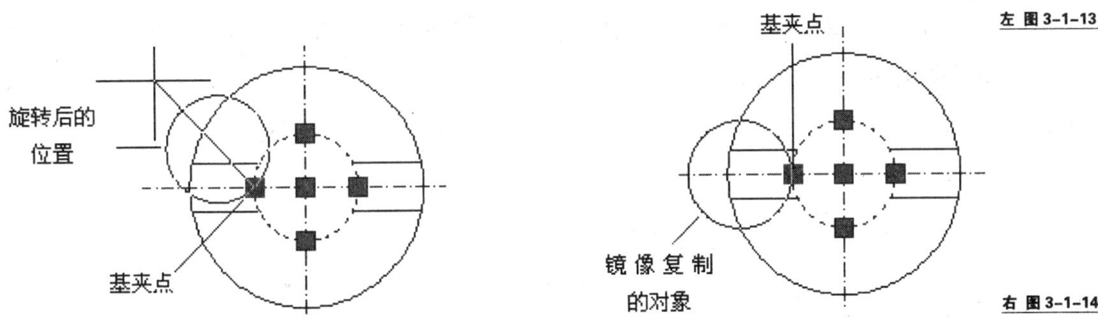

左 图 3-1-13
右 图 3-1-14

（6）利用夹点进行多重复制。激活夹点后，可以反复按“Enter”键，循环切换到复制夹点模式，然后移动光标并单击，即可进行多重复制，如图 3-1-15 所示。复制夹点时，对于不同的对象或选择不同的夹点，其复制效果是不同的。要结束夹点复制模式，可以按“Esc”键。

4. 图形对象的打断、合并及对象的对齐

（1）使用“修改”工具栏中的□（打断）工具，可以将一个对象打断为两个对象，对象之间可以具有间隙，如图 3-1-16 所示，也可以没有间隙。在相同的位置指定两个打断点最快的方法是在命令行窗口提示“输入第二点”时输入“@0,0”即可。

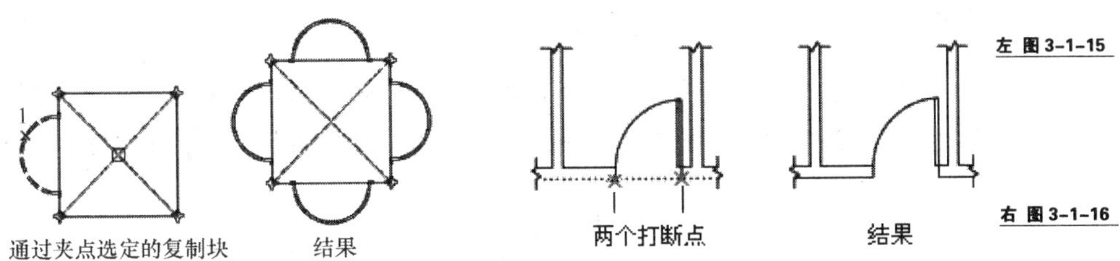

左 图 3-1-15
右 图 3-1-16

“打断”命令通常用于为块或文字创建空间。可以在大多数几何对象上创建打断效果，但不包括块、标注、多线、面域对象。

（2）使用“修改”工具栏中的→←（合并）工具，可以将直线、圆、椭圆弧和样条曲线等独立的线段合并为一个对象。

① 合并线段。选择两条不连续的直线段，使用“JOIN”命令可以将两条直线连接起

来，成为一条直线段，效果如图 3-1-17 所示。

② 合并相同圆心和半径的弧线。选择两条相同圆心和半径且不连续的圆弧，使用“JOIN”命令可以将第一条圆弧和第二条圆弧连接起来，成为一条圆弧，效果如图 3-1-18 所示。

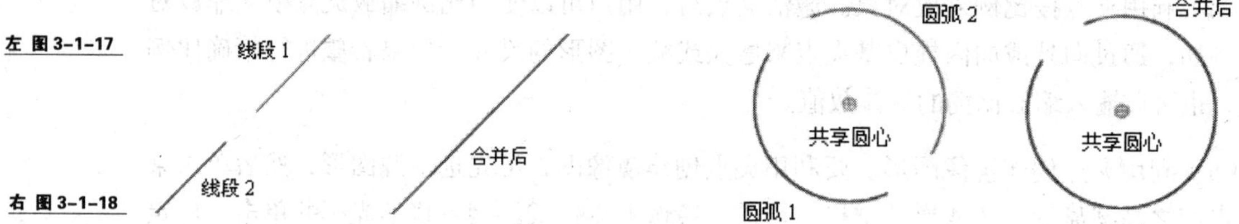

左 图 3-1-17

右 图 3-1-18

③ 合并连续或不连续的椭圆弧。选择两条连续或不连续的椭圆弧，使用“JOIN”命令可以将第一条圆弧和第二条圆弧连接起来，成为一条圆弧，效果如图 3-1-19 所示。

④ 封闭椭圆弧。使用“JOIN”命令可以延长不封闭椭圆的端点，使之成为一个封闭的椭圆，如图 3-1-20 所示。

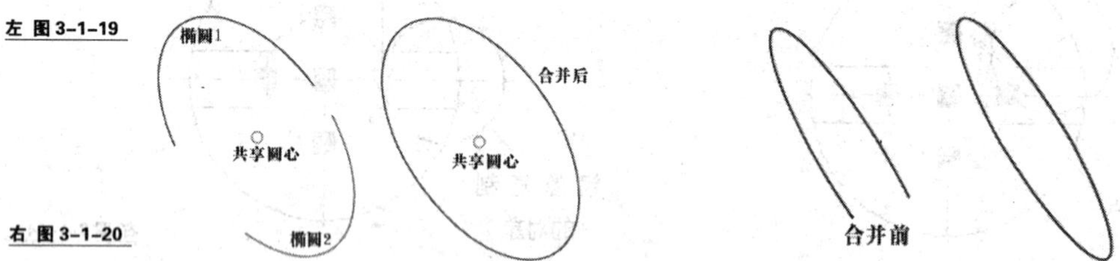

左 图 3-1-19

右 图 3-1-20

⑤ 合并一条或多条连续的样条曲线。选择两条连续的样条曲线，使用“JOIN”命令可以将第一条样条曲线和第二条样条曲线通过其连接点连接起来，创建为一条样条曲线，效果如图 3-1-21 所示。

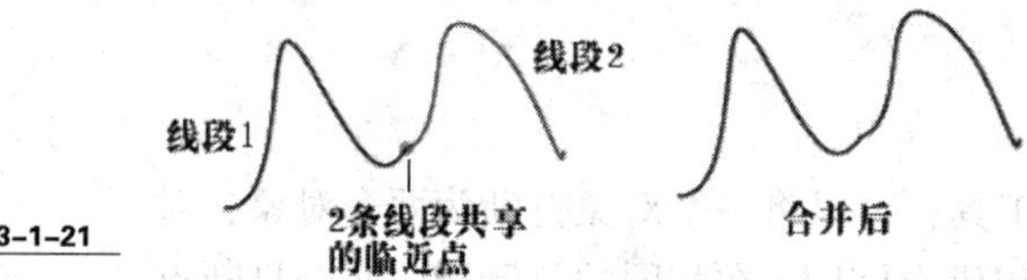

图 3-1-21

在使用合并命令合并直线时要注意：要合并的线段必须是在同一直线内才可以，同样合并圆弧也必须是同一圆上的圆弧。

（3）使用“对齐对象”命令可以通过移动、旋转或倾斜对象来使其与另一个对象对齐。如图 3-1-22 所示，先框选要对齐的对象，然后通过端点对象捕捉精确地对齐管道段。

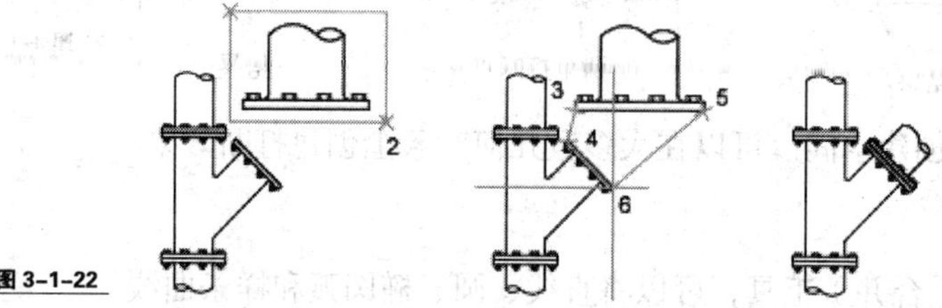

图 3-1-22

5. 图形对象的修剪与延伸

（1）修剪对象。使用“修改”工具栏中的 （修剪）工具，可以通过缩短或拉长对象，使其与其他对象的边相接。这意味着可以先创建一个对象（如直线），然后调整该对象，使其恰好位于其他对象之间。

① 修剪对象时，使用“延伸”选项，可以不退出“TRIM”命令。按住“Shift”键并选择要延伸的对象。在图 3-1-23 中，通过“修剪”命令可以平滑地清理两墙壁相交的地方。

② 修剪对象时，对象既可以作为剪切边，也可以作为被修剪的对象。例如，在图 3-1-24 中，圆是构造线的一条剪切边，同时它也是被修剪的对象。

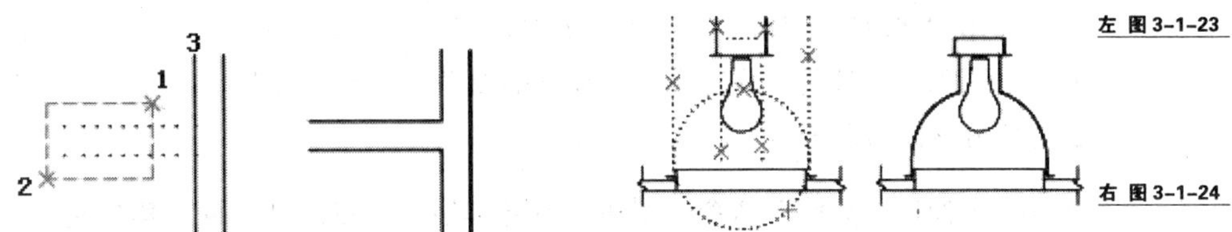

左 图3-1-23

右 图3-1-24

③ 在修剪若干个对象时，使用不同的选择方法有助于选择当前的剪切边和修剪对象。在图 3-1-25 中，剪切边是利用交叉选择方法选定的。

（2）延伸对象。“修改”工具栏中的 --/（延伸）工具与“修剪”工具的操作方法相同。“延伸”工具可以延伸对象，使其精确地延伸至由其他对象定义的边界。在图 3-1-26 中，将直线精确地延伸到由一个圆定义的边界。

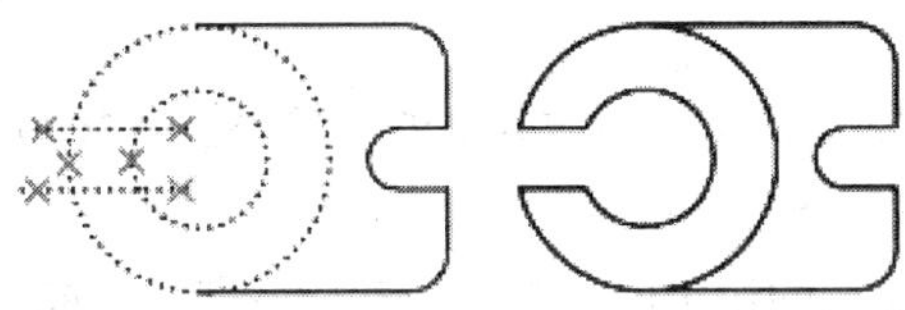

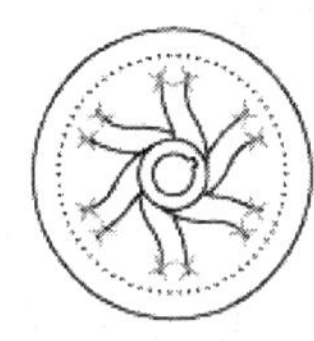

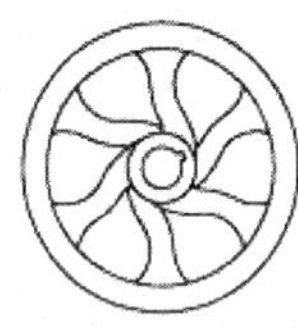

左 图3-1-25

右 图3-1-26

（3）修剪和延伸宽多段线。在二维宽多段线的中心线上进行修剪和延伸时，宽多段线的端点始终是正方形的。以某一角度修剪宽多段线会导致端点部分延伸出剪切边。

如果修剪或延伸锥形的二维多段线线段，需更改延伸末端的宽度以将原锥形延长到新端点。如果此修正给该线段指定一个负的末端宽度，则末端宽度被强制为 0，如图 3-1-27 所示。

6. 图形对象的拉长与拉伸

（1）拉长对象。使用“修改”工具栏中的 ⁄（拉长）工具，可以修改开放的直线、圆弧、多段线、椭圆弧和样条曲线的长度，效果与延伸和修剪相似。可以使用以下多种方法来拉长对象。

① 动态拖曳对象的端点。

② 按总长度或角度的百分比指定新的长度或角度。

③ 指定从端点开始测量的长度或角度增量。

④ 指定对象的绝对总长度或包含角。

（2）拉伸对象。使用“修改”工具栏中的（拉伸）工具，要先为拉伸指定一个基点，然后指定位移点。由于拉伸时要移动位于交叉选择窗口内部的端点，因此，必须用交叉选择方法来选择对象，如图 3-1-28 所示。

左 图 3-1-27

右 图 3-1-28

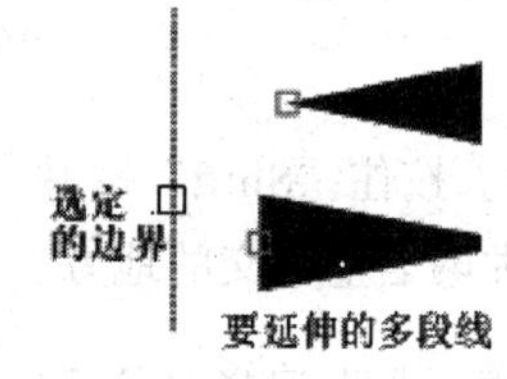

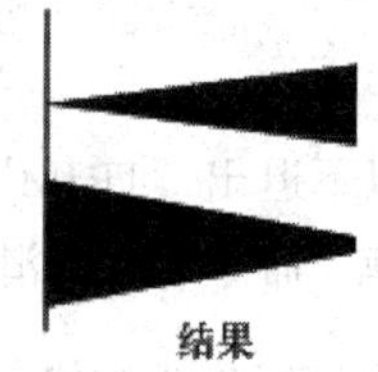

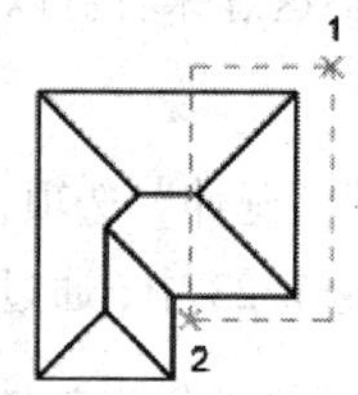

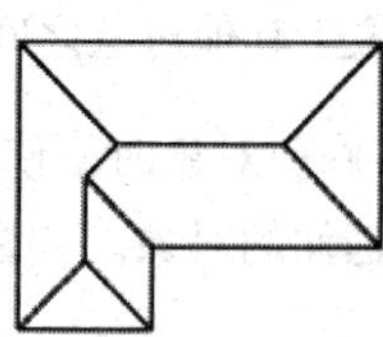

7. 图形对象的分解

使用“修改”工具栏中的（分解）工具可将复合对象（如图块、多段线、填充图案及三维图形和实体等）分解成多个独立的对象。单击“修改”工具栏中的（分解）按钮，选择要分解的对象即可。

（1）使用“分解”命令对图块进行分解后，块参照已分解为其组成对象。但是，块定义仍存在于图形中供以后插入。分解一个包含属性的块将删除属性值并重新显示属性定义。

（2）使用“分解”命令对块进行分解后，一次删除一个编组级。如果一个块包含一个多段线或嵌套块，那么对该块的分解时先显示出该多段线或嵌套块，然后再分别分解该块中的各个对象。

具有相同 X、Y、Z 比例的块将分解成它们的部件对象。具有不同 X、Y、Z 比例的块（非一致比例块）可能分解成意外的对象。

当非一致比例块包含不能分解的对象时，这些不能分解的对象将被收集到一个匿名块（以“*E”为前缀）中并且以非一致比例缩放进行参照。如果该块中的所有对象都不可分解，则选定的块参照不能分解。非一致缩放的块中的三维实体和面域图元不能分解。

（3）使用“分解”命令对三维多段线进行分解后，三维多段线分解成线段。为三维多段线指定的线型将应用到每一个分解得到的线段。

（4）使用“分解”命令对三维实体进行分解后，平面表面分解成多个面域，非平面表面分解成体。

（5）使用“分解”命令对圆弧进行分解后，如果圆弧位于非一致比例的块内，则分解为椭圆弧。

（6）使用“分解”命令对圆块进行分解后，如果圆位于非一致比例的块内，则分解为椭圆。

（7）使用“分解”命令对引线块进行分解后，根据引线的不同，可分解成直线、样条曲线、实体（箭头）、块插入（箭头、注释块）、多行文字或公差对象。

（8）使用“分解”命令对多行文字进行分解后，其分解成文字对象。

（9）使用“分解”命令对多线进行分解后，其分解成直线和圆弧。

（10）使用“分解”命令对多面网格进行分解后，单顶点网格分解成点对象，双顶点网格分解成直线，三顶点网格分解成三维面。

（11）使用“分解”命令对面域进行分解后，其分解成直线、圆弧或样条曲线。

8. 图形对象的圆角和倒角操作

（1）图形对象的圆角操作。使用“修改”工具栏中（圆角）工具可以通过一个指定半径的圆弧来光滑地连接两个对象，如图 3-1-29 所示。内部角点称为内圆角，外部角点称为外圆角。圆角的操作很简单，在“修改”工具栏中单击（圆角）按钮后在绘图区中选择两条相交的线段，然后设置半径即可实现圆角效果。输入一次半径命令后就可以连续选择相交线段进行固定半径圆角的操作，直到要使用不同的半径进行圆角。在 AutoCAD 2008 中新增加了“多个”选项，为多组直线添加圆角，而不必重新启动命令。按住 Shift 键并选择两条直线，可以快速创建零半径圆角。可以进行圆角操作的对象有：圆弧、圆、椭圆和椭圆弧、直线、多段线、射线、样条曲线、构造线和三维实体。

① 设置圆角半径。圆角半径是对象进行圆角操作的圆弧半径。修改圆角半径将影响后续的圆角操作。如果设置圆角半径为 0，则进行圆角操作的对象将被修剪或延伸直到它们相交，并不创建圆弧，如图 3-1-30 所示。

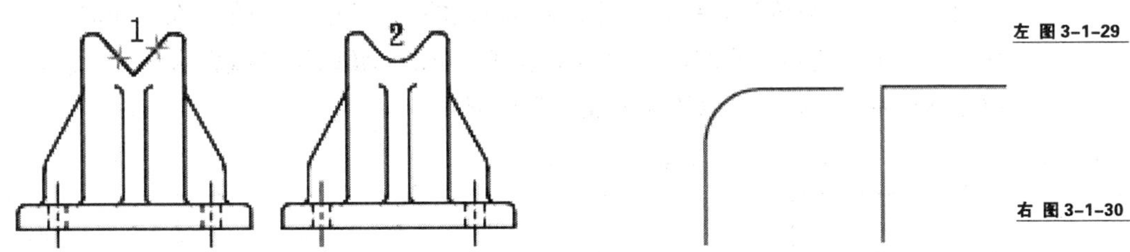

左 图 3-1-29

右 图 3-1-30

② 修剪和延伸圆角对象。可以使用“修剪”选项指定是否修剪选定对象、将对象延伸到创建的弧的端点，或不作修改。修剪和延伸对象的效果如图 3-1-31 所示。默认情况下，除圆、椭圆、闭合多段线和样条曲线以外的所有对象在圆角时都将进行修剪或延伸。

③ 控制圆角位置。还可以控制圆角的位置，在选定的对象之间生成多个可能的圆角，如图 3-1-32 所示。

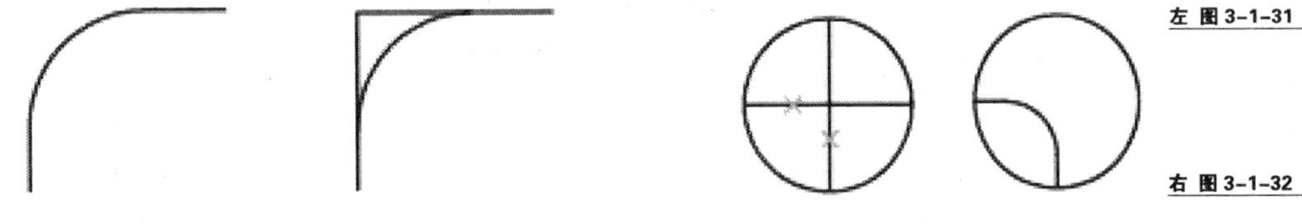

左 图 3-1-31

右 图 3-1-32

④ 对直线和多段线的组合进行圆角操作。要对直线和多段线的组合进行圆角操作，直线或其延长线必须与多段线的其中一条直线段相交。如果打开“修剪”选项，则进行圆角的对象和圆角合并形成一条新的单独的多段线，如图 3-1-33 所示。

⑤ 对整个多段线进行圆角操作。可以对整个多段线进行圆角操作或从多段线中删除圆角。如果设置一个非零的圆角半径，AutoCAD 将在足够容纳圆角半径的每一条多段线的顶点处插入圆角；如果两条多段线收敛于它们之间的弧线，AutoCAD 将删除弧线并将其替换为圆角。对整个多段线进行圆角操作的效果如图 3-1-34 所示。如果将圆角半径设置为 0，则不插入圆角。如果两条多段线被一段圆弧分割，AutoCAD 将删除这段圆弧并延伸直线直到它们相交。

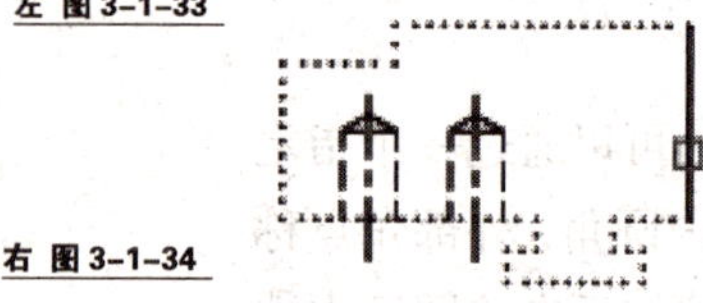

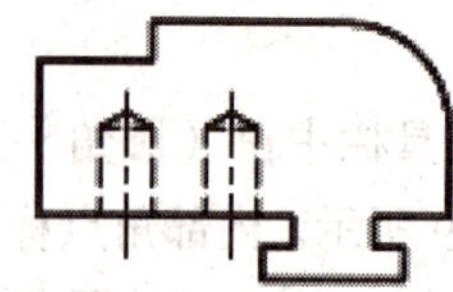

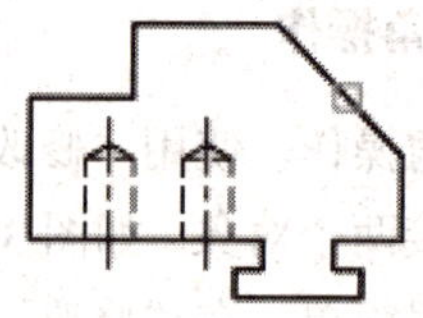

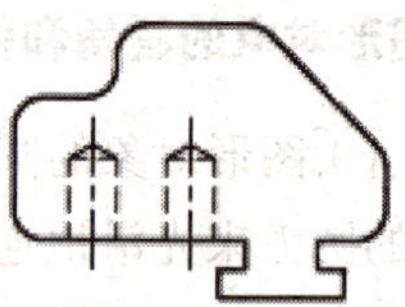

左 图 3-1-33

右 图 3-1-34

⑥ 对平行直线进行圆角操作。在对平行直线、参照线和射线进行圆角操作时，AutoCAD 将忽略当前圆角并创建与两个平行对象相切且位于两个对象共有平面上的圆弧。但第一个选定对象必须是直线或射线，第二个对象可以是直线、构造线或射线。对平行直线进行圆角操作的效果如图 3-1-35 所示。

（2）图形对象的倒角操作。使用“修改”工具栏中（倒角）工具可以在两条非平行线之间创建直线，它通常用于表示角点上的倒角边，如图 3-1-36 所示。与“圆角”命令不同，“倒角”命令需要设置“第一个倒角距离”和“第二个全角距离”两个参数。除了设置距离之外，“倒角”命令还可以通过设置长度和角度的方法先选择倒角边，再选择角度方向来创建倒角。“倒角”命令还可用于为多段线的所有角点加倒角。在 AutoCAD 2008 中新增加了“多个”选项，使用该选项为多组直线添加倒角时不必重新启动命令。按住“Shift”键并选择两条直线，可以快速创建零距离倒角。

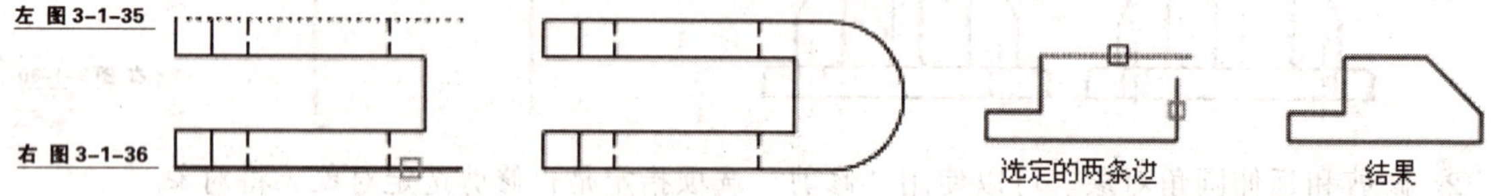

左 图 3-1-35

右 图 3-1-36

① 通过指定距离进行倒角。倒角距离是对象与倒角线相接或与其他对象相交而进行修剪或延伸的长度。如果两个对象的倒角距离都为 0，则倒角操作将修剪或延伸这两个对象直至它们相交，但不创建倒角，如图 3-1-37 所示。

② 对整条多段线倒角。对整条多段线进行倒角时，每个交点都被倒角。要得到最佳的倒角效果，需保持第一和第二个倒角距离相等，如图 3-1-38 所示。对整条多段线倒角时，AutoCAD 只对那些长度满足倒角距离的线段进行倒角，如果线段太短将不能进行倒角。

左 图 3-1-37

右 图 3-1-38

3.1.2 【案例 6】绘制书柜效果

本案例运用多种编辑与修改图形对象的方法实现图 3-1-39 所示的书柜效果。

绘制书柜效果的操作步骤如下。

（1）使用“绘图”工具栏中的（矩形）工具和（圆弧）工具，绘制图 3-1-40 所示的图形效果。

（2）单击“修改”工具栏中的（修剪）按钮，在绘图区选择要修剪的对象及交边，修剪完成的效果如图 3-1-41 所示。

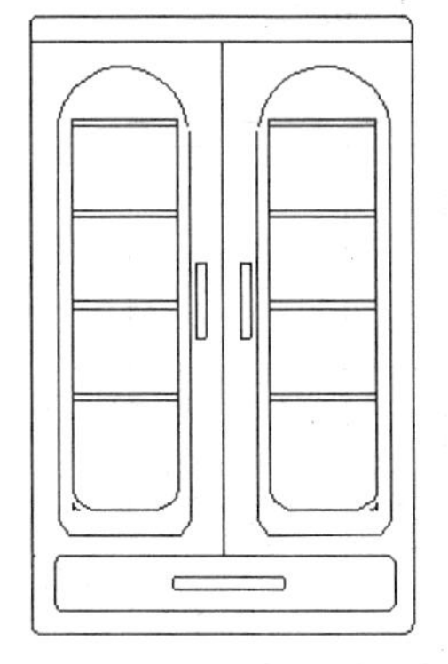
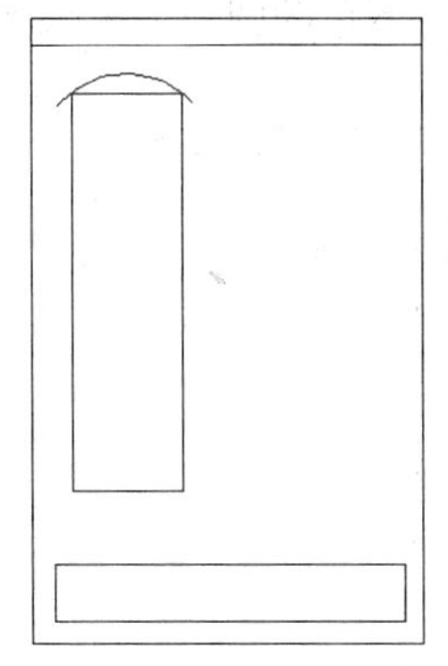
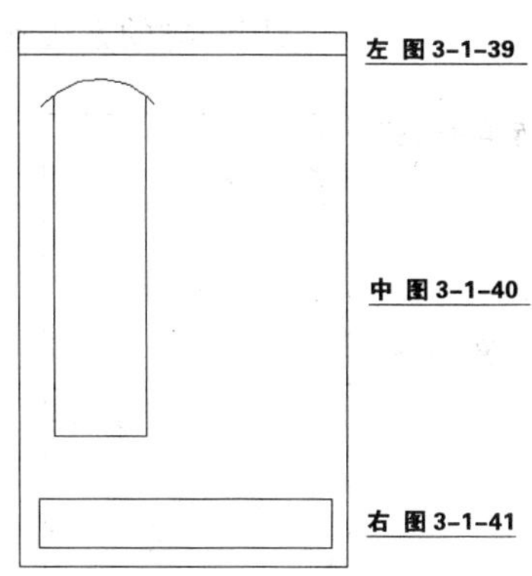

左 图 3-1-39
中 图 3-1-40
右 图 3-1-41

命令行窗口的命令提示如下。

```
命令: _trim
当前设置:投影=视图, 边=无
选择剪切边...
选择对象或 <全部选择>:  找到 1 个↵
选择对象: 找到 1 个 (1 个重复), 总计 1 个↵
选择对象: 找到 1 个, 总计 2 个↵
选择对象: 找到 1 个 (1 个重复), 总计 2 个↵
选择对象:
选择要修剪的对象, 或按住 Shift 键选择要延伸的对象, 或
[栏选(F)/窗交(C)/投影(P)/边(E)/删除(R)/放弃(U)]:  E↵
输入隐含边延伸模式 [延伸(E)/不延伸(N)] <不延伸>: N↵
```

（3）为书柜玻璃窗添加圆角效果。由于在步骤（1）中使用矩形绘制书柜玻璃窗，所以需要先将矩形分解。单击“修改”工具栏中的（分解）按钮，在绘图区选中玻璃窗对象，按“空格”或“Enter”键即可将矩形分解为 4 条线段，操作如图 3-1-42 所示。

命令行窗口的命令提示如下。

```
命令: _explode
选择对象: 找到 1 个(分解矩形)↵
```

矩形分解后，单击“修改”工具栏中的（圆角）按钮，为玻璃窗左下角制作图 3-1-43 所示的圆角效果。

命令行窗口的命令提示如下。

```
命令: _fillet
当前设置: 模式 = 修剪, 半径 = 20.0000
选择第一个对象或 [放弃(U)/多段线(P)/半径(R)/修剪(T)/多个(M)]: t↵
输入修剪模式选项 [修剪(T)/不修剪(N)] <修剪>: T↵
选择第一个对象或 [放弃(U)/多段线(P)/半径(R)/修剪(T)/多个(M)]: r↵
指定圆角半径 <20.0000>: 70↵
选择第一个对象或 [放弃(U)/多段线(P)/半径(R)/修剪(T)/多个(M)]:(选择玻璃窗左边直线)
选择第二个对象, 或按住 Shift 键选择要应用角点的对象:(选择玻璃窗下边直线)
```

用同样的方法制作玻璃窗右下角的圆角，效果如图 3-1-44 所示。

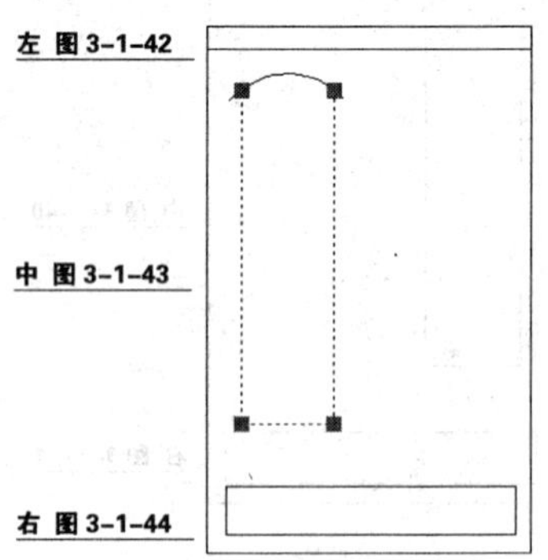

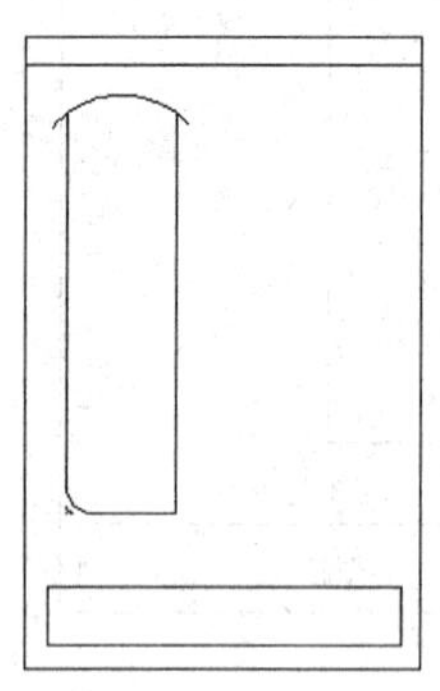

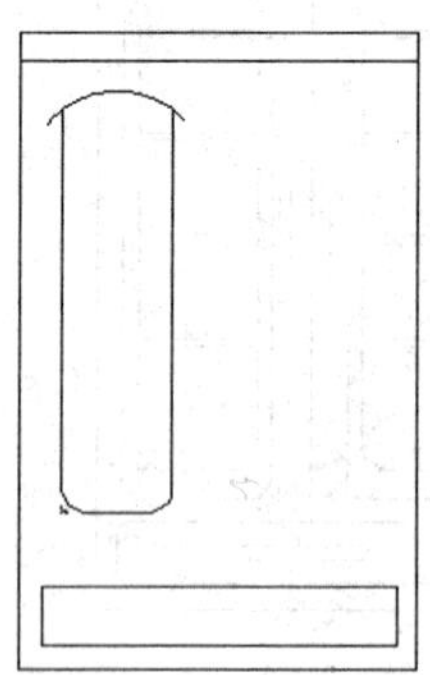

左 图3-1-42

中 图3-1-43

右 图3-1-44

（4）在书柜玻璃窗外绘制三条直线段，效果如图 3-1-45 所示。单击“修改”工具栏中的（倒角）按钮，为新绘制的直线段制作倒角效果，如图 3-1-46 所示。

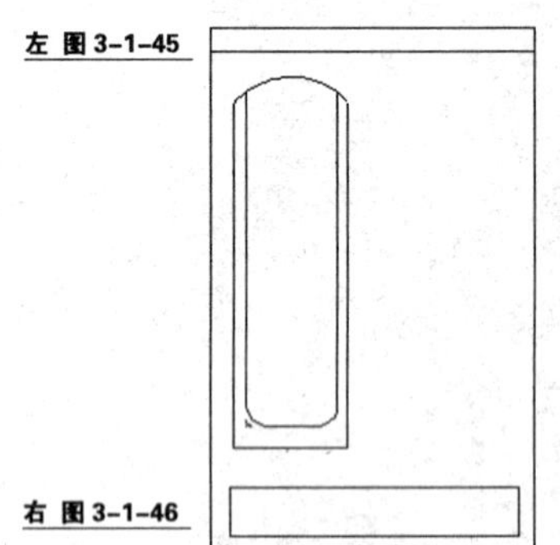

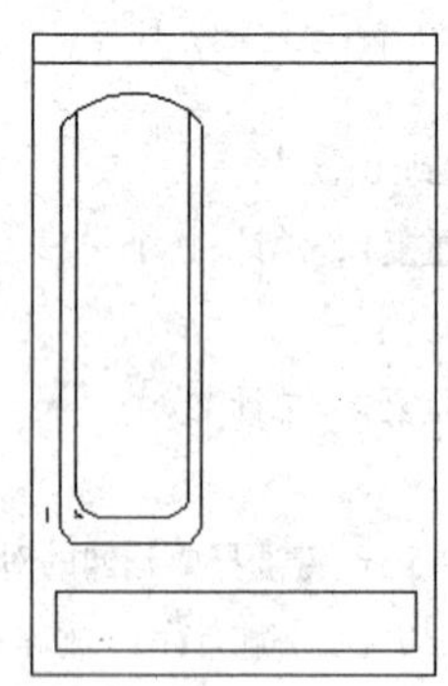

左 图3-1-45

右 图3-1-46

命令行窗口的命令提示如下。

```
命令: _chamfer
(“修剪”模式) 当前倒角距离 1 = 0.0000, 距离 2 = 0.0000
选择第一条直线或 [放弃(U)/多段线(P)/距离(D)/角度(A)/修剪(T)/方式(E)/多个(M)]:  D↵
指定第一个倒角距离 <0.0000>: 40↵
指定第二个倒角距离 <40.0000>: 30↵
选择第一条直线或 [放弃(U)/多段线(P)/距离(D)/角度(A)/修剪(T)/方式(E)/多个(M)]:
选择第二条直线，或按住 Shift 键选择要应用角点的直线:
```

（5）拉伸玻璃窗。由于绘制的玻璃窗相对于整体的比例偏小，所以使用拉伸对象和拉伸点的方法来进行调整，如图 3-1-47～图 3-1-49 所示。

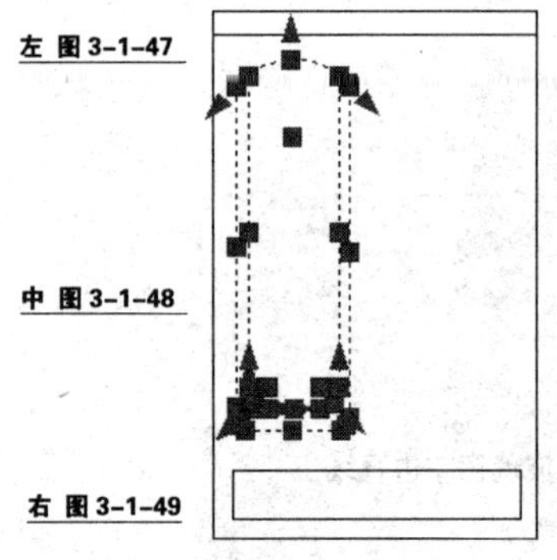

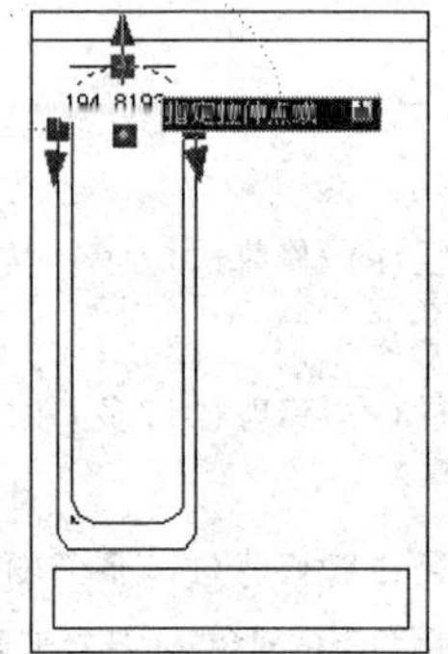

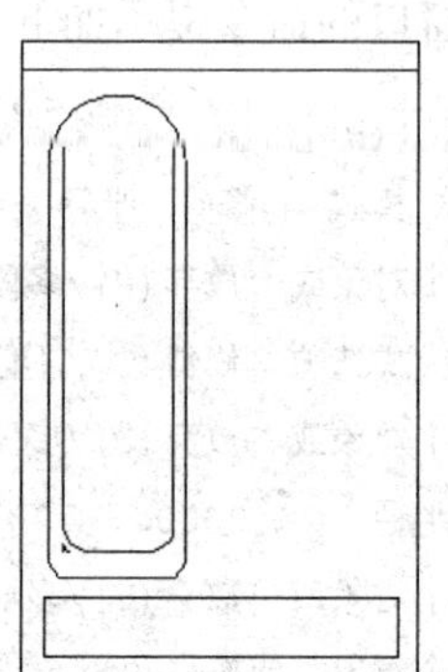

左 图3-1-47

中 图3-1-48

右 图3-1-49

命令行窗口提示的命令如下。

```
命令: _stretch
拉伸由最后一个窗口选定的对象...找到 13 个↵
指定基点或 [位移(D)] <位移>:(选定拉伸的基点)
指定第二个点或 <使用第一个点作为位移>:(拉伸到的位置)↵
** 拉伸 **
指定拉伸点或 [基点(B)/复制(C)/放弃(U)/退出(X)]:(指定玻璃窗上方弧的中点)↵
```

(6)定数等分窗格。为了使等分点显示鲜明，先单击“格式”→“点样式”菜单命令，打开“点样式”对话框，在该对话框中设置图3-1-50所示的点样式并设置合适的“点大小”。然后单击“绘图”→“点”→“定数等分”菜单命令，选择要进行定数等分的对象，输入等分的数量4，完成效果如图3-1-51所示。

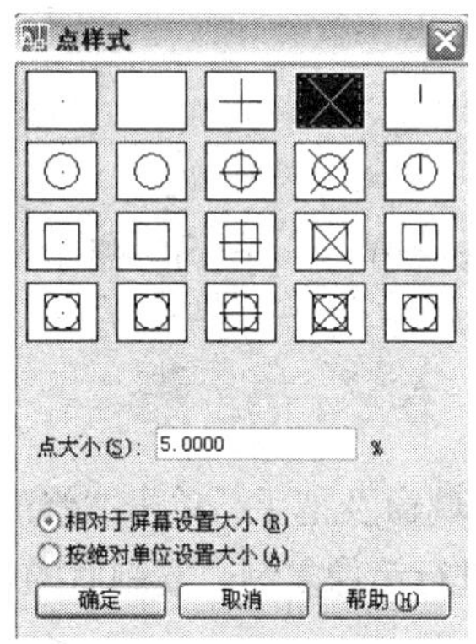

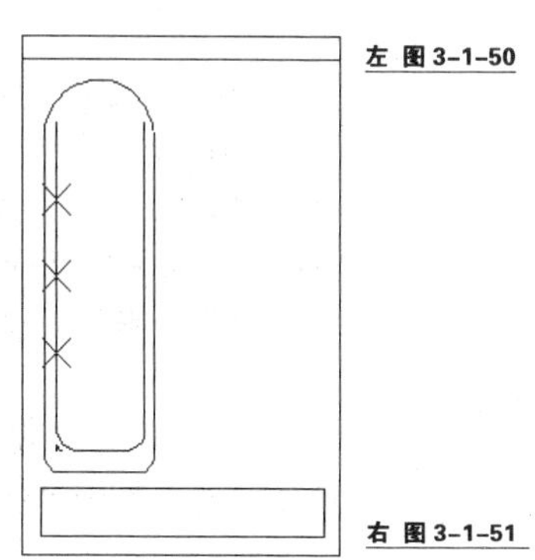

左 图3-1-50

右 图3-1-51

命令行窗口的命令提示如下。

```
命令: _divide
选择要定数等分的对象:
输入线段数目或 [块(B)]: 4↵
```

(7)使用“多线”命令绘制窗格。右键单击状态栏中的“对象捕捉”按钮，打开“草图设置”对话框，在“对象捕捉”选项卡中选中“节点”复选框，效果如图3-1-52所示。然后单击“绘图”→“多线”菜单命令，在绘图区中绘制图3-1-53所示的窗格效果。

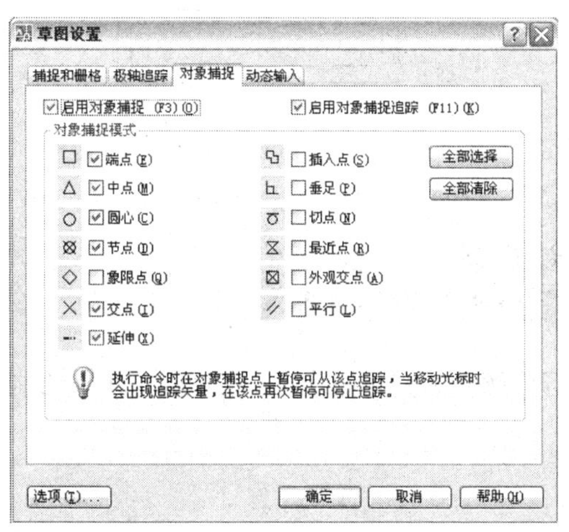

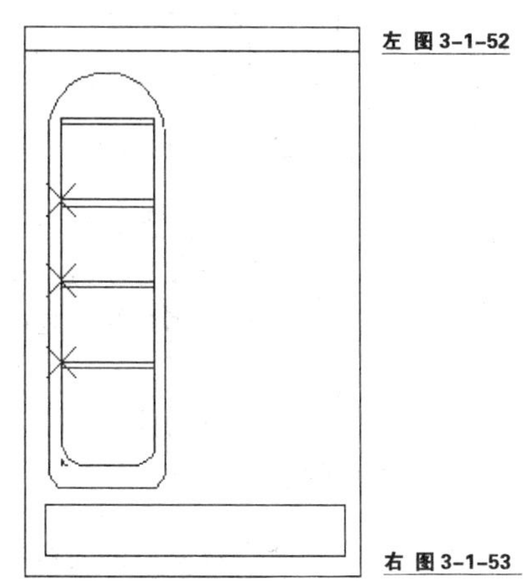

左 图3-1-52

右 图3-1-53

（8）使用圆角矩形绘制书柜把手，绘制效果如图 3-1-54 所示。

命令行窗口的命令提示如下。

```
命令：_rectang
指定第一个角点或 [倒角(C)/标高(E)/圆角(F)/厚度(T)/宽度(W)]：f↵
指定矩形的圆角半径 <0.0000>：6↵
指定第一个角点或 [倒角(C)/标高(E)/圆角(F)/厚度(T)/宽度(W)]： <对象捕捉 关>
指定另一个角点或 [面积(A)/尺寸(D)/旋转(R)]：↵
```

（9）镜像复制玻璃窗及把手。

① 设置用户坐标系。

命令行窗口的命令提示如下。

```
命令：ucs↵
当前 UCS 名称：*世界*
指定 UCS 的原点或 [面(F)/命名(NA)/对象(OB)/上一个(P)/视图(V)/世界(W)/X/Y/Z/Z 轴(ZA)]
<世界>:(指定为书柜下边中轴点)
指定 X 轴上的点或 <接受>：↵
```

② 删除为定数等分而设的点。选中玻璃窗及把手，单击“修改”工具栏中的（镜像）按钮，选书柜中轴线上的两点作为对称轴进行镜像复制，复制后的效果如图 3-1-55 所示。

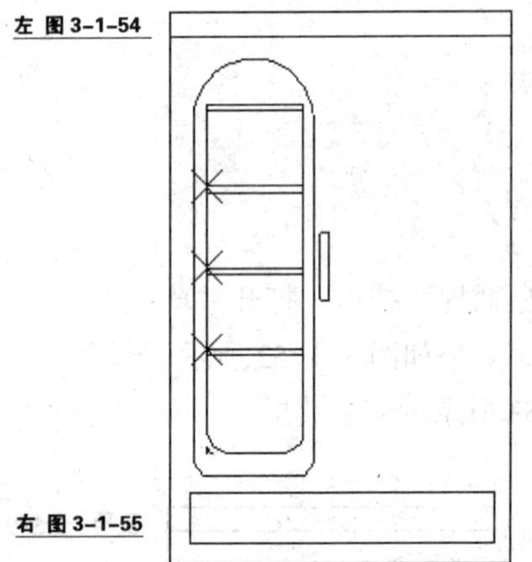

左 图 3-1-54

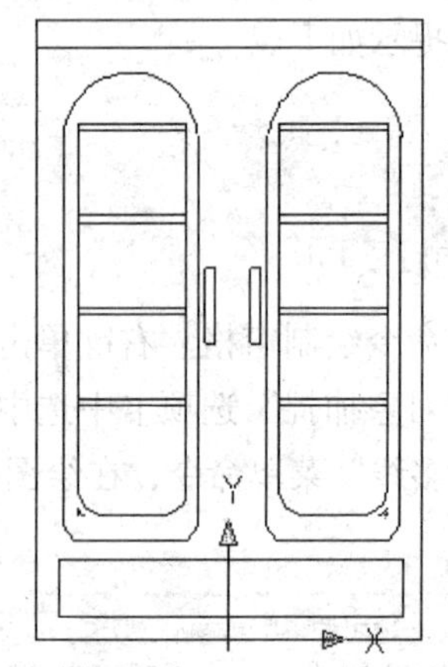

右 图 3-1-55

命令行窗口的命令提示如下。

```
命令：_mirror 找到 19 个
指定镜像线的第一点：指定镜像线的第二点：
要删除源对象吗？[是(Y)/否(N)] <N>：↵
```

（10）对书柜的相应位置进行分解和圆倒角操作，并使用圆角矩形绘制抽屉把手，效果如图 3-1-56 所示。

命令行窗口的命令提示如下。

```
命令: _rectang
当前矩形模式:  圆角=6.0000↵
指定第一个角点或 [倒角(C)/标高(E)/圆角(F)/厚度(T)/宽度(W)]: f↵
指定矩形的圆角半径 <6.0000>: 10↵
指定第一个角点或 [倒角(C)/标高(E)/圆角(F)/厚度(T)/宽度(W)]:
指定另一个角点或 [面积(A)/尺寸(D)/旋转(R)] (选择另一个角点)
```

（11）绘制书柜中缝。右键单击状态栏中的“对象捕捉”按钮，打开“草图设置”对话框，在“对象捕捉”选项卡中选中“中点”复选项，然后单击“确定”按钮，退出“草图设置”对话框。选择“直线”工具，在书柜两扇门中间绘制中缝，完成书柜的绘制，最终效果如图 3-1-57 所示。

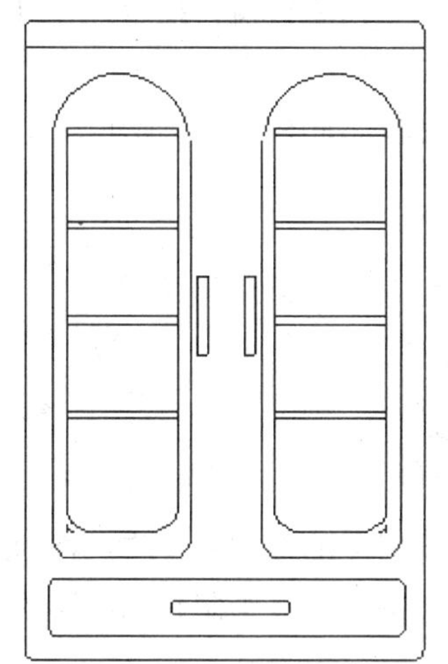

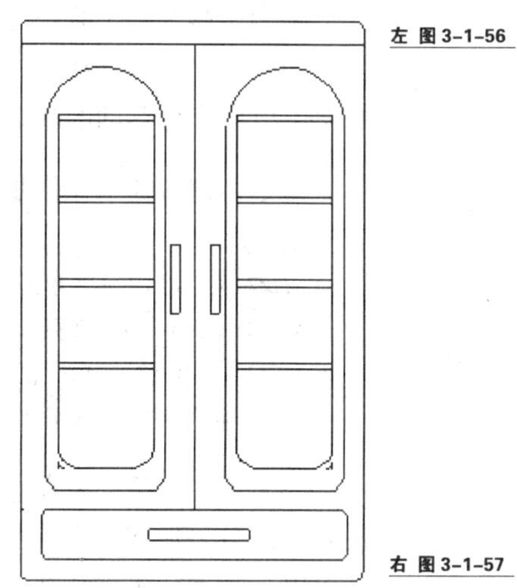

左 图 3-1-56

右 图 3-1-57

思 考 练 习

1. 问答题

（1）图形对象的“夹点”能进行哪些操作？

（2）简述将同一直线上线段合并及将一条直线分解的方法。

2. 上机操作题

参照本节所学的编辑图形的方法，绘制图 3-1-58 所示的传动轴零件图。

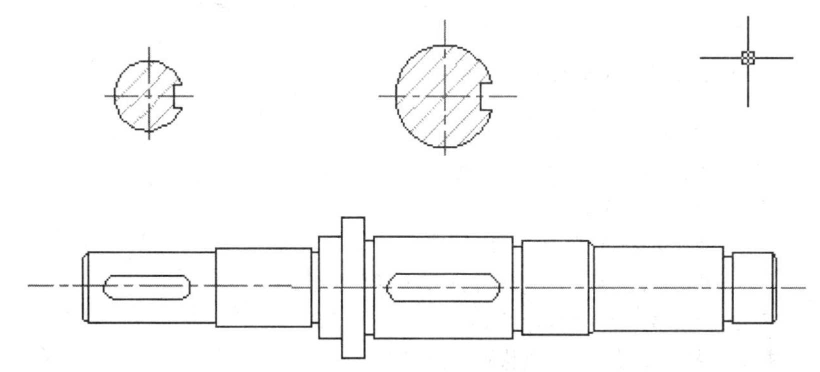

图 3-1-58

3.2 图形对象的复制与位置调整

3.2.1 图形对象的复制与位置调整操作

1. 图形对象的移动与复制

（1）移动对象。移动对象仅仅是平移对象的位置，而不会改变对象的方向和大小。如果要非常精确地移动对象，可以使用捕捉模式、坐标和对象捕捉等辅助工具。

单击“修改”工具栏中的✥（移动）按钮，命令行窗口提示选择对象。单击或框选需要移动的对象，将其选中，按“空格”键确认。命令行窗口再提示“指定基点或位移”，在视图中单击作为移动的基点位置，然后移动图形，如图 3-2-1 所示。

命令行窗口提示操作步骤如下。

```
命令:_MOVE↵
选择对象:找到 1 个（单击要移动的对象）
选择对象:↵（确认选择）
指定基点或位移:（单击点 1）
指定位移的第二点或<用第一点作位移>:（单击点 2）
```

（2）复制对象。复制对象可以在保持原有对象的基础上，将选择的对象复制到图形中的其他部分，形成一个完整的拷贝，这样可以减少重复绘制相同图形的工作量。复制对象还可以一次进行多重复制。

单击“修改”工具栏中的（复制）按钮，命令行窗口提示选择对象。单击或框选需要复制的对象，按“空格”键确认。在视图中单击作为复制的基点位置，然后在需要复制图形的位置单击，即可复制图形，如图 3-2-2 所示。

左 图 3-2-1

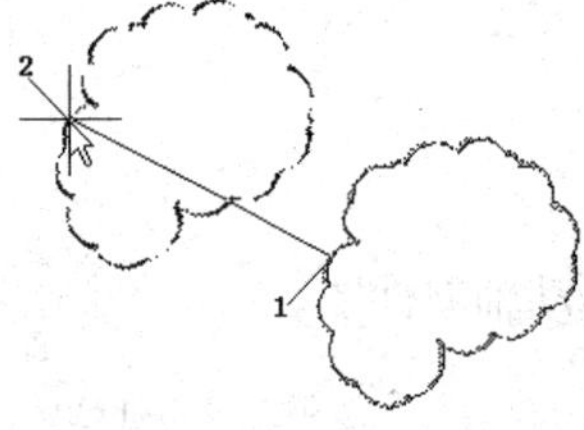

右 图 3-2-2

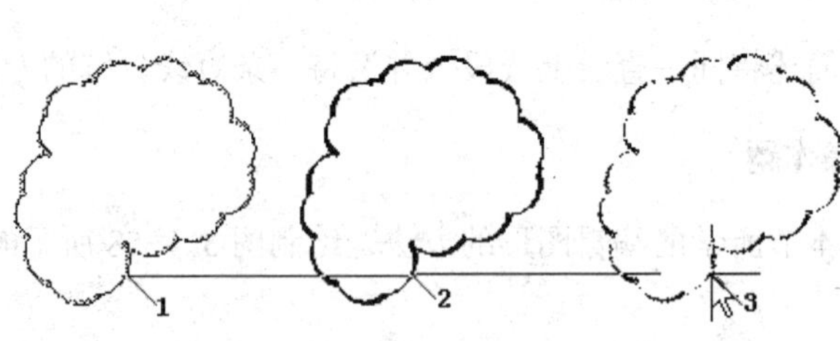

命令行窗口提示操作步骤如下。

```
命令:_COPY↵
选择对象:找到 1 个↵（单击要复制的对象）
选择对象:↵（确认选择）
指定基点或位移:（单击点 1）
指定位移的第二点或<用第一点作位移>:（单击点 2）
指定位移的第二点:（单击点 3）
指定位移的第二点:↵（确认复制操作）
```

（3）多文档复制。由于 AutoCAD 2008 支持多文档设计环境，所以可以在多个图形文档之间使用“编辑”菜单中的“复制”、“剪切”和“粘贴”命令，实现在不同文档之间重复使用图形对象。其中“带基点复制”命令，使用户可以控制对象的位置。下面以在两个文档中复制“螺栓”图形为例，说明如何使用“带基点复制”命令。

① 同时打开两个文档，单击“窗口”→“垂直平铺”菜单命令，将文档分别放置在工作界面的左右两侧。

② 单击激活左侧的文档，单击“编辑”→“带基点复制”菜单命令。然后在左侧的文档中单击，指定基点位置。再选择要复制的“螺栓”图形，按“空格”键确认。

③ 单击激活右侧的文档，单击“编辑”→“粘贴”菜单命令，在需要粘贴的位置单击，即可将右侧文档的“螺栓”图形粘贴在左侧的文档中，如图 3-2-3 所示。

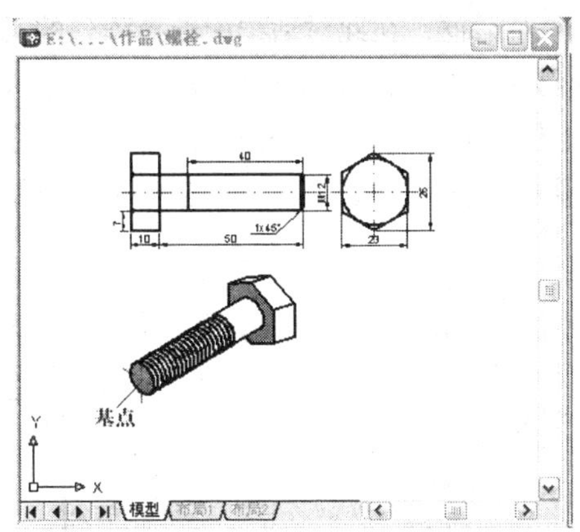

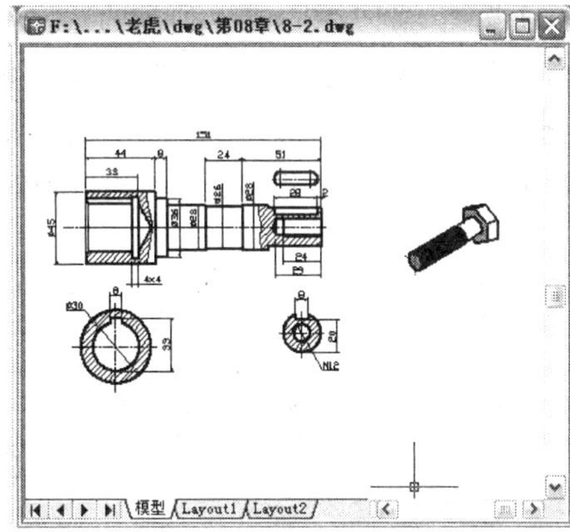

图 3-2-3

命令行窗口提示操作步骤如下。

```
命令:_COPYBASE ↵
指定基点: (单击确定基点位置)
选择对象:找到 1 个 (选择“螺栓”图形)
选择对象: ↵ (确认选择操作)
命令:_PASTECLIP ↵
指定插入点: (在需要放置的位置单击)
```

2. 图形对象显示顺序的调整

在绘图时，重叠对象按它们的创建顺序显示，新创建的对象显示在已有对象前面，如图 3-2-4 所示。使用“绘图”工具栏中的工具（包括（前置）工具、（后置）工具、（置于对象之上）工具及（置于对象之下）工具）可以更改重叠对象的显示和打印顺序，无需重新绘制图形，如图 3-2-5 所示。可以预先指定填充图案的显示顺序，如指定文字和标注始终显示在其他对象之前。

3. 图形对象的阵列复制

使用“修改”工具栏中的（阵列）工具，可以一次复制大量对象，是一种快速、高效的复制方法，它可以在矩形阵列或环形阵列中创建对象的副本。对于矩形阵列，可以控制行和列的数目以及行列之间的距离。对于环形阵列，可以控制对象副本的数目并决定是否旋转副本。在创建多个定位间距的对象时，阵列比复制要快。

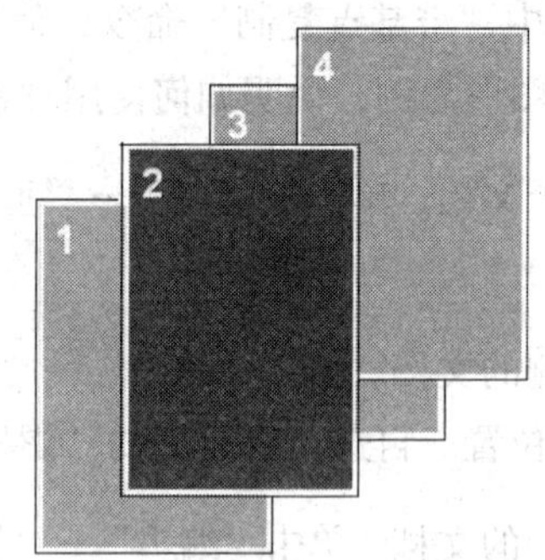

左 图3-2-4

右 图3-2-5

（1）创建矩形阵列。打开图3-2-6所示的椅子效果图，单击“修改”工具栏中的▦（阵列）按钮，打开图3-2-7所示的“阵列”对话框，在此对话框中选择阵列的类型为“矩形阵列”，输入阵列的行数和列数，在“偏移距离和方向”选项栏中输入行列的偏移量，在此例中，“行偏移”设为300，“列偏移”设为400。若不确定距离，则可以单击数值输入栏后边的▣（拾取行偏移）及▣（拾取列偏移）按钮，在绘图区中指定相对参考物体。

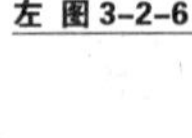

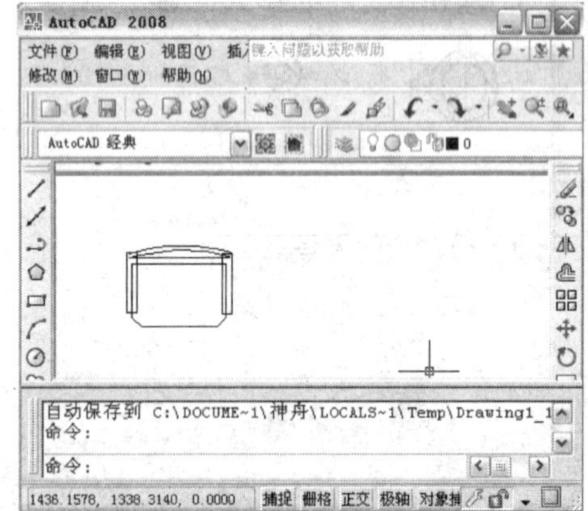

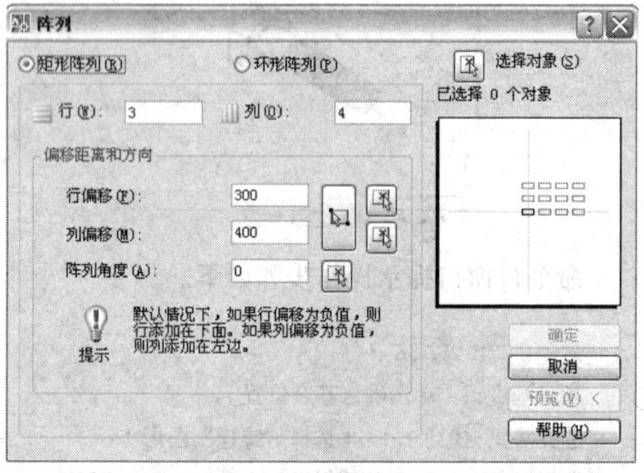

左 图3-2-6

右 图3-2-7

参数设置完毕后，用单击对话框中的▣（选择对象）按钮，在绘图区指定要进行阵列复制的图形对象，操作如图3-2-8所示。

按“空格”键或“Enter”键返回“阵列”对话框，效果如图3-2-9所示。

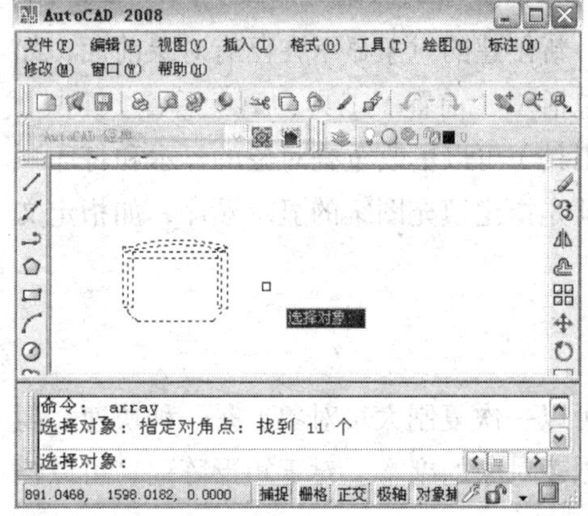

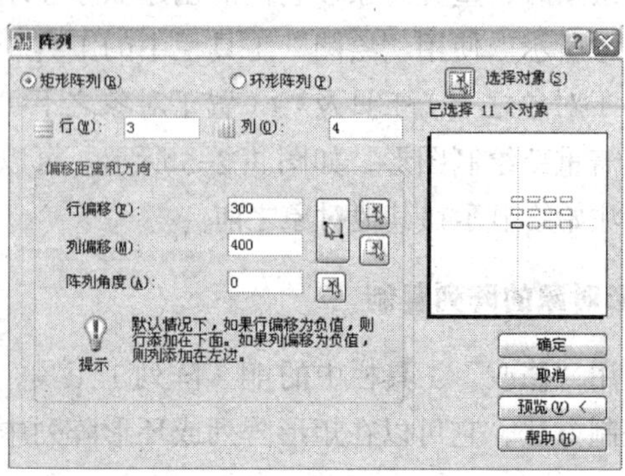

左 图3-2-8

右 图3-2-9

在“阵列”对话框中单击“预览”按钮，可以看到绘图区中的阵列效果并弹出确认阵列窗口，如图 3-2-10 所示。

此时，可以单击“修改”或“接受”按钮。若单击“修改”按钮可以返回“阵列”对话框中重新进行设置，如果单击“接受”按钮，阵列后的椅子效果如图 3-2-11 所示。

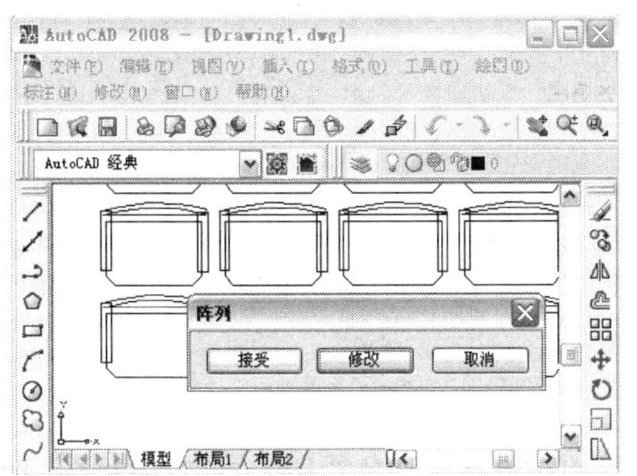

左 图 3-2-10

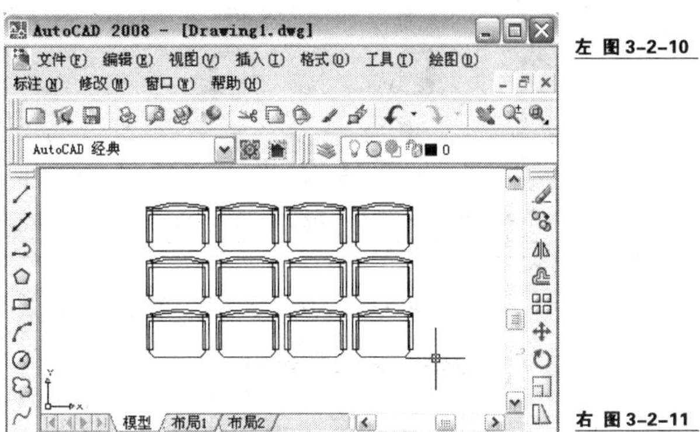

右 图 3-2-11

除了行和列上的阵列方式外，矩阵阵列还可以实现角度的偏移，如在“阵列”对话框中设置“阵列角度”为 30，并修改“行偏移”和“列偏移”的值，完成效果如图 3-2-12 所示。

（2）创建环形阵列。环形阵列是围绕圆心复制对象的方式。同样以创建矩形阵列使用的椅子效果图为例讲解创建环形阵列的方法。单击“修改”工具栏中的（阵列）按钮，打开图 3-2-13 所示的“阵列”对话框，在此对话框中选择阵列的类型为“环形阵列”，输入中心点的坐标或单击（拾取中心点）按钮在绘图窗口中选取中心点，在“方法和值”选项栏中选择方法类型并输入参数如图 3-2-13 所示。在创建环形阵列时，阵列按逆时针或顺时针方向进行，这取决于设置的填充角度是正值还是负值。阵列的半径由中心点与参照点之间的距离决定。

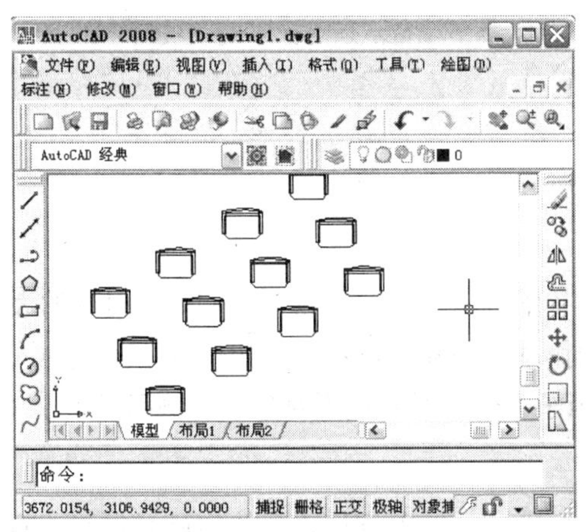

左 图 3-2-12

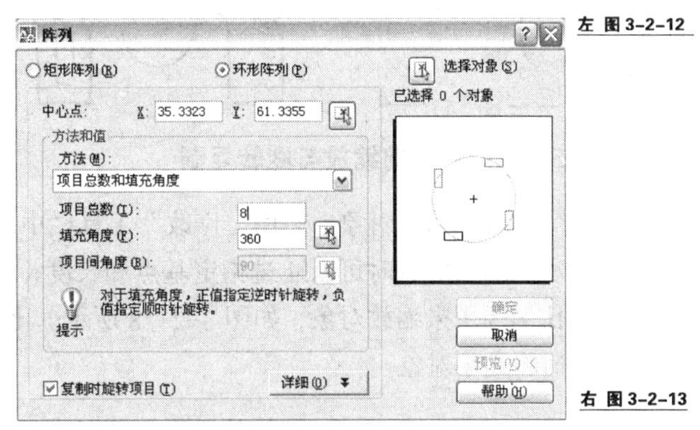

右 图 3-2-13

参数设置完毕后，单击对话框中的（选择对象）按钮，在绘图区指定要进行阵列的椅子图形，按“空格”键或“Enter”键返回“阵列”对话框。单击“阵列”对话框中的“预览”按钮，可以看到绘图区中的阵列效果并弹出确认阵列对话框，单击“接受”按钮，环形阵列的椅子效果如图 3-2-14 所示。

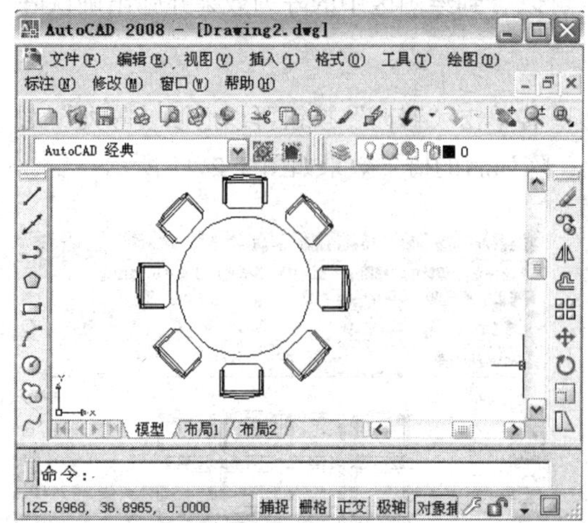

图 3-2-14

4. 图形对象的偏移复制

使用"修改"工具栏中的（偏移）工具，可以复制与原对象有一定距离的对象，即可以创建与原对象平行的新对象。偏移圆或圆弧可以创建更大或更小的圆或圆弧，这取决于向哪一侧偏移，如图 3-2-15 所示。二维多段线和样条曲线在偏移距离大于可调整的距离时将自动进行修剪，如图 3-2-16 所示。

可以偏移对象有直线、圆弧、圆、椭圆和椭圆弧（形成椭圆形样条曲线）、二维多段线、构造线和射线、样条曲线等。

在 AutoCAD 中，可以将对象偏移多次，而无须退出该命令。选择要偏移的对象后，再选择"多个"选项，然后连续单击要进行偏移的对象的一侧，即可将该对象偏移复制多个，如图 3-2-17 所示。

左 图 3-2-15

中 图 3-2-16

右 图 3-2-17

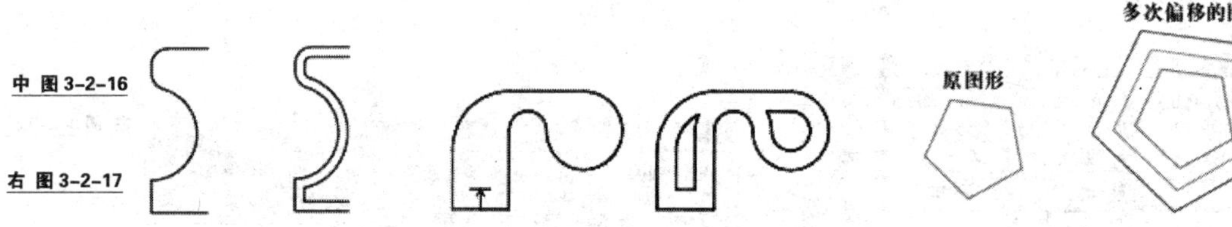

5. 图形对象的缩放与旋转复制

（1）缩放对象。使用"修改"工具栏中的（缩放）工具，可以等比例改变对象的大小。缩放对象时可以通过指定基点和长度（被用作基于当前图形单位的比例因子）或输入比例因子来缩放对象，如图 3-2-18 所示。比例因子大于 1 时将放大对象，比例因子小于 1 时将缩小对象。

在 AutoCAD 中，"缩放"命令还具有"复制"选项，可以直接将对象缩放并复制，而无须退出该命令。选择要缩放的对象后，指定"复制"选项，然后输入缩放的比例，即可缩放并复制一个对象，如图 3-2-19 所示。

（2）旋转对象。使用"修改"工具栏中的（旋转）工具旋转对象时，输入角度值可以逆时针或顺时针旋转对象，其旋转的方向取决于"图形单位"对话框中的"方向控制"

参数。旋转平面和零度角方向取决于用户坐标系的方位。

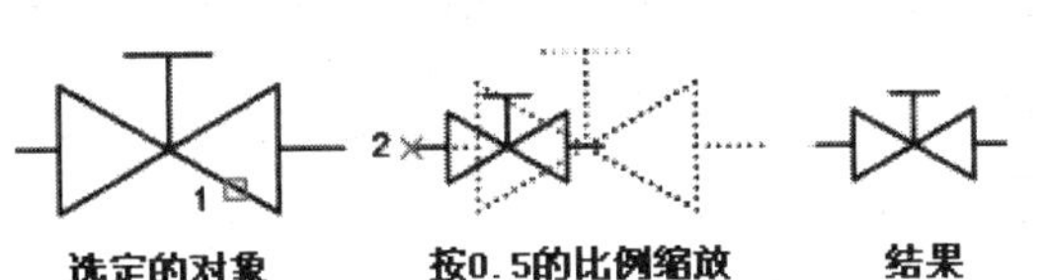

左 图3-2-18

右 图3-2-19

按指定角度旋转对象时，通过选择基点和相对或绝对的旋转角度来旋转对象，如图 3-2-20 所示。指定相对角度，将对象从当前的方向围绕基点按指定角度旋转；指定绝对角度，将对象从当前角度旋转到新的绝对角度。还可以按弧度、百分度或勘测方向来旋转对象。先选择要旋转的对象，再指定基点，然后将对象拖曳到另一点，即可旋转对象，如图 3-2-21 所示。为了使对象旋转得更加精确，可使用“正交”模式、“极轴追踪”或“对象捕捉”模式。

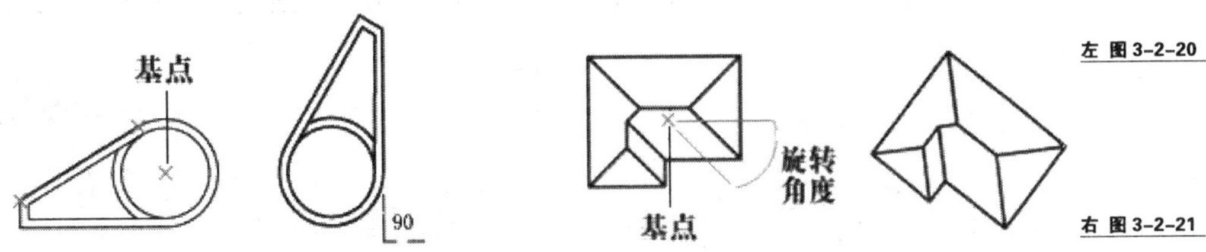

左 图3-2-20

右 图3-2-21

在 AutoCAD 中，旋转对象时可借助夹点模式，创建对象的多个副本。如图 3-2-22 所示，通过使用“旋转复制”选项，可以旋转矩形，并在指定的点创建副本。

6. 图形对象的镜像复制

（1）“修改”工具栏中的⚠（镜像）工具，在创建对称对象时非常有用，使用该工具在绘制对称图形时可以先绘制对象的一半，然后通过镜像创建另一半对象，而不必绘制整个对象。在绕轴（镜像线）翻转对象创建镜像图形时，要指定镜像线的两点来确定镜像线，可以选择是否删除或保留原对象，镜像对象的效果如图 3-2-23 所示。镜像可以作用于与当前 UCS 的 XY 平面平行的任何平面。

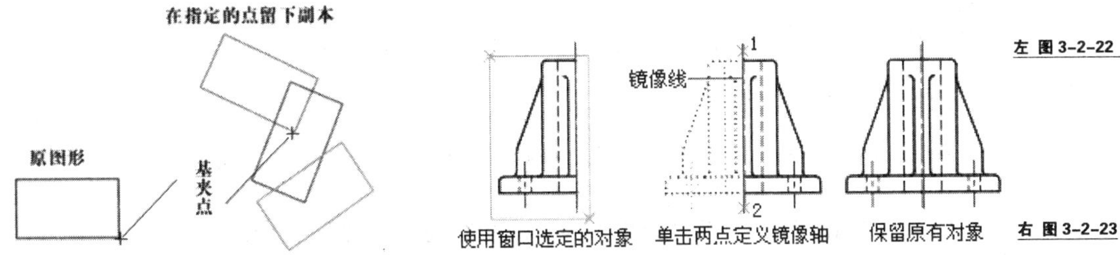

左 图3-2-22

右 图3-2-23

（2）创建文字、属性和属性定义的镜像时，仍然按照轴对称规则进行，但文字会被反转或倒置。要避免出现这样的结果，在镜像后，必须将系统变量 MIRRTEXT 设置为 0（关）。这样文字的对齐和对正方式在镜像前后不变。镜像文字的效果如图 3-2-24 所示。

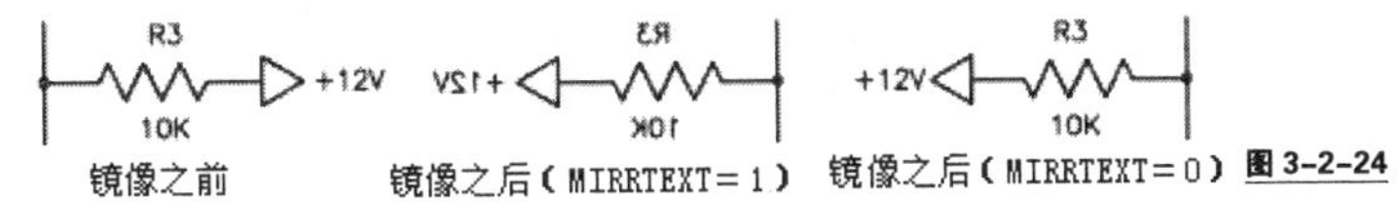

图3-2-24

3.2.2 【案例 7】绘制端盖效果

本案例将使用 AutoCAD 中的基本图形工具及编辑复制图形的方法绘制端盖模型，效果如图 3-2-25 所示。

绘制端盖图形的操作步骤如下。

1. 主视图的绘制

（1）启动 AutoCAD 2008。单击“标准”工具栏中的（新建）按钮，创建一个新的图形文件，当提示选择样板时，选择“acad.dwt”创建新文件，单击（保存）按钮，将其命名为“端盖.dwg”并保存 。

（2）选择线型和线宽。在工具栏中的线型下拉列表中选择“CENTER”线型，操作如图 3-2-26 所示。在工具栏的线宽下拉列表中选择“默认”线宽，操作如图 3-2-27 所示。

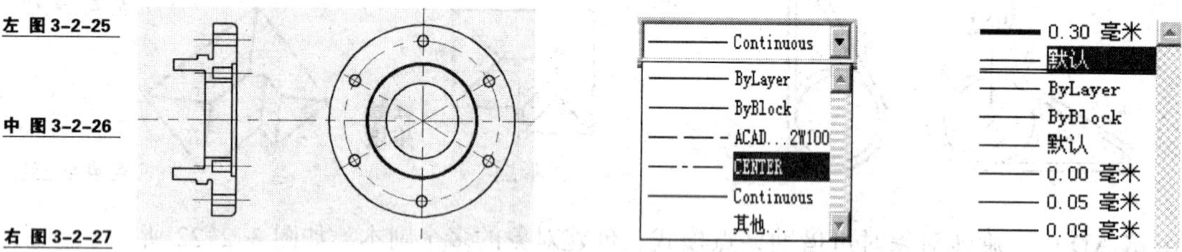

左 图 3-2-25
中 图 3-2-26
右 图 3-2-27

（3）单击“绘图”工具栏中的（构造线）按钮，绘制构造线。

命令行窗口的命令提示如下。

```
命令：_xline 指定点或[水平（H）/垂直（V）/角度（A）/二等分（B）/偏移（O）]：H↵
在绘图区绘制出一条水平的构造线，按“Enter”键或“空格”键结束此命令。
再次单击“绘图”工具栏中的（构造线）按钮，命令行窗口出现命令提示：
命令：_xline 指定点或[水平（H）/垂直（V）/角度（A）/二等分（B）/偏移（O）]：V↵
```

绘制出一条垂直的构造线，按“Enter”键或“空格”键结束此命令。绘制效果如图 3-2-28 所示。

（4）单击“绘图”工具栏中的（圆）按钮，绘制圆。

命令行窗口的命令提示如下。

```
命令：_circle 指定圆的圆心或[三点（3P）/两点（2P）/相切、相切、半径（T）]：
```

单击在绘图区中两条构造线的交点，命令行窗口出现命令提示：

```
指定圆的半径或[直径（D）]：100↵
```

在绘图区绘制一个圆，绘制效果如图 3-2-29 所示。

左 图 3-2-28
右 图 3-2-29

（5）单击“绘图”工具栏中的 ⟋（直线）按钮，绘制直线。

命令行窗口的命令提示如下。

```
命令: _line 指定第一点:
```

单击构造线的交叉点，在与水平构造线成 30° 夹角处绘制两条直线。操作如图 3-2-30 所示，绘制效果如图 3-2-31 所示。

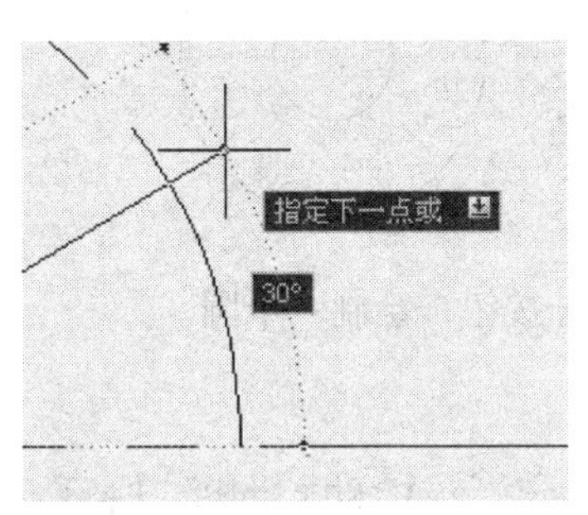

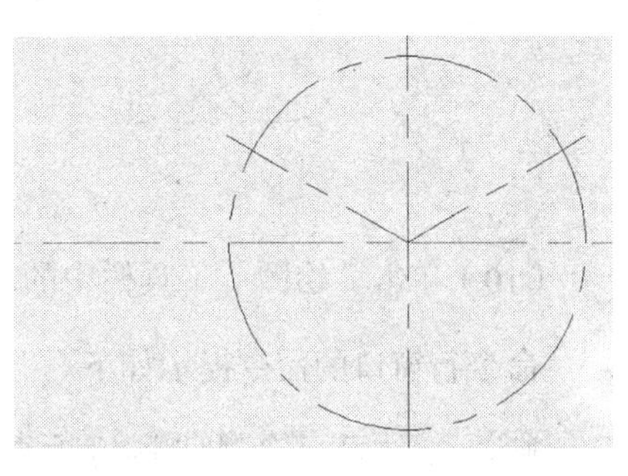

左 图 3-2-30

右 图 3-2-31

（6）单击“绘图”工具栏中的 ⟋（直线）按钮，绘制直线。

命令行窗口的命令提示如下。

```
命令: _line 指定第一点:
```

在构造线的交叉点处单击，在与水平构造线成-30° 夹角处绘制两条直线，绘制效果如图 3-2-32 所示。

（7）选择线型和线宽。在工具栏的线型下拉列表中选择“Continuous”线型，如图 3-2-33 所示。在工具栏的线宽下拉列表中选择“0.30 毫米”线型，如图 3-2-34 所示。

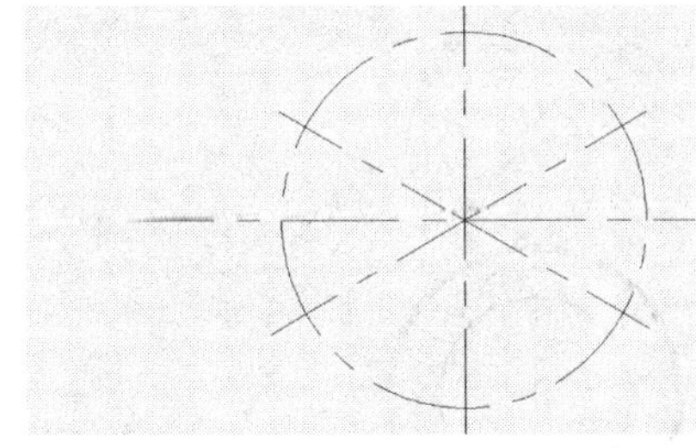

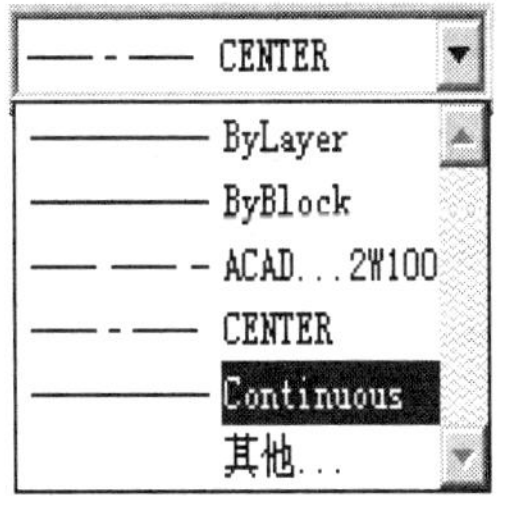

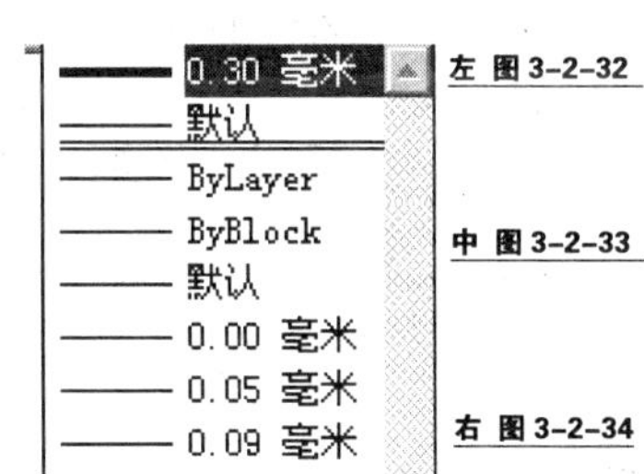

左 图 3-2-32

中 图 3-2-33

右 图 3-2-34

（8）单击“绘图”工具栏中的 ⊙（圆）按钮，绘制圆。

命令行窗口的命令提示如下。

```
命令: _circle 指定圆的圆心或[三点(3P)/两点(2P)/相切、相切、半径(T)]: (在绘图区中单击两条构造线的交点)
指定圆的半径 或[直径(D)]: 47↵
```

绘制一个圆，绘制效果如图 3-2-35 所示。

（9）单击“绘图”工具栏中的 ⊙（圆）按钮，绘制圆。

命令行窗口的命令提示如下。

命令：_circle 指定圆的圆心或[三点（3P）/两点（2P）/相切、相切、半径（T）]：（在绘图区中单击两条构造线的交点）

指定圆的半径或[直径（D）]：120↵

绘制一个圆，效果如图 3-2-36 所示。

左 图 3-2-35

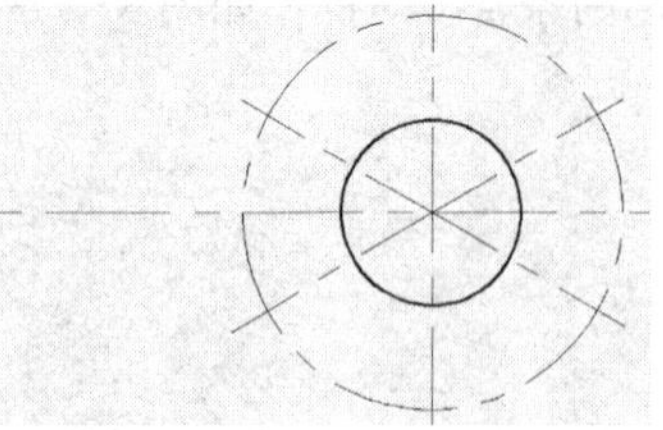

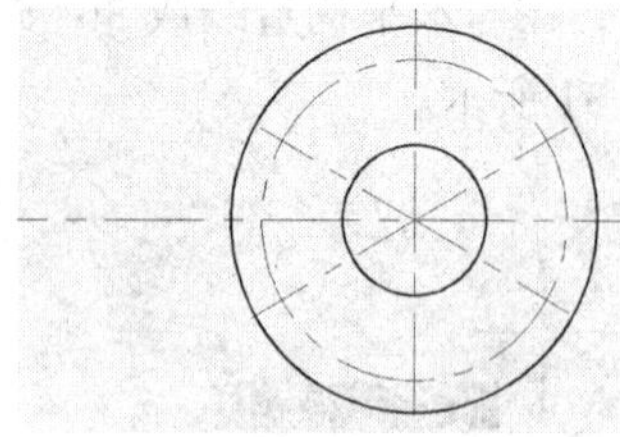

右 图 3-2-36

（10）单击“绘图”工具栏中的 （圆）按钮，绘制一个圆。

命令行窗口的命令提示如下。

命令：_circle 指定圆的圆心或[三点（3P）/两点（2P）/相切、相切、半径（T）]：（在绘图区中单击两条构造线的交点）
指定圆的半径或[直径（D）]：72↵

绘制一个圆，效果如图 3-2-37 所示。

（11）单击“绘图”工具栏中的 （圆）按钮，绘制圆。

命令行窗口的命令提示如下。

命令：_circle 指定圆的圆心或[三点（3P）/两点（2P）/相切、相切、半径（T）]：（在绘图区中单击两条构造线的交点）

指定圆的半径或[直径（D）]：70↵

绘制一个圆，效果如图 3-2-38 所示。

左 图 3-2-37

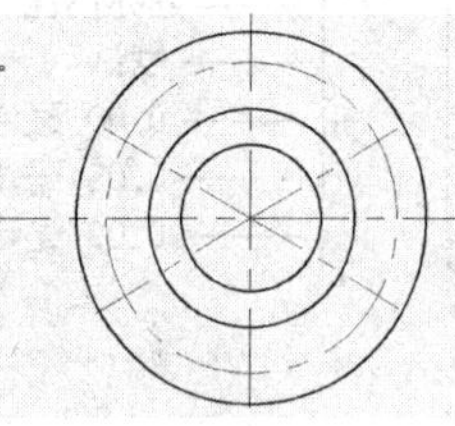

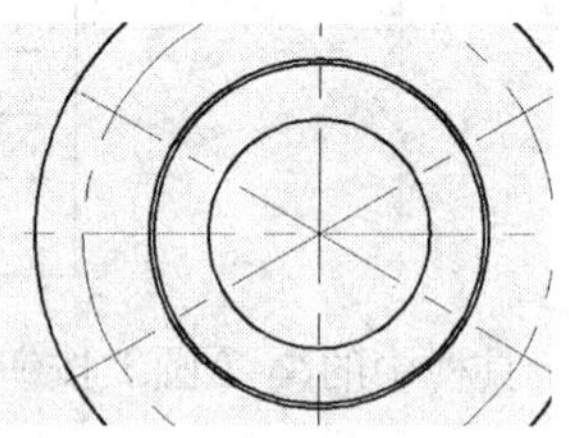

右 图 3-2-38

提示：步骤（8）～步骤（11）也可以使用“修改”工具栏中的 （偏移）工具来实现，看看哪种方法更快捷。

（12）单击“绘图”工具栏中的 （圆）按钮，绘制一个圆。

命令行窗口的命令提示如下。

命令：_circle 指定圆的圆心或[三点（3P）/两点（2P）/相切、相切、半径（T）]：（在绘图区单击中两条构造线的交点）

指定圆的半径或[直径（D）]：7↵

绘制一个小圆，效果如图 3-2-39 所示。

（13）单击“绘图”工具栏中的 （圆）按钮，绘制一个圆。

命令行窗口的命令提示如下。

```
命令：_circle 指定圆的圆心或[三点（3P）/两点（2P）/相切、相切、半径（T）]：（在绘图区单击中其余构造线的交点）
指定圆的半径或[直径（D）]：7↵
```

可以使用阵列命令绘制其余 5 个圆。绘制效果如图 3-2-40 所示。

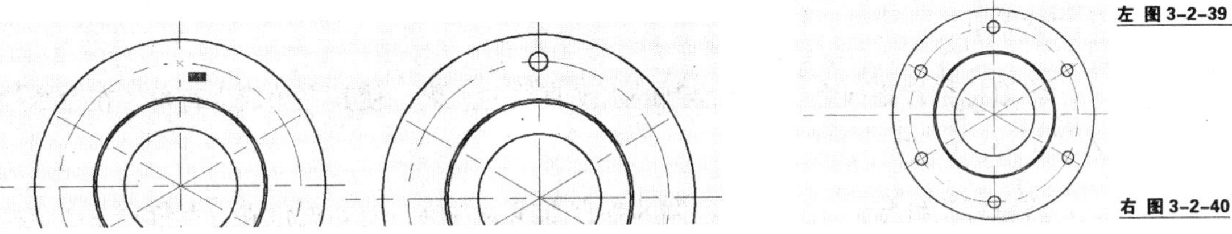

左 图 3-2-39

右 图 3-2-40

2. 绘制端盖左视图

（1）单击“绘图”工具栏中的 （直线）按钮，绘制一条直线。

命令行窗口的命令提示如下。

```
命令：_line 指定第一点：
```

在水平构造线的任意点处单击，出现端点坐标提示。垂直向下移动鼠标指针绘制一条长度为 60 的直线，效果如图 3-2-41 所示。

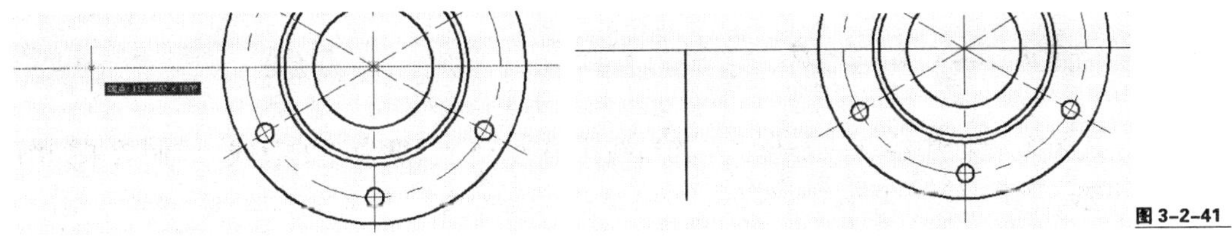

图 3-2-41

将鼠标指针指向上一步所绘制的垂直线的左侧，使其夹角成为直角。在命令窗口中输入“15”，绘制一条水平直线，效果如图 3-2-42 所示。

将鼠标指针指向上一步所绘制的水平线的上侧，使其夹角成为直角。在命令行中输入“22.5”，绘制一条垂直直线，效果如图 3-2-43 所示。

左 图 3-2-42

右 图 3-2-43

将鼠标指针指向上一步所绘制的垂直直线的左侧，使其夹角成为直角。在命令栏中输

入“3”↵

将鼠标指针指向上一步所绘制的水平直线的下侧，使其夹角成为直角。在命令栏中输入“2.5”↵。

将鼠标指针指向上一步所绘制的垂直直线的左侧，使其夹角成为直角。在命令栏中输入“7”↵。

将鼠标指针指向上一步所绘制的水平直线的上侧，使其夹角成为直角。在命令栏中输入“2.5”↵。

将鼠标指针指向上一步所绘制的垂直直线的左侧，使其夹角成为直角。在命令栏中输入“15”↵。

将鼠标指针指向上一步所绘制的水平直线的上侧，使其夹角成为直角。在命令栏中输入“7”↵。

将鼠标指针指向上一步所绘制的垂直直线的右侧，使其夹角成为直角。在命令栏中输入“20”↵。

将鼠标指针指向上一步所绘制的水平直线的上侧，使其夹角成为直角。在命令栏中输入“30.5”↵。

绘制效果如图 3-2-44 所示。

（2）单击“绘图”工具栏中的 ⁄（直线）按钮，绘制一条直线。

命令行窗口的命令提示如下。

```
命令：_line 指定第一点：
```

在绘制区中绘制一条与水平构造线距离为 35，长度为 3 的直线，绘制效果如图 3-2-45 所示。

将鼠标指针指向这条水平线的上侧，使其夹角成为直角。在命令行中输入“35”绘制一条直线，效果如图 3-2-46 所示。

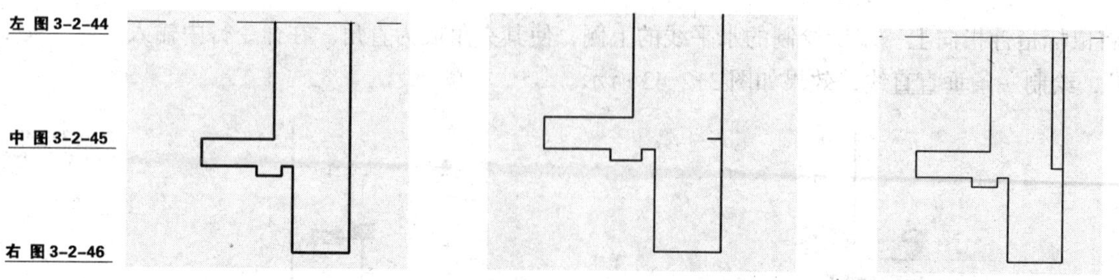

左 图 3-2-44

中 图 3-2-45

右 图 3-2-46

（3）单击“绘图”工具栏中的 ⁄（直线）按钮，绘制一条直线。

命令行窗口的命令提示如下。

```
命令：_line 指定第一点：
```

在绘制区中绘制一条与水平构造线距离为 23.5 的直线，效果如图 3-2-47 所示。

（4）选择线型和线宽。在工具栏的线型下拉列表中选择“CENTER”线型。在工具栏的线宽下拉列表中选择“默认”线宽。

（5）单击“绘图”工具栏中的 （直线）按钮，绘制一条直线。

命令行窗口的命令提示如下。

```
命令：_line 指定第一点：
```

在绘制区中绘制一条与水平构造线距离为 29 的直线，效果如图 3-2-48 所示。

（6）单击“绘图”工具栏中的 （直线）按钮，绘制一条直线。

命令行窗口的命令提示如下。

```
命令：_line 指定第一点：
```

在绘制区中绘制一条与水平构造线距离为 50 的直线，效果如图 3-2-49 所示。

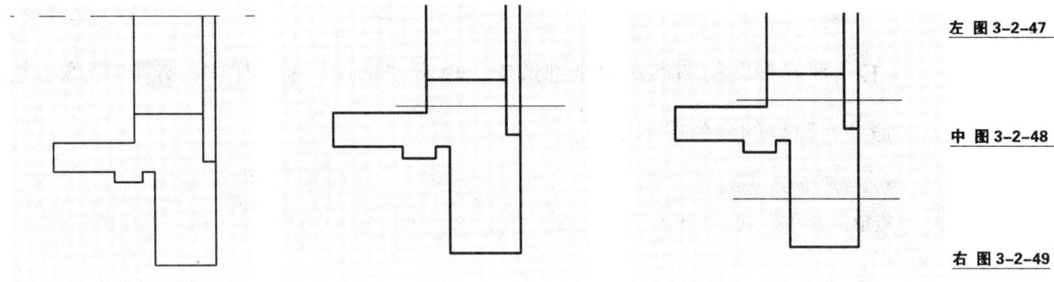

左 图 3-2-47
中 图 3-2-48
右 图 3-2-49

（7）选择线型和线宽。在工具栏的线型下拉列表中选择“Continuous”线型。在工具栏的线宽下拉列表中选择“0.30 毫米”线宽。

（8）单击“绘图”工具栏中的 （直线）按钮，在绘图区中绘制两条直线，水平于上一步所绘制的直线，其间距为 3.5。绘制效果如图 3-2-50 所示。

（9）单击“绘图”工具栏中的 （直线）按钮，在绘图区中绘制一条距中心水平构造线 25.5 的直线，如图 3-2-51 所示。使用镜像命令以上一步骤所绘制的直线为镜像线进行镜像操作，效果如图 3-2-52 所示。

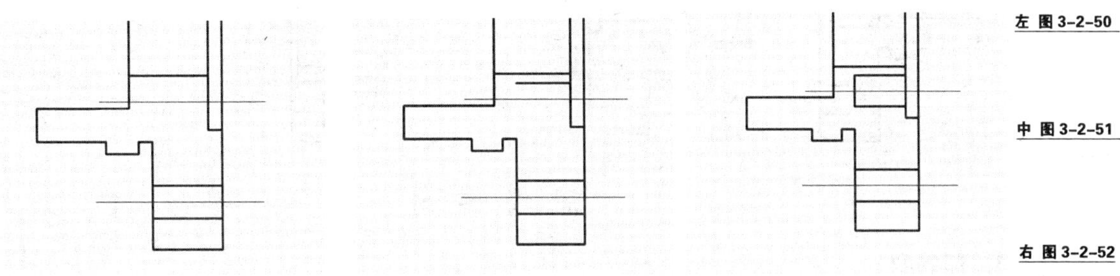

左 图 3-2-50
中 图 3-2-51
右 图 3-2-52

（10）单击“绘图”工具栏中的 （圆角）按钮，绘制圆角效果。

命令行窗口的命令提示如下。

```
当前设置：模式=修剪，半径=0.0000
选择第一个对象或[放弃（U）/多段线（P）/半径（R）/修剪（T）/多个（M）]：R↵
指定圆角半径： 3↵
选择第一个对象或[放弃（U）/多段线（P）/半径（R）/修剪（T）/多个（M）]：（选择要进行倒圆角的第一条线段）
选择第二个对象，或按住"Shift"键选择要应用角点的对象：
```

选择要进行倒圆角的第二条线段，绘制效果如图 3-2-53 所示。

（11）单击"绘图"工具栏中的（圆角）按钮，并以半径 1 对 1、2、3、4 角（如图 3-2-54 所示）进行倒圆角操作，绘制的倒角效果如图 3-2-55 所示。

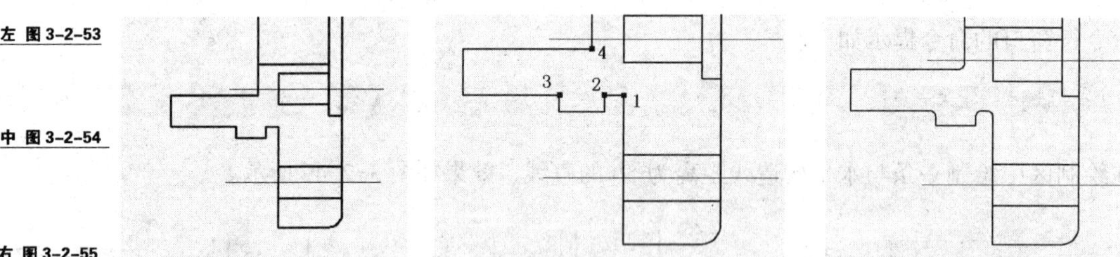

左 图 3-2-53
中 图 3-2-54
右 图 3-2-55

（12）将左视图的图形对象全部选中，单击"修改"工具栏中的（镜像）按钮。

命令行窗口的命令提示如下。

```
指定镜像的第一点：
指定镜像的第二点：
```

选择镜像对称轴的两点，如图 3-2-56 所示。

命令行窗口出现命令提示如下。

```
要删除源对象吗？[是（Y）/否（N）]：N↵
```

绘制效果如图 3-2-57 所示。

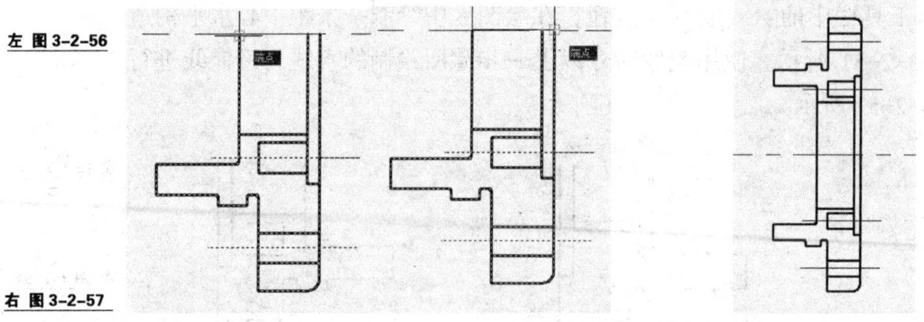

左 图 3-2-56
右 图 3-2-57

思 考 练 习

1. 问答题

（1）简述"复制"工具、"镜像"工具、"阵列"工具的作用及使用方法。

（2）简述快速复制多个同心圆图形的方法。

2. 上机操作题

参照本节所学的复制方法，绘制图 3-2-58 所示的餐厅俯视图。

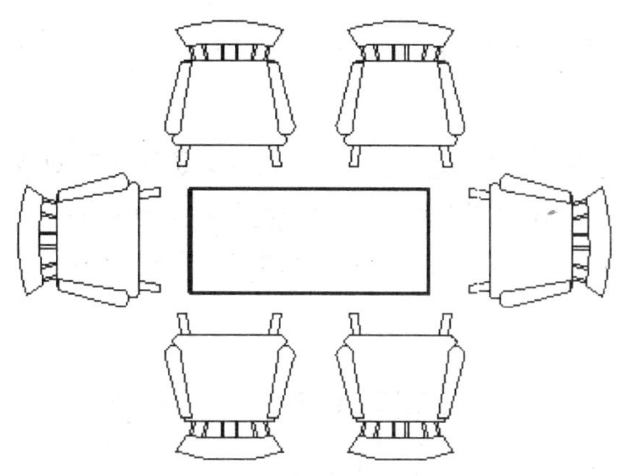

图 3-2-58

3.3 图形对象的填充控制与图案编辑

在 AutoCAD 中，单击“绘图”下拉菜单中的“图案填充”命令或单击“绘图”工具栏中的▦（图案填充）按钮都可以打开“图案填充和渐变色”对话框，如图 3-3-1 所示。本书在第二章中对图案填充和填充渐变色的基本方法进行了讲解，知道了可以为选定的区域填充图案或颜色，使用当前线型可以定义简单的线条图案或色彩图案，而通过对图形对象填充的控制和图案的编辑可以绘制出较复杂的填充图案。

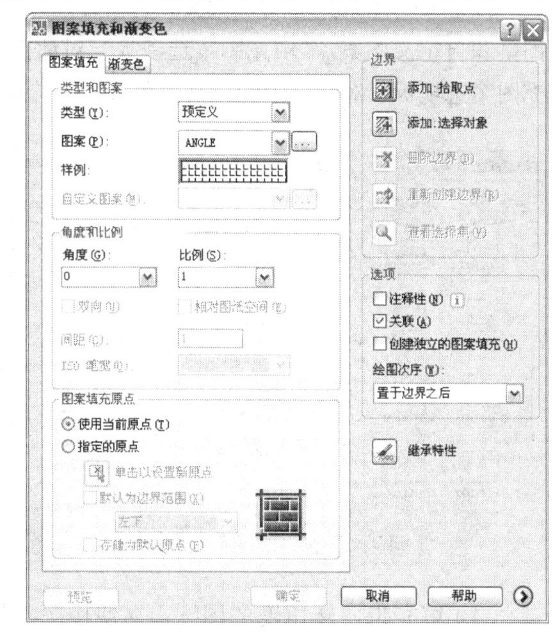

图 3-3-1

3.3.1 图形对象的填充控制

1. 控制图形对象的图案填充属性

（1）图案填充的边界控制。在 AutoCAD 2008 中，可以使用多种方法来选择填充的图案边界。主要的方法有以下几种。

① 指定封闭对象区域中的点。

② 选择封闭区域的对象。

③ 将填充图案从工具选项板或设计中心拖曳到封闭区域。

需要注意的是，填充图形时，将忽略不在对象边界内的整个对象或局部对象。如果填充时遇到文本、属性或实体填充对象，并且该对象被选为边界集的一部分，则“HATCH”命令将填充该对象的四周，如图 3-3-2 所示。

在 AutoCAD 2008 中使用“边界”区域中的选项可以添加、删除和重新创建边界，还可以查看当前选择。

（2）控制图案填充原点。默认情况下，填充图案始终相互对齐。如果需要移动图案填充的起点（称为原点），在“图案填充和渐变色”对话框中的“图案填充原点”区域选择“指定的原点”复选框，再在图形中单击，即可以单击处为原点进行图案填充，如图 3-3-3 所示。

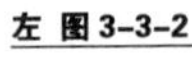

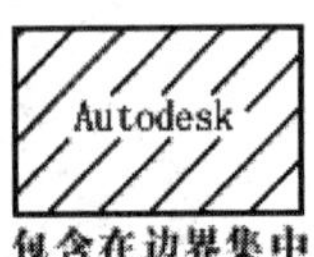

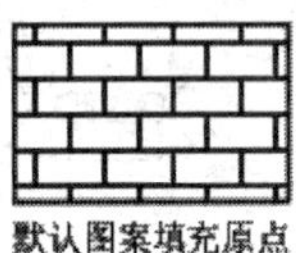
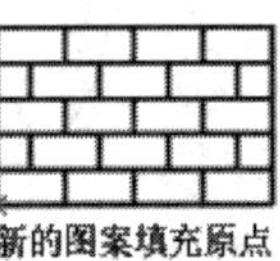

左 图3-3-2

右 图3-3-3

（3）选择填充图案。在 AutoCAD 2008 中提供了很多种预定义的实体填充及五十多种行业标准填充图案，可用于区分对象的部件或表示对象的材质。AutoCAD 2008 还提供了符合 ISO（国际标准化组织）标准的 14 种填充图案。当选择 ISO 图案时，可以指定笔宽，笔宽决定了图案中的线宽。

预定义的图案共分为四大类，它们分别是“ANSI”图案、“ISO”图案以及其他预定义图案和自定义图案。“填充图案选项板”对话框中的“ISO”选项卡如图 3-3-4 所示；“填充图案选项板”对话框中的“其他预定义”选项卡如图 3-3-5 所示。

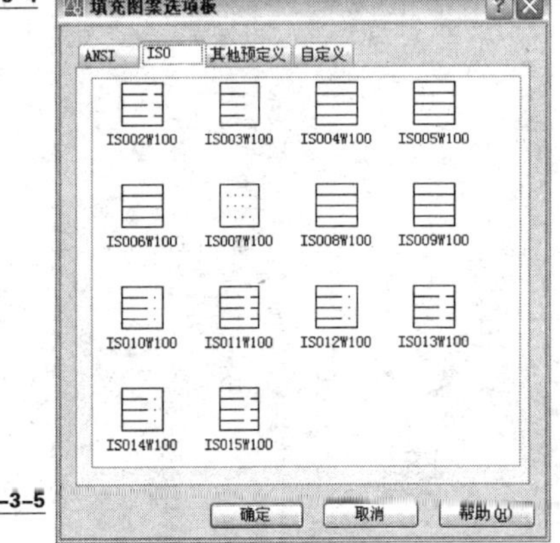

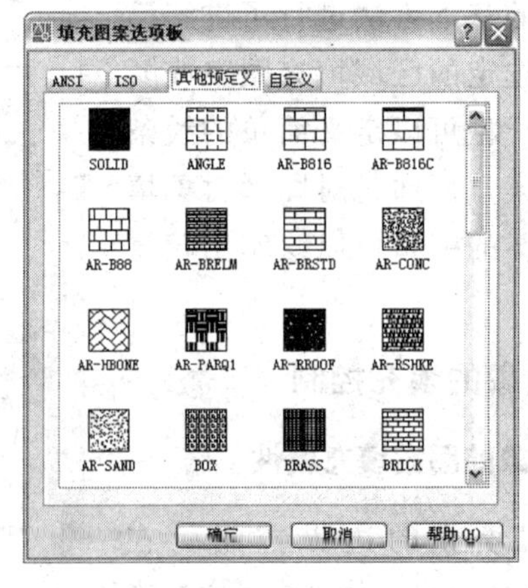

左 图3-3-4

右 图3-3-5

（4）填充带旋转角度的图案。在使用图案填充命令时，不仅能够填充图案，还可以在“图案填充和渐变色”对话框的“图案填充”选项卡的“角度和比例”选项栏中设置图案的缩放比例及旋转角度。利用“图案填充”命令填充带旋转角度的图案，效果如图 3-3-6 所示。

（5）创建独立的图案填充。在“图案填充和渐变色”对话框的“图案填充”选项卡的

"选项"选项栏框中，选中"创建独立的图案填充"复选框，可将同一个填充图案同时应用于图形的多个区域时，指定每个填充区域都是一个独立的对象。以后，在修改某个区域中的图案填充时，不会改变其他区域中的图案填充，如图 3-3-7 所示。

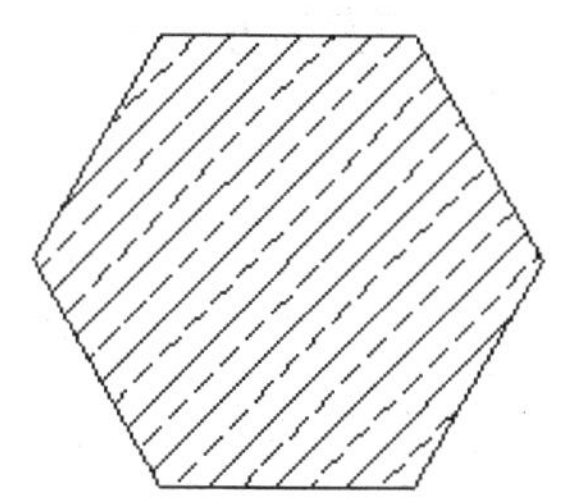

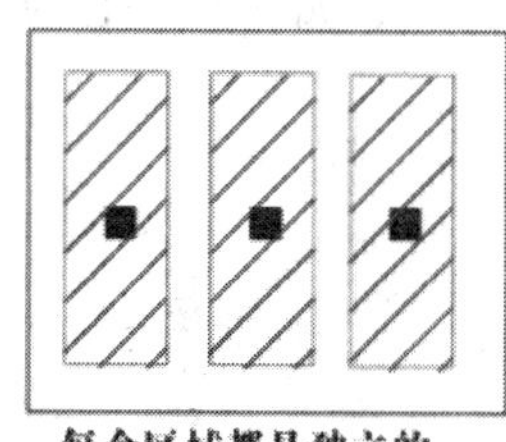

每个区域都是独立的

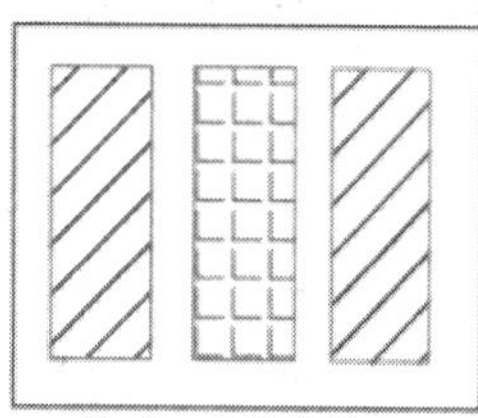

修改一个图案填充

左 图3-3-6

右 图3-3-7

2. 控制图形对象的图案填充方式

在 AutoCAD 2008 中，有时在填充区域内部还包含了另外一个区域，这个内部区域在 AutoCAD 中称为"孤岛"。在"图案填充和渐变色"对话框的"图案填充"选项卡的"其他选项"区域中可预览"孤岛"的 3 种填充方式。

（1）普通填充方式。普通填充样式（默认）将从外部边界向内填充。如果填充过程中遇到内部边界，填充将关闭，直到遇到另一个边界为止。如果使用普通填充样式进行填充，将不填充孤岛，但孤岛中的孤岛将被填充，如图 3-3-8 所示。

（2）外部填充方式。外部填充样式也是从外部边界向内填充并在下一个边界处停止，但不填充内部孤岛，如图 3-3-9 左所示。

（3）忽略填充方式。忽略填充样式将忽略内部边界，填充整个闭合区域，如图 3-3-9 右所示。

除了使用以上 3 种填充方式填充孤岛外，还可以从图案填充区域中删除任何孤岛，如图 3-3-10 所示。

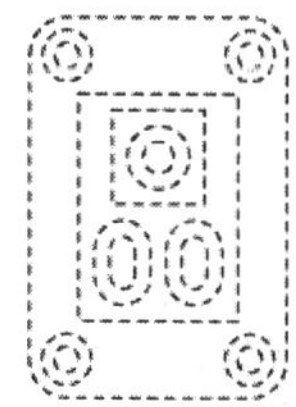

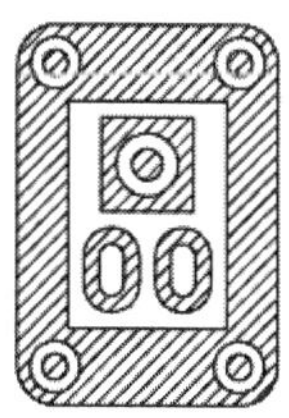

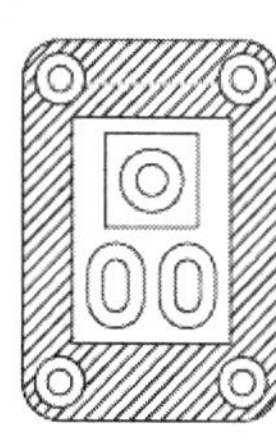

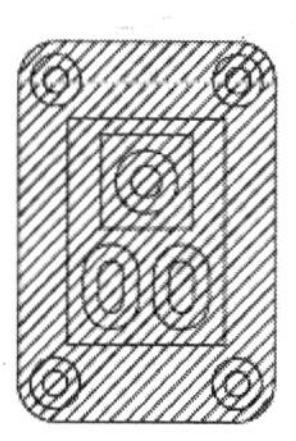

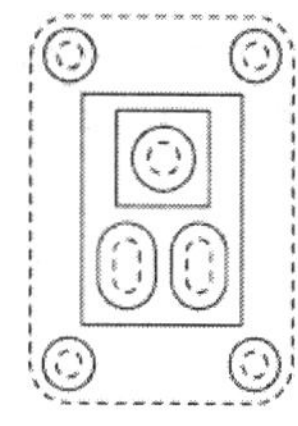

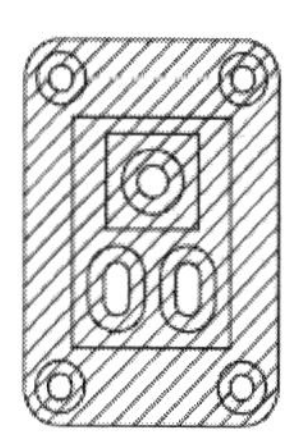

左 图3-3-8

中 图3-3-9

右 图3-3-10

3. 计算填充面积

在 AutoCAD 2008 中可以使用"特性"面板中的"面积"特性，快速测量图案填充的面积。先打开"特性"面板，再选中要测量面积的图案填充，然后单击鼠标右键，在弹出的快捷菜单中单击"特性"命令，即可在"特性"面板中查看其面积。如果选择多个图案填充，如图 3-3-11 所示，可以查看它们的总面积，如图 3-3-12 所示。

4. 自定义图案

在"图案填充和渐变色"对话框中"图案填充"选项卡的"类型和图案"选项栏中，显示出了 acad.pat 文本文件中定义的所有填充图案的名称。通过将新填充图案的定义添加到 acad.pat 文件中，可以将其添加到该对话框中。

在使用 AutoCAD 制图时“图案填充”命令使用较为频繁。AutoCAD 自带的图案库虽然内容丰富，但有时仍然不能满足用户的需要，这时可以自定义图案来进行填充。下面以定义“三角形”填充图案为例，如图 3-3-13 所示，简述自定义图案的方法。

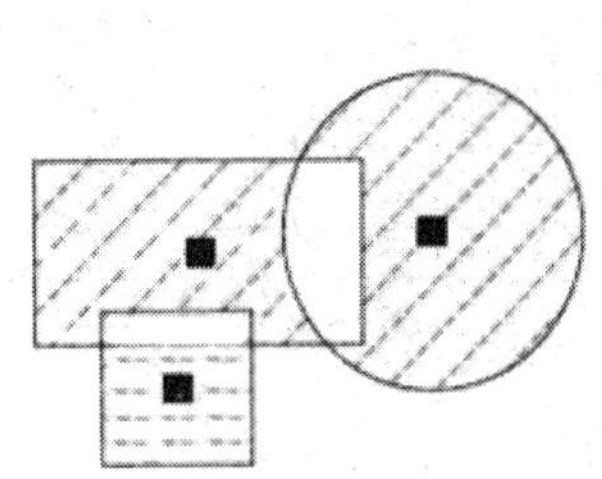

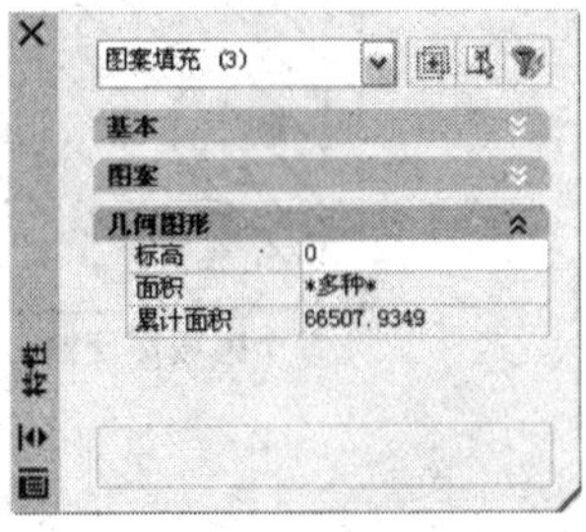

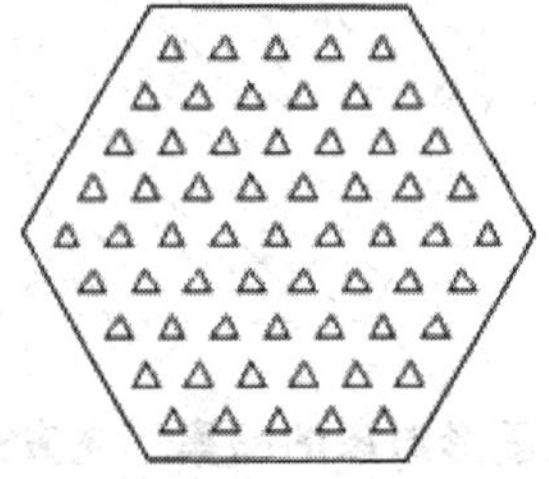

左 图 3-3-11
中 图 3-3-12
右 图 3-3-13

（1）AutoCAD 的填充图案都保存在一个名为 acad.pat 的库文件中，其默认路径为安装路径的\Acad2006\Support 目录下。可以用文本编辑器对该文件直接进行编辑，添加自定义图案的语句，也可以创建一个*.Pat 文件，然后保存在相同目录下，AutoCAD 均可识别。

（2）打开记事本，输入图 3-3-14 所示的命令，定义一个填充图案。然后单击“文件”→“保存”菜单命令，打开“另存为”对话框。在该对话框中将刚定义的图案以文件名“triangle”，保存在 AutoCAD 2008 的“Suppart”文件夹中，如图 3-3-15 所示。需要注意的是，保存时的文件名必须和所定义图案的名称相同。

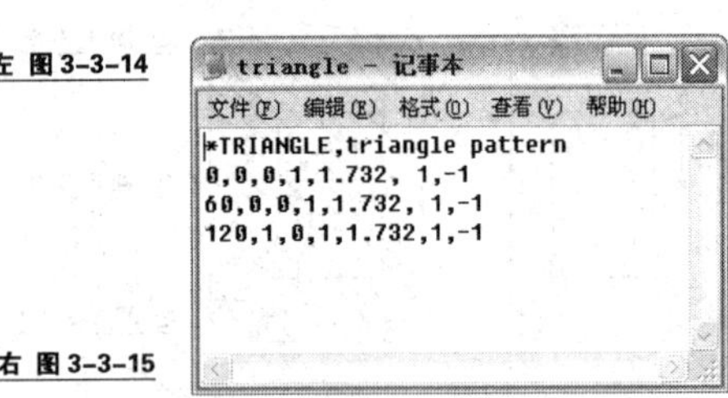

左 图 3-3-14
右 图 3-3-15

（3）图 3-3-14 中命令的第一行为标题行，输入的是图案名称。执行“图案填充”命令选择图案时，将显示该名称。第二、三、四行为图案的描述，可以有一行或多行。其含义分别为：直线绘制的角度，填充直线族中的一条直线所经过点的 *X*、*Y* 轴坐标，两条填充直线间的位移量，两条填充直线的垂直间距。所有值可取正负值或为零，取正值表示该长度段为实线，取负值表示该段留空，取零则画点。

（4）下面还有几个注意事项。

① 图案定义文件的每一行最多可包含 80 个字符。

② AutoCAD 忽略空行和分号右边的文字。根据这一条，用户可以在文件中添加版权

信息、备注或者是用户想加入的任何内容。

5. 自定义图案的调用

（1）单击“绘图”工具栏中的▦（图案填充）按钮，打开“图案填充和渐变色”对话框的“图案填充”选项卡，如图 3-3-16 所示。在“类型”下拉列表框中选择“自定义”选项，然后单击“自定义图案”下拉列表框右侧的[...]（选择图案）按钮，打开“填充图案选项板”对话框中的“自定义”选项卡。

（2）在“填充图案选项板”对话框中的“自定义”选项卡左侧的列表中，选择 D:\AutoCAD 2006\Suppart\triangle.pat 选项，其右侧的预览框中显示出自定义的图案效果，如图 3-3-17 所示。然后单击“确定”按钮，关闭该对话框并返回“图案填充和渐变色”对话框的“图案填充”选项卡中。

左 图 3-3-16

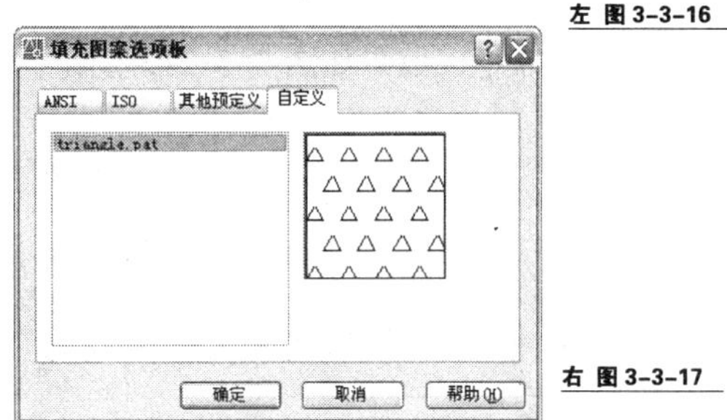

右 图 3-3-17

（3）在“图案填充和渐变色”对话框的“图案填充”选项卡中单击▣（添加：拾取点）按钮，然后在绘图区中单击多边形的内部区域，按“空格”键确认，返回该对话框中。此时的“图案填充和渐变色”对话框的“图案填充”选项卡设置见图 3-3-16。

（4）在“图案填充和渐变色”对话框的“图案填充”选项卡中单击“确定”按钮，即可将图案填充在选择的对象中，完成自定义图案的填充，其效果见图 3-3-13。

命令行窗口提示操作步骤如下。

```
命令：_BHATCH ↵
选择内部点：正在选择所有对象…
正在选择所有可见对象…
正在分析所选数据…
选择内部点：
正在分析内部孤岛…
选择内部点：（确认选择并返回到图案填充和渐变色对话框中）
拾取或按 Esc 键返回到对话框或<单击右键接受图案填充>：↵
```

3.3.2 【案例 8】室内填充效果实例

本案例将使用 AutoCAD 中图案填充控制的方法绘制图 3-3-18 所示的室内效果图。

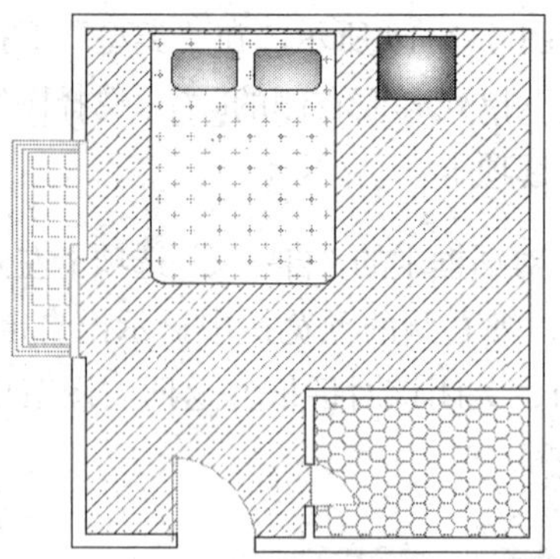

图 3-3-18

绘制步骤如下。

（1）使用“多线”及“多线样式”命令在“墙线”图层绘制图 3-3-19 所示的室内墙线。

（2）将图层切换至“门窗”图层，绘制室内门窗，效果如图 3-3-20 所示。

（3）在“家具”图层中使用“矩形”命令、“多段线”命令及“圆角”等命令绘制床及床柜，效果如图 3-3-21 所示。

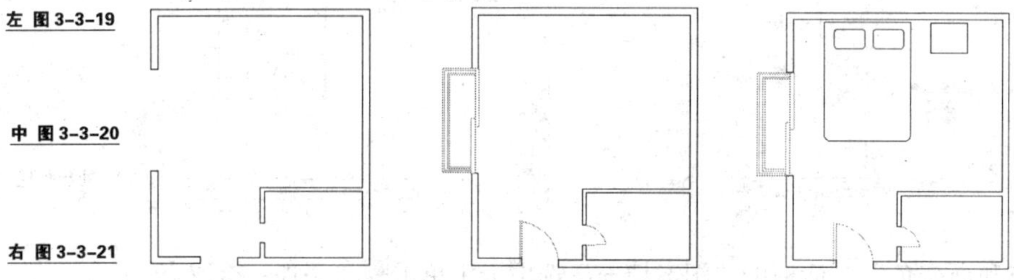

左 图 3-3-19

中 图 3-3-20

右 图 3-3-21

（4）将图层切换至“地毯”图层，在卫生间与卧室分界处绘制一条直线。单击“绘图”工具栏中的 （图案填充）按钮，打开“图案填充和渐变色”对话框的“图案填充”选项卡，在“类型和图案”区域栏中单击“样例”块，在弹出的“填充图案选项板”对话框中单击“其他预定义”选项卡，在图案列表中选择“SACNCR”，单击“确定”按钮退出“填充图案选项板”对话框，并返回“图案填充和渐变色”对话框。在“角度和比例”区域栏中设置“比例”为 2，单击对话框右下角的 （更多选项）按钮，在“孤岛”区域栏中选中“孤岛检测”复选框，并在“孤岛显示样式”区域栏中选择“外部”单选按钮。“图案填充和渐变色”对话框的参数设置如图 3-3-22 所示。

在“图案填充和渐变色”对话框中，单击“添加：拾取点”按钮，在绘图区中的地毯位置单击，按“空格”键返回“图案填充和渐变色”对话框，单击“预览”按钮，预览填充效果，并再次按“空格”键进入“图案填充和渐变色”对话框，单击“确定”按钮使填充生效。效果如图 3-3-23 所示。

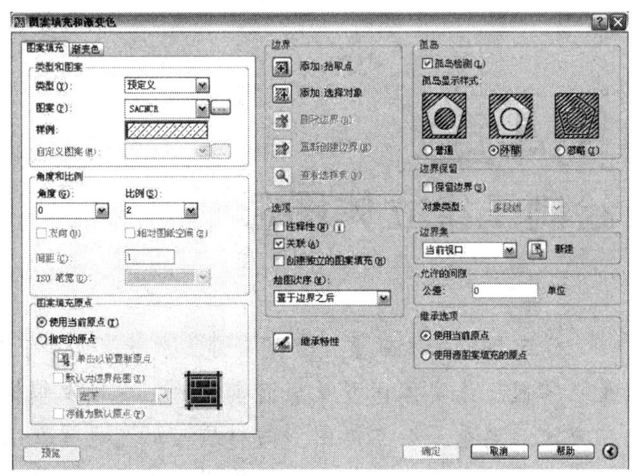

图 3-3-22

（5）按照类似的方法，在相应的图层对阳台、卫生间及床面进行填充，完成效果如图 3-3-24 所示。

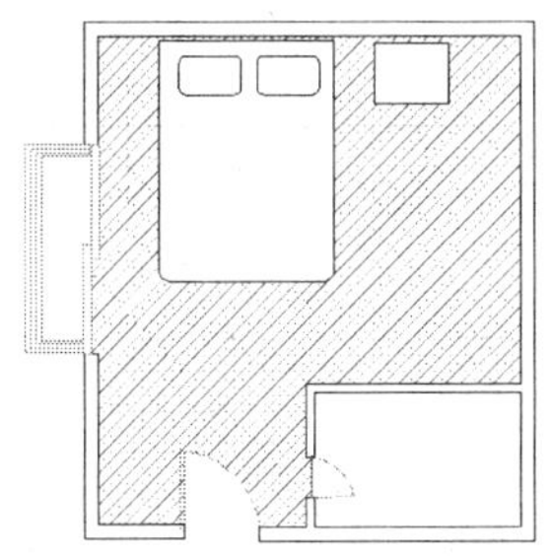

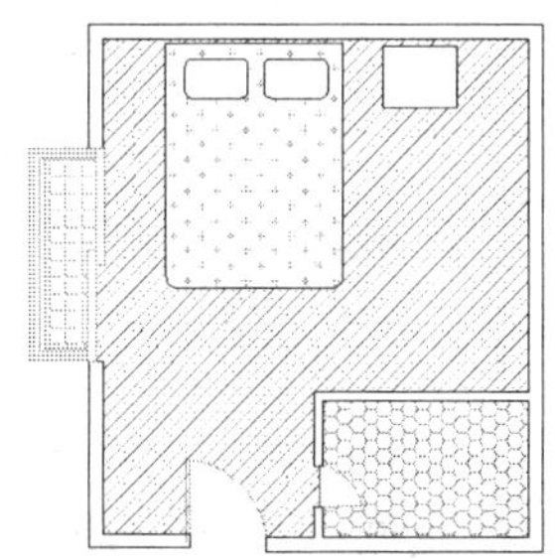

左 图 3-3-23

右 图 3-3-24

（6）单击“绘图”工具栏中的▦（渐变色）按钮，打开“图案填充和渐变色”对话框的“渐变色”选项卡，为枕头和床柜设置渐变色，最终效果见图 3-3-18。

思 考 练 习

1. 问答题

（1）在 AutoCAD 2008 中，“孤岛”填充的含义是什么？“孤岛”填充的方式有哪些？

（2）简述在 AutoCAD 2008 中自定义填充图案的方法。

2. 上机操作题

参照本节所学的填充图案、控制填充图案与计算填充面积的方法，在图 3-3-25 所示的室内平面图中进行填充，并计算填充面积。

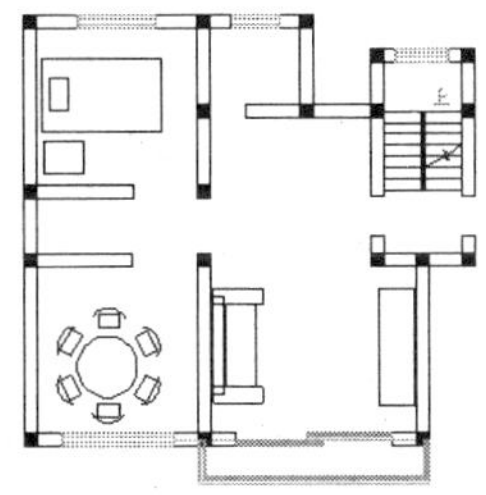

图 3-3-25

第4章 绘制三维立体图形

学习目标：本章重点介绍创建、编辑及渲染三维立体图形的知识，重点掌握三维实体模型及表面模型的创建以及编辑修改三维模型的主要方法；熟悉三维立体图形的材质与灯光设置及渲染输出等操作。另外，还通过实例的制作，掌握绘制、编辑及渲染三维模型的常用操作方法和技巧。

4.1 三维建模界面及三维视图

4.1.1 三维建模空间的界面组成

1. 三维建模界面

启动AutoCAD 2008，进入AutoCAD 2008的工作界面，在前三章中，我们选择AutoCAD经典的工作空间来绘制二维图形对象，AutoCAD 2008与以往版本的AutoCAD相比，增加了独立的三维编辑界面，并且在三维建模编辑区里还可以采用单视口和多视口两种模式来进行显示，如图4-1-1和图4-1-2所示。三维建模编辑区单视口和多视口显示模式可以通过“视图”下拉菜单中的“视口”命令来进行切换。

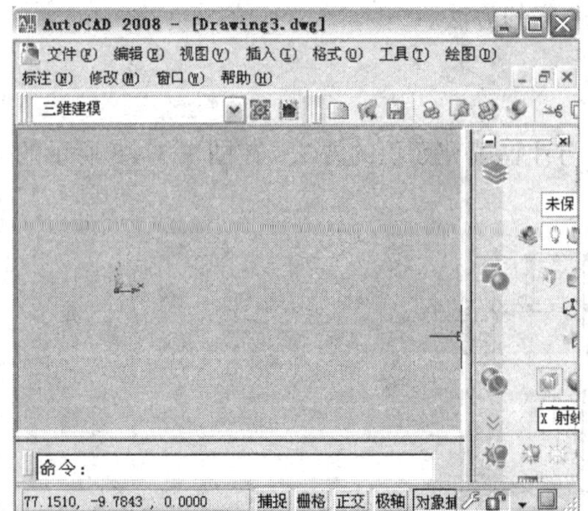

左 图4-1-1

右 图4-1-2

三维建模空间的视觉样式可以根据个人习惯或绘图的需要进行设置，在绘图区中单击鼠标右键，在弹出的快捷菜单中单击“选项”命令，打开“选项”对话框，在“三维建模”选项卡中可以设置视觉样式为“三维线框”，操作如图 4-1-3 所示；在“显示”选项卡的“窗口元素”选项栏中单击“颜色”按钮，在打开的“图形窗口颜色”对话框中设置颜色，操作如图 4-1-4 所示。

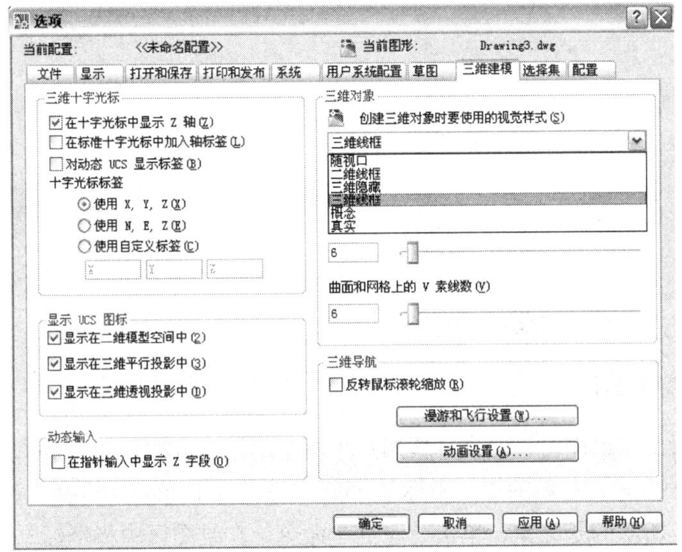

图 4-1-3

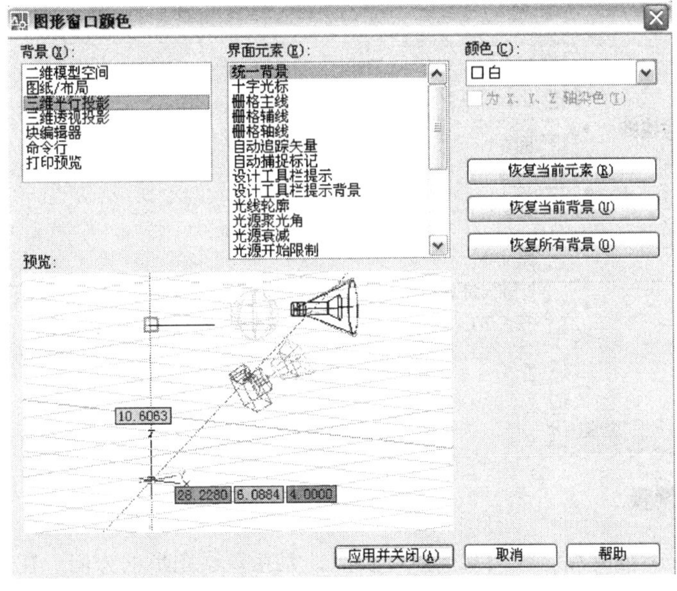

图 4-1-4

2. 工具栏及面板

AutoCAD 2008 在三维模型的编辑界面中增加了面板工具栏，用户可以通过单击“工具”→“选项板”→“面板”菜单命令来打开或关闭面板工具栏。面板工具栏是由二维绘制控制台、三维制作控制台、三维导航控制台、视觉样式控制台、光源控制台、材质控制台、渲染控制台等组成，如图 4-1-5 所示。在面板工具栏中单击鼠标右键，在弹出的快捷菜单中选择“控制台”命令，在展开的子菜单中可以选中要显示的控制台，操作如图 4-1-6 所示。

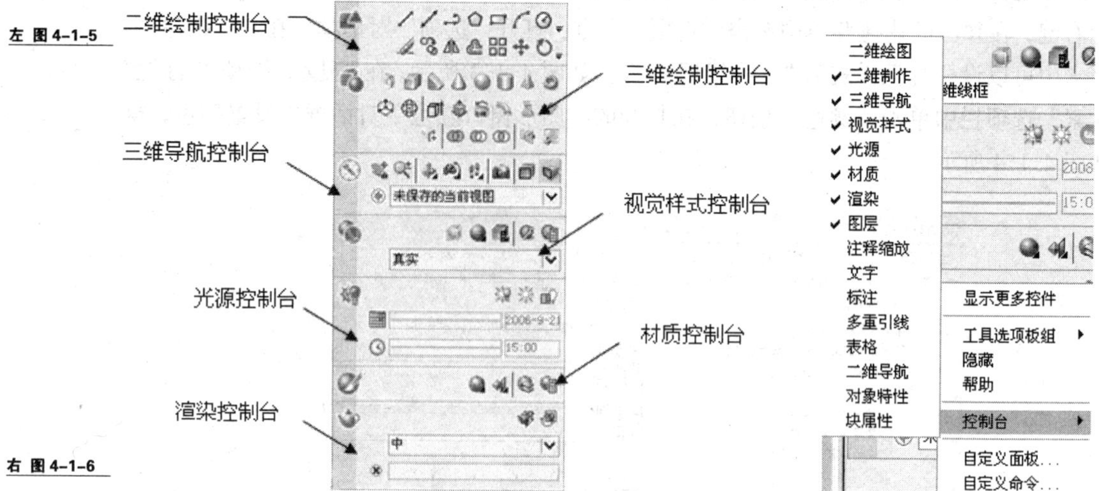

左 图 4-1-5

右 图 4-1-6

4.1.2 三维用户坐标系及视图的设置

1. 三维用户坐标系的设置

当用户进行三维绘图时，必须掌握用户坐标系的设置方法，在 AutoCAD 中可以使用 UCS 命令以多种方式建立新的用户坐标系。在“工具”下拉菜单中选择“新建 UCS”命令，展开如图 4-1-7 所示的子菜单，单击“原点”命令，在绘图区中将坐标原点指定为长方体的某一顶点，如图 4-1-8 所示。

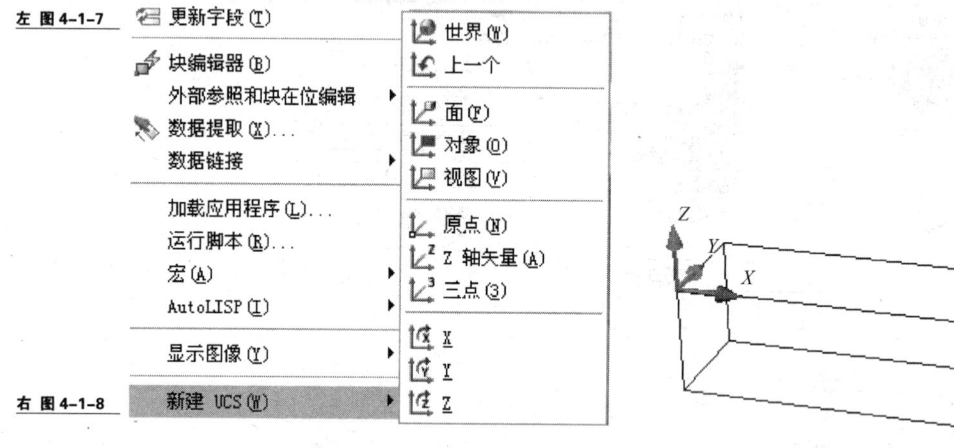

左 图 4-1-7

右 图 4-1-8

2. 三维视图的设置

（1）设置视图观测点。视图观测点即视点，是指观察图形的方向。在三维空间中工作时，经常要显示几个不同的视图，从不同的方向来观察图形对象的效果。在“视图”下拉菜单中选择“三维视图”命令，展开图 4-1-9 所示的子菜单。该子菜单提供了常用的视图：俯视、仰视、主视、左视、右视、前视和后视。此外，还可以从等轴测选项设置视图，包括 SW（西南）等轴测、SE（东南）等轴测、NE（东北）等轴测和 NW（西北）等轴测。等轴测视图的表现方式，可以理解为正在俯视盒子的顶部，如果朝盒子的左下角移动，可以从西南等轴测视图观察盒子；如果朝盒子的右上角移动，可以从东北等轴测视图观察盒子，如图 4-1-10 所示。

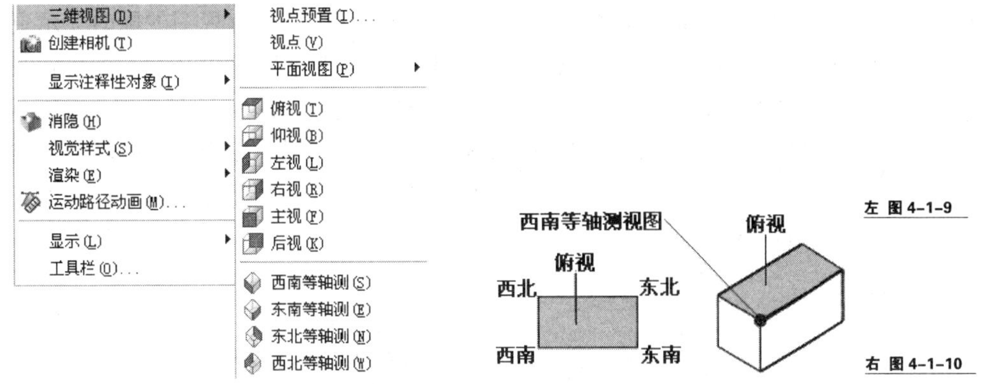

左 图 4-1-9

右 图 4-1-10

① 使用"视点预置"命令设置视点。单击"视图"→"三维视图"→"视点预置"菜单命令，打开图 4-1-11 所示的"视点预置"对话框，为当前视口设置视点。

对话框中的左图用于设置原点和视点之间的连线在 *XY* 平面的投影与 *X* 轴正向的夹角；右面的半圆形图用于设置该连线与投影线之间的夹角，在图上直接拾取夹角即可。也可以在"*X* 轴"、"*XY* 平面"文本框中输入相应的角度。

单击"设置为平面视图"按钮，可以将坐标系设置为平面视图。默认情况下，观察角度是相对于 WCS 坐标系的。选中"相对于 UCS"单选按钮，可相对于 UCS 坐标系定义角度。

② 使用"视点"命令设置视点。选择"视图"→"三维视图"→"视点"菜单命令，可以为当前视口设置视点。该视点是相对于 WCS 坐标系的，3 个轴分别代表 *X* 轴、*Y* 轴和 *Z* 轴的正方向。当光标在坐标球范围内移动时，三维坐标系通过绕 *Z* 轴旋转可调整 *X*、*Y* 轴的方向。坐标球中心及两个同心圆可定义视点和目标点连线与 *X*、*Y*、*Z* 平面的夹角。

（2）显示透视图。图 4-1-12 显示了同一个线框模型在平行投影中和透视图中的不同表现方式。两者都基于相同的观察方向。定义透视图和定义平行投影之间的区别是：透视图取决于理论相机和目标点之间的距离。较小的距离产生明显的透视效果，较大的距离产生轻微的效果。在透视效果关闭或在其位置定义新视图之前，透视图将一直保持其效果。

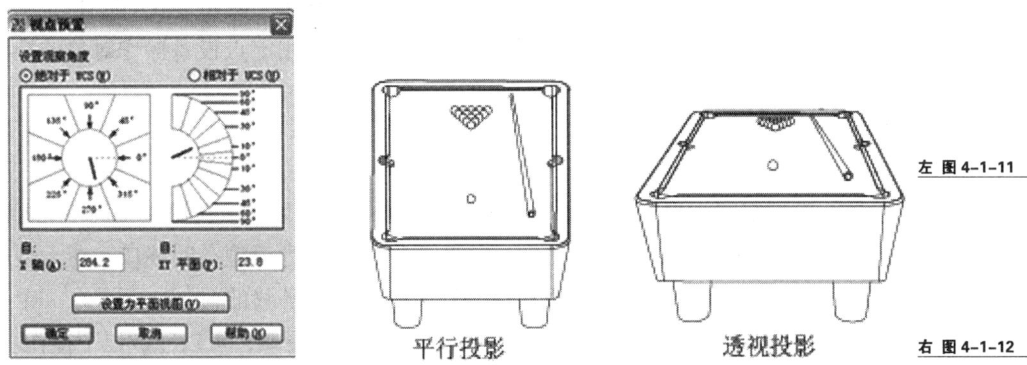

左 图 4-1-11

右 图 4-1-12

（3）设置剪裁平面。通过定位前向剪裁和后向剪裁平面（用于根据理论相机的距离来控制对象的可见性），可以创建图形的剖面视图。可以移动垂直于相机和目标（指向相机）之间视线的剪裁平面。剪裁将自剪裁平面的前向和后向删除对象的显示，如图 4-1-13 所示。

（4）设置动态观察。在动态观察时，可以在更改视图的同时显示更改视点的效果。单击“视图”→“动态观察”→“自由动态观察”菜单命令，即可在视图中显示出一个绿色的圆环，该圆环即三维动态观察器，如图 4-1-14 所示。三维动态观察器由轨道、指南针等组成，轨道的各象限点还有一个小圆，用来控制对象的转动方式，轨道的中心称为目标点。当激活“三维动态观察器”命令后，目标是固定的，观察点或相机的位置将围绕目标转动。

左 图 4-1-13

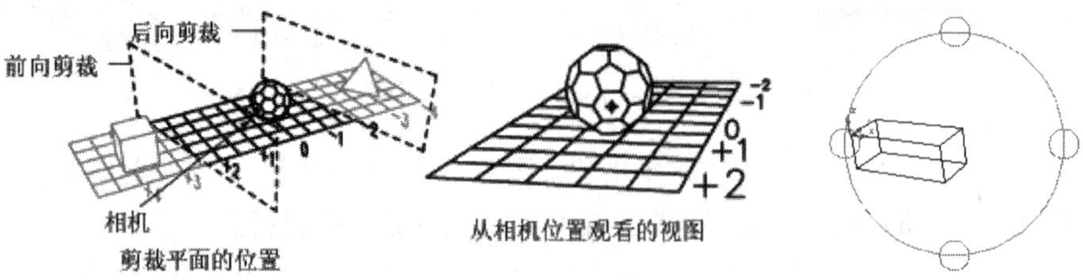

右 图 4-1-14

将鼠标指针放在圆环的内部，可任意拖曳圆环，调整图形观看的视角；如果将鼠标指针放在上下、左右的 4 个小圆中，还可针对某一坐标调整视角。

当把光标移动到观察器的不同位置，光标图的形状也不相同，不同的形状代表不同的旋转方式。由此，用户可以方便地从不同方位观察对象。

当光标位于轨道内时，其形状为⊕，此时按下拾取键并拖动鼠标，视点就会绕对象旋转。此时光标就像附在一个包围对象的球面上一样，通过拖动鼠标可以使幌点随球绕目标做任意方向的旋转，用户可以水平、垂直或沿任意方向拖动鼠标。

当光标位于轨道之外时，其形状为⊙。此时拖动鼠标，视图会绕过轨道中心，绕与计算机屏幕垂直的轴旋转。

当光标位于轨道左边或右边的小圆上时，其形状为一个水平椭圆围绕着一个小球的形状，此时水平拖动鼠标，视图会绕过轨道中心的垂直轴旋转。

当光标位于轨道的上边或下边的小圆上时，其形状为一个垂直椭圆围绕着一个小球，此时垂直拖动鼠标，视图会绕过轨道中心的水平轴旋转。使用“3DORBIT”命令，可以激活当前视口中的三维动态观察器视图。此时，可以使用定点设备操作对象的视图。可以从对象周围的不同点观察整个对象或对象中的任何部分。

（5）定义多视口视图区域。

① 模型空间视口。视口是显示对象的不同视图的区域。在模型空间中，可以将绘图区拆分成一个或多个相邻的矩形视图，这些矩形视图称为模型空间视口。在大型或复杂的图形中，显示不同的视图可以缩短在单一视图中缩放或平移的时间。而且在一个视图中出现的错误可能会在其他视图中表现出来。使用模型空间视口，可以完成以下操作。

- 平移、缩放、设置捕捉栅格和 UCS 图标模式以及恢复命名视图。
- 用单独的视口保存用户坐标系方向。
- 执行命令时，从一个视口绘制到另一个视口。

● 为视口排列命名，以便在模型空间中重复使用或者将其插入“布局”选项卡。

在模型空间中创建的视口充满整个绘图区并且相互之间不重叠。在一个视口中修改对象后，其他视口也会立即更新。图 4-1-15 显示了 6 个默认的模型空间视口配置。

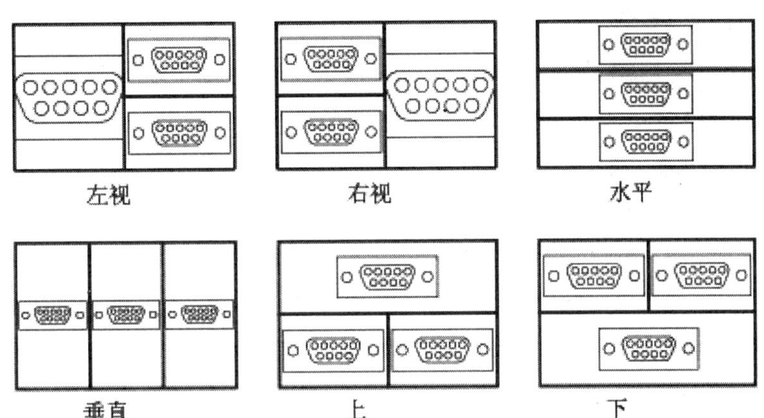

图 4-1-15

② 布局视口。也可以在布局空间中创建视口，这些视口称为布局视口。使用布局视口，可以在图纸上排列图形的视图还可以移动和调整布局视口的大小。通过使用布局视口，可以对显示进行更多控制。例如，可以冻结一个布局视口中的特定图层，而不影响其他视口。

③ 配置多视口显示。单击“视图”→“视口”→“命名视口”菜单命令，打开“视口”对话框。在该对话框中单击“新建视口”选项卡，如图 4-1-16 所示。

在“新建视口”选项卡左侧的“标准视口”列表框中选择“四个:相等”选项，其右侧的预览框中显示出当前选择的视口效果；再在“设置”下拉列表框中选择“三维”选项，表示使用 3D 视口，如图 4-1-16 所示。然后单击“确定”按钮，完成视口设置，其效果如图 4-1-17 所示。

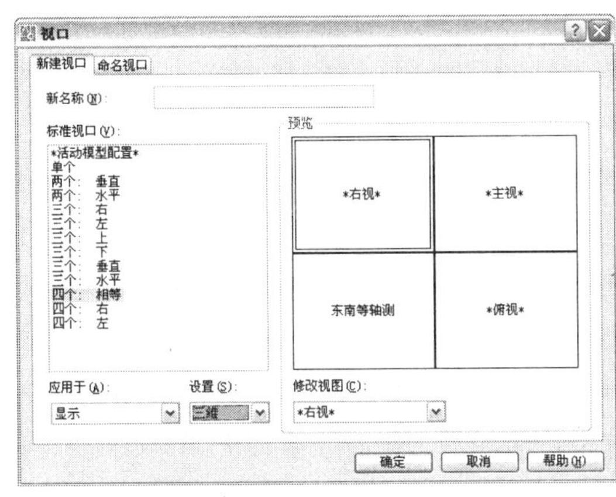

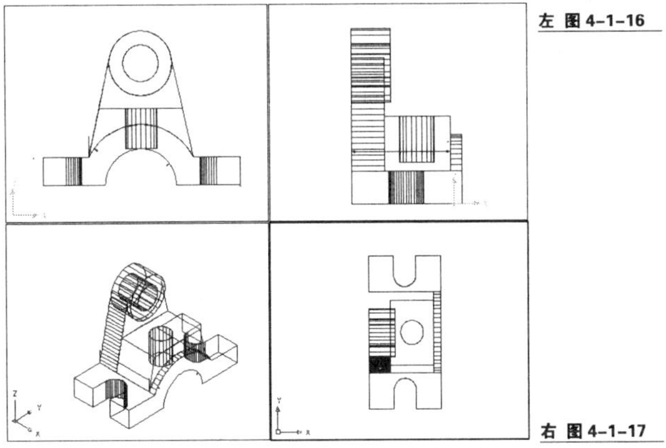

左 图 4-1-16

右 图 4-1-17

4.1.3 对象的消隐

1. 对象消隐的作用

通常建立起一个三维观察方向后，图形仍以网格线条的方式显示所有对象的空间几何形状，即使被其他对象遮住的部分也会显示出来。单击“视图”→“消隐”菜单命令，可以在屏幕上重新生成一个用于观察消除了隐藏线的图形。消隐前后的图形显示效果如图 4-1-18 和图 4-1-19 所示。

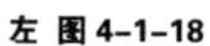

左 图 4-1-18

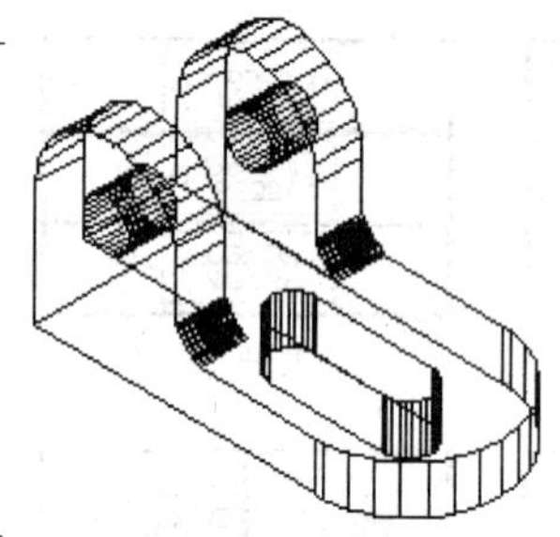

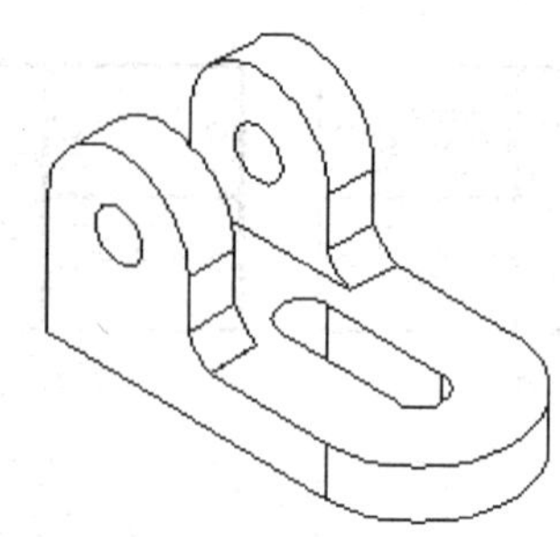

右 图 4-1-19

2. 消隐的特性

（1）“消隐”命令不显示被遮挡住的线条，从而使对象的显示效果更加清晰和直观，对象更具有立体感和真实感。启动“消隐”命令后，用户无须进行目标选择，AutoCAD 将对当前视口内的所有对象进行消隐，并在数秒钟之后显示出消隐后的图形。消隐只是将某些线条隐藏起来，而不是将它们删除，因此，消隐和删除有着本质的区别。

（2）在 AutoCAD 中，当隐线消除后，在圆弧倒角的部分会出现许多残留的线框。要想将其消除，可以单击“工具”→“选项”菜单命令，在打开的“选项”对话框中，单击“显示”选项卡，选中“以线框形式显示轮廓”复选框，操作如图 4-1-20 所示。然后单击“应用”和“确定”按钮，即可解决消隐后出现的线框。

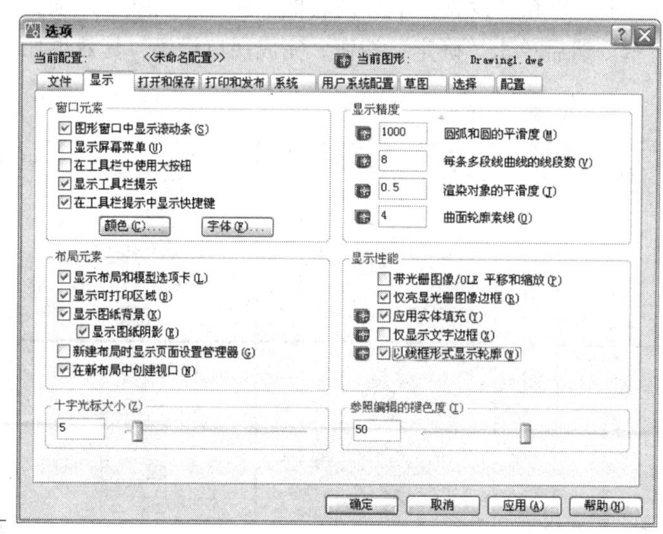

图 4-1-20

思 考 练 习

1. 问答题

（1）在绘制三维模型时如何设置绘图布局及坐标?

（2）简述消隐的特性。

2. 上机操作题

参照本节所学的三维视图设置方法，设置图 4-1-21 所示的视图效果（左上窗口为主视图，右上窗口为左视图，左下窗口为俯视图，右下窗口为透视图），并绘制简单的三维几何体。

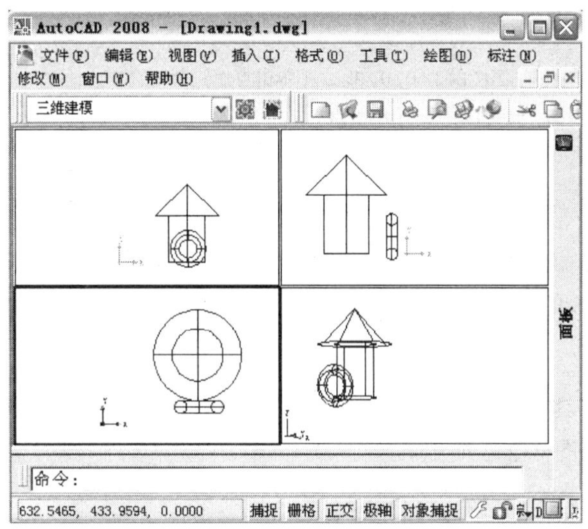

图 4-1-21

4.2 创建三维实体模型

4.2.1 三维实体模型的创建方法

1. 三维基本实体模型

实体对象表示整个对象的体积，可在“实体”工具栏或“绘图”下拉菜单的“实体”子菜单中选择需要创建的实体对象，“实体”工具栏如图 4-2-1 所示。在各类三维建模中，实体的信息最完整，歧义最少。复杂实体形比线框和网格更容易构造和编辑。与网格类似，实体显示为线框，直至用户将其隐藏、着色或渲染。另外，还可以分析实体的质量特性（体积、惯性矩、重心等）。可以输出实体对象的数据，以供数控铣床使用或进行 FEM（有限元法）分析。

图 4-2-1

可以根据基本实体形（长方体、圆锥体、圆柱体、球体、圆环体和楔体）来创建实体，也可以通过沿路径拉伸二维对象或者绕轴旋转二维对象来创建实体。以这种方式创建实体之后，可以通过组合实体来创建更复杂的模型。可以合并这些实体，获得它们的差集或交集（重叠）部分。通过圆角、倒角操作或修改边的颜色，可以对实体进行进一步修改。因为无须绘制新的几何图形，也无须对实体执行布尔运算，所以操作实体上的面较为容易。

创建各类实体模型的方法如下。

（1）创建长方体。单击“绘图”→“实体”→“长方体”菜单命令或单击“实体”工具栏中的（长方体）按钮，然后在绘图区指定长方体的角点与高度，即可绘制出一个长方体，如图 4-2-2 所示。长方体的底面总与当前 UCS 的 *XY* 平面平行。

命令行窗口提示操作步骤如下。

```
命令:_BOX↵
指定长方体的角点或[中心点(CE)]<0,0,0>: (单击点 1)
指定角点或[立方体(C)/长度(L)]: (单击点 2)
指定高度: (单击点 3)
指定第二点:↵
```

（2）创建圆锥体。圆锥体是由圆或椭圆底面以及顶点所定义的。默认情况下，圆锥体的底面位于当前 UCS 的 *XY* 平面上。高度可为正值或负值，且平行于 *Z* 轴。顶点确定圆锥体的高度和方向。

单击“实体”工具栏中的（圆锥体）按钮，然后指定圆锥体的角点与高度，即可绘制出一个圆锥体，如图 4-2-3 所示。

左 图 4-2-2

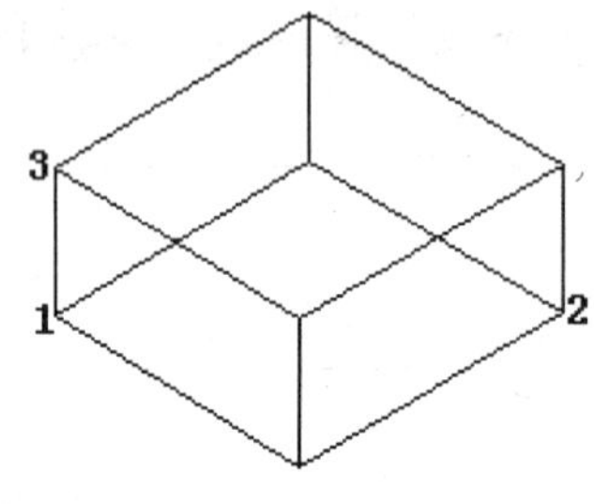

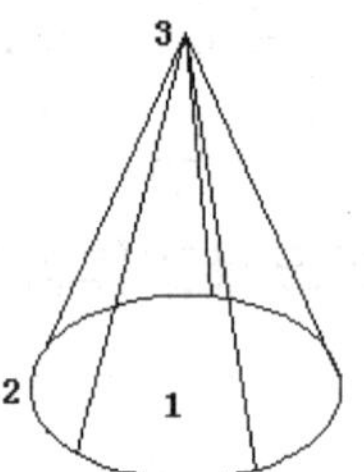

右 图 4-2-3

命令行窗口提示操作步骤如下。

```
命令:_CONE↵
指定长方体的角点或[中心点(CE)]<0,0,0>: (单击点 1)
指定角点或[立方体(C)/长度(L)]: (单击点 2)
指定高度:(单击点 3)
指定第二点:↵
```

（3）创建圆环体。可以使用“TORUS”命令创建与轮胎内胎相似的环形体。圆环体与当前 UCS 的 *XY* 平面平行且被该平面平分。

单击“实体”工具栏中的（圆环体）按钮，然后指定圆环体的中心与半径，再指定圆管半径，即可绘制出一个圆环体，如图 4-2-4 所示。

命令行窗口提示操作步骤如下。

```
命令:_CONE↵
当前线框密度:ISOLINES=10
指定圆环体中心<0,0,0>:↵ (输入圆环体中心)
```

```
指定圆环体半径或[直径(D)]:50↵ （输入圆环体半径值）
指定圆管半径或[直径(D)]:20↵ （输入半径值）
```

（4）创建楔体。可以使用“WEDGE”命令创建楔体。楔体的底面平行于当前 UCS 的 *XY* 平面，斜面正对第一个角点。高度可以为正值或负值且平行于 *Z* 轴。

单击“实体”工具栏中的（楔体）按钮，然后指定楔体的角点与高度，即可绘制出一个楔体，如图 4-2-5 所示。

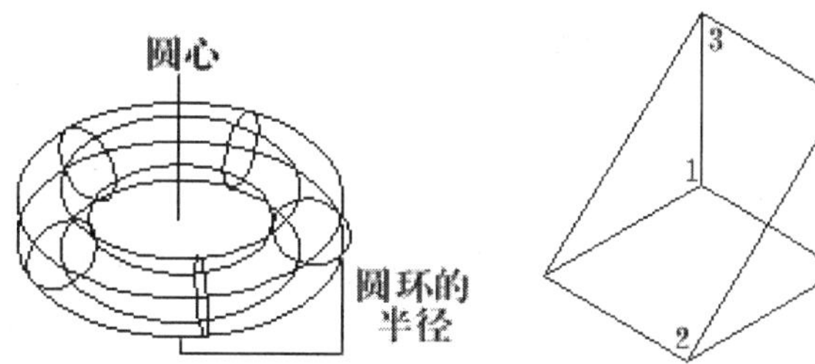

左 图 4-2-4

右 图 4-2-5

命令行窗口提示操作步骤如下。

```
命令:_WEDGE↵
指定楔体的第一个角点或[中心点(CE)]<0,0,0>:(单击点 1)
指定角点或[立方体(C)/长度(L)]:(单击点 2)
指定高度:(单击点 3)
指定第二点:↵
```

2. 线架模型

三维空间线的绘制与二维平面类似，也是通过指定两点来进行绘制。单击面板工具栏中的“三维制作”控制台，展开“绘图”选项卡，如图 4-2-6 所示。单击（直线）按钮，在绘图区中绘制图 4-2-7 所示的直线效果。

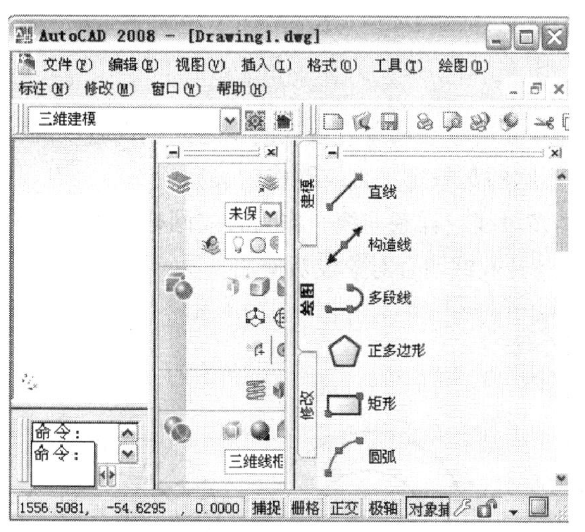

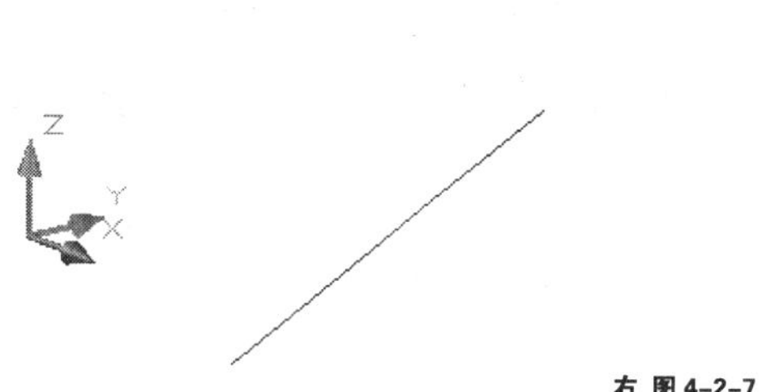

左 图 4-2-6

右 图 4-2-7

在面板工具栏中的“三维制作”控制台的“绘图”选项卡中，使用（多段线）工具及（样条曲线）工具绘制出的三维线效果如图 4-2-8 和图 4-2-9 所示。

左 图 4-2-8

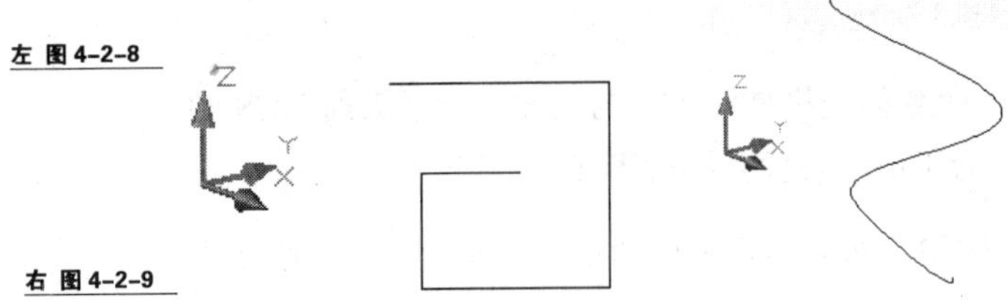

右 图 4-2-9

在面板工具栏中的“三维制作”控制台的“建模”选项卡中，使用（圆柱形螺旋）工具可以绘制图 4-2-10 所示的三维空间螺旋线效果。

3. 网格模型

（1）网格构造。网格建模使用多边形网格创建镶嵌面，可在“网格”工具栏中选择需要创建的网格类型，如图 4-2-11 所示。由于网格面是平面的，因此，绘制的网格只能近似于网格。网格常常用于创建不规则的几何图形，如山脉的三维地形模型。

左 图 4-2-10

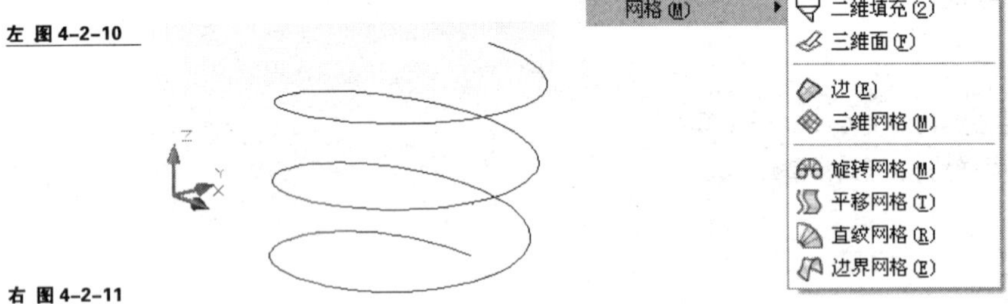

右 图 4-2-11

除非使用“HIDE”、“RENDER”或“SHADEMODE”命令，否则网格网格都显示为线框形式。使用“REGEN”（使用“HIDE”命令之后）和“SHADEMODE”命令可恢复线框显示。

网格密度控制网格上镶嵌面的数目，它由包含 *M*、*N* 个顶点的矩阵定义，类似于由行和列组成的栅格。*M* 和 *N* 分别指定顶点列和行的位置。网格可以是开放的也可以是闭合的。如果在某个方向上网格的起始边和终止边没有接触，则网格就是开放的，如图 4-2-12 所示。

（2）创建网格对象。

① 直纹网格。使用 RULESURF 命令，可以在两条直线或曲线之间创建直纹网格，如图 4-2-13 所示。可以使用以下的两个不同的对象定义直纹网格的边界：直线、点、圆弧、圆、椭圆、椭圆弧、二维多段线、三维多段线或样条曲线。作为直纹网格“轨迹”的两个对象必须都开放或都闭合。点对象可以与开放或闭合对象成对使用。

左 图 4-2-12

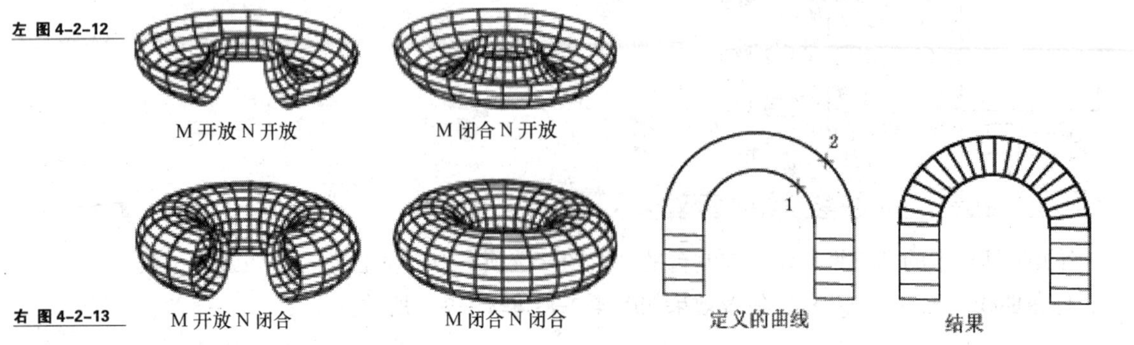

右 图 4-2-13

可以在闭合曲线上指定任意两点来创建直纹网格。对于开放曲线，将基于曲线上指定点的位置构造直纹网格，如图 4-2-14 所示。

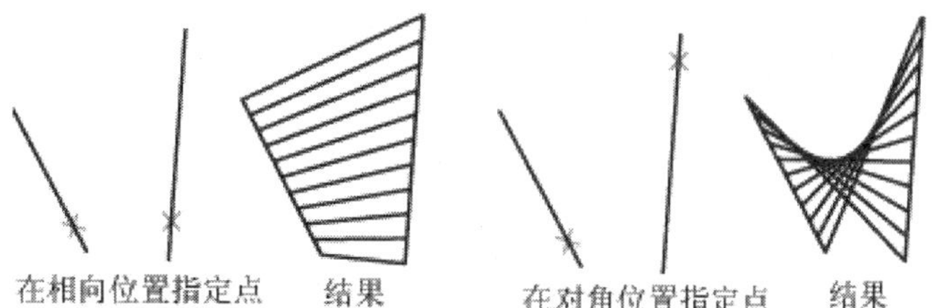

图 4-2-14

② 平移网格。使用“TABSURF”命令可以创建由路径曲线和方向矢量定义的基本平移网格。路径曲线可以是直线、圆弧、圆、椭圆、椭圆弧、二维多段线、三维多段线或样条曲线。方向矢量可以是直线，也可以是开放的二维或三维多段线。可以将使用“TABSURF”命令创建的网格看作是指定路径上的一系列平行多边形。必须事先绘制原对象和指定方向矢量，如图 4-2-15 所示。

③ 旋转网格。使用“REVSURE”命令将路径曲线或轮廓绕指定的轴旋转，可以创建一个旋转网格，如图 4-2-16 所示。“REVSURF”命令适用于创建对称旋转网格。旋转网格的路径曲线和轮廓可以是直线、圆、圆弧、椭圆、椭圆弧、多段线、样条曲线、闭合多段线、多边形、闭合样条曲线或圆环的任意组合。

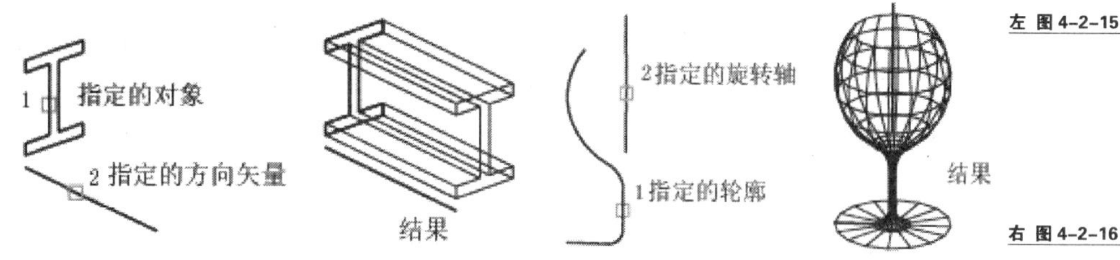

左 图 4-2-15
右 图 4-2-16

④ 孔斯网格。孔斯网格是一个在四条邻接边（这些边可以是普通的空间曲线）之间插入的三次网格。使用“EDGESURF”命令，可以通过称为边界的 4 个对象创建孔斯网格，如图 4-2-17 所示。边界可以是圆弧、直线、多段线、样条曲线和椭圆弧，并且必须形成闭合环和共享端点。孔斯片是插在 4 个边界间的双三次网格（一条 M 方向上的曲线和一条 N 方向上的曲线）。

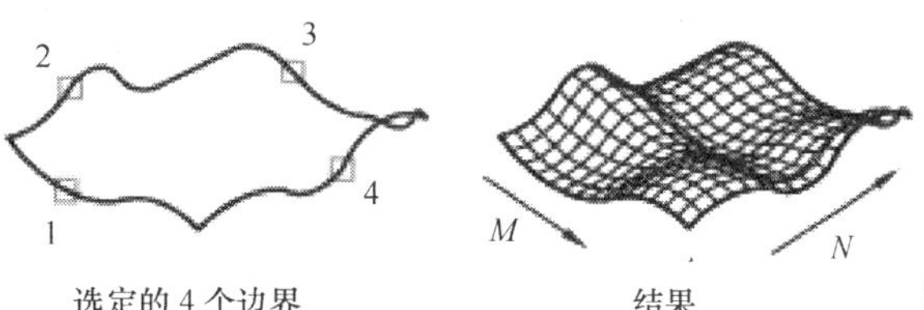

图 4-2-17

⑤ 预定义的三维网格。使用“三维网格”命令可以沿常见几何体（包括长方体、圆锥体、球体、圆环体、楔体和棱锥体）的外表面创建三维多边形网格，如长方体、圆锥体、下半球面、上半球面、网格、棱锥面、球体、圆环和楔体，如图 4-2-18 所示。

4. 二维图形生成三维模型的方法

（1）“拉伸”命令。使用“三维制作”控制台中的 （拉伸）工具，可以通过拉伸选定的对象来创建实体。可以拉伸闭合的对象，如多段线、多边形、矩形、圆、椭圆、闭合的样条曲线、圆环和面域。不能拉伸三维对象、包含在块中的对象、有交叉或横断部分的多段线或非闭合多段线。可以沿路径拉伸对象，也可以指定高度值和斜角拉伸对象，如图 4-2-19 所示。

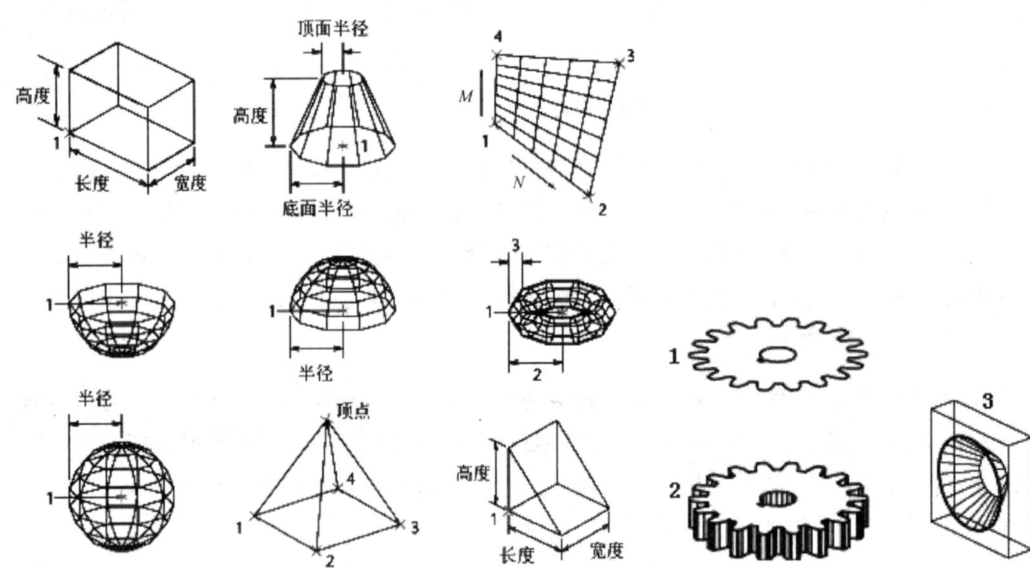

左 图 4-2-18

右 图 4-2-19

对于侧面成一定角度的零件来说，倾斜拉伸特别有用。例如，铸造车间用来制造金属产品的铸模。但应避免使用太大的倾斜角度，如果角度过大，轮廓可能在达到所指定高度以前就倾斜为一个点。

使用“EXTRUDE（拉伸）”命令将图 4-2-20 左所示的平面图形拉伸为三维模型，首先绘制平面图形，然后单击（拉伸）按钮，在绘图区选中拉伸对象，输入拉伸的高度值 100，拉伸后的效果如图 4-2-20 右所示。

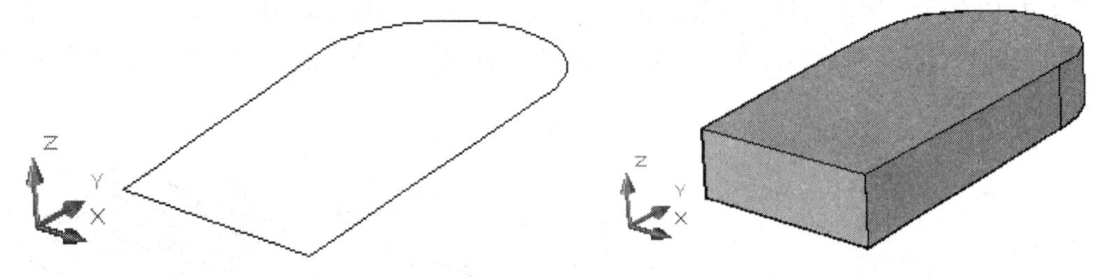

图 4-2-20

命令行窗口中的命令提示如下。

```
命令: _extrude
当前线框密度:  ISOLINES=4
选择要拉伸的对象: 指定对角点: 找到 1 个↵
选择要拉伸的对象:
指定拉伸的高度或 [方向(D)/路径(P)/倾斜角(T)] <199.9050>: 100↵
```

（2）“旋转”命令。使用“三维制作”控制台中的（旋转）工具，可以通过将一个闭合对象围绕当前 UCS 的 X 轴或 Y 轴旋转一定角度来创建实体，如图 4-2-21 所示。也可以围绕直线、多段线或两个指定的点旋转对象，如图 4-2-22 所示。与“EXTRUDE（拉伸）”命令类似，如果对象包含圆角或其他使用普通轮廓很难制作的细部图，那么可以使用“旋转”命令。如果用与多段线相交的直线或圆弧创建轮廓，可用“PEDIT”命令的“合并”选项将它们转换为单个多段线对象，然后再使用旋转命令。

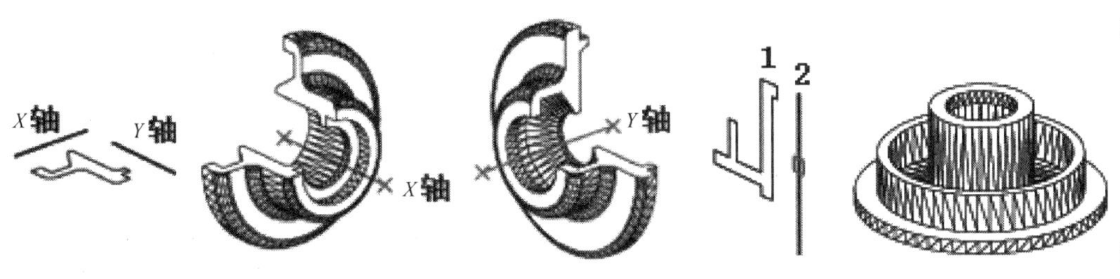

左 图 4-2-21

右 图 4-2-22

不能对以下对象使用旋转命令：三维对象、包含在块中的对象、有交叉或横断部分的多段线或非闭合多段线。

使用“旋转”命令将图 4-2-23 左所示的平面图形旋转为三维模型，首先完成平面图形的绘制，然后单击“三维制作”控制台中的（旋转）按钮，在绘图区选中旋转对象和旋转基点，输入旋转角度，旋转后的效果如图 4-2-23 右所示。

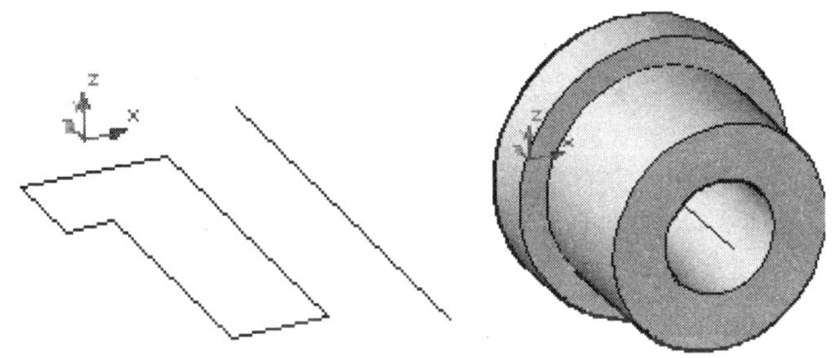

图 4-2-23

（3）“按住并拖动”命令。使用“三维制作”控制台中的（按住并拖动）工具，可以通过按住 Ctrl + Alt 组合键，然后拾取区域来按住或拖动有限区域绘制三维模型。

单击（按住并拖动）按钮，将图 4-2-24 左所示模型通过按住 Ctrl + Alt 组合键，单击由共面直线或边围成的任意区域，然后拖动鼠标以按住或拖动有限区域，再单击或输入指定高度值，创建图 4-2-24 右所示的三维模型效果。

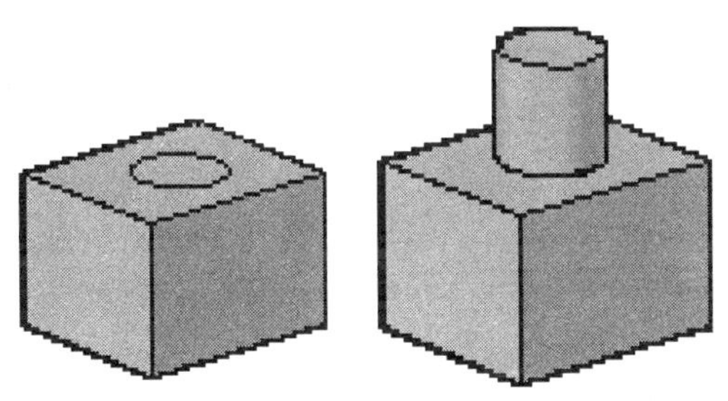

图 4-2-24

命令行窗口的命令提示如下。

```
命令: _presspull
单击有限区域以进行按住或拖动操作。
命令:
已提取 1 个环。
已创建 1 个面域。
```

（4）“扫掠”命令。使用“三维制作”控制台中的（扫掠）工具，可以通过沿开放或闭合的二维或三维路径扫掠开放或闭合的平面曲线（轮廓）来创建新实体或曲面。可以扫掠多个对象，但是这些对象必须位于同一平面中。如果沿一条路径扫掠闭合的曲线，则生成实体。使用“扫掠”命令创建的三维模型效果如图 4-2-25 所示。

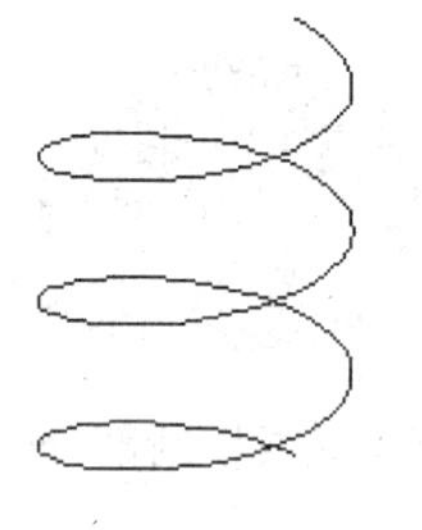
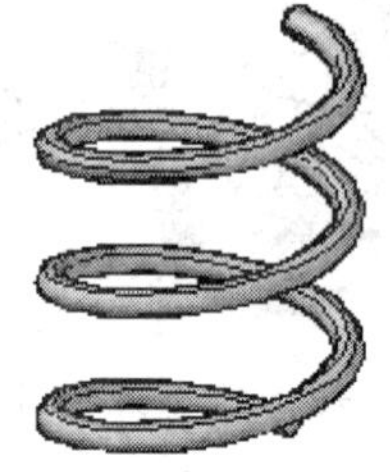

图 4-2-25

命令行窗口的命令提示如下。

```
命令: _sweep
当前线框密度: ISOLINES=4
选择要扫掠的对象: 找到 1 个(选择小圆对象)
选择要扫掠的对象: ↵
选择扫掠路径或 [对齐(A)/基点(B)/比例(S)/扭曲(T)]:(选择螺旋线)
```

（5）“放样”命令。使用“放样”命令可以对包含两条或两条以上横截面曲线的一组图形对象进行放样来创建三维实体或曲面。横截面定义了曲面的轮廓形状。

“放样”命令的横截面通常为曲线或直线，可以是开放的，也可以是闭合的。放样用于在横截面之间的空间内绘制实体或曲面。使用“放样”命令时，至少必须指定两个横截面。如果对一组闭合的横截面曲线进行放样，则生成实体。如果对一组开放的横截面曲线进行放样，则生成曲面。使用“放样”命令创建的三维模型效果如图 4-2-26 所示。

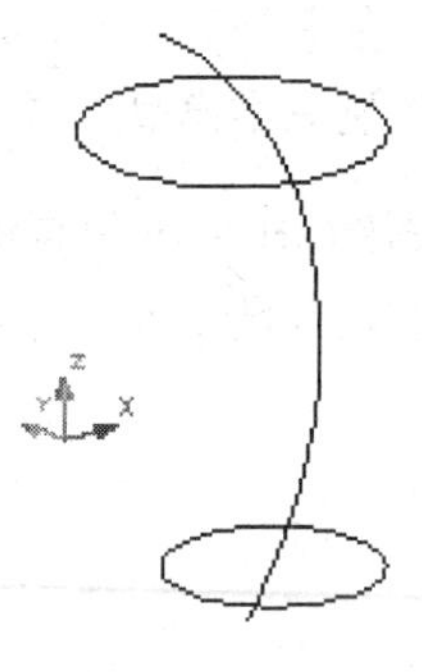

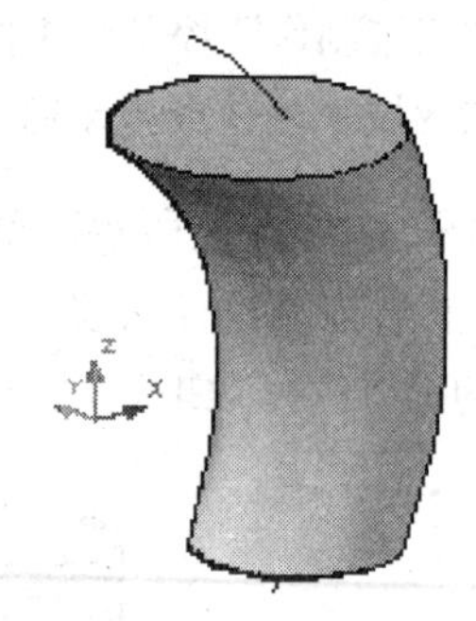

图 4-2-26

命令行窗口的命令提示如下。

```
命令: _loft
按放样次序选择横截面: 找到 1 个
按放样次序选择横截面: 找到 1 个, 总计 2 个
```

按放样次序选择横截面：（选择两个圆作为横截面）
输入选项 [导向(G)/路径(P)/仅横截面(C)] <仅横截面>：P↵
选择路径曲线：（选择圆弧线作为放样路径）

（6）创建面域并添加三维厚度。面域是使用形成闭合环的对象创建的二维封闭区域，如图 4-2-27 所示。可以通过将现有面域组合成单个或多个的面域来计算面积。

面域使用的环可以是直线、多段线、圆、圆弧、椭圆、椭圆弧和样条曲线的组合。组成环的对象必须闭合或通过与其他对象共享端点而形成闭合的区域。

三维厚度可以使二维对象具有三维外观的特性，如图 4-2-28 所示。对象的三维厚度是对象于所在的空间位置向上或向下延伸或增加的距离。厚度为正时按 Z 轴正向向上拉伸，厚度为负时按 Z 轴负向向下拉伸。厚度为零表示对象没有三维厚度。Z 方向由创建对象时的 UCS 的方向确定。可以对具有非零厚度的对象进行着色，也可以在其后面隐藏其他对象。

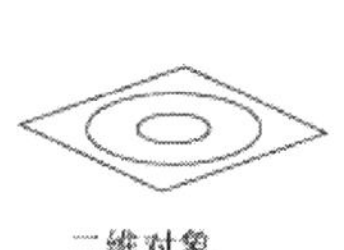
二维对象

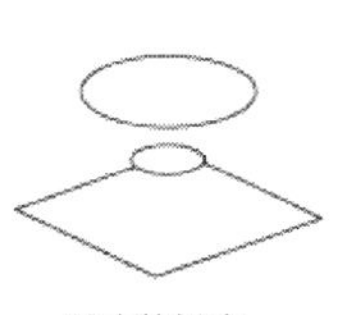
更改的标高

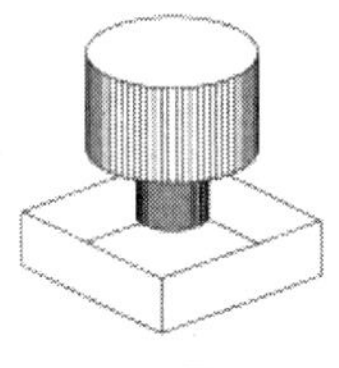
添加的厚度

左 图 4-2-27
右 图 4-2-28

5. 布尔组合实体

（1）使用“并集”命令创建组合实体。使用“UNION（并集）”命令，可以合并两个或多个实体（或面域），构成一个组合对象。该命令用于计算几个实体的总和，将两个以上的面域或实体对象，连接成组合面域或复合实体。如果选取的对象不能连接，则命令行将提示:“至少必须选择 2 个实体或共面的面域”。

使用“并集”命令将 2 个实体连接后，它们成为一个实体。在选择时，也将作为一个实体被选择。单击“修改”→“实体编辑”→“并集”菜单命令或单击“实体”工具栏中的 ⊚（并集）按钮，然后选择需要合并的多个图形，即可将其合并为一个整体，如图 4-2-29 所示。

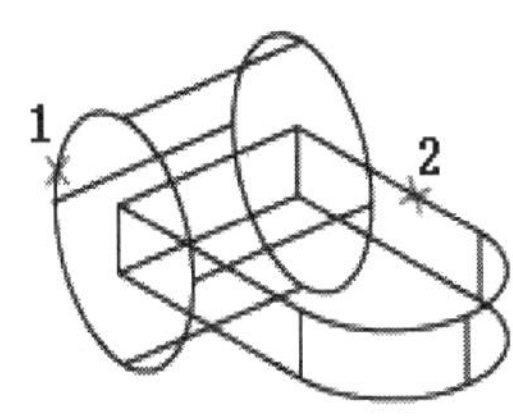

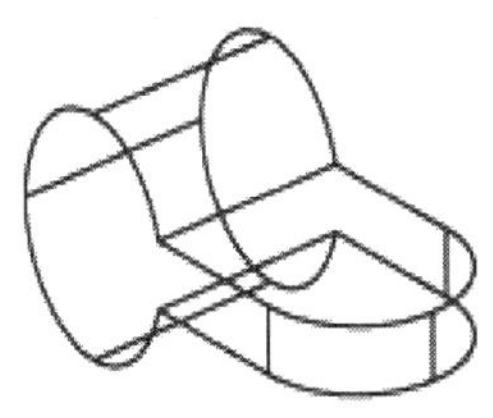

图 4-2-29

（2）使用“交集”命令创建组合实体。使用“交集”命令，可以将 2 个或多个重叠实体的公共部分创建为组合实体。

单击“修改”→“实体编辑”→“交集”菜单命令或单击“实体”工具栏中的 ⊚（交

集）按钮，然后选择需要进行交集处理的多个图形，即可将其交集处理成一个新的模型，如图 4-2-30 所示。

（3）使用“差集”命令创建组合实体。“差集”命令用于从所选三维实体或面域中减去一个或多个实体或面域，并得到一个新的实体或面域。当选择的实体或面域不相交时，负构件将被删除。例如，可以使用“SUBTRACT”命令在对象上减去圆柱，从而在机械零件上增加孔。

单击“修改”→“实体编辑”→“差集”菜单命令或单击“实体”工具栏中的 ◎（差集）按钮，然后分别选择需要进行差集处理的多个图形，即可将其差集处理成一个新的模型，如图 4-2-31 所示。

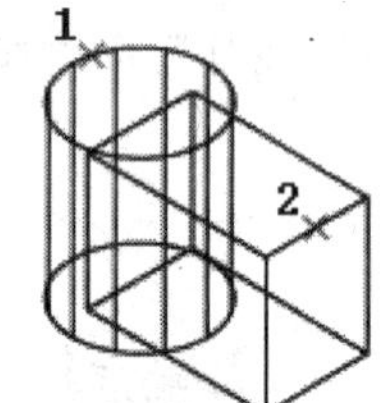

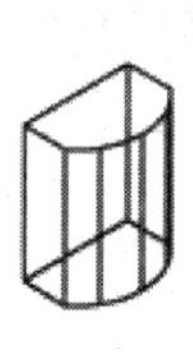
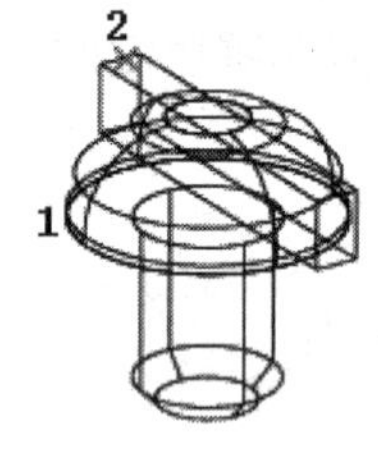

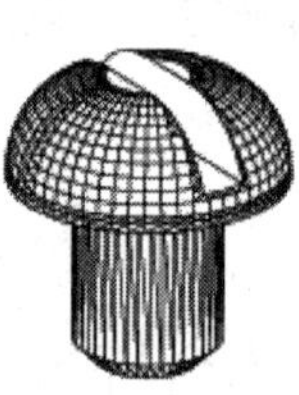

左 图 4-2-30

右 图 4-2-31

4.2.2 【案例 9】制作茶壶三维效果

本案例运用绘制三维模型的多个命令，如“旋转”命令、“扫掠”命令、“放样”命令等制作图 4-2-32 所示的茶壶三维效果。

绘制茶壶三维效果的操作步骤如下。

（1）视口设置。为了更好地绘制三维模型，将视口设置为四视口模式（左上视口为左视图，右上视口为主视图，左下视口为俯视图，右下视口为透视图）。

（2）在主视图中绘制一条垂直直线作为对称轴，并以对称轴为中心使用二维“多段线”命令绘制茶壶的壶身半剖面线，绘制完成的效果如图 4-2-33 所示。

左 图 4-2-32

右 图 4-2-33

命令行窗口的命令提示如下。

```
命令：_line 指定第一点：(对称轴直线起点)
```

```
指定下一点或 [放弃(U)]:(对称轴直线端点) ↵
命令: _pline
指定起点:
当前线宽为 0.0000
指定下一个点或 [圆弧(A)/半宽(H)/长度(L)/放弃(U)/宽度(W)]:(鼠标选择起始点)
指定下一点或 [圆弧(A)/闭合(C)/半宽(H)/长度(L)/放弃(U)/宽度(W)]:(第一个转折点)
指定下一点或 [圆弧(A)/闭合(C)/半宽(H)/长度(L)/放弃(U)/宽度(W)]:(第二个转折点)
指定下一点或 [圆弧(A)/闭合(C)/半宽(H)/长度(L)/放弃(U)/宽度(W)]:(第三个转折点)
指定下一点或 [圆弧(A)/闭合(C)/半宽(H)/长度(L)/放弃(U)/宽度(W)]:(第四个转折点)
指定下一点或 [圆弧(A)/闭合(C)/半宽(H)/长度(L)/放弃(U)/宽度(W)]: A↵(进行圆弧绘制)
指定圆弧的端点或
[角度(A)/圆心(CE)/闭合(CL)/方向(D)/半宽(H)/直线(L)/半径(R)/第二个点(S)/放弃(U)/宽度(W)]:
指定圆弧的端点或
[角度(A)/圆心(CE)/闭合(CL)/方向(D)/半宽(H)/直线(L)/半径(R)/第二个点(S)/放弃(U)/宽度(W)]: L↵(由圆弧绘制模式切换到直线绘制模式)
指定下一点或 [圆弧(A)/闭合(C)/半宽(H)/长度(L)/放弃(U)/宽度(W)]:
指定下一点或 [圆弧(A)/闭合(C)/半宽(H)/长度(L)/放弃(U)/宽度(W)]: C(闭合) ↵
```

（3）通过“旋转”命令将壶身半剖面线绕垂直直线旋转生成茶壶壶身三维效果。

命令行窗口的命令提示如下。

```
命令: _revolve
当前线框密度: ISOLINES=4
选择要旋转的对象: 找到 1 个
选择要旋转的对象: ↵(选择上一步所绘制的闭合多段线对象)
指定轴起点或根据以下选项之一定义轴 [对象(O)/X/Y/Z] <对象>:(选择对称轴直线的起点)
指定轴端点:(选择对称轴直线的端点)
指定旋转角度或 [起点角度(ST)] <360>: ↵(以默认的 360°来进行旋转)
```

旋转后的主视图效果如图 4-2-34 所示，在透视图中的效果如图 4-2-35 所示。

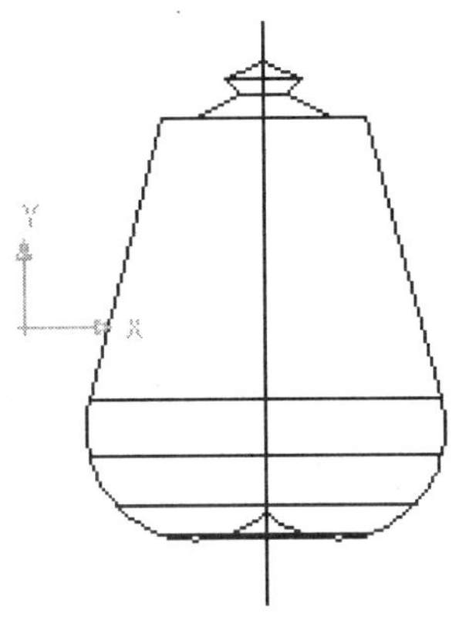

左 图 4-2-34

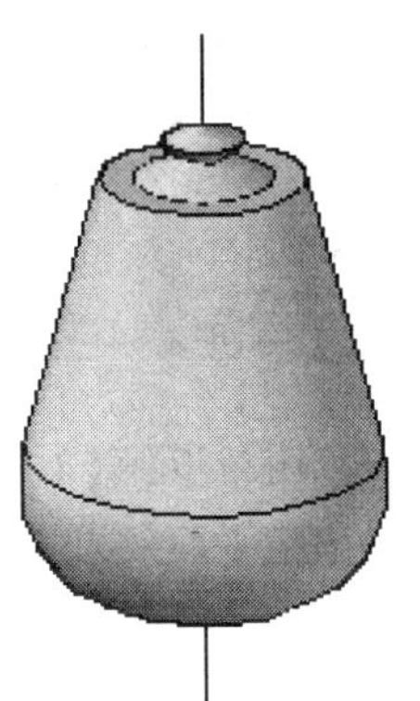

右 图 4-2-35

（4）在主视图中使用二维“样条曲线”命令绘制图 4-2-36 所示的壶把效果。

命令行窗口的命令提示如下。

```
命令：_spline
指定第一个点或 [对象(O)]:
指定下一点:
指定下一点或 [闭合(C)/拟合公差(F)] <起点切向>:
指定下一点或 [闭合(C)/拟合公差(F)] <起点切向>:
指定下一点或 [闭合(C)/拟合公差(F)] <起点切向>:
指定起点切向:
指定端点切向:
```

（5）使用“扫掠”命令绘制壶把三维效果。首先在俯视图中绘制一小圆作为扫掠对象，将上一步所绘制的壶把样条曲线作为扫掠路径，绘制图 4-2-37 所示的壶把三维效果。

左 图 4-2-36

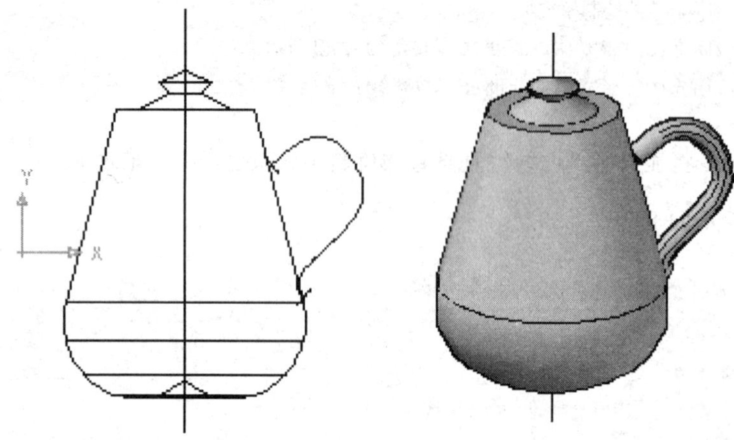

右 图 4-2-37

命令行窗口的命令提示如下。

```
命令：_circle 指定圆的圆心或 [三点(3P)/两点(2P)/相切、相切、半径(T)]：(在俯视图中单击任意点)
指定圆的半径或 [直径(D)] <0.1906>: ↵
命令：_sweep
当前线框密度： ISOLINES=4
选择要扫掠的对象：找到 1 个（指定小圆为扫掠对象）
选择要扫掠的对象：↵
选择扫掠路径或 [对齐(A)/基点(B)/比例(S)/扭曲(T)]：(指定壶把样条曲线作为扫掠路径) ↵
```

（6）用与步骤（4）相同的方法，使用二维“样条曲线”命令在主视图中绘制图 4-2-38 所示的壶嘴平面效果。

（7）使用“放样”命令绘制壶嘴三维效果。在左视图中绘制 3 个大小不同的椭圆，使用“移动”工具和夹点编辑方法调整 3 个椭圆的大小、旋转方向及位置，调整后的效果如图 4-2-39 所示。

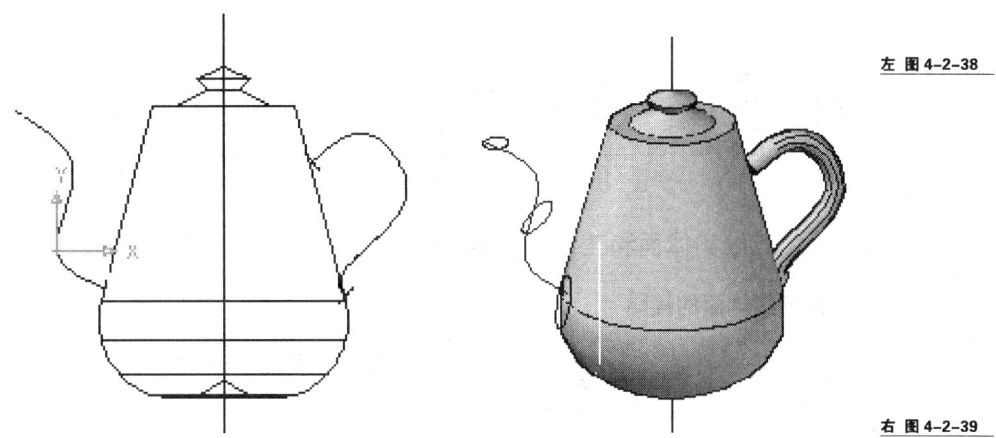

左 图 4-2-38

右 图 4-2-39

使用“放样”命令，以 3 个椭圆为放样横截面，以壶嘴样条曲线为路径曲线，绘制壶嘴的三维效果，如图 4-2-32 所示。

命令行窗口的命令提示如下。

```
命令：_loft
按放样次序选择横截面：找到 1 个
按放样次序选择横截面：找到 1 个，总计 2 个
按放样次序选择横截面：找到 1 个，总计 3 个
按放样次序选择横截面：↵
输入选项 [导向(G)/路径(P)/仅横截面(C)] <仅横截面>：P
选择路径曲线：(指定壶嘴样条曲线)
```

思 考 练 习

1. 问答题

（1）简述二维图形生成三维模型的方法。

（2）简述布尔三维模型的种类及表现形式。

2. 上机操作题

参照本节所学的创建三维模型的方法，绘制图 4-2-40 所示的机械零件三维效果。

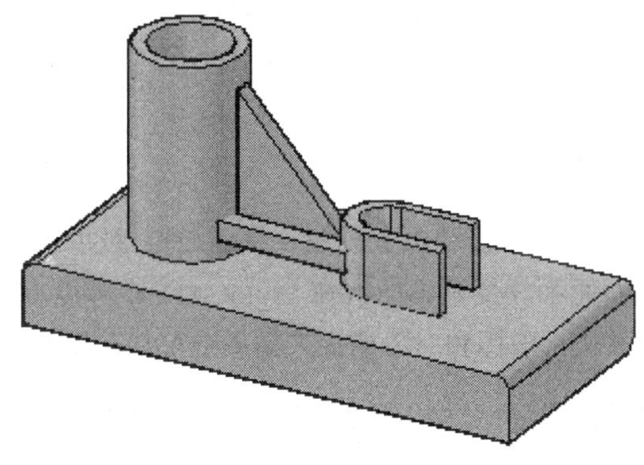

图 4-2-40

4.3 三维模型的编辑修改

4.3.1 三维实体面和三维实体的编辑修改、对象的三维操作

1. 三维实体面的编辑

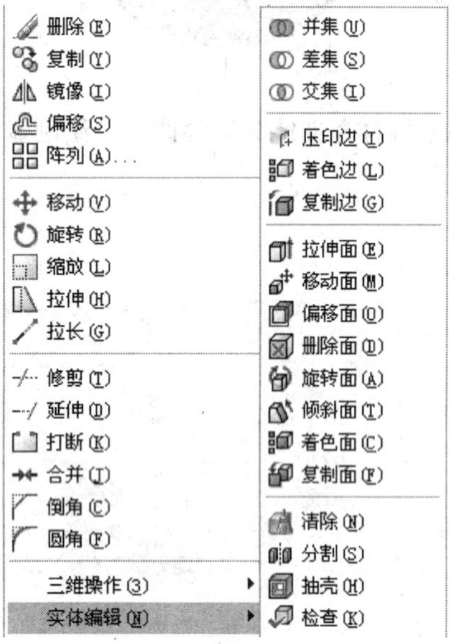

删除(E)
复制(Y)
镜像(I)
偏移(S)
阵列(A)...
移动(V)
旋转(R)
缩放(L)
拉伸(H)
拉长(G)
修剪(T)
延伸(D)
打断(K)
合并(J)
倒角(C)
圆角(F)
三维操作(3)
实体编辑(N)

并集(U)
差集(S)
交集(I)
压印边(I)
着色边(L)
复制边(G)
拉伸面(E)
移动面(M)
偏移面(O)
删除面(D)
旋转面(A)
倾斜面(T)
着色面(C)
复制面(F)
清除(N)
分割(S)
抽壳(H)
检查(K)

图 4-3-1

选择“修改”→“实体编辑”子菜单中的命令（如图 4-3-1 所示），可以对边或面进行编辑，如对边或面进行移动、旋转、偏移、倾斜、删除、拉伸操作，复制实体对象，改变面的颜色等。

（1）拉伸对象的面。使用（拉伸面）按钮，可以沿一条路径或者指定一个高度值和倾斜角度来拉伸对象的面。每个面都有一个正边，该边在面（正在处理的面）的法线方向上。输入一个正值可沿正方向拉伸面（通常是向外）；输入一个负值可沿负方向拉伸面（通常是向内）。

单击“修改”→“实体编辑”→“拉伸面”菜单命令，按照命令行窗口的提示，选择 1 个要拉伸面，如图 4-3-2 所示。

命令行窗口提示操作步骤如下。

```
命令:_SOLIDEDIT↵
实体编辑自动检查:SOLIDCHECK=1
输入实体编辑选项[面(F)/边(E)/体(B)/放弃(U)/退出(X)]<退出>:_FACE↵（输入面选项）
输入面编辑选项[拉伸(E)/移动(M)/旋转(R)/偏移(O)/倾斜(T)/删除(D)/复制(C)/着色(L)/放弃(U)/退出(X)]<退出>:_EXTRUDE↵ （输入拉伸）
选择面或[放弃(U)/删除(R)]:找到一个面。↵ （选择圆弧面）
选择面或[放弃(U)/删除(R)/全部(ALL)]:
指定拉伸高度或[路径(P)]:50↵ （输入高度值）
指定拉伸的倾斜角度<0>:15↵ （输入角度值）
已开始实体校验。
已完成实体校验。
```

（2）移动对象的面。使用（移动面）按钮，可以通过移动面来编辑三维实体对象。使用该命令只移动选定的面而不改变其方向。在 AutoCAD 中可以方便地移动三维实体上的孔。可以使用“捕捉”模式、坐标和对象捕捉来精确地移动选定的面。

单击“修改”→“实体编辑”→“移动面”菜单命令，按照命令行窗口的提示，选择

1 个需要移动的，如图 4-3-3 所示。

左 图 4-3-2

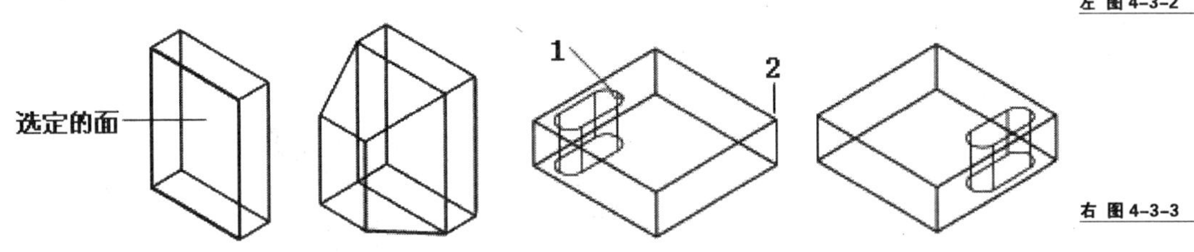

右 图 4-3-3

命令行窗口提示操作步骤如下。

命令:_SOLIDEDIT↵

实体编辑自动检查:SOLIDCHECK=1

输入实体编辑选项[面(F)/边(E)/体(B)/放弃(U)/退出(X)]<退出>:_FACE↵ （输入面）

输入面编辑选项[拉伸(E)/移动(M)/旋转(R)/偏移(O)/倾斜(T)/删除(D)/复制(C)/着色(L)/放弃(U)/退出(X)]<退出>:_MOVE↵ （输入移动选项）

选择面或[放弃(U)/删除(R)]:找到一个面 （单击对象 1）

选择面或[放弃(U)/删除(R)/全部(ALL)]:↵

指定位移的第二点：（单击点 2）

输入实体编辑选项[面(F)/边(E)/体(B)/放弃(U)/退出(X)]<退出>:↵

（3）偏移对象的面。使用（偏移面）按钮，可以在一个三维实体上按指定的距离均匀地偏移面。通过将现有的面从原始位置向内或向外偏移指定的距离可以创建新的面（在面的法线方向上偏移或向曲面或面的正侧偏移）。例如，可以偏移实体对象上较大的孔或较小的孔。指定正值将增大实体的尺寸或体积，指定负值将减小实体的尺寸或体积。也可以用一个通过的点来指定偏移距离。

单击“修改”→“实体编辑”→“偏移面”菜单命令，按照命令行窗口的提示，选择 1 个需要偏移的面，如图 4-3-4 所示。

命令行窗口提示操作步骤如下。

命令:_SOLIDEDIT↵

实体编辑自动检查:SOLIDCHECK=1

输入实体编辑选项[面(F)/边(E)/体(B)/放弃(U)/退出(X)]<退出>:_FACE↵

输入面编辑选项[拉伸(E)/移动(M)/旋转(R)/偏移(O)/倾斜(T)/删除(D)/复制(C)/着色(L)/放弃(U)/退出(X)]<退出>:_OFFSET↵ （输入偏移选项）

选择面或[放弃(U)/删除(R)]:找到一个面。↵ （单击对象 1）

选择面或[放弃(U)/删除(R)/全部(ALL)]:

指定偏移距离:20↵ （输入偏移值）

已开始实体校验

已完成实体校验

（4）删除对象的面。使用（删除面）按钮，可以删除三维实体对象上的面和圆角。

单击“修改”→“实体编辑”→“删除面”菜单命令，然后选择 1 个面，将其删除，如图 4-3-5 所示。

左 图 4-3-4

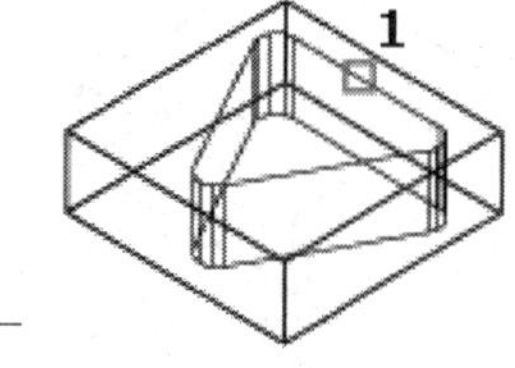

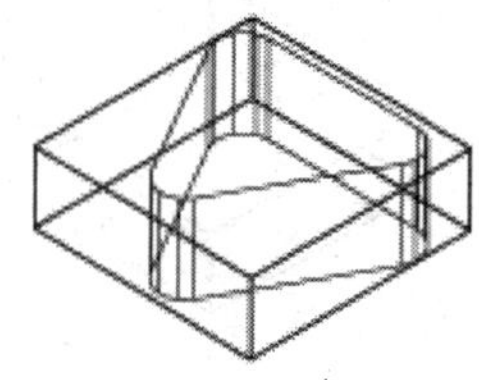

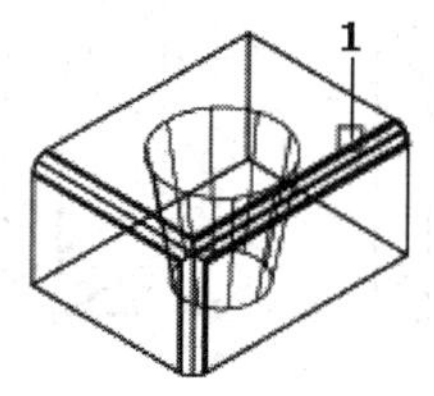

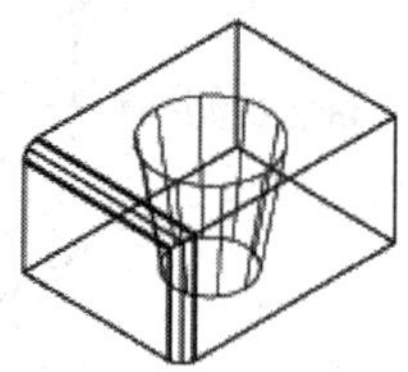

右 图 4-3-5

命令行窗口提示操作步骤如下。

```
命令:_SOLIDEDIT↵
实体编辑自动检查:SOLIDCHECK=1
输入实体编辑选项[面(F)/边(E)/体(B)/放弃(U)/退出(X)]<退出>:_FACE↵
输入面编辑选项[拉伸(E)/移动(M)/旋转(R)/偏移(O)/倾斜(T)/删除(D)/复制(C)/着色(L)/放弃(U)/退出(X)]<退出>:_DELETE↵（输入删除选项）
选择面或[放弃(U)/删除(R)]:找到 1 个面。↵（单击圆弧面 1）
选择面或[放弃(U)/删除(R)/全部(ALL)]:↵
已开始实体校验
已完成实体校验
```

（5）旋转对象的面。使用（旋转面）按钮，通过选择基点和相对（或绝对）旋转角度，可以旋转三维实体上选定的面或功能集合。三维实体的所有面都绕指定轴旋转。当前 UCS 和 ANGDIR 系统的变量确定旋转方向。可以根据两点指定旋转轴的方向，指定对象，指定 *X*、*Y* 或 *Z* 轴以及当前视图的 *Z* 方向。

单击“修改”→“实体编辑”→“旋转面”菜单命令，按照命令行窗口的提示，选择 1 个面将其旋转，如图 4-3-6 所示。

命令行窗口提示操作步骤如下。

```
命令:_SOLIDEDIT↵
实体编辑自动检查:SOLIDCHECK=1
输入实体编辑选项[面(F)/边(E)/体(B)/放弃(U)/退出(X)]<退出>:_FACE↵
输入面编辑选项[拉伸(E)/移动(M)/旋转(R)/偏移(O)/倾斜(T)/删除(D)/复制(C)/着色(L)/放弃(U)/退出(X)]<退出>:_ROTATE↵（输入旋转选项）
选择面或[放弃(U)/删除(R)]:找到一个面。
选择面或[放弃(U)/删除(R)/全部(ALL)]:
指定轴点或[经过对象的轴(A)/视图(V)/X 轴(X)/Y 轴(Y)/Z 轴(Z)]<两点>:Y↵（输入旋转轴）
指定旋转原点<0,0,0>:↵（输入旋转的基点）
指定旋转角度或[参照(R)]:35↵（输入角度值）
已开始实体校验。
已完成实体校验。
```

（6）倾斜对象的面。使用（倾斜面）按钮，可以沿矢量方向以绘图角度倾斜对象的面。倾斜角度为正时将向内倾斜选中的面，角度为负时将向外倾斜面。要避免使用太大的倾斜角度，如果倾斜角度过大，轮廓在到达指定的高度前可能就已经倾斜成一点，AutoCAD将拒绝这种倾斜。

单击“修改”→“实体编辑”→“倾斜面”菜单命令，按照命令行窗口的提示，选择1个面将其倾斜，如图4-3-7所示。

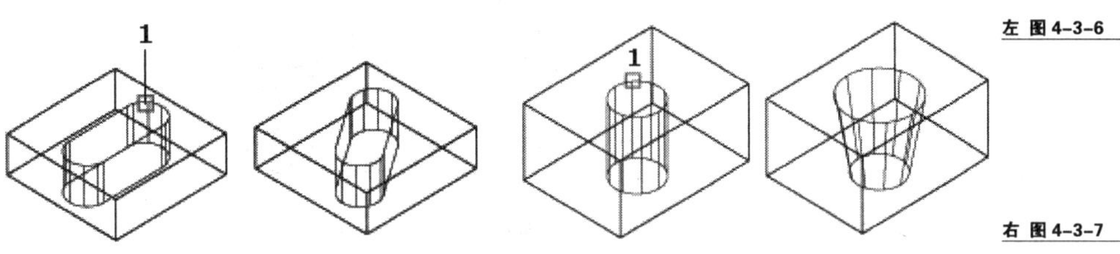

左 图4-3-6

右 图4-3-7

命令行窗口提示操作步骤如下。

```
命令:_SOLIDEDIT↵
实体编辑自动检查:SOLIDCHECK=1
输入实体编辑选项[面(F)/边(E)/体(B)/放弃(U)/退出(X)]<退出>:_FACE↵
输入面编辑选项[拉伸(E)/移动(M)/旋转(R)/偏移(O)/倾斜(T)/删除(D)/复制(C)/着色(L)/放弃(U)/退出(X)]<退出>:_TAPER↵（输入“倾斜”选项）
选择面或[放弃(U)/删除(R)]:找到一个面。
选择面或[放弃(U)/删除(R)/全部(ALL)]:
指定基点:（输入点）
指定沿倾斜轴的另一个点:（单击点1）
指定倾斜角度:10↵（输入倾斜的角度）
已开始实体校验。
已完成实体校验。
```

（7）着色对象的面。使用（着色面）按钮，可以修改三维实体对象上选定面的颜色。可以从7种标准颜色中选择颜色，也可以从“选择颜色”对话框中选择。指定颜色时，可以输入颜色名或AutoCAD颜色索引（ACI）编号，即1～255的整数。设置的面的颜色将覆盖实体对象所在图层的颜色设置。

单击“修改”→“实体编辑”→“着色面”菜单命令，按照命令行窗口的提示，选择1个要着色的面，按“空格”键确认，如图4-3-8所示。这时打开“选择颜色”对话框，从中选择需要的颜色，如图4-3-9所示。然后单击“确定”按钮，即可为选择的面着色，如图4-3-10所示。

命令行窗口提示操作步骤如下。

```
命令:_SOLIDEDIT↵
实体编辑自动检查:SOLIDCHECK=1
输入实体编辑选项[面(F)/边(E)/体(B)/放弃(U)/退出(X)]<退出>:_FACE↵（输入面）
输入面编辑选项[拉伸(E)/移动(M)/旋转(R)/偏移(O)/倾斜(T)/删除(D)/复制(C)/着色(L)/放弃(U)/退出(X)]<退出>:_COLOR↵（输入着色）
选择面或[放弃(U)/删除(R)]:找到一个面。
```

选择面或[放弃(U)/删除(R)/全部(ALL)]:↵
已开始实体校验。
已完成实体校验。

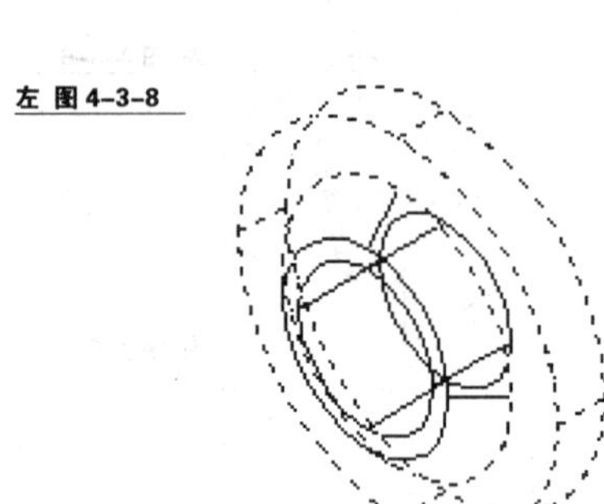
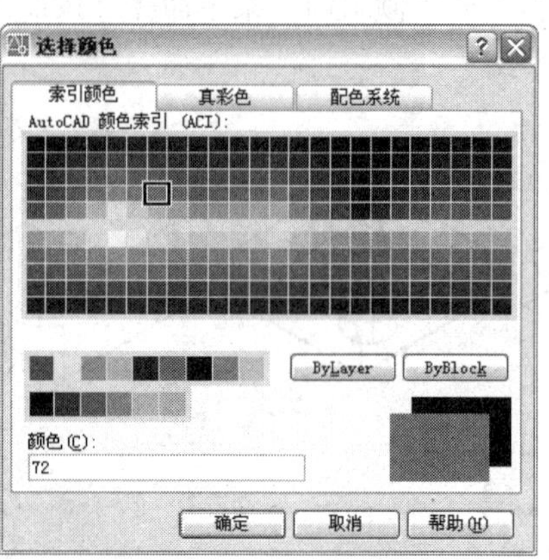

左 图4-3-8

右 图4-3-9

（8）复制对象的面。使用（复制面）按钮，可以将三维实体对象上的选定面复制为独立的面域或体。AutoCAD 将选定的面作为面域或体。如果指定两个点，AutoCAD 使用第一个点作为基点，并相对于基点生成一个副本。如果只指定一个点，然后按“Enter”键确认，则 AutoCAD 将原始选择的点作为基点，将下一点作为位移点。

单击“修改”→“实体编辑”→“复制面”菜单命令，按照命令行窗口的提示，选择1个面将其复制，完成后的效果如图4-3-11所示。

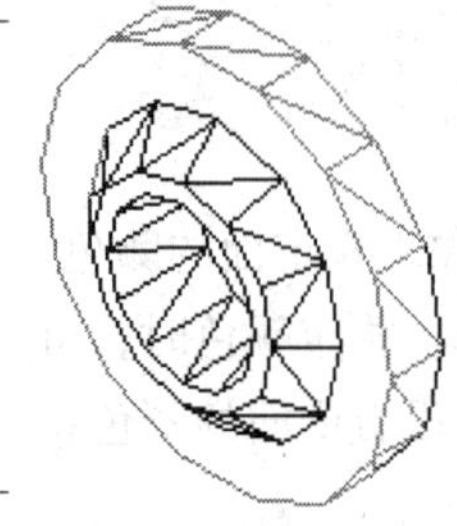
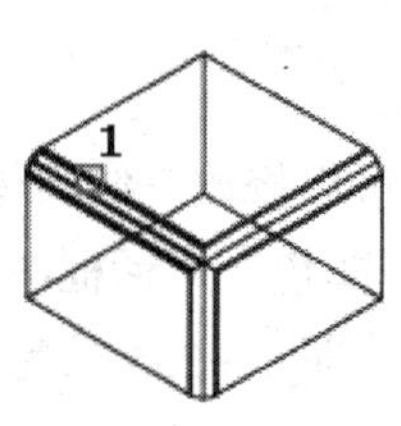

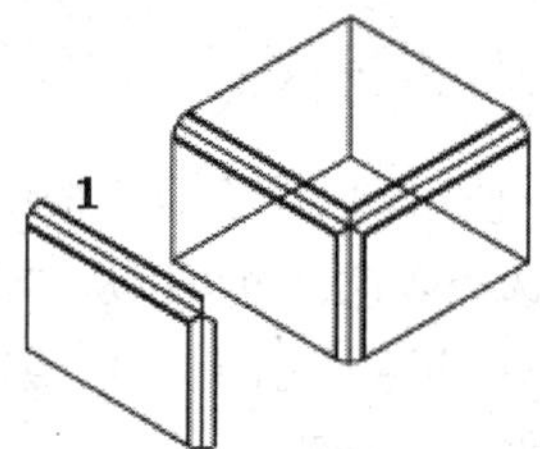

左 图4-3-10

右 图4-3-11

命令行窗口提示操作步骤如下。

命令:_SOLIDEDIT↵
实体编辑自动检查:SOLIDCHECK=1
输入实体编辑选项[面(F)/边(E)/体(B)/放弃(U)/退出(X)]<退出>:_FACE↵
输入面编辑选项[拉伸(E)/移动(M)/旋转(R)/偏移(O)/倾斜(T)/删除(D)/复制(C)/着色(L)/放弃(U)/退出(X)]<退出>:_COPY↵（输入复制选项）
选择面或[放弃(U)/删除(R)]:找到一个面。（单击点1）
选择面或[放弃(U)/删除(R)/全部(ALL)]:↵
指定基点或位移:（单击点1）
指定位移的第二点:（单击需要复制的位置）
已开始实体校验。
已完成实体校验。

2. 三维实体的编辑修改

创建实体模型后，可以通过圆角、倒角、切割、剖切和分割操作修改模型的外观。也可以编辑实体模型的面和边。还可以轻松删除使用 FILLET 和 CHAMFER 命令创建的过渡。可以将实体的面或边作为体、面域、直线、圆弧、圆、椭圆或样条曲线对象来改变颜色或进行复制。压印现有实体上的几何图形可以创建新的面或合并多余的面。偏移可以相对实体的其他面修改某些面。例如，修改孔的直径；通过分割已分解的组合实体来创建三维实体对象；通过抽壳来创建指定厚度的薄壁。

（1）圆角三维对象。使用（圆角）命令，可以对选定的三维实体进行圆角操作。默认方法是指定圆角半径，然后选择要进行圆角操作的边。另一种方法是为每个进行圆角操作的边单独指定参数然后分别进行圆角操作。

单击“修改”→“圆角”菜单命令，按照命令行窗口的提示，选择要进行圆角的实体边，并指定圆角半径，即可为其添加圆角效果，如图 4-3-12 所示。

命令行窗口提示操作步骤如下。

```
命令:_FILLET ↵
当前设置:模式=修剪，半径=8.0000
选择第一个对象或[多段线(P)/半径(R)/修剪(T)/多个(U)]:（选中整个对象）
输入圆角半径<8.0000>:5 ↵ （输入半径值）
选择边或[链(C)/半径(R)]: ↵ （单击对象 1）
选择边或[链(C)/半径(R)]: ↵ （单击对象 2）
已选定 1 个边用于圆角。↵
```

（2）倒角三维对象。（倒角）按钮用于将实体上的任何一处拐角切去，使之变成斜角。

单击“修改”→“倒角”菜单命令，按照命令行窗口的提示，选择要进行倒角的实体边，并指定基面距离，即可为其添加倒角效果，如图 4-3-13 所示。

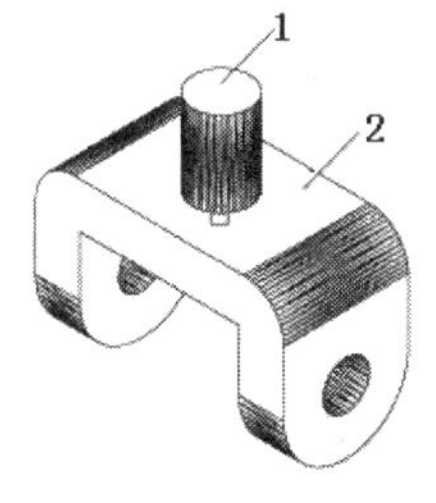

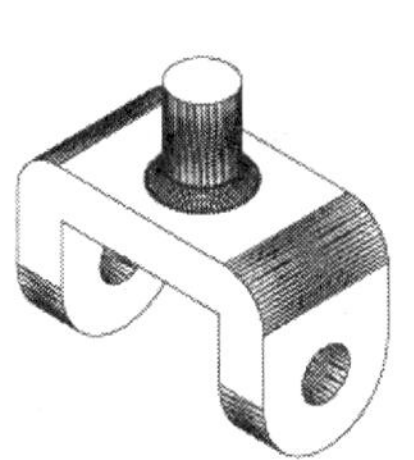
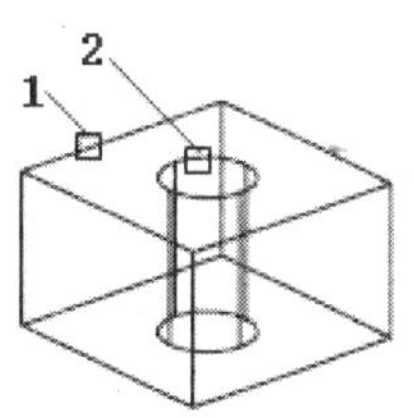

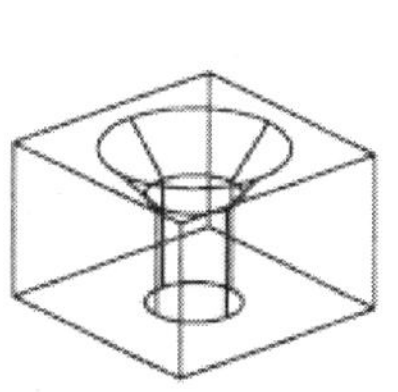

左 图 4-3-12

右 图 4-3-13

命令行窗口提示操作步骤如下。

```
命令:_CHAMFER ↵
(“修剪”模式)当前倒角距离 1=5.0，距离 2=5.0
选择第一条直线或[多段线(P)/距离(D)/角度(A)/修剪(T)/方式(M)/多个(U)]:（单击对象 1）
选择第一条直线或[多段线(P)/距离(D)/角度(A)/修剪(T)/方式(M)/多个(U)]: ↵
基面选择… ↵
输入曲面选择选项[下一个(N)/当前(OK)]<当前>: ↵
```

```
指定基面的倒角距离<5.0>:10↵ （输入倒角距离）
指定其他曲面的倒角距离<10.0>:
选择边或[环(L)]: （单击对象 2）
选择边或[环(L)]:↵
```

（3）切割三维实体。使用（切割）按钮，可以切割三维实体来创建穿过三维实体的相交截面，如图 4-3-14 所示。切割的结果可能是表示截面形状的二维对象或是在中间切断的三维实体。默认方法是指定 3 个点定义一个面。也可以通过其他对象、当前视图、Z 或 Y 轴、YZ、ZX 平面来定义相交截面。

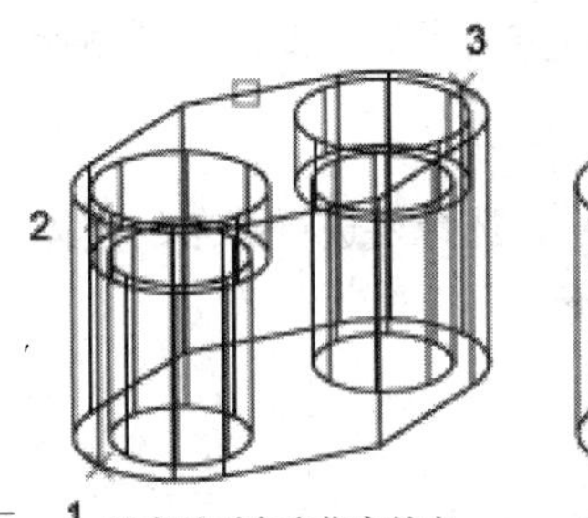

选定的对象和指定的点

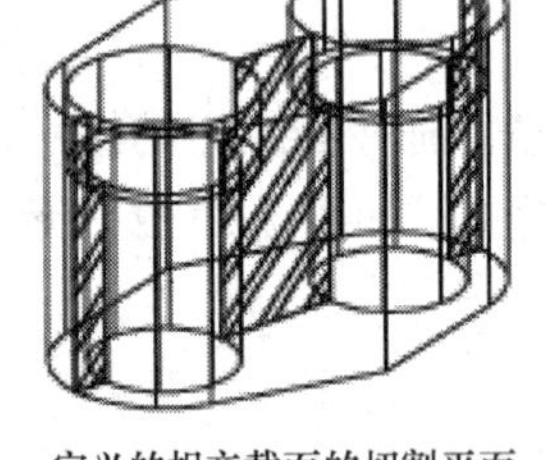
定义的相交截面的切割平面

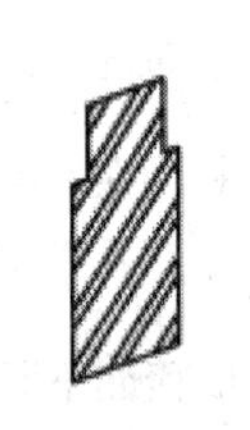
孤立的相交截面

图 4-3-14

命令行窗口提示操作步骤如下。

```
命令:_SECTION↵
选择对象: 找到 1 个 （选择外轮廓模型）
选择对象:↵
指定截面上的第一个点,依照[对象(O)/Z 轴(Z)/视图(V)/XY 平面(XY)/YZ平面(YZ)/ZX平面(ZX)/三点(3)]<三点>: （单击点 1）
指定平面上的第二个点: （单击点 2）
指定平面上的第三个点: （单击点 3）
```

（4）剖切三维实体。使用（剖切）按钮，可以切开选中的实体并移去实体中指定的部分，从而创建新的实体，可以保留剖切实体的一半或全部，如图 4-3-15 所示。剖切实体保留原实体的图层和颜色特性。剖切实体的默认方法是先指定 3 点定义剖切平面，然后选择要保留的部分。也可以通过其他对象、当前视图、Z 轴或 XY、YZ 或 ZX 平面来定义剖切平面。

命令行窗口提示操作步骤如下。

```
命令:_SLICE↵
选择对象: 找到 1 个
选择对象:
指定切面上的第一个点,依照[对象(O)/Z 轴(Z)/视图(V)/XY 平面(XY)/YZ平面(YZ)/ZX平面(ZX)/三点(3)]<三点>: （单击点 1）
指定平面上的第二个点: （单击点 1）
指定平面上的第三个点: （单击点 1）
在要保留的一侧指定点或[保留两侧(B)]:
```

（5）创建压印对象。使用（压印）按钮，通过压印圆弧、圆、直线、二维/三维多段线、椭圆、样条曲线、面域、体和三维实体来创建三维实体的新面。例如，如果圆与三维实体相交，则通过压印实体上的相交曲线，可以删除原始压印对象，也可以将其保留下来以供将来编辑使用，如图 4-3-16 所示。压印对象必须与选定实体上的面相交，这样才能压印成功。

定义剖切平面的 3 个点

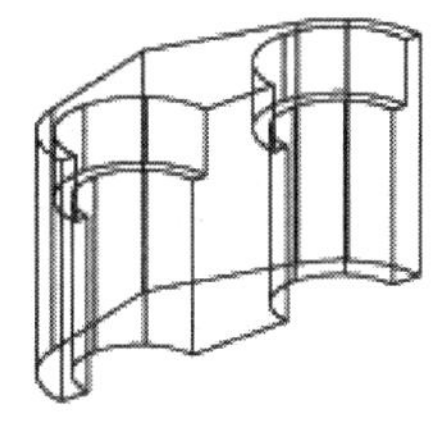

保留对象的一半

左 图 4-3-15

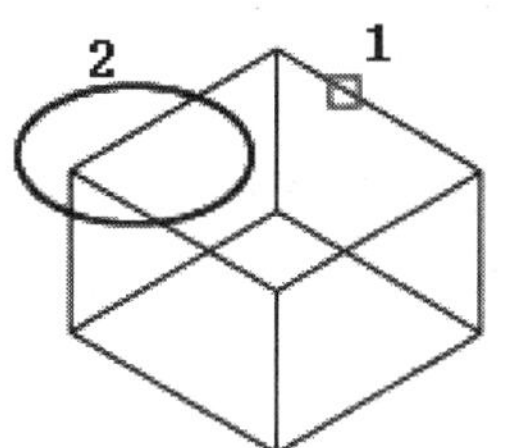

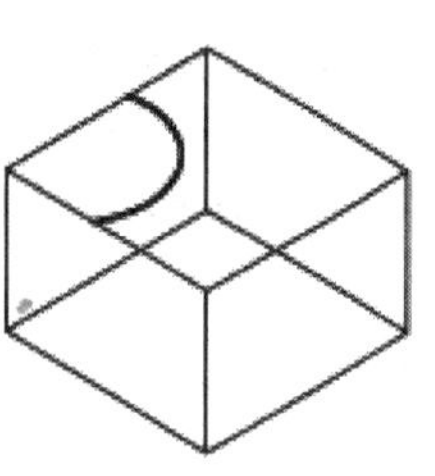

右 图 4-3-16

命令行窗口提示操作步骤如下。

```
命令:_SOLIDEDIT↵
实体编辑自动检查: SOLIDCHECK=1
输入实体编辑选项[面(F)/边(E)/体(B)/放弃(U)/退出(X)]<退出>:_BODY↵
输入体编辑选项[压印(I)/分割实体(P)/抽壳(S)/清除(L)/检查(C)/放弃(U)/退出(X)]<退出>:_IMPRINT↵
选择三维实体: (单击长方体)
选择要压印的对象: (单击圆)
是否删除源对象[是(Y)/否(N)]<N>:Y↵ (输入“是”选项)
选择要压印的对象:↵ (确认)
输入体编辑选项↵ (确认)
[压印(I)/分割实体(P)/抽壳(S)/清除(L)/检查(C)/放弃(U)/退出(X)]<退出>:↵ (确认)
实体编辑自动检查:SOLIDCHECK=1
输入实体编辑选项[面(F)/边(E)/体(B)/放弃(U)/退出(X)]<退出>:↵ (确认)
```

（6）创建抽壳对象。使用（抽壳）按钮，可以从三维实体对象中创建壳体（输入厚度的中空薄壁）。AutoCAD 通过将现有的面向原位置的内部或外部偏移来创建新的面，如图 4-3-17 所示。偏移时，AutoCAD 将连续相切的面看做一个面。

抽壳偏移=0.5

抽壳偏移=-0.5

图 4-3-17

命令行窗口提示操作步骤如下。

```
命令:_SOLIDEDIT↵
实体编辑自动检查: SOLIDCHECK=1
输入实体编辑选项[面(F)/边(E)/体(B)/放弃(U)/退出(X)]<退出>:_BODY↵
输入体编辑选项 [压印(I)/分割实体(P)/抽壳(S)/清除(L)/检查(C)/放弃(U)/退出(X)]<退出>:_SHELL↵
```

```
选择三维实体: (单击圆柱体)
选择三维实体: ↵
删除面或[放弃(U)/添加(A)/全部(ALL)]:找到 2 个面, 已删除 2 个
删除面或[放弃(U)/添加(A)/全部(ALL)]:
输入抽壳偏移距离:20 ↵
已开始实体校验
已完成实体校验
输入体编辑选项[压印(I)/分割实体(P)/抽壳(S)/清除(L)/检查(C)/放弃(U)/退出(X)]<退出>:
实体编辑自动检查:SOLIDCHECK=1 ↵
输入实体编辑选项[面(F)/边(E)/体(B)/放弃(U)/退出(X)]<退出>: ↵
```

3. 对象的三维操作

(1)移动与对齐。

① 在三维视图中选中要操作的三维对象，显示移动夹点工具，使用“三维制作”控制台中的（三维移动）工具，沿指定方向将对象移动指定距离，操作如图 4-3-18 所示。

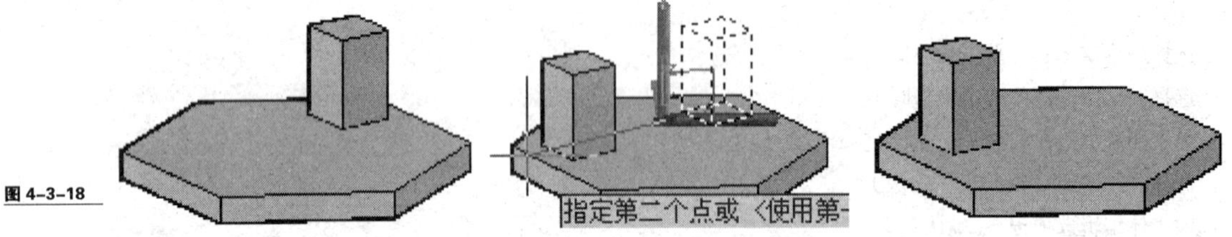

图 4-3-18

命令行窗口的命令提示如下。

```
命令: _3dmove 找到 1 个
指定基点或 [位移(D)] <位移>: (在绘图区指定原位置基点) ↵
指定第二个点或 <使用第一个点作为位移>:(在绘图区指定要移到的位置) ↵
```

② 在“三维制作”控制台的“建模”工具栏中选择（三维对齐）工具，在绘图区中选择要对齐的对象,并指定源平面和方向及目标平面和方向,操作效果如图 4-3-19 所示。

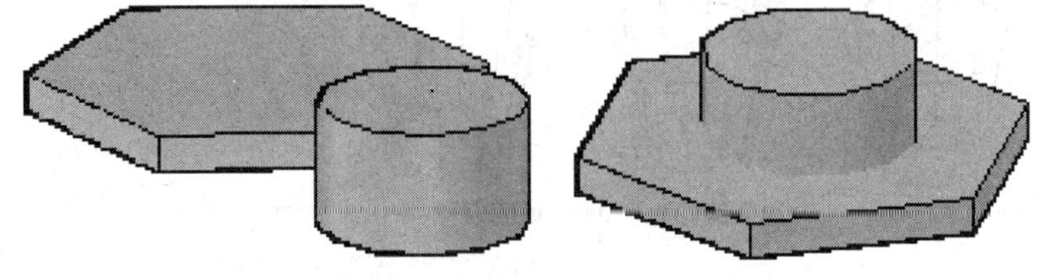

图 4-3-19

命令行窗口的命令提示如下。

```
命令: _3dalign
选择对象: 找到 1 个
选择对象: ↵
指定源平面和方向 ...
```

```
指定基点或 [复制(C)]:
指定第二个点或 [继续(C)] <C>:
指定第三个点或 [继续(C)] <C>:
指定目标平面和方向 ...
指定第一个目标点:
指定第二个目标点或 [退出(X)] <X>: ↵
```

（2）三维旋转。使用“三维旋转”工具可以绕指定点旋转对象。旋转方向由当前 UCS 决定。ROTATE3D 命令绕指定轴在三维空间中旋转对象。可以根据两点指定旋转轴，指定对象，指定 X、Y 或 Z 轴，或者指定当前视图的 Z 方向。要旋转三维对象，既可使用 ROTATE 命令，也可使用 ROTATE3D 命令。

在“三维制作”控制台中选择（三维旋转）工具，在绘图区中选择要旋转的对象（以图 4-3-19 右为例），并指定旋转基点和旋转轴，输入角的起点或旋转角度，当旋转结束时，按“Enter”键确认旋转效果，旋转三维对象的效果如图 4-3-20 所示。

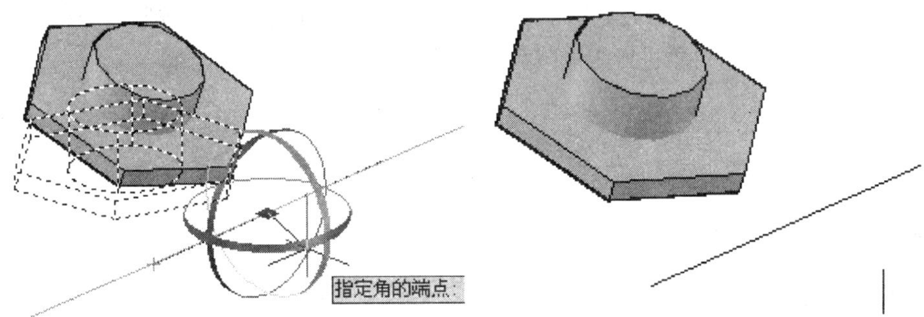

图 4-3-20

命令行窗口的命令提示如下。

```
命令: _3drotate
UCS 当前的正角方向: ANGDIR=逆时针 ANGBASE=0
找到 2 个
指定基点:(指定为旋转轴直线中点)
拾取旋转轴:(选择直线上两点)
指定角的起点或键入角度: ↵
指定角的端点: ↵
```

（3）三维镜像对象。使用“三维镜像”命令可以沿指定的镜像平面创建对象的镜像。单击“修改”→“三维操作”→“三维镜像”菜单命令，按照命令行窗口的提示，将图 4-3-21 所示的对象进行镜像处理，其效果如图 4-3-22 所示。

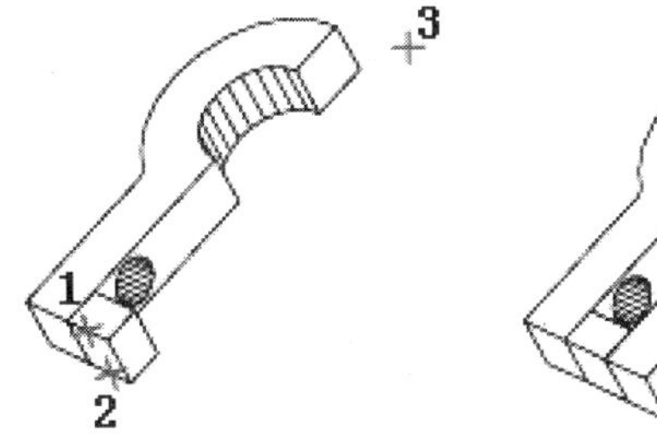

左 图 4-3-21

右 图 4-3-22

命令行窗口提示操作步骤如下。

```
命令:_MIRROR3D↵
选择对象:
指定对角点:找到 1 个(选择图中的左侧的对象)
选择对象:↵
指定镜像平面(三点)的第一个点或[对象(O)/最近的(L)/Z 轴(Z)/视图(V)/XY 平面(XY)/YZ 平面(YZ)/ZX 平面(ZX)/三点(3)]<三点>:(单击点 1)
在镜像平面上指定第二点:(单击点 2)
在镜像平面上指定第三点:(单击点 3)
是否删除源对象? [是(Y)/否(N)]<否>:↵(按“Enter”键保留原始对象或者按 Y 键将其删除)
```

(4)三维阵列对象。使用“三维阵列”命令可以在三维空间创建对象的矩形阵列或环形阵列。在三维阵列对象时，除了指定列数（*X* 轴方向）和行数（*Y* 轴方向）外，还要指定层数（*Z* 轴方向）。

单击“修改”→“三维操作”→“三维镜像”菜单命令，然后按照命令行窗口的提示，将图 4-3-23 所示的对象进行矩形阵列，其效果如图 4-3-24 所示。

左 图 4-3-23

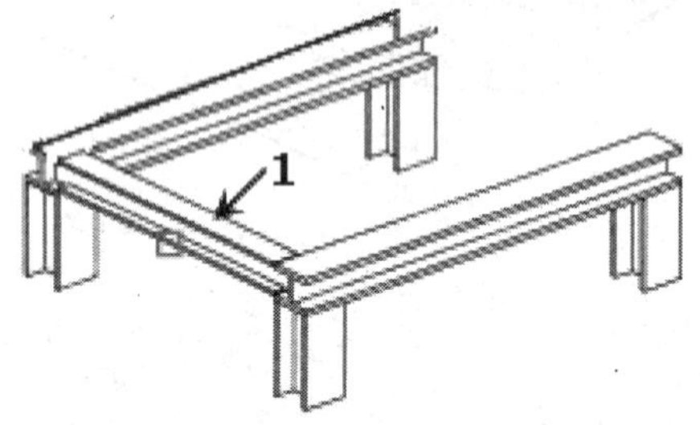

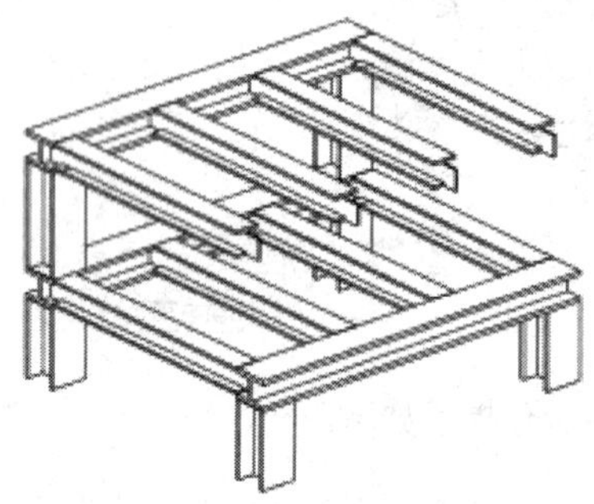

右 图 4-3-24

命令行窗口提示操作步骤如下。

```
命令:_3DARRAY↵
正在初始化...已加载 3DARRAY
选择对象:
指定对角点:找到 1 个 (单击对象 1)
选择对象:↵
输入阵列类型[矩形(R)/环形(P)]<矩形>:R↵ (输入“矩形”选项)
输入行数(---)<1>:1↵ (输入行数)
输入列数(|||)<1>:4↵ (输入列数)
输入层数(...)<1>:2↵ (输入层数)
指定行间距(---):15↵ (输入行间距)
指定列间距(|||):8↵ (输入列间距)
指定层间距(...):25↵ (输入层间距)
```

要创建三维环形阵列对象，单击“修改”→“三维操作”→“三维镜像”菜单命令，然后按照命令行窗口的提示，将图 4-3-25 所示的对象进行环形阵列，其效果如图 4-3-26 所示。

命令行窗口提示操作步骤如下。

```
命令:_3DARRAY↵
正在初始化...已加载 3DARRAY
选择对象:
指定对角点:找到 1 个 （单击对象 A）
选择对象:↵
输入阵列类型[矩形(R)/环形(P)]<矩形>:P↵ （输入“环形”选项）
输入阵列中的项目数目:9↵ （输入阵列数）
指定要填充的角度(+=逆时针,-=顺时针)<360>:↵ （确认旋转的角度）
旋转阵列对象? [是(Y)/否(N)]<Y>:↵ （确认旋转）
指定阵列的中心点: （单击点 1）
指定旋转轴上的第二点: （单击点 2）
```

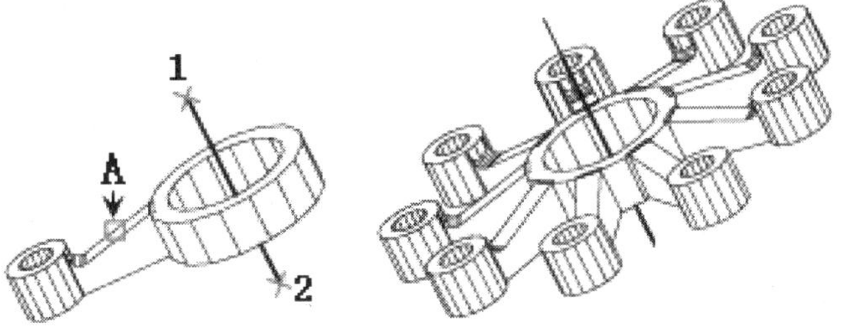

左 图 4-3-25

右 图 4-3-26

4.3.2 【案例 10】制作零件三维效果

本案例运用三维模型的多种编辑及修改方法，如三维圆角命令、三维阵列命令、三维镜像命令及布尔操作等方法制作图 4-3-27 所示的零件三维效果。零件经渲染后的效果（渲染的具体方法将在下一节中介绍）如图 4-3-28 所示。

左 图 4-3-27

右 图 4-3-28

绘制零件三维效果的操作步骤如下。

（1）视口设置。为了更好地绘制三维模型，将视口设置为四视口模式（左上视口为左视图，右上视口为主视图，左下视口为俯视图，右下视口为透视图）。

（2）为使绘图时定位方便，可在视图中创建水平与垂直构造线。

（3）绘制底座。在“三维制作”控制台中，选择“长方体”工具，在俯视图中绘制 230 × 160 × 30 的长方体。

命令行窗口中的命令提示如下。

```
命令: _box
指定第一个角点或 [中心(C)]:(选择距离构造线交点相对位置为@-115, 80 的点)
指定其他角点或 [立方体(C)/长度(L)]: L↵
指定长度 <230.0000>: 230↵
指定宽度 <160.0000>: 160↵
指定高度或 [两点(2P)] <40.0000>: 30↵
```

(4)绘制底座上的 4 个圆孔。在俯视图中零件底座的底面以距中心相对位置为@-75，45 的点为圆心绘制半径为 16 的圆，效果如图 4-3-29 所示。选择“三维制作”控制台中的“拉伸”工具，对圆进行高度为 30 的拉伸，效果如图 4-3-30 所示。

左 图 4-3-29

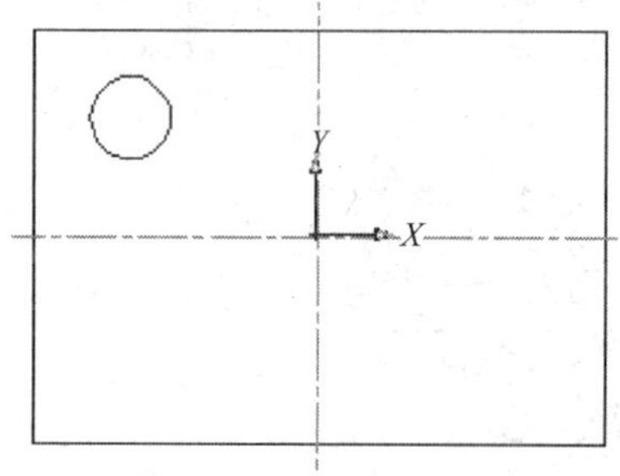

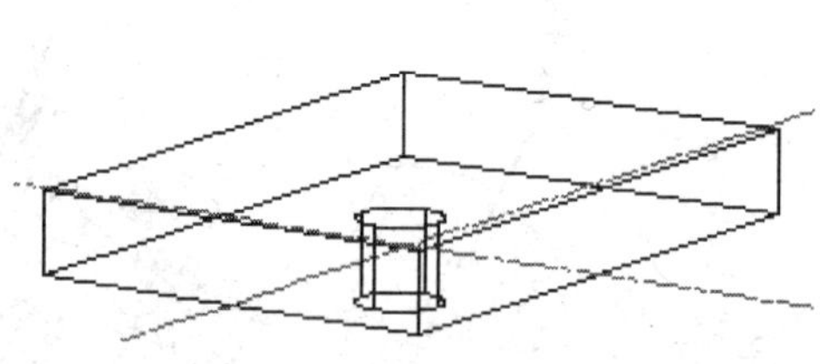

右 图 4-3-30

命令行窗口中的命令提示如下。

```
命令: _circle 指定圆的圆心或 [三点(3P)/两点(2P)/相切、相切、半径(T)]: @-75,45
指定圆的半径或 [直径(D)]: 16
命令: _extrude
当前线框密度: ISOLINES=4
选择要拉伸的对象: 找到 1 个
选择要拉伸的对象: ↵
指定拉伸的高度或 [方向(D)/路径(P)/倾斜角(T)] <30.0000>: 30↵
```

在“三维制作”控制台中，选择“阵列”工具，打开“阵列”对话框，设置阵列类型为“矩形阵列”，“行偏移”为“-90”，“列偏移”为“150”，参数设置如图 4-3-31 所示。参数设置完成后单击“选择对象”按钮，在俯视图中选择由拉伸圆生成的圆柱对象并预览确认。阵列操作后的俯视图和透视图效果如图 4-3-32 所示。

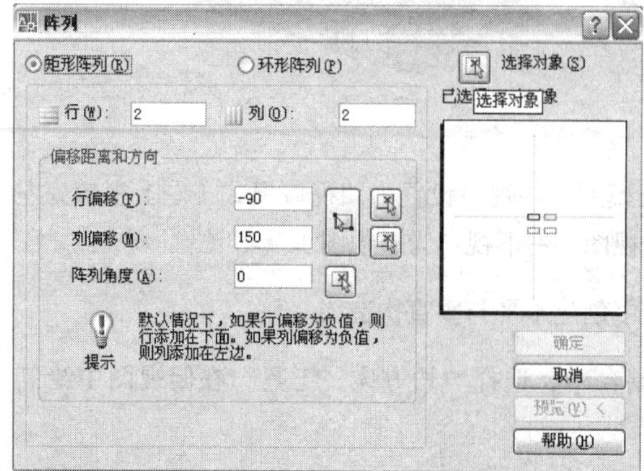

图 4-3-31

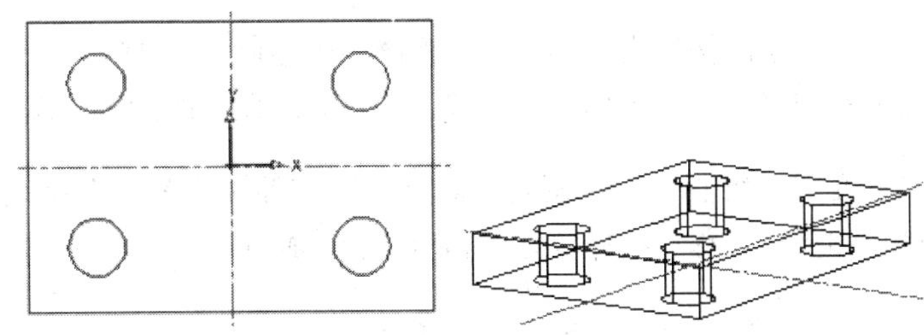
图 4-3-32

在“三维制作”控制台中，选择“差集”工具，在俯视图中选择底座作为要从中减去的实体对象，选择 4 个圆柱作为要减去的实体。“差集”操作后的透视图效果如图 4-3-33 所示。

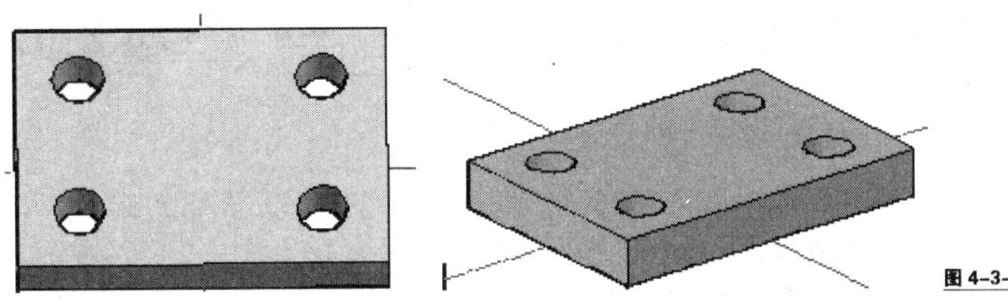
图 4-3-33

命令行窗口的命令提示如下。

```
命令：_subtract 选择要从中减去的实体或面域...
选择对象：找到 1 个↵
选择对象：选择要减去的实体或面域 ..
选择对象：找到 1 个
选择对象：找到 1 个，总计 2 个
选择对象：找到 1 个，总计 3 个
选择对象：找到 1 个，总计 4 个↵
```

（5）绘制底座圆角效果。在“三维制作”控制台中，选择“圆角”工具，在俯视图中选择要进行圆角操作的对象，设置“圆角半径”为 10，并选择要进行圆角操作的边，进行圆角操作后的俯视图和透视图效果如图 4-3-34 所示。

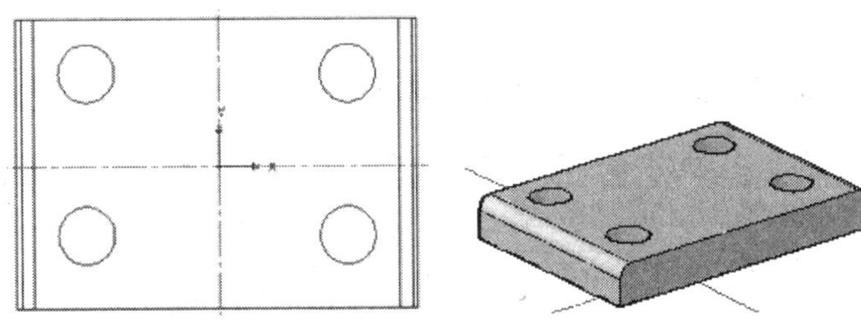
图 4-3-34

命令行窗口中的命令提示如下。

```
命令：_fillet
当前设置：模式 = 修剪，半径 = 0.0000
选择第一个对象或 [放弃(U)/多段线(P)/半径(R)/修剪(T)/多个(M)]：(指定底座对象)
输入圆角半径：10↵
选择边或 [链(C)/半径(R)]：(指定要进行圆角的边)
已拾取到边。
```

（6）绘制梯形支撑体。在左视图中先绘制一个160×150的矩形，然后使用“夹点”方式调整矩形上边两个端点的位置，调整后的左视图效果如图4-3-35所示。

在“三维制作”控制台中，选择“拉伸”工具，对所绘制的梯形图形进行厚度为30的拉伸操作。移动拉伸实体的相对位置，操作后的效果如图4-3-36所示。

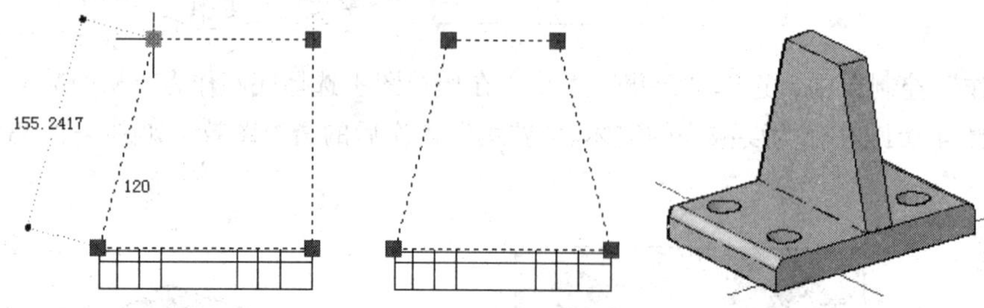

左 图4-3-35

右 图4-3-36

命令行窗口中的命令提示如下。

```
命令: _extrude
当前线框密度:  ISOLINES = 4
选择要拉伸的对象: 找到 1 个
选择要拉伸的对象: ↵
指定拉伸的高度或 [方向(D)/路径(P)/倾斜角(T)] <30.0000>: 30↵
命令: _move 找到 1 个
指定基点或 [位移(D)] <位移>: 指定第二个点或 <使用第一个点作为位移>:
```

（7）绘制空心圆柱支撑体。在左视图中以支撑体上边中点为圆心，绘制半径为40的圆。使用“三维制作”控制台中的“拉伸”工具对其进行厚度为60的拉伸，并调整其位置。操作后的左视图、主视图及透视图效果如图4-3-37所示。

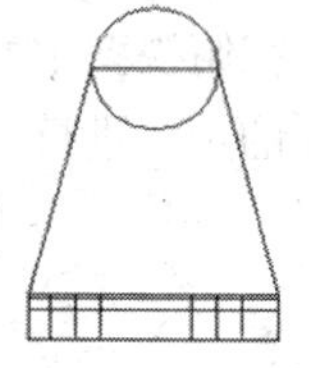
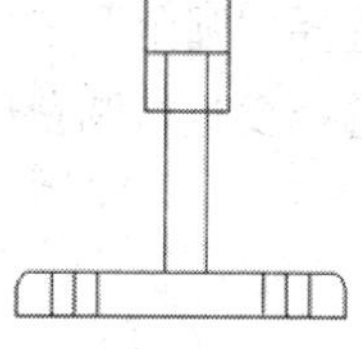

图4-3-37

命令行窗口中的命令提示如下。

```
命令: _circle 指定圆的圆心或 [三点(3P)/两点(2P)/相切、相切、半径(T)]:
指定圆的半径或 [直径(D)] <16.0000>: 40↵
命令: _extrude
当前线框密度:  ISOLINES=4
选择要拉伸的对象: 找到 1 个
选择要拉伸的对象: ↵
指定拉伸的高度或 [方向(D)/路径(P)/倾斜角(T)] <30.0000>: 60↵
命令: _move 找到 1 个
指定基点或 [位移(D)] <位移>:  指定第二个点或 <使用第一个点作为位移>:
```

使用“三维制作”控制台中的“并集”工具，对拉伸后圆对象与拉伸后梯形对象进行并集操作。

命令行窗口中的命令提示如下。

```
命令: _union
选择对象: 找到 1 个
选择对象: 找到 1 个, 总计 2 个↵
```

在左视图中的大圆内绘制一个半径为 25 的同心小圆，对同心小圆进行厚度为 60 的拉伸，并将其与大圆进行差集操作，完成后的透视图效果如图 4-3-38 所示。

命令行窗口中的命令提示如下。

```
命令: _circle 指定圆的圆心或 [三点(3P)/两点(2P)/相切、相切、半径(T)]:
指定圆的半径或 [直径(D)] <40.0000>: 25↵
命令: _extrude
当前线框密度: ISOLINES=4
选择要拉伸的对象: 找到 1 个
选择要拉伸的对象: ↵
指定拉伸的高度或 [方向(D)/路径(P)/倾斜角(T)] <60.0000>: -60↵
命令: _subtract 选择要从中减去的实体或面域...
选择对象: 找到 1 个↵
选择对象: 选择要减去的实体或面域...
选择对象: 找到 1 个↵
```

（8）绘制侧面支撑件。在主视图中，使用二维“多段线”工具绘制图 4-3-39 所示的剖面。使用“三维制作”控制台中的“拉伸”工具将其拉伸 20 的厚度，并其调整位置，操作后的效果如图 4-3-39 所示。在“三维制作”控制台中选择“镜像”工具，对左侧面的支撑件进行镜像操作，完成后的透视图效果如图 4-3-40 所示。

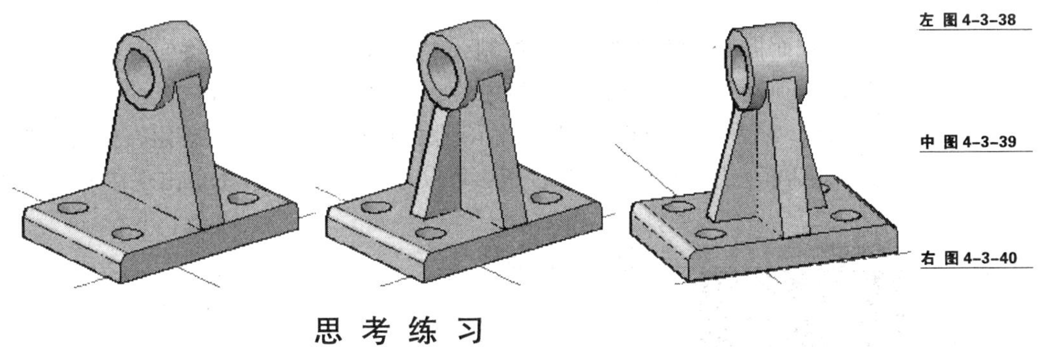

左 图 4-3-38

中 图 4-3-39

右 图 4-3-40

思 考 练 习

1. 问答题

（1）如何复制三维实体的面及三维实体?

（2）如何切割三维实体?

2. 上机操作题

参照本节所学的编辑三维模型的方法，绘制图 4-3-41 所示的沙发三维效果。

图 4-3-41

4.4 三维模型的渲染

4.4.1 编辑及使用材质、灯光的使用及特性、三维模型的渲染设置

1. 编辑及使用材质

为了使三维模型的效果更真实，在“材质”面板中可以对模型的表面应用材质，如金属、塑料等，可以将材质附着到单个对象、具有特定 ACI 编号的所有对象、块或图层。为三维模型赋予材质的步骤如下。

- 定义材质，包括颜色、反射和光泽度。
- 为对象赋予材质。
- 从材质库中输入或输出材质。
- 创建颜色、进行着色和绘制图案。

（1）为三维模型创建并添加材质。

① 在面板工具栏的“材质”控制台中，单击（材质）按钮，打开“材质”面板，如图 4-4-1 所示。单击“材质”面板中的（创建新材质）按钮，打开图 4-4-2 所示的“创建新材质”对话框，在该对话框中输入新材质的名称，单击“确定”按钮，关闭“创建新材质”对话框，并返回“材质”面板，可以看到新添加的样本球出现在了可用的材质中。

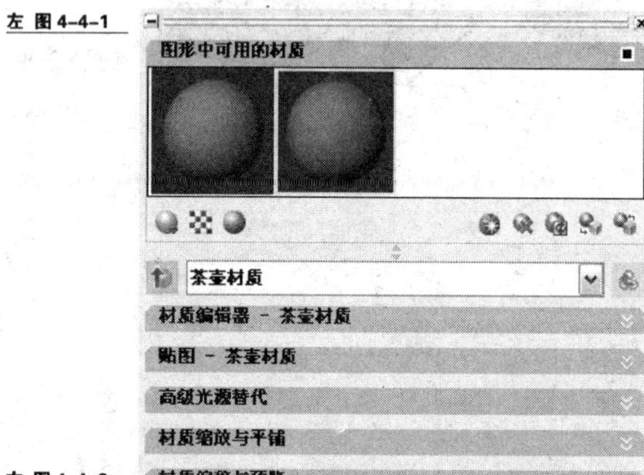

左 图 4-4-1

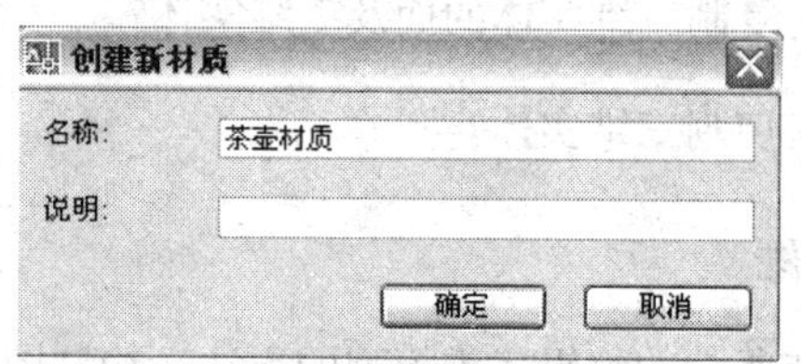

右 图 4-4-2

② 选中新添加的“茶壶材质”样本球，单击（将材质应用到对象）按钮，将材质赋予所选的茶壶对象，在“材质”面板中单击“材质编辑器—茶壶材质”卷展栏右侧的（展开/隐藏）按钮，展开“材质编辑器—茶壶材质”卷展栏。

在“材质编辑器—茶壶材质”卷展栏中设置材质的“类型”为“高级”、“反光度”为 30、“不透明度”为 100、“折射率”为 1。单击“环境光”颜色块，在弹出的“选择颜色”对话框中选择 RGB 颜色为（247, 247, 247），单击“确认”按钮，返回“材质编辑器—茶壶材质”卷展栏。

单击“漫射”颜色块，在弹出的“选择颜色”对话框中选择 RGB 颜色为（205, 136, 116），单击“确定”按钮，返回“材质编辑器—茶壶材质”卷展栏，此时，“材质编辑器—茶壶材质”展卷栏的参数设置如图 4-4-3 所示。

在面板工具栏的“渲染”控制台中单击（渲染）按钮，可以用设置的材质对茶壶进行渲染，效果如图 4-4-4 所示。

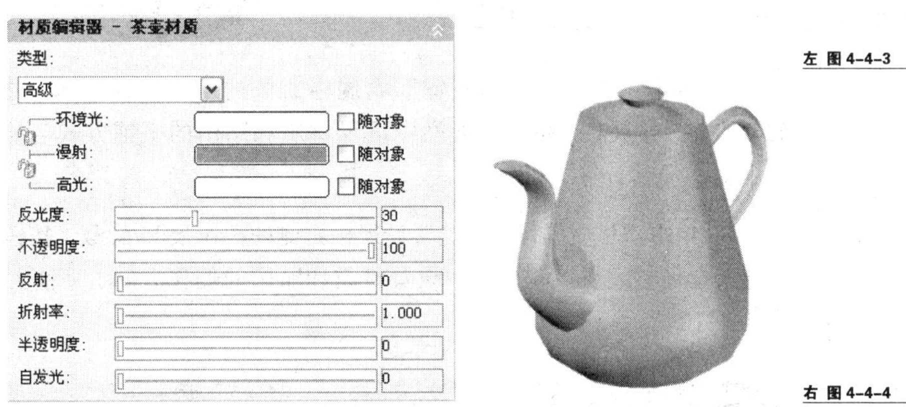

左 图 4-4-3

右 图 4-4-4

③ 在“材质”面板中单击“贴图—茶壶贴图”卷展栏右侧的（展开/隐藏）按钮，展开“贴图—全局”卷展栏，如图 4-4-5 所示。贴图卷展栏主要用于为“漫反射”、“反射”、“不透明度”和“凹凸”添加贴图效果，单击某一项下面的“选择图像”按钮，打开“选择图像文件”对话框，在该对话框中显示了 AutoCAD 2008 中的所有材质和贴图，如图 4-4-6 所示。

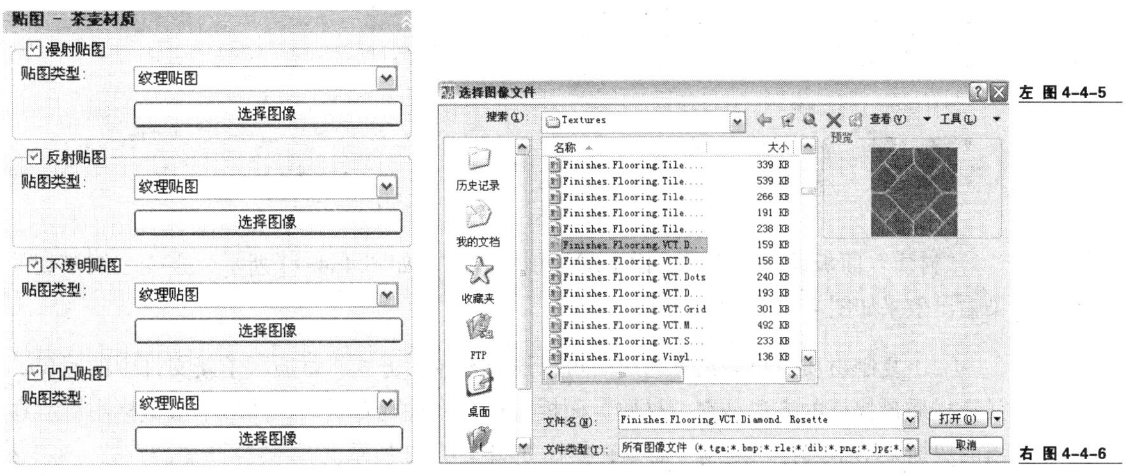

左 图 4-4-5

右 图 4-4-6

选中“选择图像文件”对话框中的某个贴图，即可为相应贴图添加纹理效果。设置了“漫射贴图”的“贴图—茶壶贴图”卷展栏如图 4-4-7 所示。此时在面板工具栏的“渲染”控制台中单击（渲染）按钮，可以用设置的贴图对茶壶进行渲染，效果如图 4-4-8 所示。

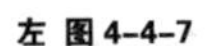

左 图 4-4-7

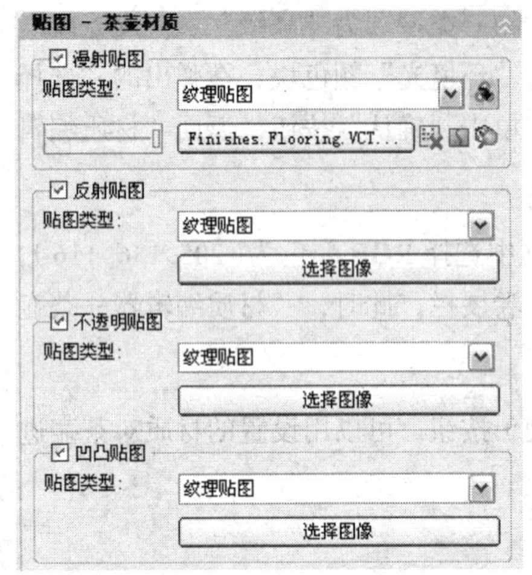

右 图 4-4-8

④ 单击“材质缩放与平铺”卷展栏右侧的（展开/隐藏）按钮，展开“材质缩放与平铺”卷展栏，在该卷展栏中设置材质和贴图的平铺方式与缩放比例，如图 4-4-9 所示。

⑤ 单击“材质偏移与预览”卷展栏右侧的（展开/隐藏）按钮，展开“材质偏移与预览”卷展栏，在该卷展栏中设置材质和贴图的偏移方向、平铺大小、旋转角度等，如图 4-4-10 所示。

左 图 4-4-9

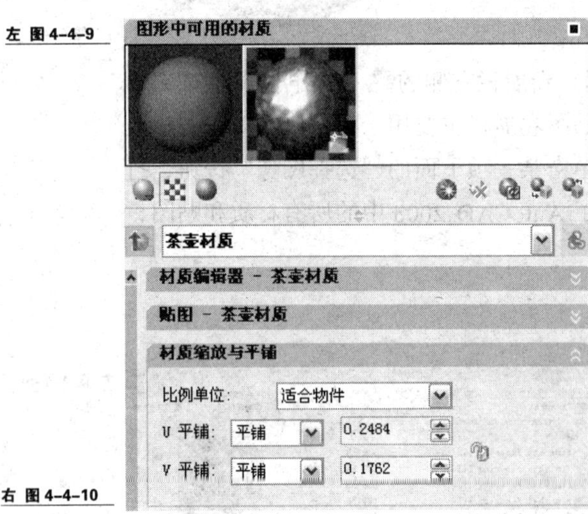

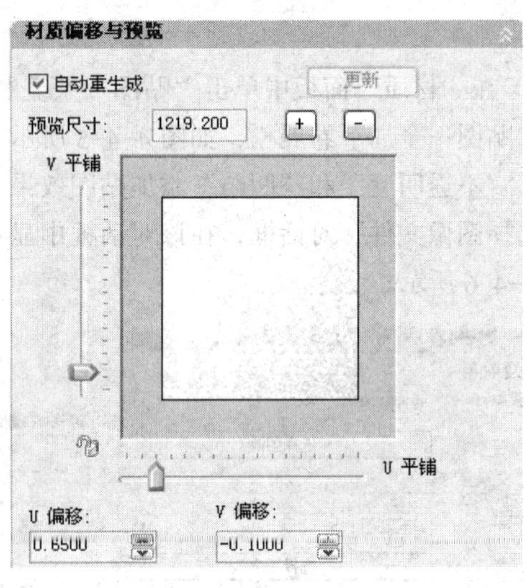

右 图 4-4-10

“材质”面板设置完成后，样本球的预览效果，如图 4-4-11 所示，茶壶三维模型的渲染输出效果如图 4-4-12 所示。

（2）复制材质。材质设置完成后可以通过复制的方式将材质赋予新文件中的对象。定义新材质最快捷的方法是在“材质”面板中选择一种现有材质，然后单击鼠标右键，在弹出的快捷菜单中选择“复制”命令，操作如图 4-4-13 所示。

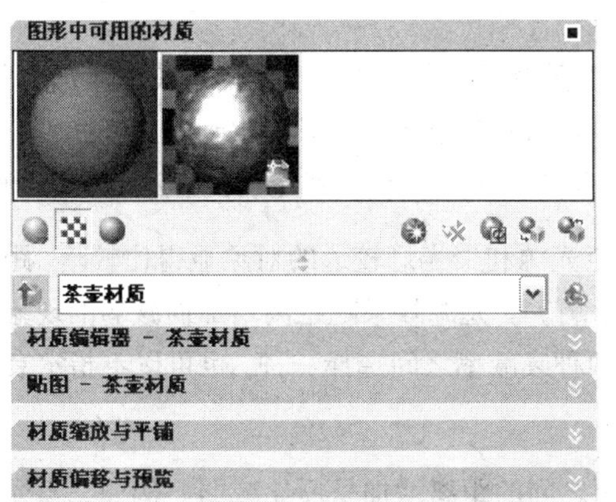

左 图 4-4-11

右 图 4-4-12

（3）材质附着。设置好材质后，即可将该材质应用或附着到一个或多个对象上，还可以将材质附着到具有特定 ACI 编号的所有对象或图层上，在面板工具栏的“材质”控制台中单击（随层附着）按钮，打开图 4-4-14 所示的“材质附着选项”对话框，将材质拖至所需的图层上即可。

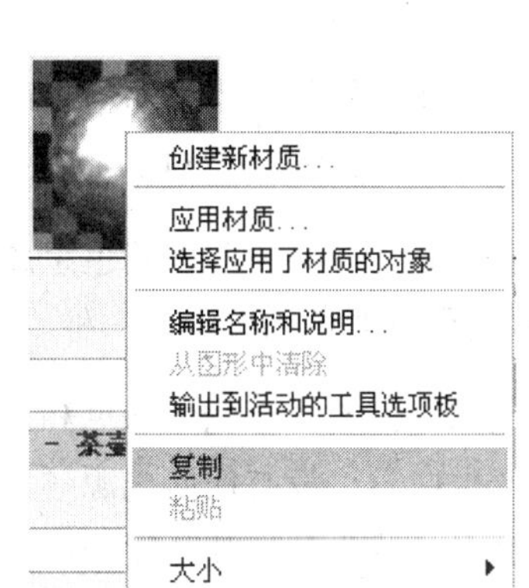

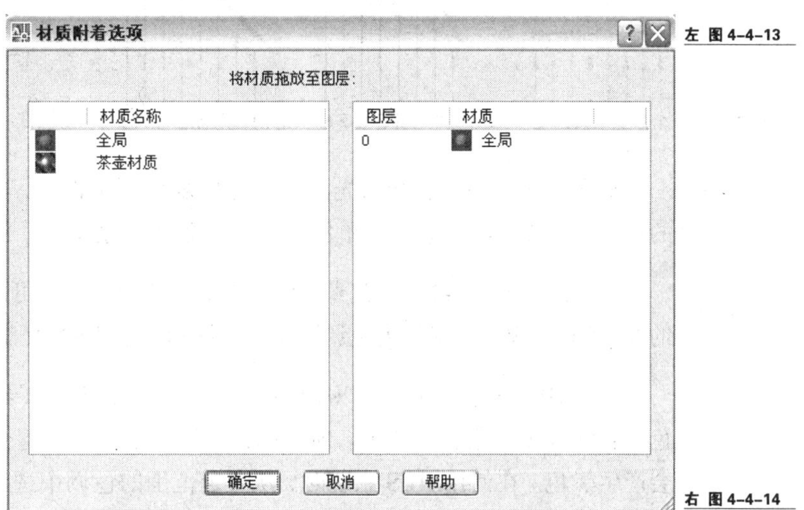

左 图 4-4-13

右 图 4-4-14

为三维模型赋予材质时，除了使用用户自定义的材质外，还可以选择 AutoCAD 2008 所提供的材质样例，如“混凝土—材质样例”、“门和窗—材质样例”、“织物—材质样例”、“表面处理—材质样例”和“地板材料—材质样例”等。

2. 灯光的使用及特性

光源照射到模型中每个面的方式，产生的受光面与光线之间的夹角，对于点光源和聚光灯，还要受光源与面之间距离的影响。光源从一个表面的反射效果会受表面材质反射质量的影响。

（1）灯光的特性。

① 面与光源的夹角。相对于光源倾斜得越厉害的表面，看起来就越暗。与光源垂直的面看起来最亮。面与光线的夹角与 90° 相差越大，就越暗。图 4-4-15 说明了光源角度与表面亮度的关系。每个面的长度都相同，每个光源发出 8 道光束。每个面的亮度只与它和光

源之间的夹角有关。

在图 4-4-15 中，最左侧的面垂直于光源并受到全部光线（8 束）的照射，所以它是 3 个面中最亮的。中间的面与光源之间的夹角最大，只接收到 4 束光线。它是 3 个面中最暗的。右侧的面与光源之间的夹角很小，可接收到 6 束光线，它要比左侧的面暗。

② 面与光源的距离。距离点光源和聚光灯较远的对象显得比较暗。距离较近的对象显得比较亮（平行光不受距离的影响）。光源效果随距离增加而减弱的现象称为衰减。可以在“线性反比”和“平方反比”两种衰减率之间选择一种，也可以不指定衰减率。图 4-4-16 说明了两种衰减率的作用方式。

线性反比：亮度随着与光源之间的距离增加呈反比减弱。例如，当光源与表面的距离增加 2、4、6 和 8 个单位时，其亮度也变为原来的 1/2、1/4、1/6 和 1/8。

左 图 4-4-15

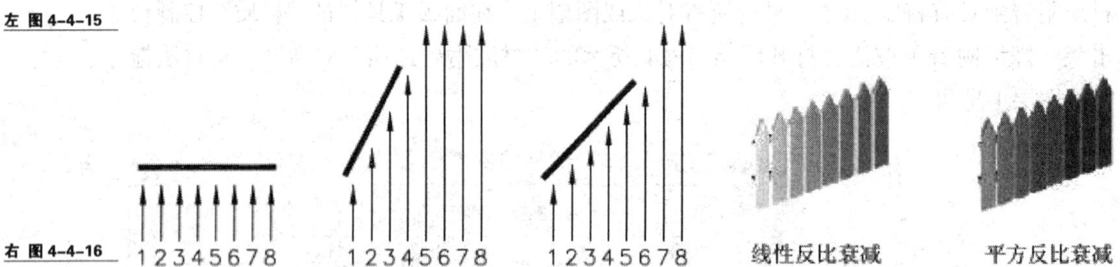

右 图 4-4-16

平方反比：亮度随着与光源之间的距离的平方增加呈反比减弱。例如，当光源与表面的距离增加 2、4、6 和 8 个单位时，其亮度也变为原来的 1/4、1/16、1/36 和 1/64。

③ 照明颜色系统。设置光的颜色及其表面反射时，可以使用由红、绿和蓝三基色组成的 RGB 光源颜色系统和由色调、亮度和饱和度组成的 HLS 系统两种颜色系统中的一种。

将 RGB 三基色混合可以得到以下二级颜色：黄色（红色和绿色）、青色（绿色和蓝色）和洋红（红色和蓝色）。所有的光源颜色混合在一起会产生白色，没有任何光源颜色会产生黑色。在使用 HLS 系统时，从一定范围的色调中选择颜色，然后改变其亮度和饱和度（色调中包含的黑色量）。

④ 反射。要达到照片级真实感渲染效果可以使用两种反射：漫反射和镜面反射。

漫反射：吸墨纸或粗糙的墙壁之类的表面会产生漫反射。照射在全漫反射表面上的光线会均匀地向各方向散射。在图 4-4-17 中，3 束光线照射到粗糙表面，表面沿许多不同的方向反射光线。从视点 1、2 和 3 都可以看到反射光。

无论视点在什么位置，表面的反射都是相同的。因此，当照片级真实感或照片级光线跟踪渲染程序测量漫反射时，不按视点位置调整。

镜面反射：镜面反射在一个窄的圆锥内反射光线。当一束光线照射到一个理想的镜面（如镜子）时，反射光只沿着一个方向反射。如图 4-4-18 所示，只有视点 3 可以看到反射光束。

⑤ 距离和衰减。当光线从光源发射出来后，其亮度会逐渐减弱，因此，对象距光源越

远，看起来就越暗。例如，在一个黑暗的房间中使用手电筒时，距离手电筒光源近的对象较亮，而距离光源较远的对象就很难看清。光线随着距离的增加而减弱的现象称为衰减。照片级真实感渲染程序为所有类型的光源计算衰减。

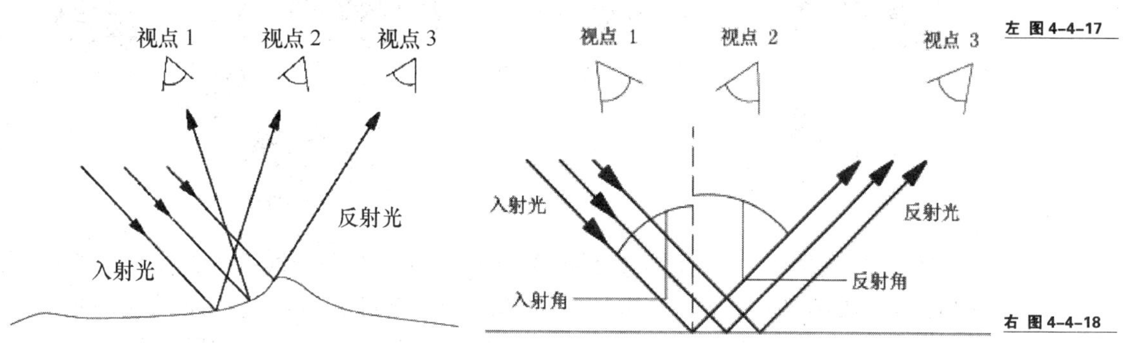

左 图 4-4-17

右 图 4-4-18

使用照片级真实感渲染程序时，可以使用“无衰减（无）”、“线性反比”或“平方反比”3 种方法中的一种来计算衰减。真实的光线是以平方反比率衰减的，但它并不总能提供希望的渲染效果。

（2）灯光的使用。

① 添加和删除光源。为模型添加光源是改善模型外观最简单的方法。可以用光源照亮整个模型或只亮显模型中选定的部分。在 AutoCAD 2008 中可以添加环境光、平行光、点光源和聚光灯，并可以设置每个光源的颜色、位置和方向。

可以为对象添加任意数量的光源，并设置每个光源的颜色、位置和方向。对于点光源和聚光灯，还可以设置衰减。如果打开多个图形，则可以在每个图形都添加和保存各自的光源设置。

当不需要某个光源时，可以随时删除，将其从当前场景中排除，或者通过将光源的强度设置为零来将其关闭。建议将不需要的光源从当前场景中删除。为了确保创建的光源的名称不重复，不要将光源添加到块中。

还可以修改光源的位置、颜色和强度，但不能修改光源的类型。例如，不能将点光源变为聚光灯。

② 设置环境光。可以设置环境光的强度或将其关闭。应该将环境光设得低一些，否则它会使对象的颜色过饱和并产生一种发旧的感觉。关闭环境光可以模拟黑暗的房间内部或夜晚的场景。

环境光本身并不能产生具有真实感的对象，因为对象所有面的亮度都一样，所以分辨不出邻接面，如图 4-4-19 所示。使用环境光可以为那些不能被有向光源（如聚光灯）直接照射到的表面提供填充光。

③ 设置平行光。平行光源只向一个方向发射平行光射线，如图 4-4-20 所示。光线在指定的光源两侧无限延伸。平行光的强度并不随着距离的增加而衰减，对于每一个被照射的表面，其亮度都与光源处的亮度相同。

左 图4-4-19

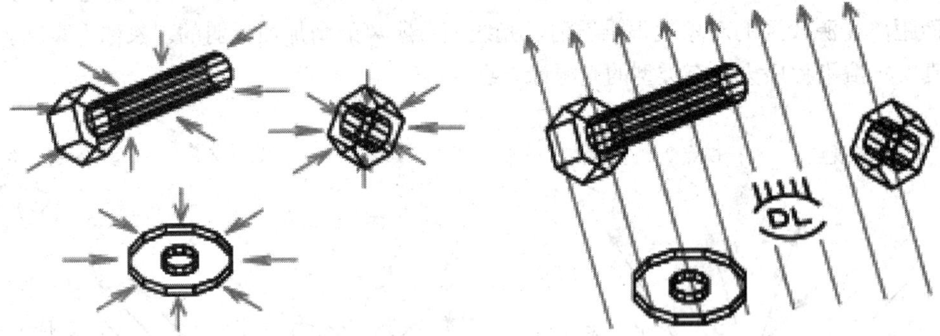

右 图4-4-20

④ 设置点光源。点光源从其所在位置向所有方向发射光线，如图4-4-21所示。点光源的强度随着距离的增加根据其衰减率衰减。点光源可以用来模拟灯泡发出的光。使用点光源可以达到基本的照明效果。将点光源与聚光灯组合起来可以得到通常所需的照明效果。点光源可以代替环境光在局部区域中提供填充光。

⑤ 设置聚光灯。聚光灯发射有向的圆锥形光，如图4-4-22所示。可以指定光线的方向和圆锥的大小。与点光源相似，聚光灯的强度也随着距离的增加而衰减。聚光灯有聚光角和照射角，它们共同控制光沿着圆锥的边如何衰减。当聚光灯照射表面时，照明强度最大的区域被照明强度较低的区域所包围。

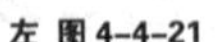
左 图4-4-21

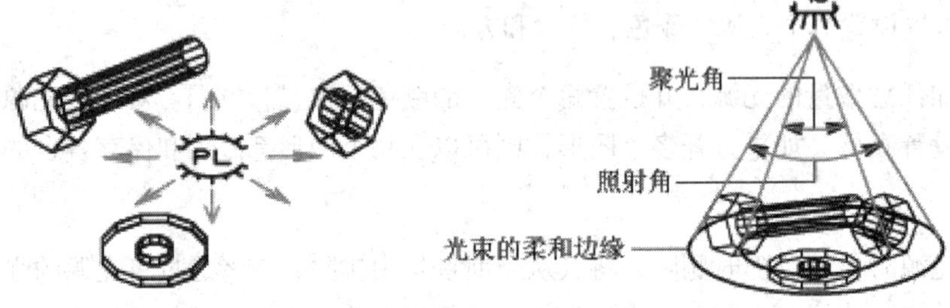

右 图4-4-22

聚光角和照射角之间的差值越大，光束的边缘越柔和。如果聚光角和照射角相等，则光束的边缘就非常明显。聚光角和照射角的范围均为0°～160°。聚光角不能大于照射角。

- 聚光圆锥角：也称为光束角，用于定义光束的最亮部分。
- 照射圆锥角：也称为区域角，用于定义整个圆锥光。
- 聚光角和照射角之间的区域有时也称为快速衰减区。

3. 二维模型的渲染设置

（1）渲染环境设置。单击“视图”→“渲染”→“渲染环境”菜单命令或在面板工具栏的“渲染”控制台中单击（渲染环境）按钮，打开“渲染环境”对话框，如图4-4-23所示。该对话框用于为渲染对象添加各种单色背景、雾化背景效果等。AutoCAD 2008默认的渲染背景为黑色，可以在“渲染环境”对话框中设置背景的颜色。在面板工具栏的“渲染”控制台中单击（渲染）按钮对模型进行渲染，变换背景后的渲染效果如图4-4-24所示。

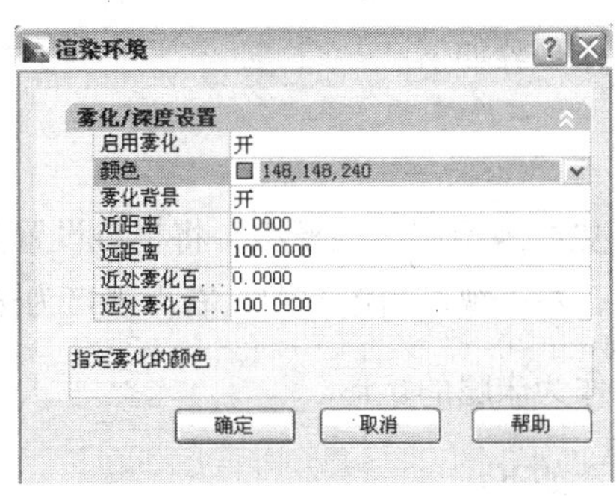

左 图 4-4-23

右 图 4-4-24

（2）高级渲染设置。单击“视图”→“渲染”→“高级渲染设置”菜单命令，打开“高级渲染设置”对话框。可以在该对话框中运用几何图形、光源和材质将模型渲染得更具真实感。该对话框中提供了 5 种渲染类型，用于创建不同的效果，下面简单介绍主要的渲染类型。

① “草稿”和“一般”渲染。“草稿”和“一般”渲染为基本渲染类型，可以获得最佳性能。使用这两种类型时，不需要应用任何材质和添加任何光源，也不需要设置场景就可以对模型进行渲染。当渲染一个新的模型时，渲染程序自动使用一个与肩齐平的虚拟平行光。这个光源不能移动或调整。

② “高”渲染。该渲染类型为照片级真实感扫描线渲染程序，可以显示位图材质和透明材质，并产生体积阴影和贴图阴影。

③ “演示”渲染。“演示”渲染为照片级真实感光线跟踪渲染程序，它使用光线跟踪能产生反射、折射和更加精确的阴影。

（3）三维模型渲染。三维模型渲染的步骤如下。

① 准备模型。包括相应的绘图技术、消除隐藏面、构造平滑着色网格以及设置视图分辨率。

② 照明。包括创建和放置光源以及创建阴影。

③ 添加颜色。包括设置材质并将材质赋予可见表面。

④ 使用渲染工具渲染输出。

在渲染的过程中如果要停止渲染操作，可按键盘上的“Esc”键退出渲染。

4.4.2 【案例 11】绘制室内效果图

本案例先运用多种绘制及编辑三维模型的方法绘制室内三维效果图，然后为三维模型设置材质并渲染输出，完成效果如图 4-4-25 所示。

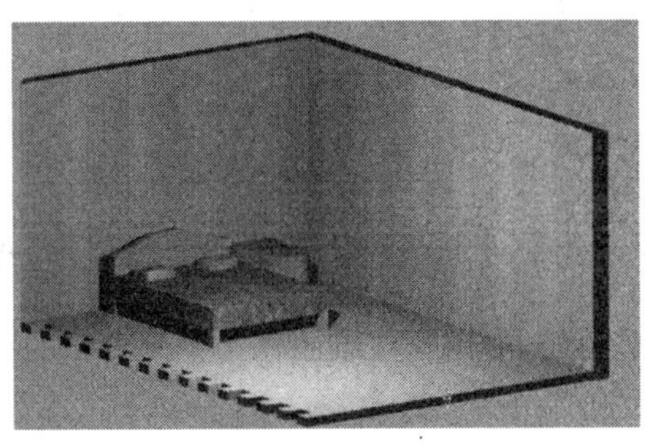

图 4-4-25

绘制室内效果图的操作步骤如下。

1. 室内双人床的绘制

（1）视口设置。为了更好地绘制三维模型，将视口设置为四视口模式（左上视口为左视图，右上视口为主视图，左下视口为俯视图，右下视口为透视图）。

（2）在俯视图中绘制作为床腿的矩形。

命令行窗口的命令提示如下。

```
命令: _rectang
指定第一个角点或 [倒角(C)/标高(E)/圆角(F)/厚度(T)/宽度(W)]:(在俯视图中指定左上方一点)
指定另一个角点或 [面积(A)/尺寸(D)/旋转(R)]: d↵
指定矩形的长度 <1.0000>: 1↵
指定矩形的宽度 <1.0000>: 1↵
```

单击面板工具栏“二维绘图”控制台中的▦（阵列）按钮，打开“阵列”对话框，选中“矩形阵列”单选项，并设置“行偏移”为“15”，“列偏移”为“20”，参数设置如图 4-4-26 所示。俯视图中完成的阵列效果如图 4-4-27 所示。

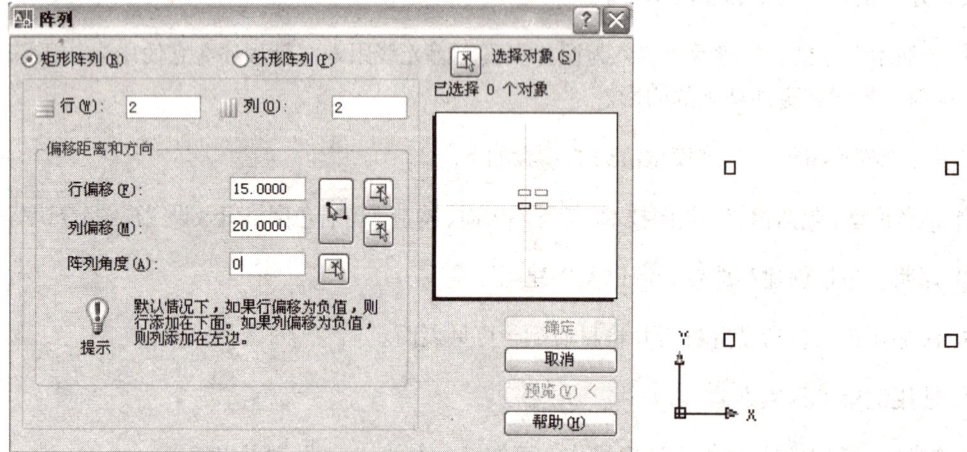

左 图 4-4-26

右 图 4-4-27

使用“三维制作”控制台中的“拉伸”工具，对俯视图中的 4 个矩形对象进行拉伸，拉伸的效果如图 4-4-28 所示。

命令行窗口中的命令提示如下。

```
命令: _extrude
当前线框密度: ISOLINES=4
选择要拉伸的对象: 指定对角点: 找到 4 个
选择要拉伸的对象: ↵
指定拉伸的高度或 [方向(D)/路径(P)/倾斜角(T)] <50.0000>: 3↵
```

（3）在俯视图中绘制矩形，使用“三维制作”控制台中的“拉伸”工具绘制床垫，效果如图 4-4-29 所示。

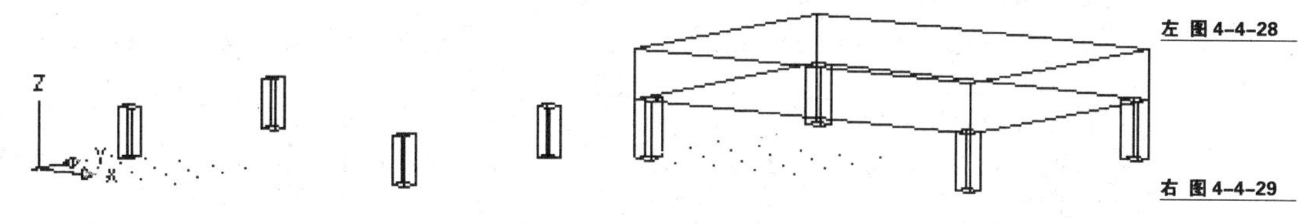

左 图 4-4-28

右 图 4-4-29

命令行窗口的命令提示如下。

```
命令: _rectang
指定第一个角点或 [倒角(C)/标高(E)/圆角(F)/厚度(T)/宽度(W)]:
指定另一个角点或 [面积(A)/尺寸(D)/旋转(R)]: d↵
指定矩形的长度 <1.0000>: 21↵
指定矩形的宽度 <1.0000>: 16↵
命令: _extrude
当前线框密度:  ISOLINES=4
选择要拉伸的对象: 找到 1 个
选择要拉伸的对象: ↵
指定拉伸的高度或 [方向(D)/路径(P)/倾斜角(T)] <3.0000>: 2.5↵
```

（4）使用“长方体”工具在俯视图中绘制床头靠背，效果如图 4-4-30 所示。

命令行窗口的命令提示如下。

```
命令: _box
指定第一个角点或 [中心(C)]:
指定其他角点或 [立方体(C)/长度(L)]:
指定高度或 [两点(2P)] <6.0000>: 3.5↵
```

（5）在左视图中，使用“多段线”命令绘制床头装饰轮廓线，效果如图 4-4-31 所示。命令行窗口的命令提示如下。

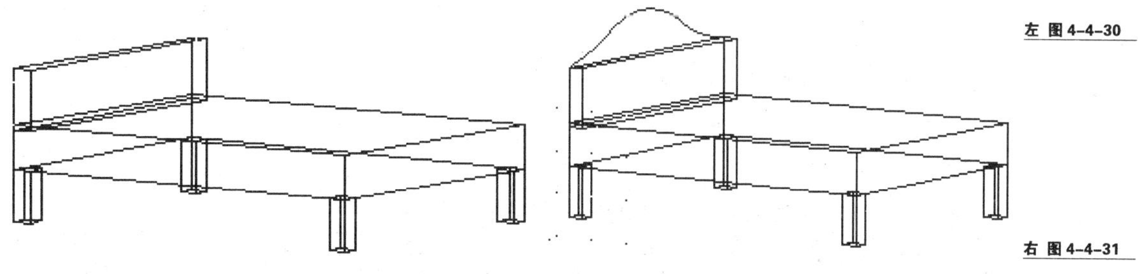

左 图 4-4-30

右 图 4-4-31

```
命令: _pline
指定起点:
当前线宽为 0.0000
指定下一个点或 [圆弧(A)/半宽(H)/长度(L)/放弃(U)/宽度(W)]: A↵
指定圆弧的端点或
[角度(A)/圆心(CE)/方向(D)/半宽(H)/直线(L)/半径(R)/第二个点(S)/放弃(U)/宽度(W)]: A↵
指定包含角: 15↵
指定圆弧的端点或
[角度(A)/圆心(CE)/方向(D)/半宽(H)/直线(L)/半径(R)/第二个点(S)/放弃(U)/宽度(W)]:
```

```
指定圆弧的端点或
[角度(A)/圆心(CE)/闭合(CL)/方向(D)/半宽(H)/直线(L)/半径(R)/第二个点(S)/放弃(U)/宽度(W)]:
指定圆弧的端点或
[角度(A)/圆心(CE)/闭合(CL)/方向(D)/半宽(H)/直线(L)/半径(R)/第二个点(S)/放弃(U)/宽度(W)]:
指定圆弧的端点或
[角度(A)/圆心(CE)/闭合(CL)/方向(D)/半宽(H)/直线(L)/半径(R)/第二个点(S)/放弃(U)/宽度(W)]: L↵
指定下一点或 [圆弧(A)/闭合(C)/半宽(H)/长度(L)/放弃(U)/宽度(W)]: C↵
```

使用"三维制作"控制台中的"拉伸"工具，绘制图 4-4-32 所示的床头装饰效果。

命令行窗口的命令提示如下。

```
命令: _extrude
当前线框密度: ISOLINES=4
选择要拉伸的对象: 找到 1 个(选择多段线)
选择要拉伸的对象: ↵
指定拉伸的高度或 [方向(D)/路径(P)/倾斜角(T)] <1.0000>: 1↵
```

(6) 使用"长方体"工具在俯视图中绘制枕头，并使用"三维制作"控制台中的"圆角"工具对所绘制的枕头进行圆角处理，效果如图 4-4-33 所示。

左 图 4-4-32

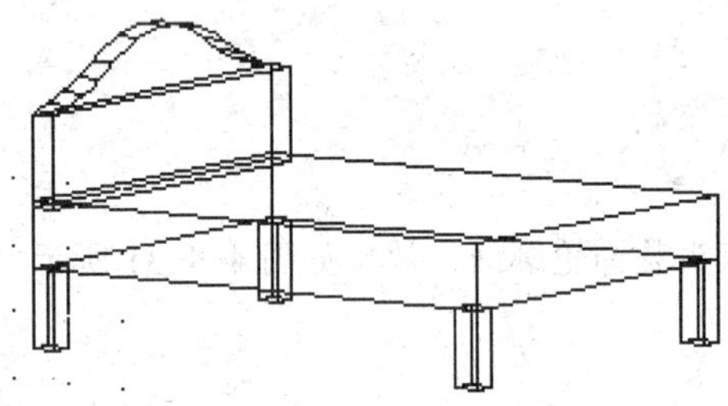

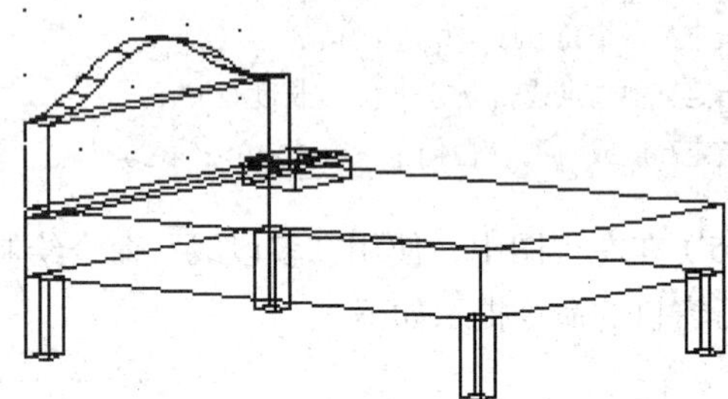

右 图 4-4-33

命令行窗口的命令提示如下。

```
命令: _box
指定第一个角点或 [中心(C)]:
指定其他角点或 [立方体(C)/长度(L)]:
指定高度或 [两点(2P)] <-1.0000>: 1↵
命令: _fillet
当前设置: 模式 = 修剪, 半径= 0.0000
选择第一个对象或 [放弃(U)/多段线(P)/半径(R)/修剪(T)/多个(M)]:
输入圆角半径: 0.3↵
选择边或 [链(C)/半径(R)]:
选择边或 [链(C)/半径(R)]:
已选定 2 个边用于圆角。
命令: _fillet
当前设置: 模式 = 修剪, 半径 = 0.3000
```

```
选择第一个对象或 [放弃(U)/多段线(P)/半径(R)/修剪(T)/多个(M)]:
输入圆角半径 <0.3000>:↵
选择边或 [链(C)/半径(R)]:
已拾取到边。
选择边或 [链(C)/半径(R)]:
已选定 2 个边用于圆角。
```

使用“三维制作”控制台中的“复制”工具绘制另一个枕头，至此，完成床的绘制，效果如图 4-4-34 所示。

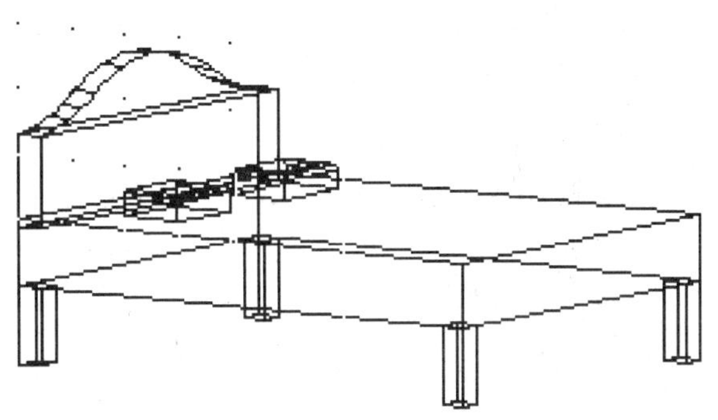

图 4-4-34

（7）为床垫、床头、床腿及枕头设置材质，在“材质”面板中设置样本球的材质如图 4-4-35 所示。床渲染后的效果如图 4-4-36 所示。

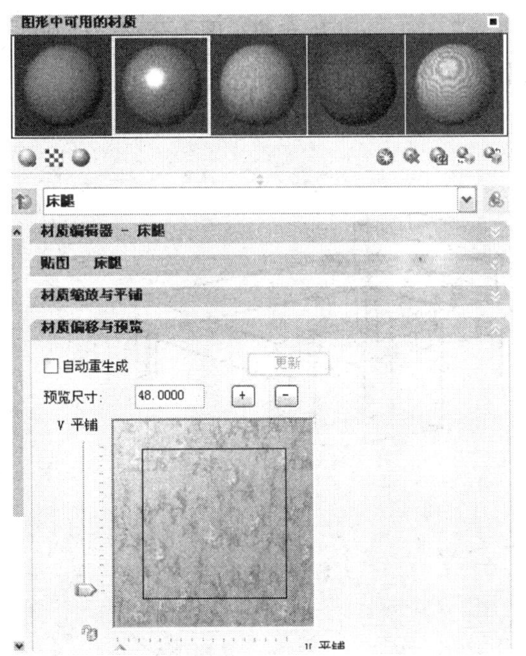

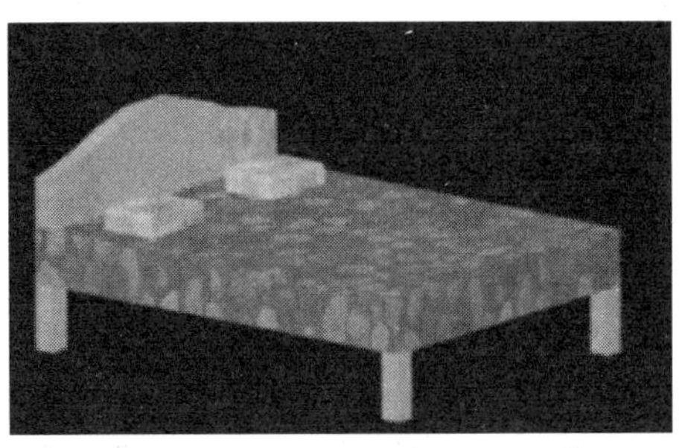

左 图 4-4-35

右 图 4-4-36

2. 室内床头柜的绘制

（1）在俯视图中，分别使用“三维制作”控制台中的“长方体”工具和“圆柱体”工具绘制高度相同的一个长方体和一个圆柱体，圆柱体的直径与长方体俯视图中短边的长度一致，并且重合，效果如图 4-4-37 所示。

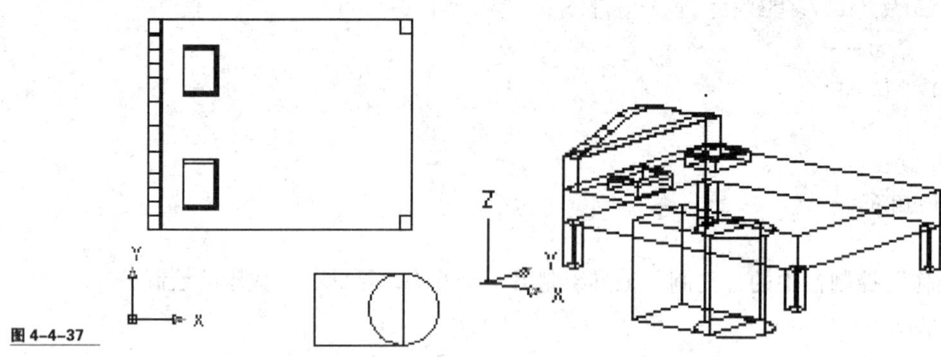

图 4-4-37

命令行窗口的命令提示如下。

```
命令：_box
指定第一个角点或 [中心(C)]:
指定其他角点或 [立方体(C)/长度(L)]: L↵
指定长度 <0.9938>: 7↵
指定宽度 <3.5000>: 5.5↵
指定高度或 [两点(2P)] <1.2194>: 7↵
命令：_cylinder
指定底面的中心点或 [三点(3P)/两点(2P)/相切、相切、半径(T)/椭圆(E)]:
指定底面半径或 [直径(D)] <3.1712>: 2.75↵
指定高度或 [两点(2P)/轴端点(A)] <7.0000>: 7↵
```

（2）在“三维制作”控制台中选择“并集”工具，然后在俯视图中分别选择圆柱与长方体对象，按“Enter”键确认，完成效果如图 4-4-38 所示。

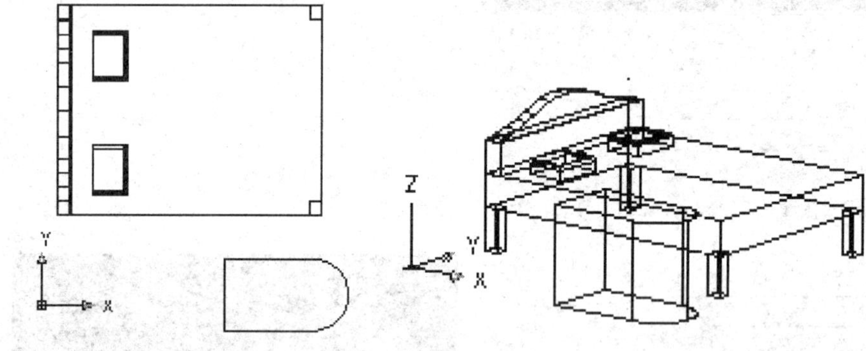

图 4-4-38

命令行窗口的命令提示如下。

```
命令：_union
选择对象：找到 1 个
选择对象：找到 1 个，总计 2 个
```

（3）移动并调整床头柜的位置，然后为床头柜设置材质，并将渲染背景设为白色，渲染后的床头柜效果如图 4-4-39 所示。

3. 室内地面砖及墙的绘制

（1）绘制地面转。使用“长方体”命令绘制第一块地砖，长、宽、高分别为 2，4，1，完成效果如图 4-4-40 所示。

左 图 4-4-39

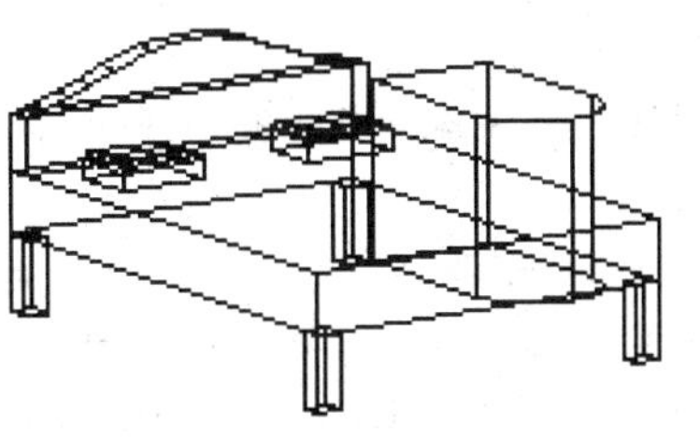

右 图 4-4-40

命令行窗口的命令提示如下。

```
命令: _box
指定第一个角点或 [中心(C)]:
指定其他角点或 [立方体(C)/长度(L)]: L↵
指定长度 <7.0000>: 3↵
指定宽度 <5.5000>: 5↵
指定高度或 [两点(2P)] <4.0000>: 1↵
```

单击“三维制作”控制台中的“阵列”工具，打开“阵列”对话框，在“阵列”对话框中设置阵列类型为“矩形阵列”，行数为 8，列数为 12，“行偏移”和“列偏移”分别为 5 和 6。“阵列”对话框参数设置如图 4-4-41 所示。

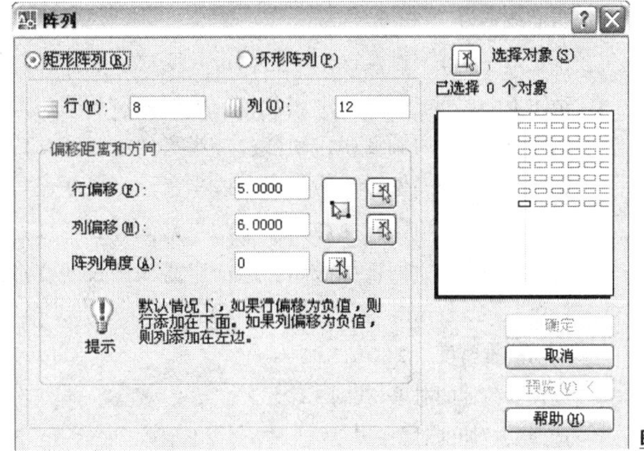

图 4-4-41

在“阵列”对话框中单击“选择对象”按钮，选择第一块地面砖对象，预览并接受阵列对象，效果如图 4-4-42 所示。在“三维制作”控制台中选择“复制”工具，在俯视图中选中所有的地面砖对象，进行移位复制，完成效果如图 4-4-43 所示。

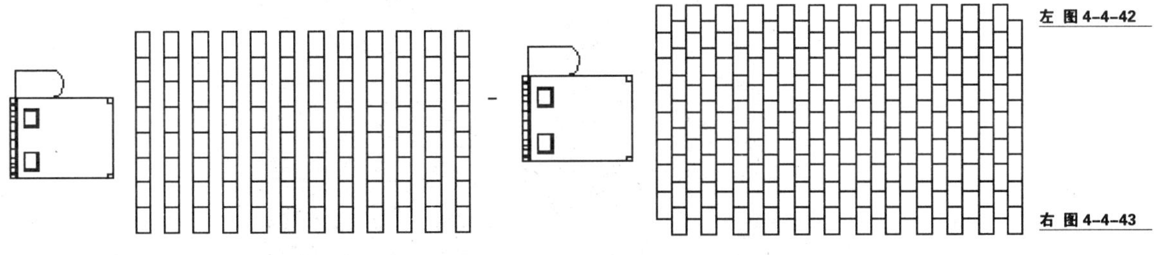

左 图 4-4-42

右 图 4-4-43

命令行窗口的命令提示如下。

```
命令: _array
选择对象: 找到 1 个
命令: _copy
选择对象: 指定对角点:找到 96 个
选择对象:
当前设置:复制模式=多个
指定基点或 [位移(D)/模式(O)] <位移>: d↵
指定位移 <0.0000, 0.0000, 0.0000>: @3, -3↵
```

（2）绘制墙对象。在俯视图中，使用“多段线”命令绘制墙体轮廓线，对所绘制的多段线使用“三维制作”控制台中的“拉伸”工具进行拉伸，效果如图 4-4-44 所示。

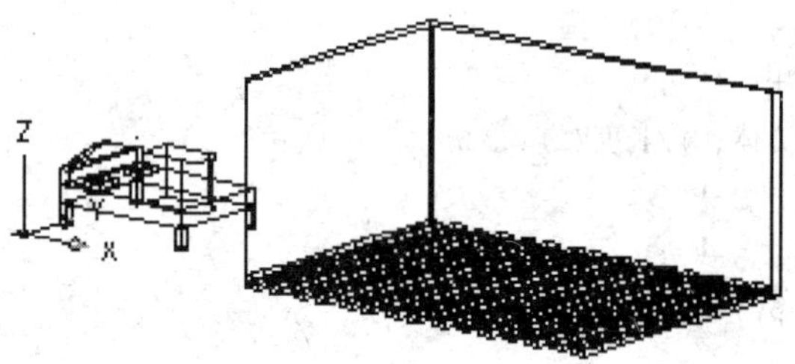

图 4-4-44

命令行窗口的命令提示如下。

```
命令: _pline
指定起点:
当前线宽为 0.0000
指定下一点或 [圆弧(A)/半宽(H)/长度(L)/放弃(U)/宽度(W)]:
指定下一点或 [圆弧(A)/闭合(C)/半宽(H)/长度(L)/放弃(U)/宽度(W)]:
指定下一点或 [圆弧(A)/闭合(C)/半宽(H)/长度(L)/放弃(U)/宽度(W)]:
指定下一点或 [圆弧(A)/闭合(C)/半宽(H)/长度(L)/放弃(U)/宽度(W)]:
指定下一点或 [圆弧(A)/闭合(C)/半宽(H)/长度(L)/放弃(U)/宽度(W)]:
指定下一点或 [圆弧(A)/闭合(C)/半宽(H)/长度(L)/放弃(U)/宽度(W)]: c↵
命令: _extrude
当前线框密度: ISOLINES=4
选择要拉伸的对象:找到 1 个
选择要拉伸的对象:↵
指定拉伸的高度或 [方向(D)/路径(P)/倾斜角(T)] <1.0000>: 28↵
```

（3）为墙体和地面砖指定材质，渲染效果如图 4-4-45 所示。

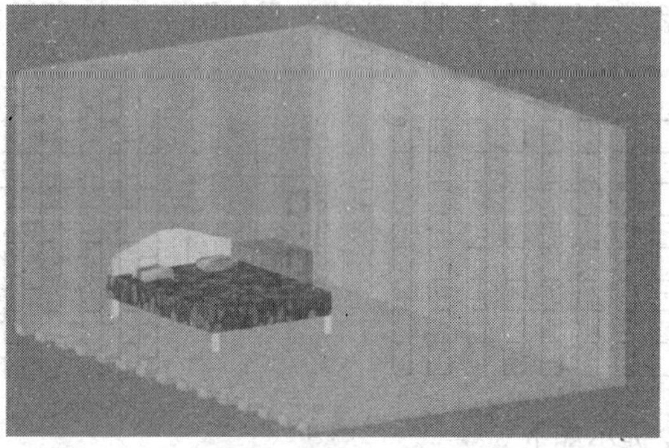

图 4-4-45

4. 设置室内灯光效果

室内的灯光通常选用点光源。单击“光源”控制台的 （创建点光源）按钮，打开“光源”面板。在绘图区的合适位置单击放置点光源。在“光源”面板中还可以设置光源“亮度”、“对比度”及“中间色调”，参数设置如图 4-4-46 所示。设置灯光后的室内效果如图 4-4-47 所示。

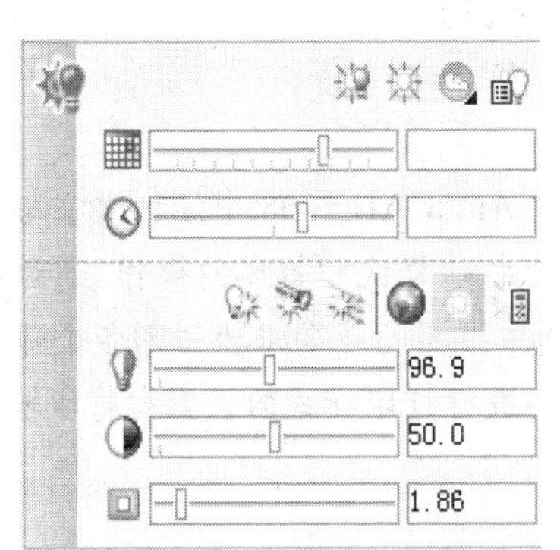

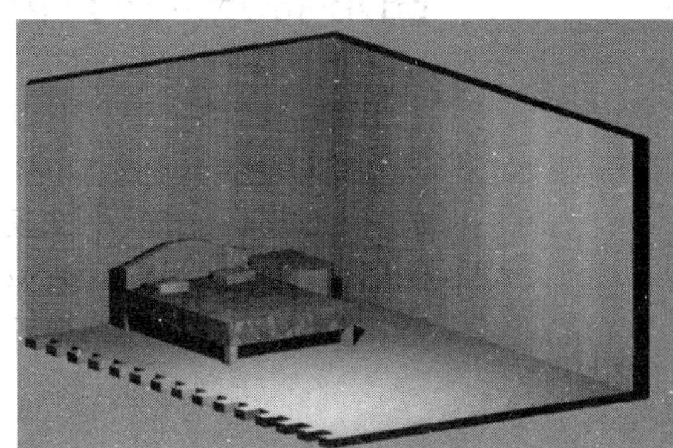

左 图 4-4-46

右 图 4-4-47

思 考 练 习

1. 问答题

（1）简述如何对三维模型进行渲染设置。

（2）简述 AutoCAD 2008 中灯光的种类及设置方法。

2. 上机操作题

参照本节所学的设置材质及渲染三维模型的方法,渲染输出图 4-4-48 所示的沙发三维效果。

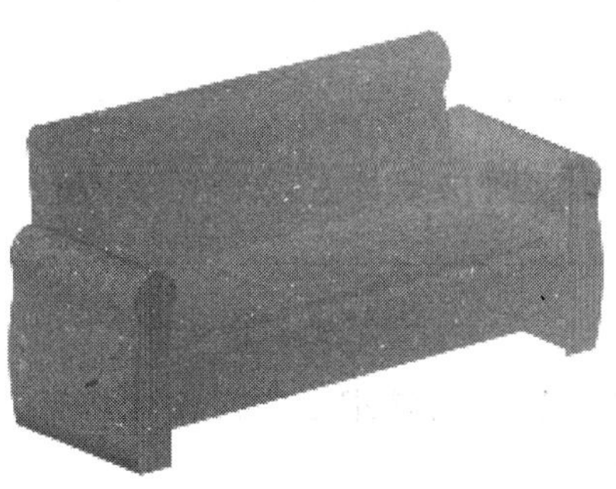

图 4-4-48

第5章 图形标注与打印输出

学习目标：本章重点介绍在AutoCAD 2008中添加文字与尺寸标注的方法和技巧以及为图形对象设定打印样式和打印的操作。通过本章的学习和实践，掌握如何在AutoCAD中按照行业要求为图形各个部分添加文字标注及尺寸标注以及如何对图形进行打印样式的设置和打印输出。

虽然按照比例结构绘制出的AutoCAD图形可以比较清楚地表达图形的样式和结构，但在图形中仍需要添加必要的文字和尺寸标注，以说明图形的各个部分和各部分的详细尺寸，这样可以为看图者和制造加工者提供足够的图形尺寸信息，有助于准确理解设计者的整体构思以及需要实现的工程效果。文字和尺寸标注是平面图的重要组成部分。

当图形设计完毕并添加了符合行业标准的文字及尺寸标注后，就要设置打印样式并打印输出。只有正确设置打印机和打印参数，并为图形对象设置合理、美观的打印样式才能够输出理想的效果图。

5.1 文字与尺寸标注

5.1.1 标注要求及规范，输入与编辑文字、尺寸标注

1. 标注要求及规范

（1）机械零件图的标注要求及规范。零件图中的视图主要用来表达零件的结构形状，而零件的大小则主要依靠标注的尺寸来确定，所以尺寸标注是零件图中的重要内容，它直接影响零件的加工和检测。标注零件尺寸时，应力求达到以下要求。

- 正确。尺寸的标注要符合机械制图国家标准。
- 完整。零件各部分结构的定形尺寸、定位尺寸以及必要的总体尺寸都要标注完全。
- 清晰。尺寸的布置要便于看图查找。

● 合理。尺寸标注既要符合零件的设计要求，又要便于加工和测量。

在进行零件图的尺寸标注时还要注意两个问题，一个是尺寸基准的选择，另一个就是尺寸配置的形式。零件的尺寸基准是指零件装配到机器上或加工测量时，用以确定其位置的一些面、线或点。由于用途不同，基准可分为以下两个方面。

● 设计基准。确定零件在机器中位置的一些面、线或点。

● 工艺基准。确定零件在加工或测量时的位置的一些面、线或点。

一般来说，设计基准标注尺寸是为了满足设计要求和零件的功能要求，而设计工艺基准标注尺寸，则是为了便于加工和测量。

所以选择尺寸基准的一条首要原则是，凡是影响产品性能、工作精度和互换性的主要尺寸，必须从设计基准直接注出，零件中的主要尺寸包括规格性能尺寸、配合尺寸、安装尺寸以及影响零件在机器部件中准确位置的尺寸等。

其次，因为任何一个零件都有长、宽、高 3 个方向（或轴向、径向两个方向）的尺寸，每个尺寸都有基准，因此，每个方向至少要有一个基准。同一方向上有多个基准时，其中必定有一个是主要的，称为主要基准，其余则为辅助基准。

此外，标注尺寸时，应尽量使设计基准与工艺基准统一，称为“基准重合原则”，这样既能满足设计要求，又能满足工艺要求。一般情况下，设计基准与工艺基准是可以做到统一的。当两者不能统一时，要按设计要求标注尺寸，在满足设计要求的前提下力求满足工艺要求。

同一零件，如果采用的尺寸标注方法不同，最后加工出来的零件尺寸也会不一样。常用的尺寸标注方法有以下几种。

● 坐标标注法。标注的尺寸从一个基准出发，各轴肩到基准面的尺寸精度不受其他尺寸影响，这是坐标标注法的优点。

● 链状标注法。尺寸依次标注成链状，前一个尺寸的终止处即为后一个尺寸的起点。其优点是能保证各段尺寸的精度，缺点是各段尺寸误差积累在总尺寸上，总体尺寸精度得不到保证。

● 综合标注法。它结合了坐标标注法和链状标注法的优点。对有一定精度要求的尺寸直接标注，误差积累在末直接标注尺寸的非重要一段上。综合注法最能满足零件的设计和工艺要求，是常用的一种尺寸标注形式。

标注是向图形中添加测量注释的过程。用户可以为各种对象沿各个方向创建标注。基本的标注类型包括：线性、径向（半径和直径）、角度和弧长标注，如图 5-1-1 所示。

（2）建筑工程图的标注要求及规范。AutoCAD 的默认尺寸标注是为机械制图设置的，往往不能满足建筑工程制图的要求，在使用 AutoCAD 标注建筑图形时要根据国家制图标准中对于建筑工程制图的有关规定及标准进行。

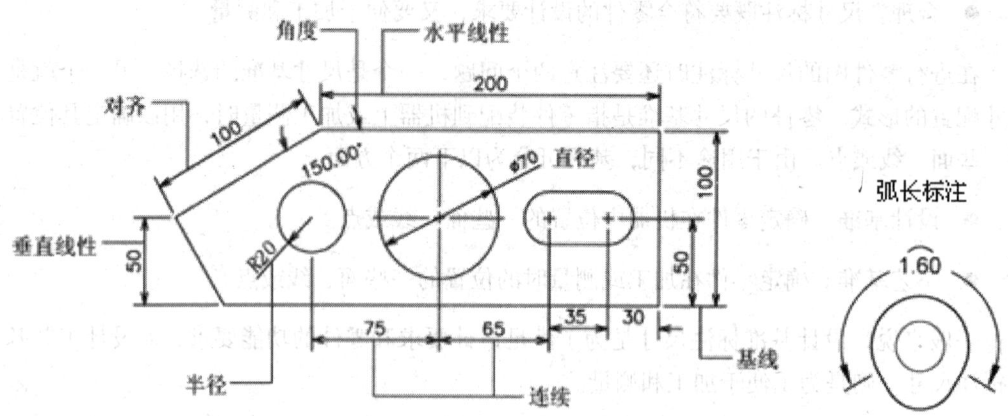

图 5-1-1

① 根据国标 GBJ104-87 规定，建筑工程尺寸中尺寸线、尺寸界线用细实线绘制；尺寸起止符一般用中粗短斜线绘制，长度为 2～3mm。尺寸线一般与被标注长度平行，且不宜超出尺寸界线；尺寸界线一般应与被标注的长度垂直，距图样端头不少于 2mm，另一端宜超出尺寸线 2～3mm。

② 尺寸数字的单位除标高和总平面以 m 为单位外，其他均为 mm，尺寸数字依据其读取方向注写，靠近尺寸线上方的中部，如果没有足够的标注位置，尺寸数字可以写在尺寸线外侧，也可用一条引线引出标注。总之，要具体情况具体分析，不能一概而论。数字的字高不能太小，文本字高应从 2.5mm、3.5mm、5mm、7mm、10mm、14mm、20mm 7 种字高中选用（以上尺寸均指出图纸中的实际测量尺寸）。

2. 输入与编辑文本

（1）文本标注要求及规范。在使用 AutoCAD 绘制图形时，常要用文字、数字和字母表示物体的大小及技术要求等内容，国家标准对文本标注作了统一规定（GB/T 14691—1993）。

- 图样中的文本必须做到：字体工整、笔划清楚、间隔均匀、排列整齐。
- 字体高度（用 h 表示）的公称尺寸（mm）有 1.8、2.5、3.5、5、7、10、14、20 几种。如需要书写更大的文字，其字体高度应按 $\sqrt{2}$ 的比率递增。字体高度代表文本的字号。
- 汉字应写成长仿宋体，并采用中华人民共和国国务院正式公布推行的《汉字简化方案》中规定的简化字。汉字的高度应不小于 3.5mm，其字宽一般为 $\sqrt{2}$。
- 字母和数字可写成正体和斜体。斜体字字头向右倾斜，与水平基准线成 75°。

（2）设置文字样式。在进行文字标注之前，应首先定义文字样式，特别是对于要求输出的汉字标注，要把文字样式中的字体定义为中文字体，否则会出现一行行的？？？，而不是想要的汉字。

在设置文本标注字体时，可以只用一种字体就同时输入字母、数字、汉字和 Ø 等特殊符号。方法为在“文字样式”对话框的“字体”下拉列表框中选择“romand.shx”（或其他扩展名为.shx 的字体），同时选中“使用大字体”复选框；再在“大字体”下拉列表框中选择

"gbcbig.shx"即可，如图 5-1-2 所示。这样在输入文字时就不用切换字体样式，而且当文字内容中汉字和特殊符号混杂时，也不用分几次来输入。但是，由于这样产生的汉字是由线条组成的，而不是 Ture Type 字体，不够美观，而且当字体高度较大时，文字显得单薄。

图 5-1-2

在设置字体时，在"字体名"下拉列表中选择"T 宋体"或"@宋体"，前者表示文字横向排列，后者表示文字竖向排列。如果没有定义文字的高度（默认为 0），则在进行文字标注时可指定文字的高度。

（3）文本的输入。

① 输入单行文字。使用 AI（单行文字）按钮，可以创建单行或多行文字，按"Enter"键时换行。使用"单行文字"按钮标注的文本，其每行文字都是独立的对象，可以单独进行定位、调整格式等编辑操作。对于不需要多种字体或多行的简短项，可以创建为单行文字。单行文字对于创建标签非常方便。

使用"单行文字"按钮进行文本标注时，可以设置文本的对齐方式。在命令行提示"指定文字的起点或[对正(J)/样式(S)]:"时输入"J"，然后再选择对齐方式。

命令行窗口提示操作步骤如下。

```
命令:TEXT ↵
当前文字样式: 文字标注  当前文字高度: 400
指定文字的起点或[对正(J)/样式(S)]:J ↵（指定对正方式）
输入选项[对齐(A)/调整(F)/中心(C)/中间(M)/右(R)/左上(TL)/中上(TC)/右上(TR)/左中(ML)/正中(MC)/右中(MR)/左下(BL)/中下(BC)/右下(BR)]: （选择对正选项）
```

系统提示了几种文本对齐方式，各种对齐方式的含义分别如下。

- 对齐：通过指定基线端点来指定文字的高度和方向。
- 调整：标注文本在指定的文本基线的起点和终点之间保持高度不变，通过调整文本的宽度来匹配对齐方式。
- 中心：标注文本的中心点与所指定的点对齐。
- 中间：标注文本的文本中心和高度中心与指定点对齐。

- 右：标注文本右对齐。
- 左上：在指定为文字顶点的点上靠左对齐文字，只适用于水平方向的文字。
- 中上：在指定为文字顶点的点上居中对齐文字，只适用于水平方向的文字。
- 右上：在指定为文字顶点上靠右对齐文字，只适用于水平方向的文字。
- 左中：在指定为文字中点的点上靠左对齐文字，只适用于水平方向的文字。
- 正中：在文字的中心水平和垂直居中对齐文字，只适用于水平方向的文字。
- 右中：在指定为文字中点的点上靠右对齐文字，只适用于水平方向的文字。
- 左下：以指定为基线的点靠左对齐文字，只适用于水平方向的文字。
- 中下：以指定为基线的点居中对齐文字，只适用于水平方向的文字。
- 右下：以指定为基线的点靠右对齐文字，只适用于水平方向的文字。

② 输入多行文字。使用 A（多行文字）按钮，可以创建多行文字或段落文字。多行文字由任意数目的文字行或段落组成，布满指定的宽度。还可以沿垂直方向无限延伸。

无论行数是多少，单个编辑任务中创建的每个段落集将构成单个对象；用户可对其进行移动、旋转、删除、复制、镜像和缩放操作。

多行文字的编辑选项比单行文字多。例如，可以对段落中的单个字符、单词或短语设置下划线、字体、颜色和高度等。

③ 输入特殊字符。在标注图形时，经常需要输入一些特殊字符，如上划线、直径、度数和百分比等符号。用户在标注文本时输入相应的代码，即可快速输入特殊字符。

特殊字符的输入方法如下。

- 输入“%%NNN”代码表示输入 ASCII 码。
- 输入“%%O”代码表示输入上划线。
- 输入“%%U”代码表示输入下划线。
- 输入“%%D”代码表示输入度。
- 输入“%%P”代码表示输入正负公差符号。
- 输入“%%C”代码表示输入直径符号。
- 输入“%%%”代码表示输入百分比符号。

（4）文本的编辑。完成文字标注后，用户可以使用 AutoCAD 提供的一系列文本编辑命令对文字标注进行编辑修改。

① 修改文字。单击“修改”→“对象”→“文字”→“编辑”菜单命令，然后选择要修改的文字对象，即可对选中的文字进行修改。

选择的标注文本的类型不同，打开的对话框也不相同，有如下几种情况。

- 选择单行文字标注文本，可以直接对其进行修改。
- 选择多行文字标注文本，会打开“文字格式”工具栏及文字编辑区，对文字进行修改，如图 5-1-3 所示。

图 5-1-3

② 查找和替换文字。单击“编辑”→“查找”菜单命令，打开“查找和替换”对话框。在该对话框中可以对单行文字或多行文字进行查找和替换操作，如图 5-1-4 所示。

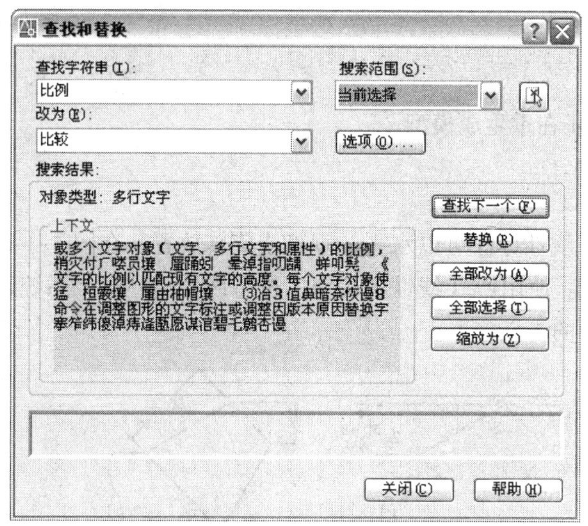

图 5-1-4

③ 修改文字比例。单击“修改”→“对象”→“文字”→“比例”菜单命令，可以更改一个或多个文字对象（单行文字、多行文字）的比例，可以指定相对比例因子或绝对文字高度，或者调整选定文字的比例以匹配现有文字的高度。每个文字对象使用同一个比例因子设置比例，并且保持当前的位置。

命令行窗口提示操作步骤如下。

```
命令:_SCALETEXT↵
选择对象:找到 1 个
选择对象:↵
输入缩放的基点选项[现有(E)/左(L)/中心(C)/中间(M)/右(R)/左上(TL)/中上(TC)/右上(TR)/左中(ML)/正中(MC)/右中(MR)/左下(BL)/中下(BC)/右下(BR)]<现有>:↵
指定新高度或[匹配对象(M)/缩放比例(S)]<8>:15↵
```

④ 文本的显示。如果图形中的文本内容较多，当使用“缩放”、“重画”等命令时，命令的执行速度会变慢。这时，用户可以使用“QTEXT（快显）”命令将文本设置为快速显示方式，使图形中的文本以线框的形式显示，从而提高图形的显示速度。需要注意的是，

用户在输入文本时可以使用“快显”命令来实现文本的快显，但在打印文件时必须关闭此命令（设置为 OFF），否则打印出的图形文字部分只显示一个矩形框。

在命令行输入“QTEXT”命令后，再输入“ON”可以打开文本快显方式、输入“OFF”可以关闭文本快显方式。关闭文本快显前后的对比效果如图 5-1-5 所示。

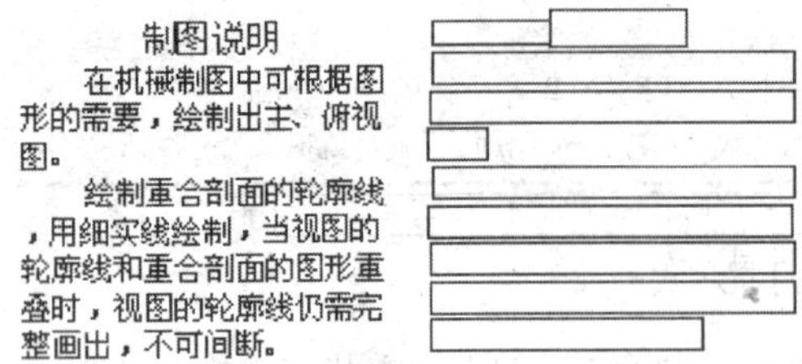

图 5-1-5

命令行窗口提示操作步骤如下。

```
命令:QTEXT↵
输入模式[开(ON) / 关(OFF)]<关>:ON↵
```

命令:_REGEN 正在重生成模型。

3. 线性标注方法

（1）线性标注。线性标注可以水平、垂直或旋转放置。在图 5-1-6 中，分别将尺寸界线原点指定为 1 和 2。使用⊢⊣（线性）按钮，进行线性标注时，系统还提供了如下几个选项供用户设置，各项的含义如下。

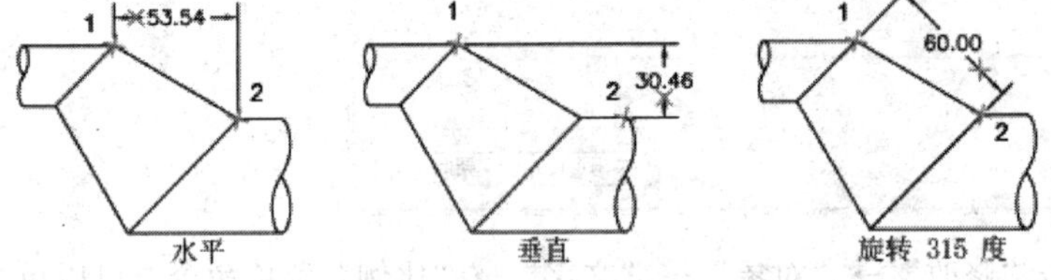

图 5-1-6

- 多行文字（M）：改变多行标注文字，或者为多行标注文字添加前缀、后缀。
- 文字（T）：改变当前标注文字，或者为标注文字添加前缀、后缀。
- 角度（A）：修改标注文字的角度。
- 水平（H）：创建水平线性标注。
- 垂直（V）：创建垂直线性标注。
- 旋转（R）：创建旋转线性标注。

（2）对齐标注。使用↘（对齐）按钮，可创建垂直、水平和旋转的线性尺寸标注，在对齐标注时，尺寸线平行于尺寸界线原点连成的直线。“对齐”命令一般用于倾斜对象的尺寸标注，系统会自动将尺寸线调整为与所标注线段平行，如图 5-1-7 所示。可以创建与指定位置或对象平行的标注。

（3）坐标标注。使用坐标按钮（坐标）按钮，可以沿一条简单的引线显示构件的 X 或 Y 坐标。

这些坐标标注也称为基准标注。AutoCAD 使用当前用户坐标系（UCS）确定测量的 X 或 Y 坐标，并且沿与当前 UCS 坐标系正交的方向绘制引线。执行“DIMORDINATE”命令后，命令行提示中部分选项的含义如下。

- 引线端点：由构件和引线端点的坐标值之差决定是 X 坐标标注还是 Y 坐标标注。
- X 基准（X）：测量 X 坐标并确定引线和标注文字的方向。
- Y 基准（Y）：测量 Y 坐标并确定引线和标注文字的方向。

（4）连续和基线标注。使用（连续）按钮，可以创建首尾相连的多个标注，使用（基线）按钮，可以创建自同一基线处测量的多个标注，如图 5-1-8 所示。在创建基线标注或连续标注之前，必须创建线性标注、对齐标注或角度标注。可自当前任务最近创建的标注中以增量方式创建基线标注。连续标注和基线标注都是从上一个尺寸界线处测量的，除非指定另一点作为原点。

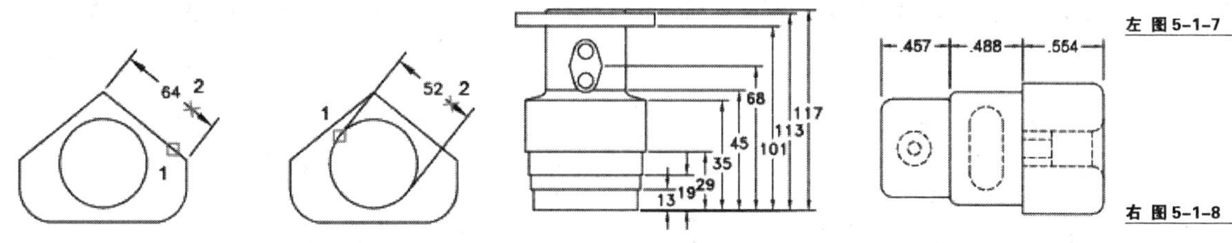

左 图 5-1-7

右 图 5-1-8

（5）引线标注。使用（引线）按钮，可创建引线标注。在机械制图中，常用该命令标注零件的材料及组成等。在 AutoCAD 2008 中，也可对引线标注进行设置，如设置引线类型、箭头样式等。

单击“标注”→“引线”菜单命令，然后在命令行输入“S”，按“空格”键确认，打开“引线设置”对话框。在该对话框中即可对引线进行设置，如图 5-1-9 所示。

命令行窗口提示操作步骤如下。

```
命令:_QLEADER↵
指定第一个引线点或[设置(S)]<设置>:S↵ （输入设置选项）
```

图 5-1-9

4. 圆与弧的标注方法

（1）半径/直径标注。使用（半径）按钮或（直径）按钮，可以标注圆或圆弧的半径或直径，如图 5-1-10 所示。半径标注由一条指向圆或圆弧的箭头的半径尺寸线组成，并显示前面带有字母 R 的标注文字。直径标注用于测量圆弧或圆的直径，并显示前面带有直径符号的标注文字。如果系统变量 DIMCEN 未设置为 0，则绘制一个圆心标记。

（2）折弯标注。使用 （折弯）按钮，可以标注圆或圆弧的半径或直径，如图 5-1-11 所示。当圆弧或圆的中心位于布局外并且无法在其实际位置显示时，可以使用折弯半径标注来标注其半径，折弯标注也称为“缩放的半径标注”。

左 图 5-1-10

右 图 5-1-11

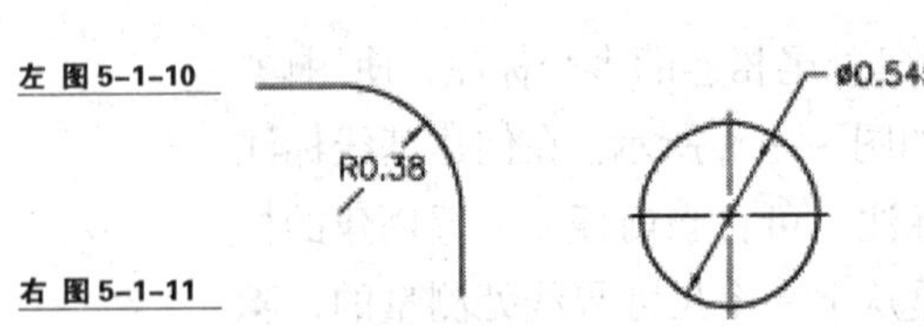

（3）角度标注。使用 （角度）按钮，可以精确测量并标注两条直线或 3 个点之间的角度，如图 5-1-12 所示。使用该命令进行角度标注时，系统会自动计算并标注角度。

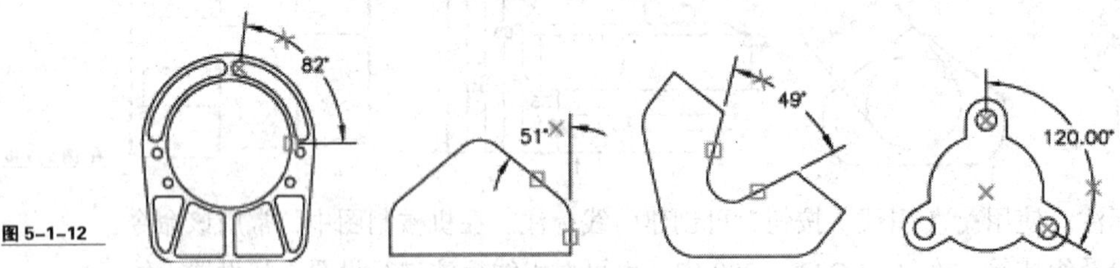

图 5-1-12

（4）弧长标注。使用 （弧长）按钮，可以测量圆弧或弧线段的距离，如图 5-1-13 所示。该命令为 AutoCAD 2008 的新增命令。弧长标注的典型用法包括测量围绕凸轮的距离或电缆的长度。为区别它们是线性标注还是角度标注，默认情况下弧长标注将显示一个圆弧符号。

（5）圆心标记。使用 （圆心）按钮，可以标注圆或圆弧的中心，如图 5-1-14 所示。执行该命令后，会出现以下 3 种情况中的一种。

左 图 5-1-13

右 图 5-1-14

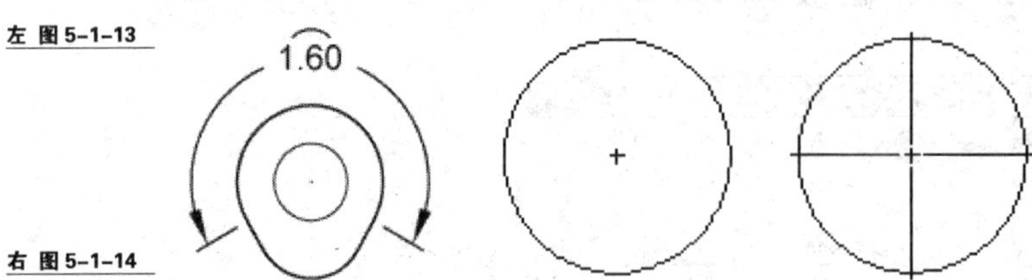

- 圆心标记为“无”，则不能进行圆心标注。
- 圆心标记为“标记”，则标注的圆心标记为小十字形。
- 圆心标记为“直线”，则标注的圆心标记为中心线。

5. 其他标注及特殊标注

（1）快速标注。在标注尺寸的过程中，有时常会因为要标注不同的对象，而选择不同的标注类型，从而降低了工作效率。为此，AutoCAD 提供了 (快速) 按钮，使用该按钮可以快速标注所选择的对象，该功能是一个交互式、自动化的尺寸标注生成器，大大简化了繁重的标注工作，可有效地提高工作效率。但是，使用这种方式创建的标注是无关联的。

(2) 替代标注样式。替代标注样式是对当前标注样式中的指定设置所作的修改，它可以在不修改当前标注样式的情况下修改尺寸标注系统变量等效。在“标注样式管理器”对话框中，单击“替代”按钮，即可为单独的标注或当前的标注样式定义标注样式替代。

(3) 公差标注。

① 尺寸公差。尺寸公差是指常用的机械零件具有互换性，为了满足这个要求，并不要求零件的尺寸做得绝对准确，而是对零件的尺寸规定一个合理的变动范围，这个变动范围称为尺寸公差。尺寸公差有关的术语和定义如下。

- 基本尺寸：设计给定的尺寸，称基本尺寸。
- 实际尺寸：零件加工完后，实际测量的尺寸。
- 极限尺寸：一个尺寸允许的两个极限值称为极限尺寸。极限尺寸有两个，一个是最大极限尺寸，另一个是最小极限尺寸。显然，若实测的尺寸在最大与最小极限尺寸之间，就是合格的。
- 偏差：偏差有上偏差和下偏差两个。上偏差 = 最大极限尺寸 − 基本尺寸。
- 尺寸公差（简称公差）：允许尺寸的变动范围称为公差。公差 = 最大极限尺寸 − 最小极限尺寸 = 上偏差 − 下偏差。公差为绝对值，不能为零。

在 AutoCAD 中，标注尺寸公差很方便，但是，必须首先设置公差的形式及大小。在实际标注中，多数尺寸使用当前的标注样式，但该标注样式经常需局部调整，如尺寸公差的标注。在这种情况下，不必新建另一个标注样式，只需使用标注样式的覆盖方式，重新设置即可。这样在调整了某些尺寸变量后，不会影响以前的尺寸标注，仅对以后的尺寸标注起作用。

② 形位公差。形位公差简称形位公差，是形状和位置的公差，即零件要素（点、线、面）的实际形状和位置相对于理想形状和位置允许的变动范围。某些精确度要求较高的零件，不仅要保证其尺寸公差，而且还要保证其形位公差。因此，应根据设计要求，在零件图上标注有关的形状和位置公差。

国家标准 GB/T 11182—1996 将形状公差分为 4 个项目：直线度、平面度、圆度和圆柱度。将位置公差分为 8 个项目：其中，平行度、垂直度和倾斜度为定向公差；位置度、同轴度和对称度为定位公差；圆跳动和全跳动为跳动公差。线轮廓度和面轮廓度按有无基准要求，分为位置公差和形状公差。形位公差的每个项目都规定了专用符号，如图 5-1-15 所示。

国家标准 GB/T 1184—1996 中对形位公差各项目规定了 1～12 共 12 个公差等级，等级数越大，公差值也越大，精度越低。

在图样上标注形位公差时，应有公差框格、被测要素和基准要素（对位置公差）3 组内容。

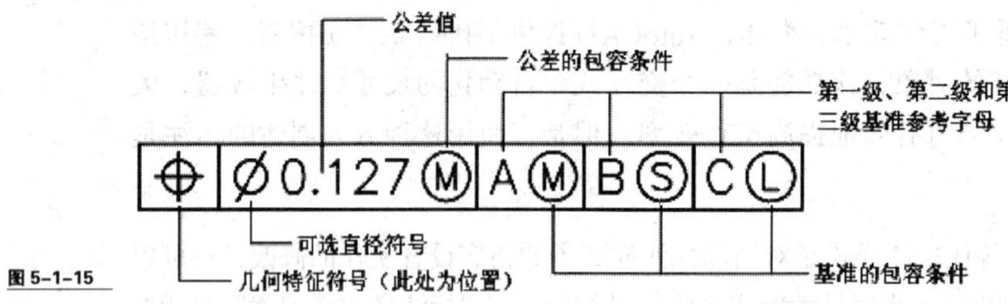

图 5-1-15

- 公差框格：形位公差要求在矩形公差框格中给出，该框由两格或多格组成，用细实线绘制，框格高度最好为图内尺寸数字高度的 2 倍，框格中的内容从左到右分别为公差特征符号、线性公差值（如是圆形或圆柱形的公差，则在公差值前加注"Ø"，如果是球形的，则加注"sØ"），第三格及以后格为基准代号的字母和有关符号。公差框格可水平或垂直放置。

- 被测要素的标注：用带箭头的引线将框格与被测要素相连，按下面两种方式标注。

当公差涉及线或面时，将箭头垂直指向被测要素轮廓线或其延长线上，但必须与相应尺寸线明显错开。

当公差涉及轴线或中心平面时，则带箭头的引线应与尺寸线的延长线重合，对多个表面有同一数值的公差带要求时，应在同一轴线上进行统一标注。

- 基准要素的标注：基准要素用基准字母表示，基准符号用带小圆（直径是图中尺寸数字高的 2 倍）的大写字母表示，并用细实线与粗短线相连。表示基准的字母也应标注在相应的公差框格内。

单一基准要用大写字母表示；由两个要素组成的公共基准，用横线隔开的大写字母表示；由 3 个或 3 个以上要素组成的基准体系，如多基准组合，表示基准的大写字母按基准的优先次序从左至右分别置于框格中。

基准符号的短横线应置于：当基准要素是轮廓线或表面时，在要素的外轮廓线上方或它的延长线上，并应与尺寸线明显错开；当基准要素是轴线或中心平面或带尺寸要素的确定点时，基准符号中的粗短线应与尺寸线对齐。

（4）表面粗糙度。零件在加工时，刀具在零件表面上会留下刀痕，金属表面由于塑性变形和机床振动等因素，使得零件表面存在间距较小的轮廓峰谷。表示零件表面具有较小间距和峰谷所组成的微观几何形状特征，称为表面粗糙度。

表面粗糙度对零件的配合性质、疲劳强度、接触刚度、耐磨性和耐蚀性等的影响很大。零件表面工作情况不同，对表面粗糙度的要求也不一样。

① 表面粗糙度符号一旦被定义为属性块，其标注就很容易了，但需注意在对图块进行镜像操作前须将系统变量 MINTEXT 的值置为 0，这样表面粗糙度的值才具有可读性。

② 各种符号在机械制图中所表达的含义及应用的情况如下。

"√"代表基本符号，表示表面可用任何方法获得。当不加注表面粗糙度参数值或有关说明时（如表面处理、局部热处理状况等），仅适用于简化代号标准。

“√”表示表面是用去除材料的方法获得的。应用于车、铣、钻、磨、剪切、抛光、腐蚀、电火花加工、气割等表面加工。

“√”表示表面是用不去除材料的方法获得或者表示保持原供应状况的表面（包括保持上道工序的状况）应用于铸、锻、冲压变形、热轧、冷轧、粉末冶金等加工。

6. 标注样式的修改编辑

（1）修改标注样式。在进行标注时，如果标注内容没有完全保持在尺寸界线之间，而是超出了尺寸界限，那么可对其进行修改，使其适合标注的对象。

标注是一种非常特殊的图形对象，它包含文字、箭头和线条。一般情况下，AutoCAD 把标注作为一个整体进行修改和编辑，并提供了专门的标注修改命令。用户可以使用“分解”命令，把标注分解成组成标注的线段、文字和箭头块等基本图形元素。修改标注样式的方法如下。

① 在图 5-1-16 所示的“标注样式管理器”对话框中，选中要修改的标注样式名称，如机械标注，然后单击“修改”按钮，打开“修改标注样式：机械标注”对话框。

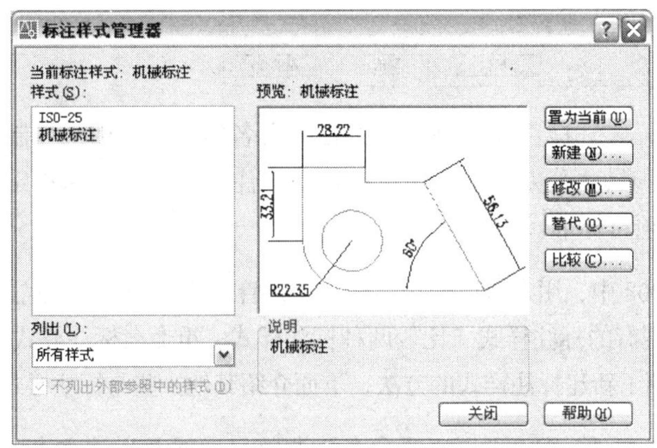

图 5-1-16

② 在“修改标注样式：机械标注”对话框中单击“调整”选项卡。将“使用全局比例”设置为“1.5”，如图 5-1-17 所示。

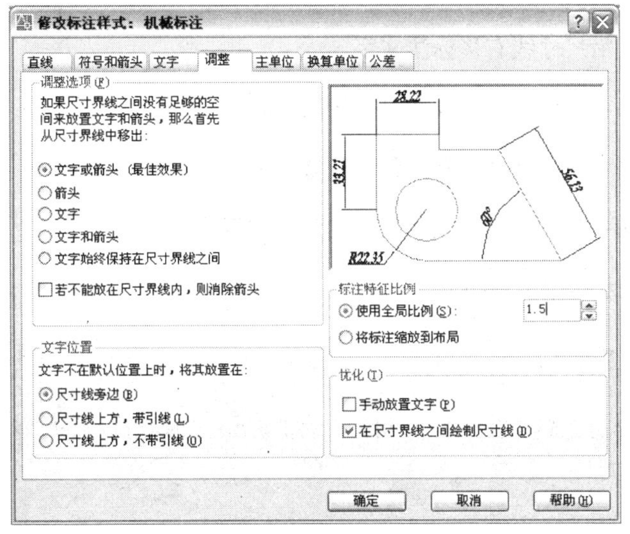

图 5-1-17

③ 打开“文字”选项卡，在“文字外观”选项栏设置“文字样式”为“Stadard”、“文字高度”为“4”，如图 5-1-18 所示。然后单击“确定”按钮，关闭该对话框并返回“标注样式管理器”对话框中。在“标注样式管理器”对话框中单击“关闭”按钮，完成标注样式的修改。

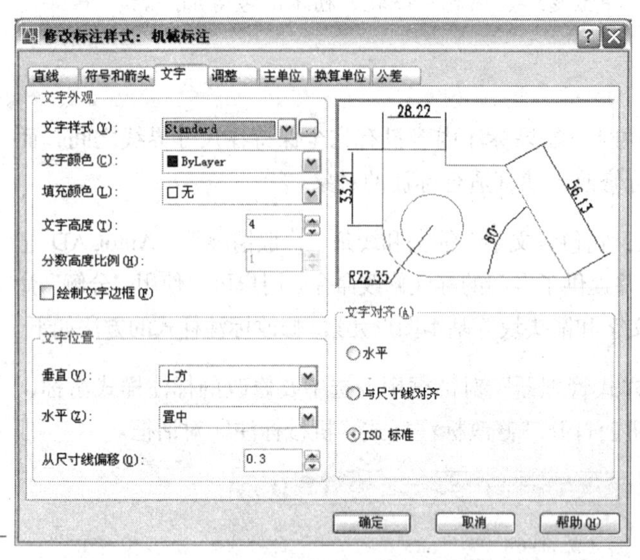

图 5-1-18

（2）编辑标注样式。标注样式是标注设置的命名集合，可用来控制标注的外观，如箭头样式、文字位置和尺寸公差等。用户可以创建标注样式，以快速指定标注的格式，并确保标注符合行业或项目标准。

在 AutoCAD 2008 中，用户可以使用“标注样式管理器”对标注样式进行管理，如创建新的标注样式、修改现有的标注样式、比较两种标注样式、重命名标注样式或删除标注样式等。在前面已经详细介绍了新建标注样式的方法，下面介绍其他一些与标注样式相关的操作。

① 对齐标注文本。使用“对齐文字”命令可调整尺寸线及尺寸文本的位置，如图 5-1-19 所示。执行该命令后，命令行中提示以下 5 个选项，各选项的含义如下。

- 左（L）：沿尺寸线左移标注文字。
- 右（R）：沿尺寸线右移标注文字。
- 中心（C）：将标注文字放在尺寸线的中心。
- 默认（H）：将标注文字移回默认位置。
- 角度（A）：将标注文字按所指定的角度进行旋转。

命令行窗口提示操作步骤如下。

```
命令:_DIMEDIT↵
选择标注:
指定标注文字的新位置或[左(L)/右(R)/中心(C)/默认(H)/角度(A)]:_L↵（输入左选项）
命令: DIMTEDIT↵
选择标注:
```

```
指定标注文字的新位置或[左(L)/右(R)/中心(C)/默认(H)/角度(A)]:R↵（输入右选项）
命令: DIMTEDIT↵
选择标注:
指定标注文字的新位置或[左(L)/右(R)/中心(C)/默认(H)/角度(A)]:C↵（输入中心选项）
命令: DIMTEDIT↵
选择标注:
指定标注文字的新位置或[左(L)/右(R)/中心(C)/默认(H)/角度(A)]:A↵（输入角度选项）
指定标注文字的角度:30↵（输入旋转角度）
```

② 比较标注样式。单击“标注”→“样式”菜单命令，打开“标注样式管理器”对话框。在该对话框中单击“比较”按钮，打开“比较标注样式”对话框。在该对话框中选择想要比较的标注样式，系统显示这两种样式在特性上的差异，如图 5-1-20 所示。如果选择同一种标注样式，则系统将显示这种标注样式的所有特性。

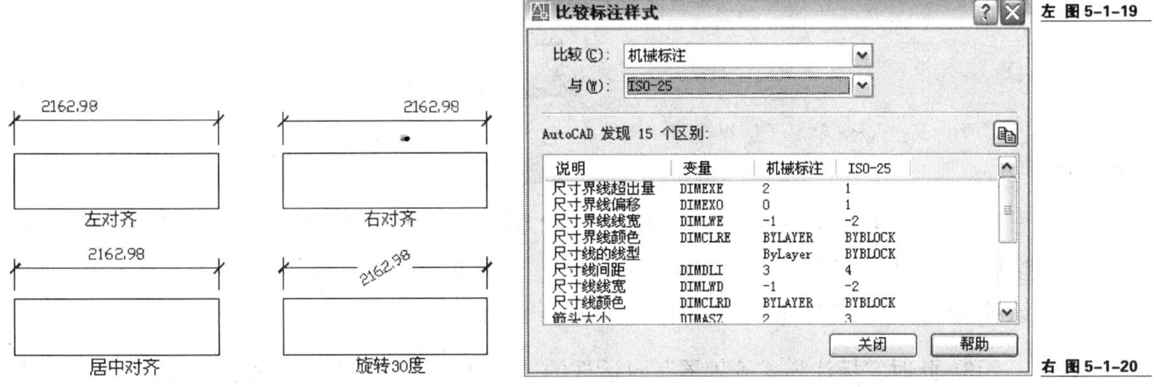

左 图 5-1-19

右 图 5-1-20

③ 重命名和删除标注样式。单击“标注”→“样式”菜单命令，打开“标注样式管理器”对话框。在该对话框的“样式”列表上单击鼠标右键，选择快捷菜单中的“重命名”或“删除”命令，即可重命名或删除该标注样式，如图 5-1-21 所示。但是，如果要删除的标注样式存在以下情况中的一种，则不能删除它。

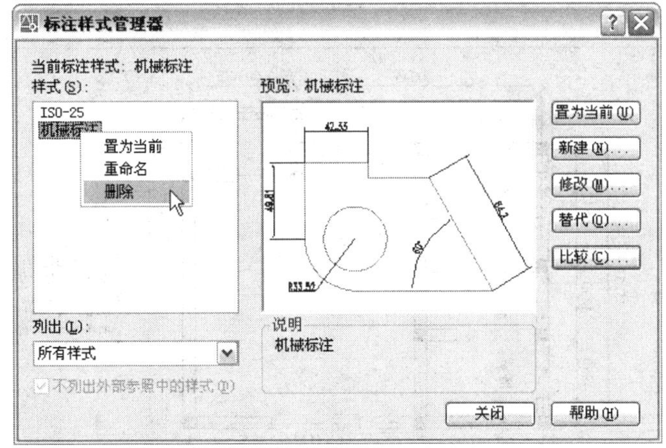

图 5-1-21

- 该标注样式是当前标注样式。
- 当前图形中的标注使用该标注样式。

● 该标注样式有相关联的子样式。

（3）替代标注样式。对于某个标注，用户可能希望不显示标注的尺寸界线，或者修改文字和箭头位置使它们不与图形中的几何元素重叠，但又不想创建新标注样式，这时可以创建替代标注样式。创建替代标注样式的方法如下。

① 单击“标注”→“样式”菜单命令，打开“标注样式管理器”对话框。在该对话框中选中“机械标注”选项，再单击“替代”按钮，如图 5-1-22 所示。打开“替代当前样式”对话框。

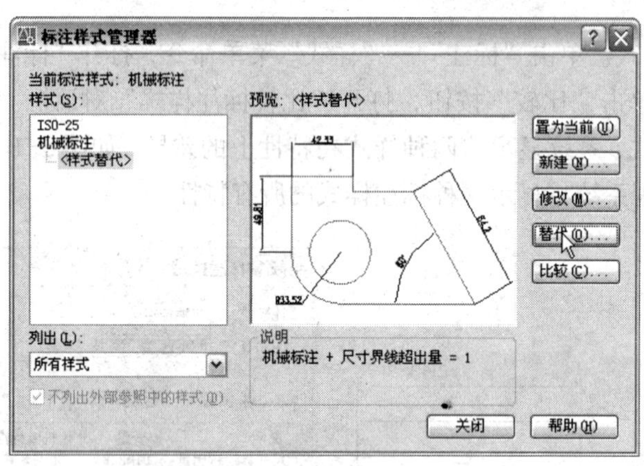

图 5-1-22

② 在“替代当前样式”对话框中单击“调整”选项卡。在该选项卡的“标注特性比例”选项栏中，设置“使用全局比例”为“0.6”，将文字缩小。然后单击“确定”按钮，关闭该对话框并返回“标注样式管理器”对话框中。

③ 此时“标注样式管理器”对话框的“机械标注”样式名下显示<样式替代>，此后用户所进行的标注即可采用该样式。

5.1.2 【案例 12】居室平面图尺寸及文字标注

本案例运用建筑尺寸标注和文字标注的方法，以 1：100 的比例设置标注样式，并添加图 5-1-23 所示的尺寸及文字标注。

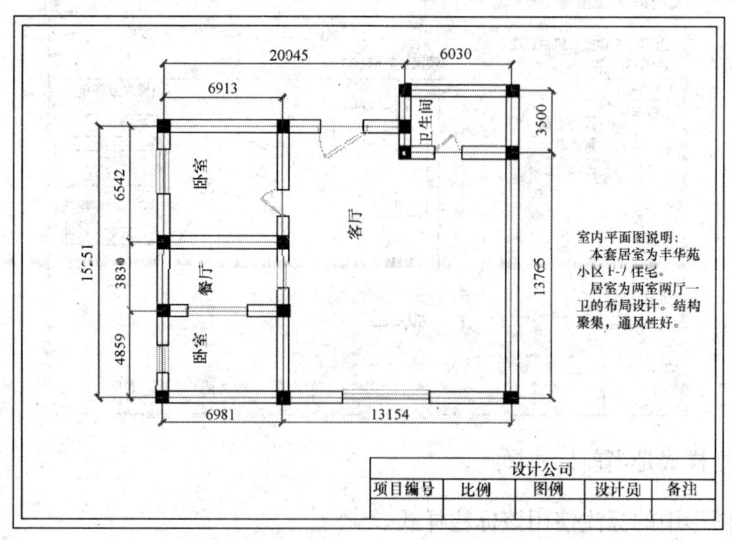

图 5-1-23

为居室平面图添加尺寸及文字标注的步骤如下。

（1）绘制平面图。

① 新建文件，选择第二章绘制的建筑模板。

② 使用“绘图”工具栏中的“直线”按钮和“修改”工具栏中的“偏移”按钮在“轴线”图层绘制轴线。

③ 切换到“墙线”图层，使用“绘图”工具栏中的“矩形”按钮，按照命令行窗口的提示，绘制一个矩形，作为承重墙的柱子。单击“绘图”工具栏中的“图案填充”按钮，打开“图案填充和渐变色”对话框，在“图像填充”选项卡中设置图案如图 5-1-24 所示，单击“添加：拾取点”按钮，在绘图区中选择矩形内部点，预览确认。

使用“修改”工具栏中的“复制”工具多次复制绘制好的承重墙的柱子，并使用“打断”工具删除多余的轴线，完成效果如图 5-1-25 所示。

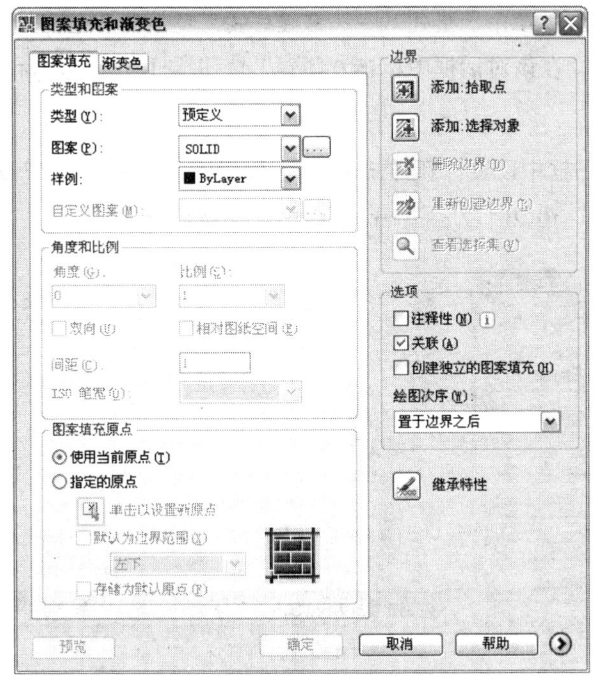

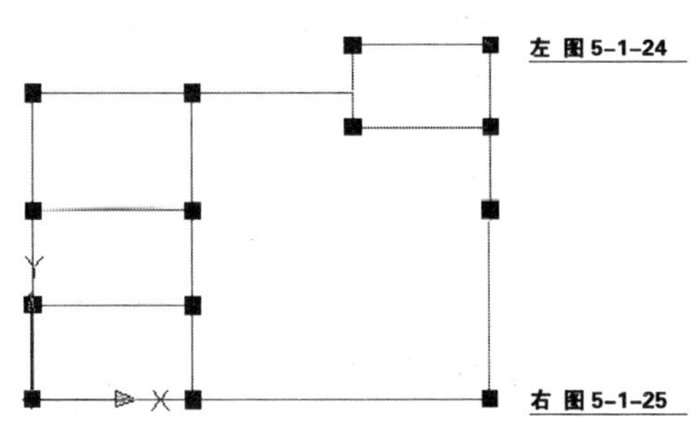

左 图 5-1-24

右 图 5-1-25

命令行窗口中的命令提示如下。

命令：ucs ↵

当前 UCS 名称：*世界*

指定 UCS 的原点或 [面(F)/命名(NA)/对象(OB)/上一个(P)/视图(V)/世界(W)/X/Y/Z/Z 轴(ZA)] <世界>:

指定 X 轴上的点或 <接受>: ↵

命令：_rectang

指定第一个角点或 [倒角(C)/标高(E)/圆角(F)/厚度(T)/宽度(W)]: -3.5,3.5 ↵

指定另一个角点或 [面积(A)/尺寸(D)/旋转(R)]: d ↵

指定矩形的长度 <4.0000>: 7 ↵

```
指定矩形的宽度 <4.0000>: 7↵
命令: _bhatch
命令: _copy
选择对象: 指定对角点: 找到 2 个
选择对象: ↵
当前设置: 复制模式 = 多个
指定基点或 [位移(D)/模式(O)] <位移>: 指定第二个点或 <使用第一个点作为位移>:
指定第二个点或 [退出(E)/放弃(U)] <退出>:
指定第二个点或 [退出(E)/放弃(U)] <退出>:
指定第二个点或 [退出(E)/放弃(U)] <退出>:
以此类推，复制出多个墙柱对象。
命令: _break 选择对象:(使用“打断”命令删除多余的轴线)
指定第二个打断点 或 [第一点(F)]:
```

以此类推，删除其他多余的轴线。

④ 使用“多线”命令绘制墙线。单击“格式”→“多线样式”菜单命令，打开“多线样式”对话框，如图5-1-26所示。在该对话框中单击“新建”按钮，打开“创建新的多线样式”对话框。

在“创建新的多线样式”对话框中设置“新样式名”为“墙线”，如图5-1-27所示。然后单击“继续”按钮，关闭该对话框并打开“新建多线样式：墙线”对话框。

左 图5-1-26

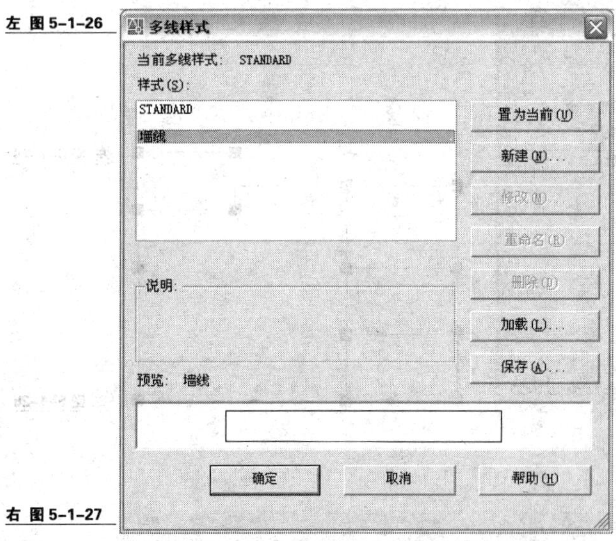

右 图5-1-27

在“新建多线样式：墙线”对话框的“封口”选项栏中，选中“直线”后面的2个复选框，表示起点和端点的封口方式为直线。在“图元”区域选中上面的线段，设置其与中心线的“偏移”距离为“3.5”，“颜色”为Byleyer（随层）；选中下面的线段，设置其与中心线的“偏移”距离为“-3.5”，“颜色”为Byleyer（随层），此时的“新建多线样式：墙线”对话框如图5-1-28所示。然后单击“确定”按钮，关闭该对话框并返回“多线样式”对话框中，此时的“多线样式”对话框中显示出当前设置的“墙线”效果，在“多线样式”对话框中单击“置为当前”按钮，完成墙线多线的设置。还可以在“多线样式”对话框中单击“保存”按钮进行保存，方便以后调用。

用同样的方法设置窗户和门的多线样式。

单击“绘图”下拉菜单中的“多线”命令，在图形区绘制图 5-1-29 所示的墙线效果。使用“绘图”工具栏中的“直线”工具绘制门窗洞的辅助线，使用“修改”工具栏中的“修剪”工具绘制门窗洞效果如图 5-1-30 所示。

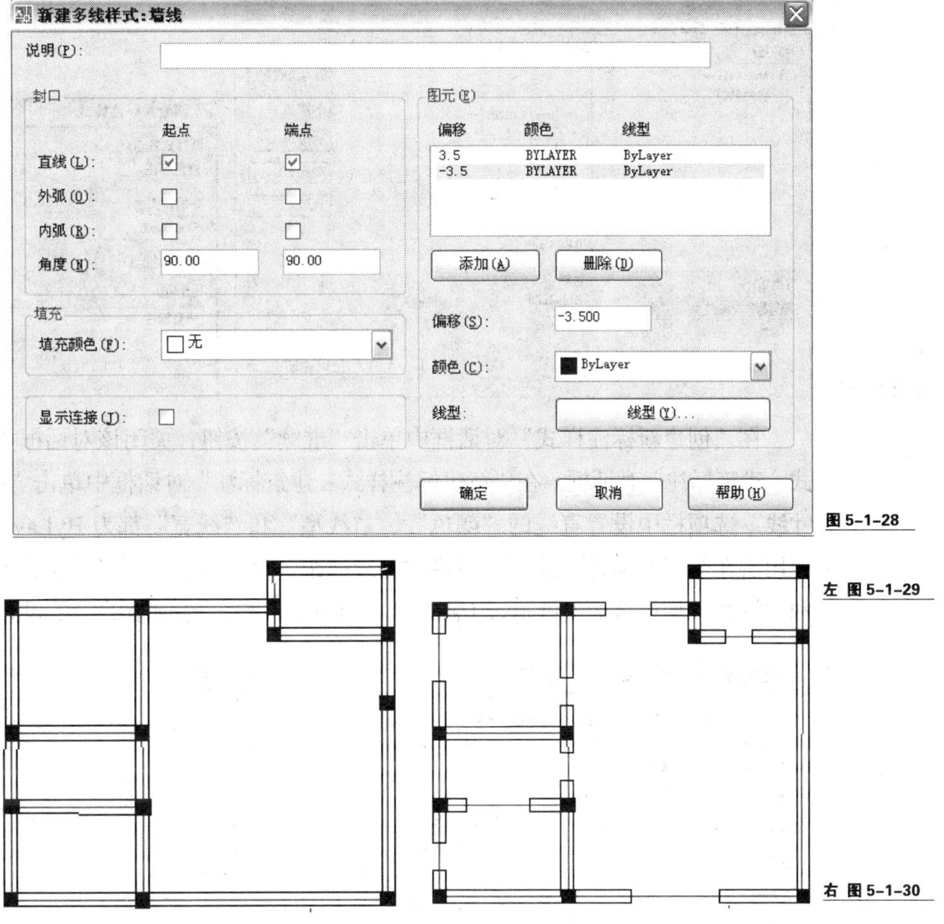

图 5-1-28

左 图 5-1-29

右 图 5-1-30

⑤ 单击“绘图”下拉菜单中的“多线”命令，在绘图区中绘制闭合的门窗。将面板中的“公制-门”在绘图区中以合适的比例插入，效果如图 5-1-31 所示。

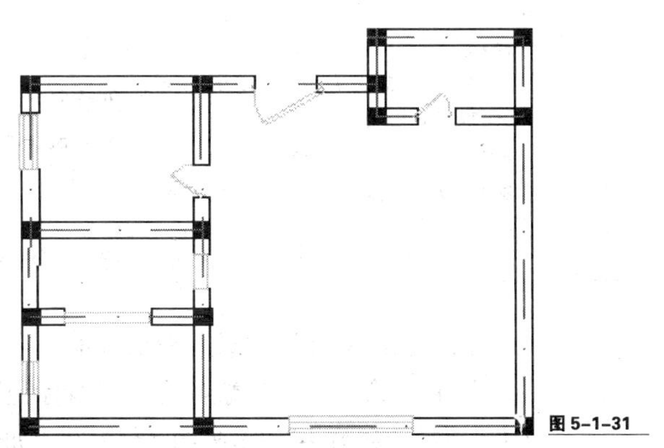

图 5-1-31

（2）添加尺寸标注。

① 设置标注样式。单击“格式”→“标注样式”菜单命令，打开“标注样式管理器”对话框，如图 5-1-32 所示。在该对话框中单击“新建”按钮，打开“创建新标注样式”对话框。

在“创建新标注样式”对话框的“新样式名”文本框中，输入新建标注样式的名称为“建筑标注”，其他为默认值，参数设置如图 5-1-33 所示。

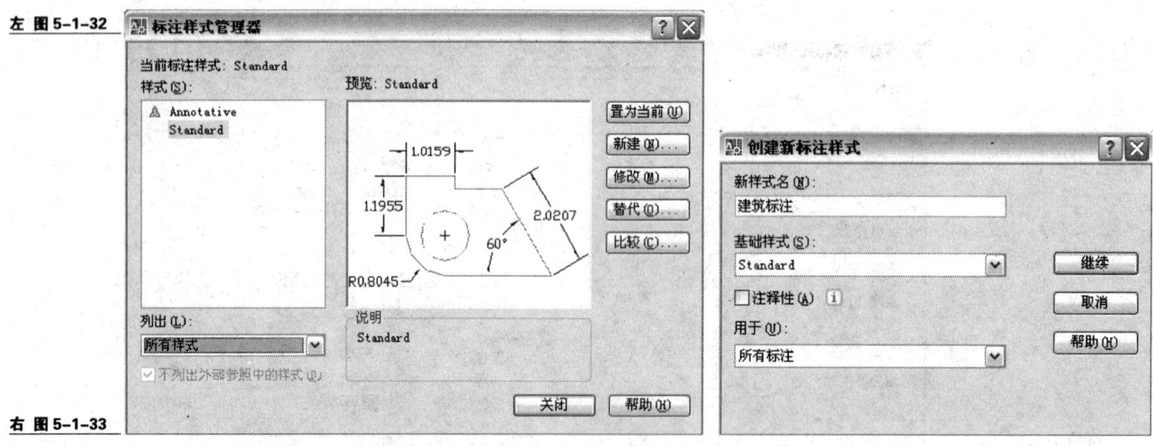

左 图 5-1-32

右 图 5-1-33

在“创建新标注样式”对话框中单击“继续”按钮，关闭该对话框并打开“新建标注样式：建筑标注”对话框。在“新建标注样式：建筑标注”对话框中单击“线”选项卡。在“尺寸线”选项栏中设置直线的“颜色”、“线型”和“线宽”都为 ByLayer（随层），即标注使用所在图层的颜色和线型；再将“基线间距”设置为 3，将“尺寸界限”区域的“颜色”和“线宽”均设置为 ByLayer（随层），此时，“线”选项卡的参数设置如图 5-1-34 所示。

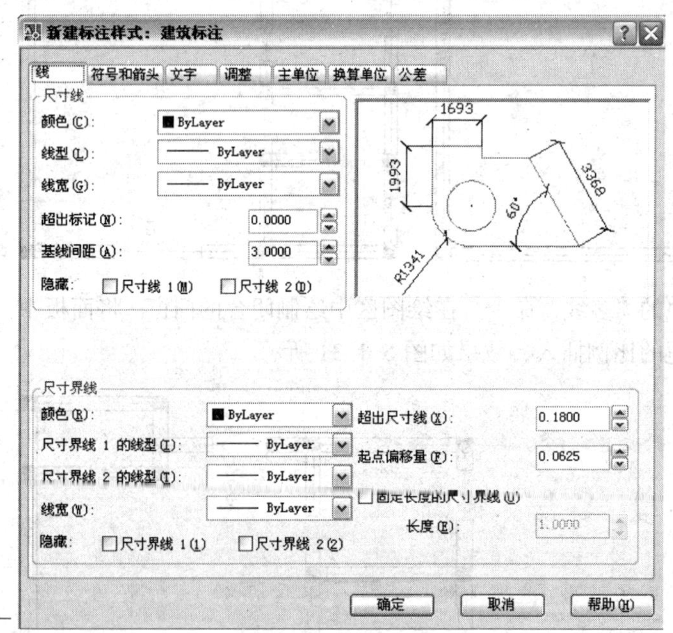

图 5-1-34

在“创建新标注样式”对话框的“符号和箭头”选项卡的“箭头”选项栏中设置“第一个”和“第二个”参数都为“建筑标记”，设置“引线”为“倾斜”，“箭头大小”为 3.5。“符号和箭头”选项卡的参数设置如图 5-1-35 所示。

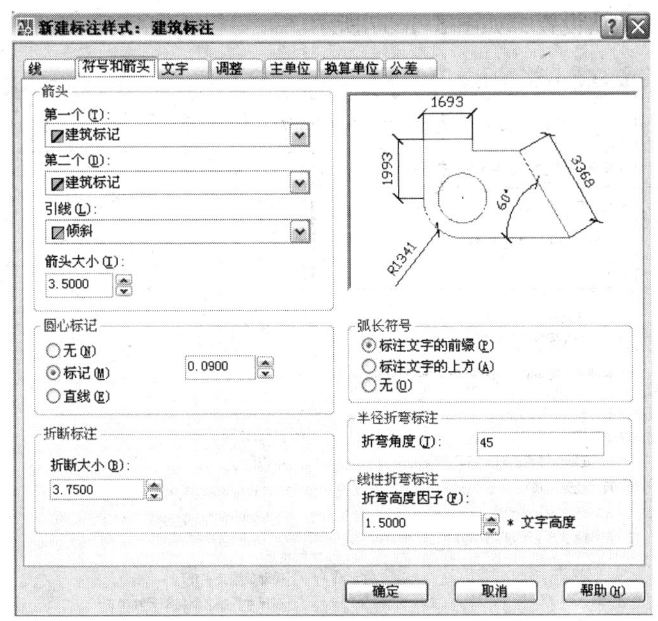

图 5-1-35

在“新建标注样式：建筑标注”对话框中单击“文字”选项卡。在“文字外观”选项栏设置“文字样式”为“Standard”、“文字颜色”为 ByLayer（随层）、“文字高度”为“3”；在“文字位置”区域栏设置文字在“垂直”方向的位置为“上方”，在“水平”方向的位置为“居中”，“从尺寸偏移”为“2.5”；在“文字对齐”区域栏设置文字对齐方式为“与尺寸线对齐”，“文字”选项卡的参数设置如图 5-1-36 所示。

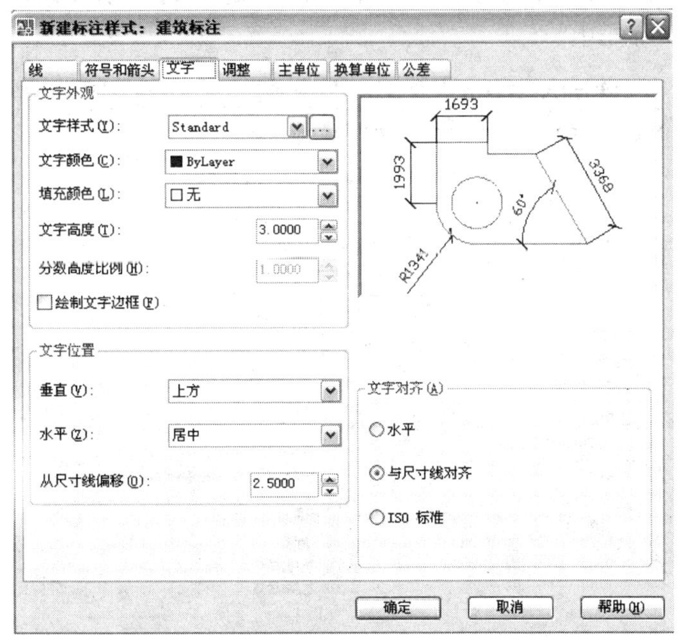

图 5-1-36

在“新建标注样式：建筑标注”对话框中，单击“调整”选项卡。在“调整选项”区域栏选中“文字始终保持在尺寸界线之间”单选项；在“文字位置”区域栏中选中“尺寸线上方，不带引线”单选项，设置文字位置的调整选项；在“标注特性比例”区域栏中选中“使用全局比例”单选项，并在其后的数值框中输入“1”，以 1∶1 的比例显示标注尺寸；其他选项使用默认设置，如图 5-1-37 所示。

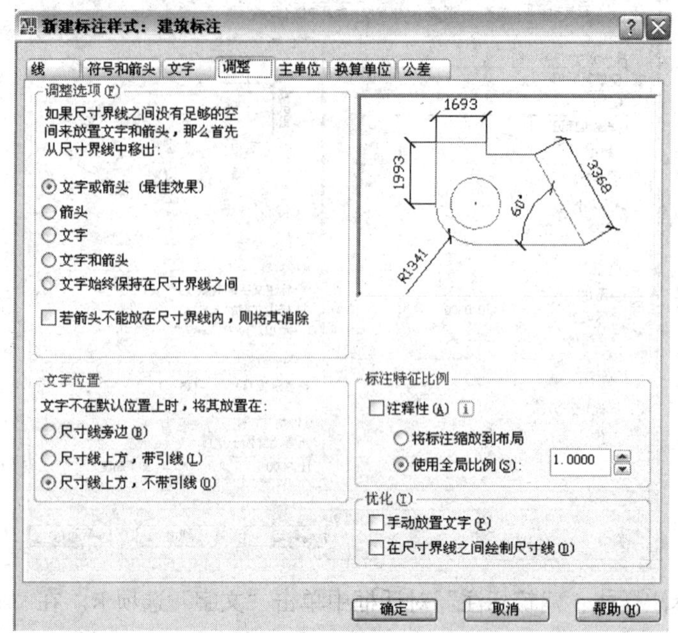

图 5-1-37

在“主单位”选项卡的“线性标注”区域栏中，设置“单位格式”为小数、“精度”为 0、“小数分隔符”为“.”（句点）方式。在“测量单位比例”区域栏中设置“比例因子”为 100。在“角度标注”区域栏中设置“单位格式”为“十进制度数”、“精度”为“0”，参数设置如图 5-1-38 所示。然后单击“确定”按钮，关闭该对话框并返回“标注样式管理器”对话框中。

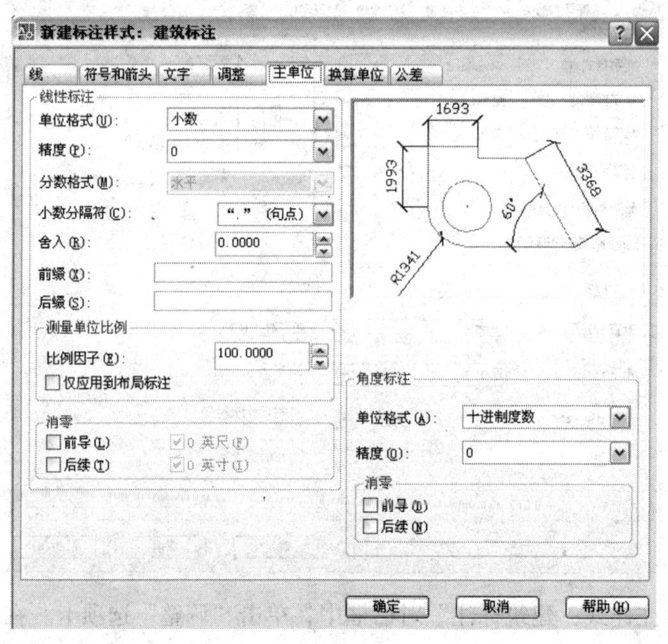

图 5-1-38

在“标注样式管理器”对话框中，选择“建筑标注”选项，单击“置为当前”按钮，应用该标注样式，如图 5-1-39 所示。然后单击“关闭”按钮，关闭该对话框，完成标注样式的设置。

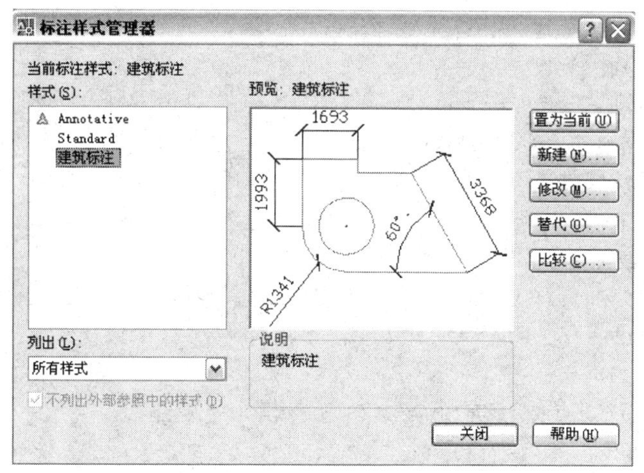

图 5-1-39

② 尺寸标注。切换到“标注”图层，打开对象捕捉。使用“标注”工具栏中的⊢⊣（线性）按钮或在命令行输入“DIMLINEAR”，按照命令行窗口的提示，以起始点和终止点为标注的基点，绘制线性标注，效果如图 5-1-40 所示。

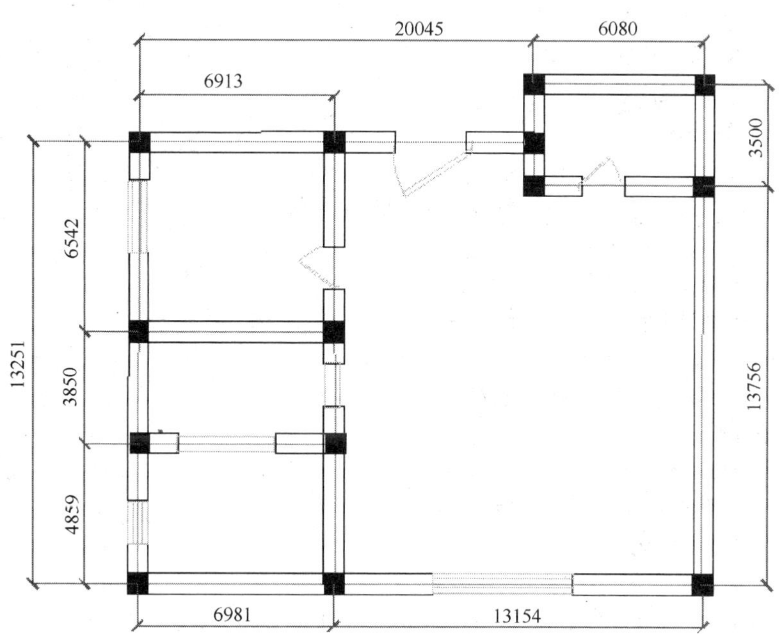

图 5-1-40

命令行窗口中的命令提示如下。

```
命令: _dimlinear
指定第一条尺寸界线原点或 <选择对象>:
指定第二条尺寸界线原点:
创建了无关联的标注
指定尺寸线位置或
[多行文字(M)/文字(T)/角度(A)/水平(H)/垂直(V)/旋转(R)]:
标注文字 = 6080
命令: _dimcontinue
指定第二条尺寸界线原点或 [放弃(U)/选择(S)] <选择>:
标注文字 = 20045
```

```
指定第二条尺寸界线原点或 [放弃(U)/选择(S)] <选择>:
选择连续标注: *取消*
命令: _dimlinear
指定第一条尺寸界线原点或 <选择对象>:
指定第二条尺寸界线原点:
创建了无关联的标注
指定尺寸线位置或
[多行文字(M)/文字(T)/角度(A)/水平(H)/垂直(V)/旋转(R)]:
标注文字 = 6542
命令: _dimcontinue
指定第二条尺寸界线原点或 [放弃(U)/选择(S)] <选择>:
标注文字 = 3850
指定第二条尺寸界线原点或 [放弃(U)/选择(S)] <选择>:
标注文字 = 4859
指定第二条尺寸界线原点或 [放弃(U)/选择(S)] <选择>:
选择连续标注: *取消*
命令: _dimlinear
指定第一条尺寸界线原点或 <选择对象>:
指定第二条尺寸界线原点:
创建了无关联的标注
指定尺寸线位置或
[多行文字(M)/文字(T)/角度(A)/水平(H)/垂直(V)/旋转(R)]:
标注文字 = 6981
命令: _dimcontinue
指定第二条尺寸界线原点或 [放弃(U)/选择(S)] <选择>:
标注文字 = 13154
指定第二条尺寸界线原点或 [放弃(U)/选择(S)] <选择>:
选择连续标注: *取消*
命令: _dimlinear
指定第一条尺寸界线原点或 <选择对象>:
指定第二条尺寸界线原点:
指定尺寸线位置或
[多行文字(M)/文字(T)/角度(A)/水平(H)/垂直(V)/旋转(R)]:
标注文字 = 13756
命令: _dimcontinue
指定第二条尺寸界线原点或 [放弃(U)/选择(S)] <选择>:
标注文字 = 3500
指定第二条尺寸界线原点或 [放弃(U)/选择(S)] <选择>:
选择连续标注: *取消*
命令: _dimlinear
指定第一条尺寸界线原点或 <选择对象>:
指定第二条尺寸界线原点:
指定尺寸线位置或
[多行文字(M)/文字(T)/角度(A)/水平(H)/垂直(V)/旋转(R)]:
标注文字 = 6913
```

```
命令: _dimlinear
指定第一条尺寸界线原点或 <选择对象>:
指定第二条尺寸界线原点:
创建了无关联的标注
指定尺寸线位置或
[多行文字(M)/文字(T)/角度(A)/水平(H)/垂直(V)/旋转(R)]:
标注文字 = 15251
```

（3）添加文字标注。

① 切换到“文字”图层，单击“绘图”→“文字”→“单行文字”菜单命令或在命令行输入“DTEXT”，按照命令行窗口的提示，设置文字的高度为 5、角度为 0，按照室内平面图的布局输入相应的文字。完成后的效果如图 5-1-41 所示。

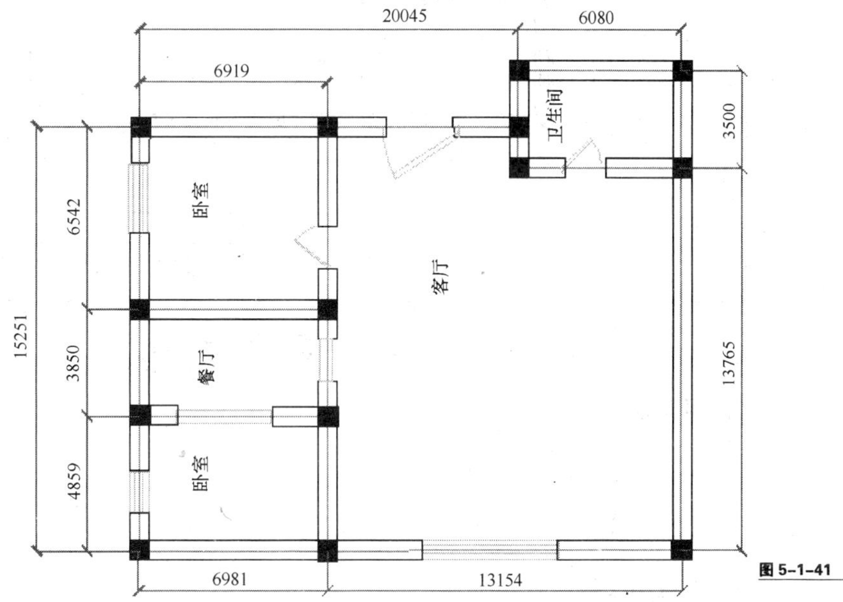

图 5-1-41

命令行窗口中的命令提示如下。

```
命令: _dtext
当前文字样式: “Test” 文字高度: 5.0000 注释性: 否
指定文字的起点或 [对正(J)/样式(S)]:
指定文字的旋转角度 <90>: ↵
```

② 添加室内平面图外部文本。对于大篇幅的文字，如建筑设计说明等，使用“多行文字”命令进行标注，便于文字的整体修改和编辑。单击“绘图”工具栏中的 A（多行文字）按钮或命令行输入“MTEXT”，在图形的右侧绘制一个矩形，作为文字输入的区域，此时打开“文字格式”工具栏及文字编辑区。

命令行窗口的命令提示如下。

```
命令:_ MTEXT ↵
当前文字样式:"文字" 当前文字高度:5
指定第一角点: (在图形的右侧绘制一个矩形)
指定对角点或[高度(H)/对正(J)/行距(L)/旋转(R)/样式(S)/宽度(W)]: ↵
```

文字输入完成后的效果如图 5-1-42 所示。

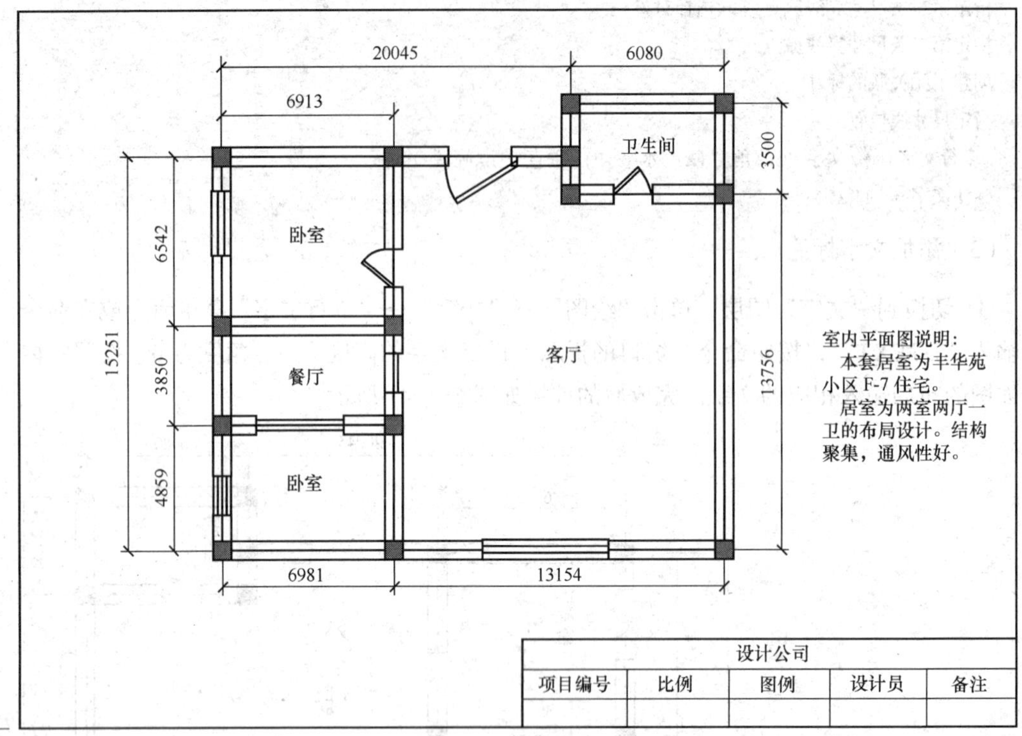

图 5-1-42

思考练习

1. 问答题

（1）简述尺寸基准的选择要求。

（2）简述尺寸公差的术语和定义。

2. 上机操作题

参照本节所学的添加文字标注及尺寸标注的方法，绘制居室平面图并添加文字标注和尺寸标注，效果如图 5-1-43 所示。

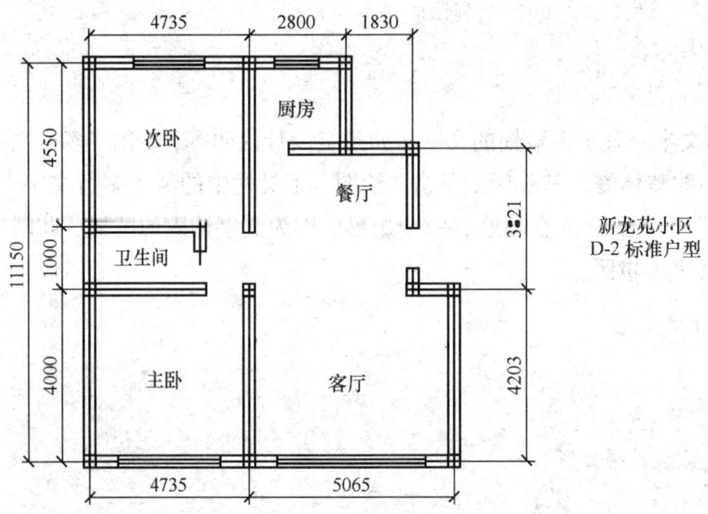

图 5-1-43

5.2 图形的打印与输出

5.2.1 图形的打印设置

1. 添加绘图仪和打印机

在日常工作中，一般设置打印机使用的纸张尺寸为 A4 或 B5，但在 AutoCAD 中所绘制的图纸要比普通纸张大，因而需要对绘图仪和打印机进行打印设置。

（1）单击“文件”→“绘图仪管理器”菜单命令，打开“Plotters（绘图仪管理器）”窗口，添加绘图仪，如图 5-2-1 所示。

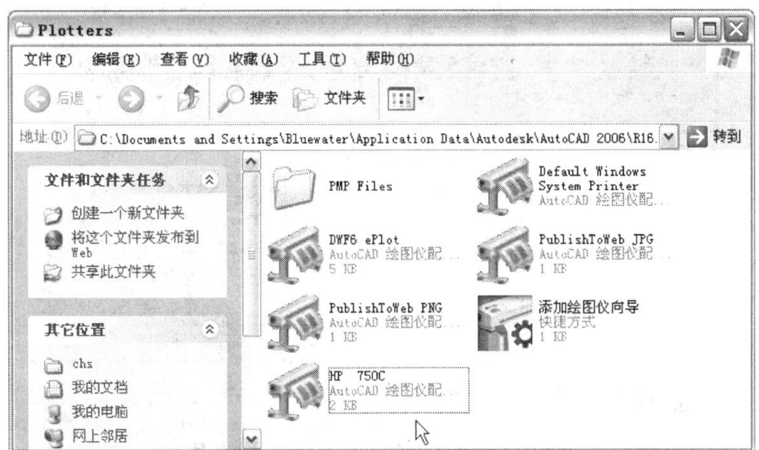

图 5-2-1

（2）在“Plotters”窗口中，双击“添加绘图仪向导”图标，打开“添加绘图仪 - 简介”对话框，如图 5-2-2 所示。

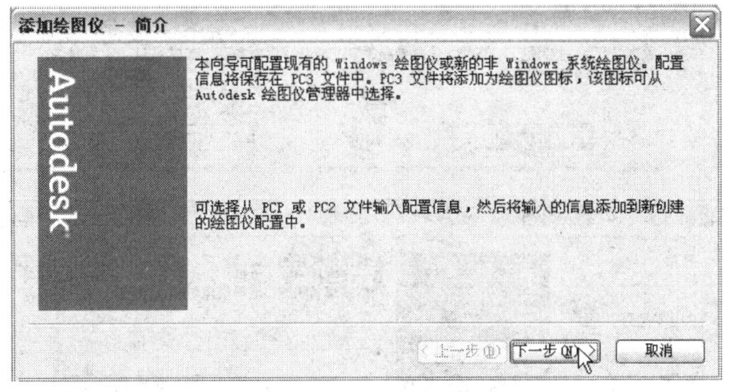

图 5-2-2

（3）在“添加绘图仪简介”对话框中，单击“下一步”按钮，打开“添加绘图仪—开始”对话框。在其中选中“我的电脑”单选项，如图 5-2-3 所示，再单击“下一步”按钮，打开“添加绘图仪—打印机型号”对话框。

（4）在“添加绘图仪—打印机型号”对话框中，选择“HP Designjet 750C C3195A”型号，如图 5-2-4 所示。然后单击“下一步”按钮，打开“驱动程序信息”对话框，如图 5-2-5 所示。

单击“继续”按钮，打开“添加绘图仪—输入 PCP 或 PC2”对话框，如图 5-2-6 所示。

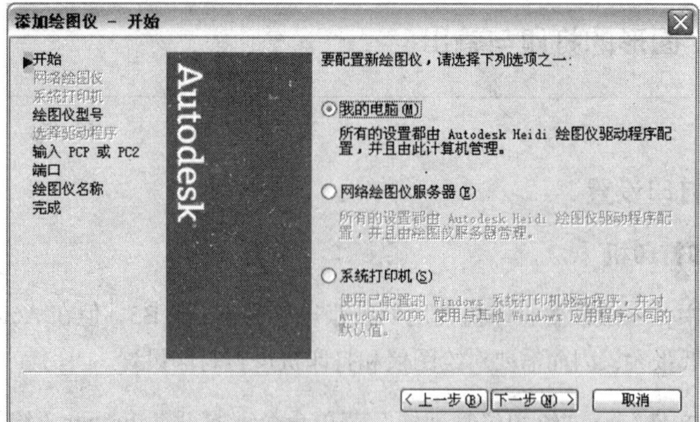

图 5-2-3

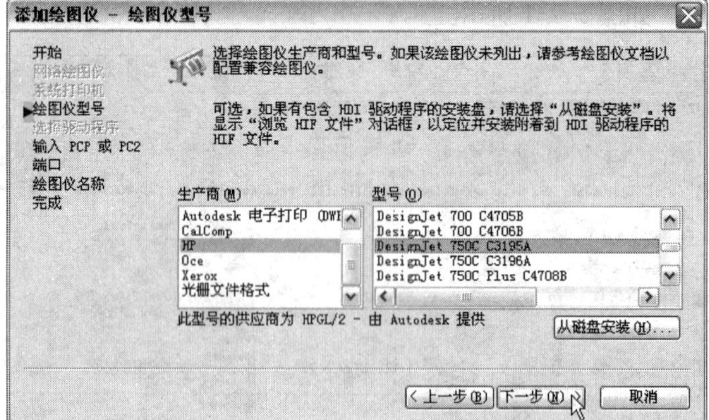

图 5-2-4

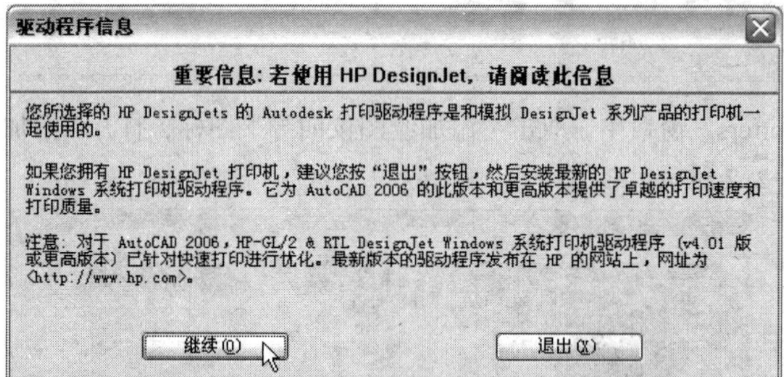

图 5-2-5

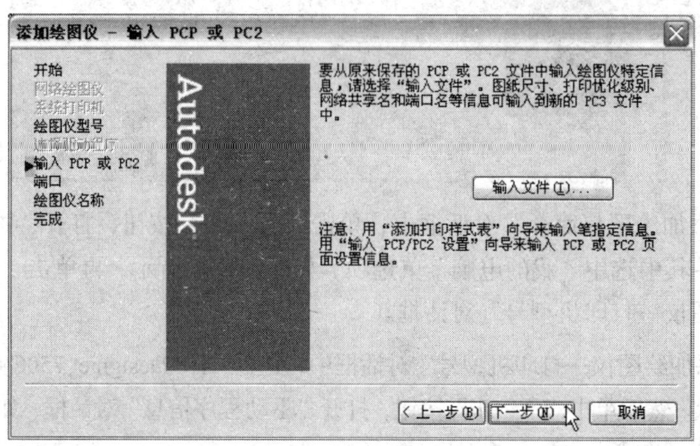

图 5-2-6

（5）在“添加绘图仪—输入 PCP 或 PC2”对话框中，单击“下一步”按钮，打开“添加绘图仪—端口设置”对话框。

（6）在“添加绘图仪—端口设置”对话框中，选择 LPT3 端口，如图 5-2-7 所示。然后单击“下一步”按钮，打开“添加绘图仪—打印机名称”对话框。

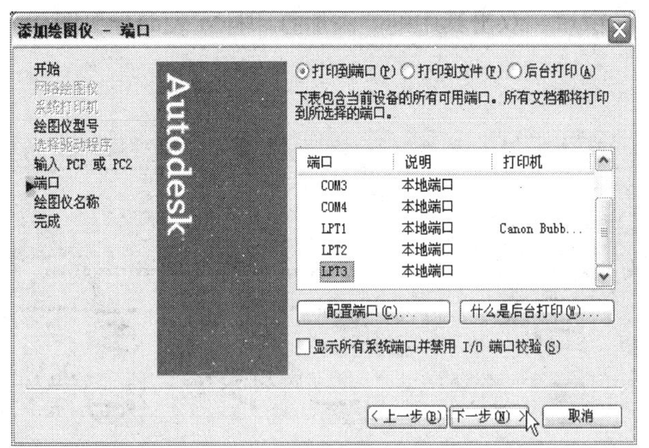

图 5-2-7

（7）在“添加绘图仪—绘图仪名称”对话框中，设置当前打印机的名称为设备的默认名称或另外输入一个名称，如“HP 750C”，如图 5-2-8 所示。然后单击“下一步”按钮，打开“添加绘图仪—完成”对话框。

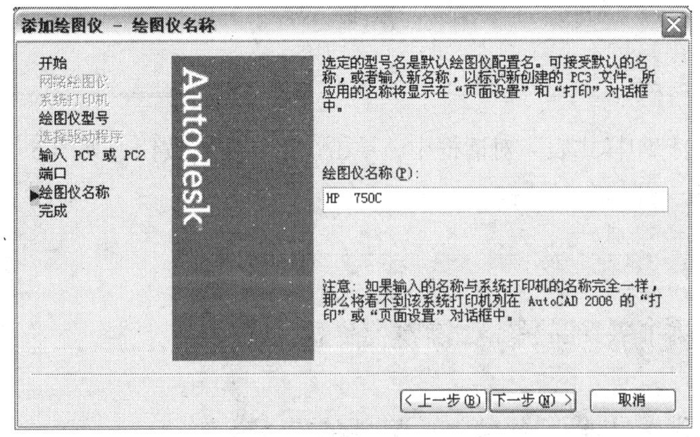

图 5-2-8

（8）在“添加绘图仪—完成”对话框中，单击“完成”按钮，如图 5-2-9 所示，完成绘图仪的添加。

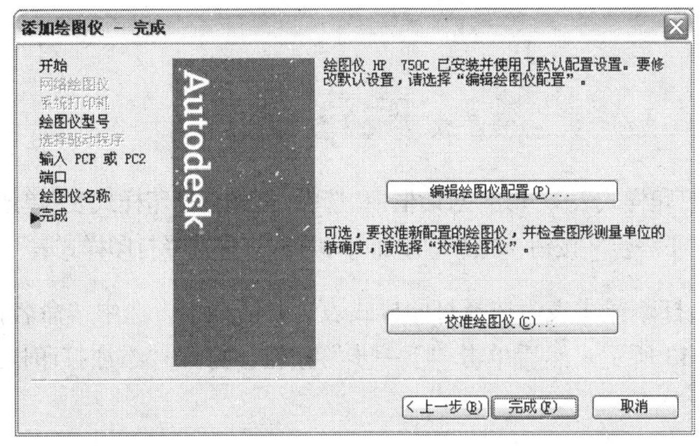

图 5-2-9

2. 打印样式的添加、使用及编辑

（1）添加打印样式。

① 单击“文件”→“打印样式管理器”菜单命令，打开图 5-2-10 所示的“Plot Styles（打印样式管理器）”窗口，双击其中的“添加打印样式表向导”图标，打开“添加打印样式表”对话框。

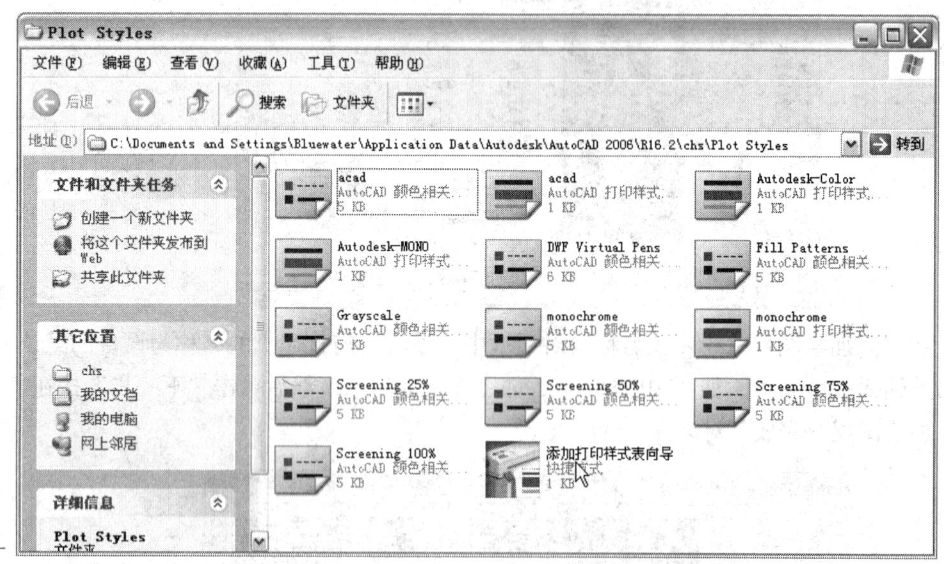

图 5-2-10

② 在“添加打印样式表”对话框中，单击“下一步”按钮，如图 5-2-11 所示，打开“添加打印样式表—开始”对话框。

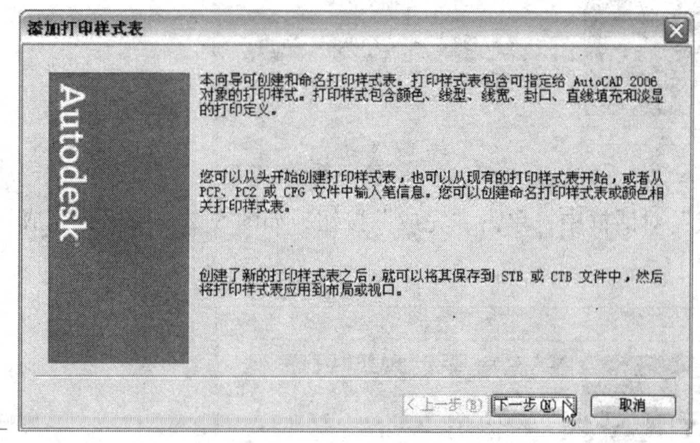

图 5-2-11

③ 在“添加打印样式表—开始”对话框中，选中“创建新打印样式表”单选项，如图 5-2-12 所示。然后单击“下一步”按钮，打开“添加打印样式表—选择打印样式表”对话框。

④ 在“添加打印样式表—选择打印样式表”对话框中，选中“命名打印样式表”单选项，如图 5-2-13 所示。然后单击“下一步”按钮，打开“添加打印样式表—文件名”对话框。

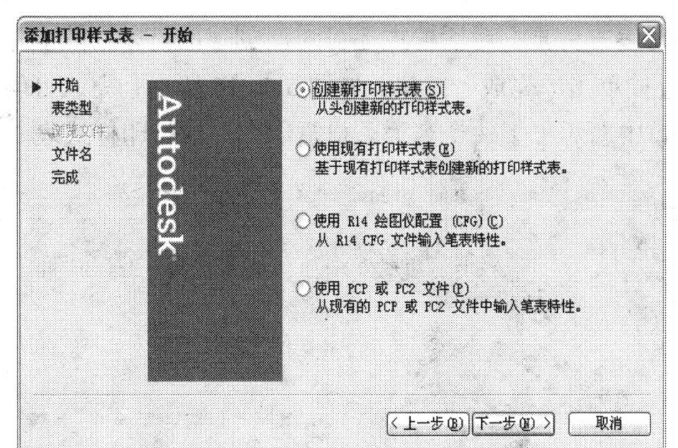

图 5-2-12

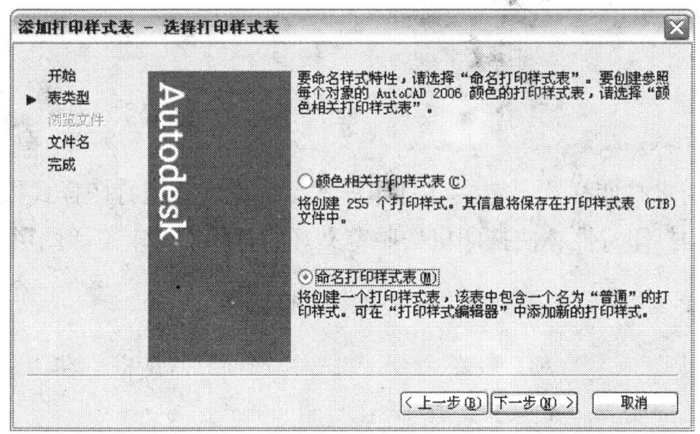

图 5-2-13

提示： 在 AutoCAD 2008 中提供了 2 种打印样式表，即“颜色相关打印样式表”和“命名打印样式表”，其中“颜色相关打印样式表”以对象的颜色来确定打印特征(如线宽)，例如，图形中颜色为蓝色的对象都将以相同的方式打印。可以在“颜色相关打印样式表”中编辑打印样式，但不能添加或删除打印样式。在颜色相关打印样式表中有 256 种打印样式，每一种样式对应一种颜色。而“命名打印样式表”包括用户自定义的打印样式。使用样式表时，虽然多个对象具有相同的颜色，但不一定会以相同的方式打印，这取决于指定给对象的打印样式。可以将命名的打印样式像其他特性一样指定给某个对象或对象的某一部分。

⑤ 在“添加打印样式表—文件名”对话框中，输入文件名为“机械制图”，如图 5-2-14 所示。然后单击“下一步”按钮，打开“添加打印样式表—完成”对话框。

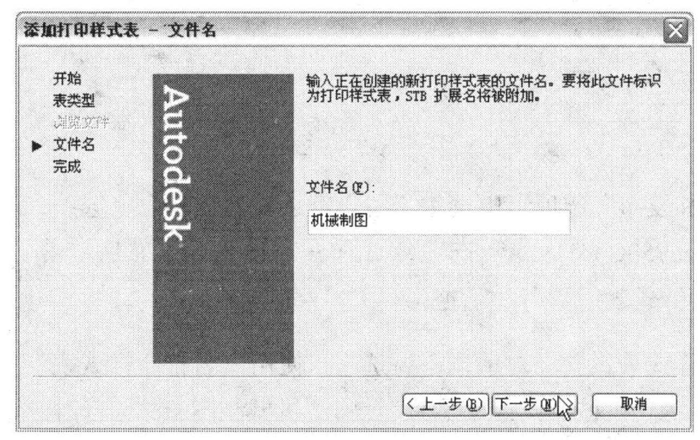

图 5-2-14

⑥ 在“添加打印表—完成”对话框中还可对新创建的打印样式表进行编辑，在此暂时不对其进行编辑。直接单击“完成”按钮，如图 5-2-15 所示，完成打印样式表的添加，并在“Plot Styles”窗口中新添加了一个名为“机械制图”的打印样式表。

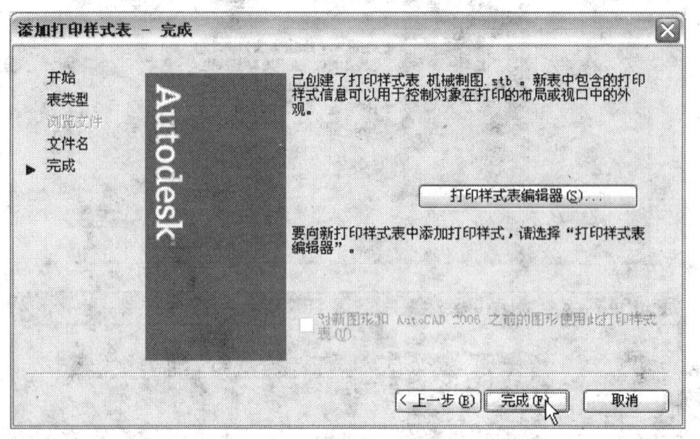

图 5-2-15

（2）为图形指定打印样式。定义好打印样式后，就需要把打印样式指定给图形对象，并作为图形对象的打印特性，使打印机按照定义好的打印样式来打印图形。

① 打开为当前绘图环境设置的“机械制图”打印样式。

② 单击“工具”→“选项”菜单命令，打开“选项”对话框。在“选项”对话框中单击“打印和发布”选项卡，如图 5-2-16 所示。

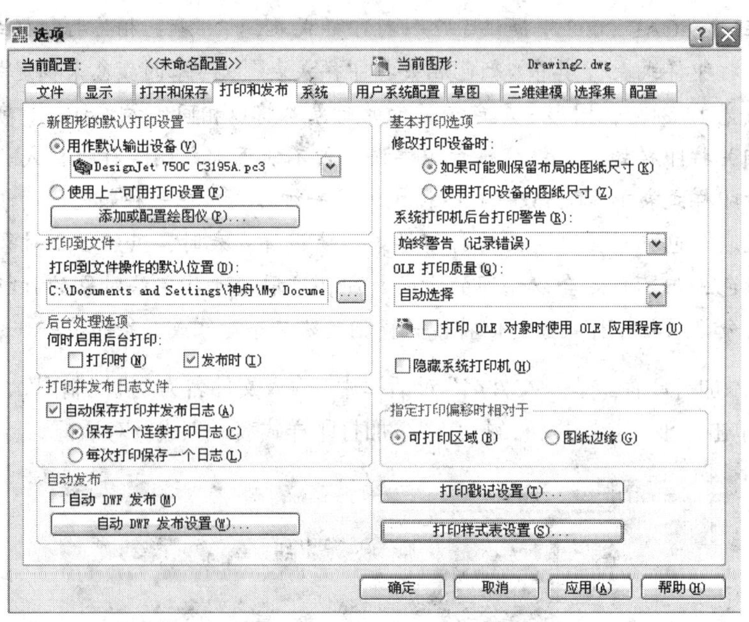

图 5-2-16

③ 在“打印和发布”选项卡中选中“用作默认输出设备”单选项，在其下拉列表框中选择“HP Designjet 750C C3195A”选项，如图 5-2-16 所示。然后单击“打印样式表设置”按钮，打开“打印样式表设置”对话框。

④ 在“打印样式表设置”对话框中，选中“使用命名打印样式表”单选项，设置“默认的打印样式表”为“机械制图.Stb”，表示将“机械制图.stb”打印样式表作为 AutoCAD

2008 默认的打印样式表；图层 0 的默认打印样式为“样式 1”、对象的默认打印样式为“样式 1”，如图 5-2-17 所示。然后单击“确定”按钮，关闭该对话框并返回“选项”对话框中。

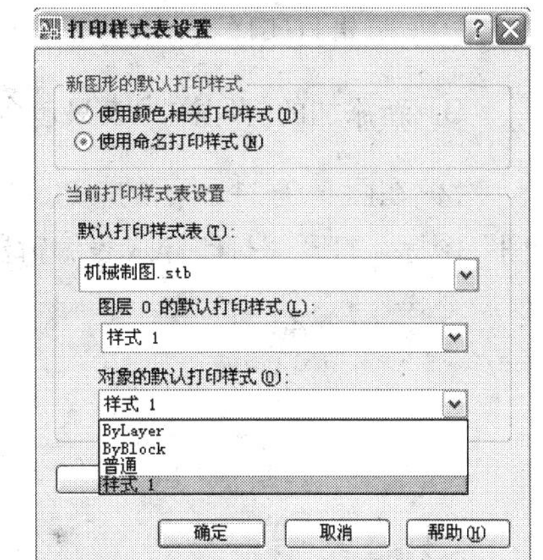

图 5-2-17

需要注意的是，设定的打印样式并没有在当前的图层中生效，必须关闭当前图形并重新打开，才能使用“机械制图.stb”打印样式表。

⑤ 关闭当前图形文件，然后再重新打开图形文件。这时“对象特性”工具栏最右侧的“打印样式”下拉列表框被激活，如图 5-2-18 所示。表示设定的打印样式已经在当前图形中生效。

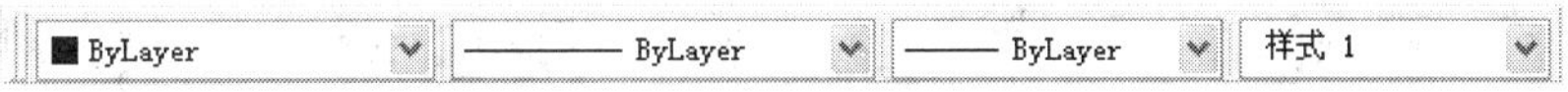

ByLayer ———— ByLayer ——— ByLayer 样式 1

图 5-2-18

⑥ 单击“图层”工具栏中的“图层特性管理器”按钮，打开“图层特性管理器”对话框，为所有图层指定已定义的打印样式。

⑦ 在“图层特性管理器”对话框的图层列表框中，选中所有图层，右击任意图层，选择快捷菜单中的“打印样式”选项，打开“选择打印样式”对话框。在该对话框中选择“样式 1”选项，如图 5-2-19 所示。然后单击“确定”按钮，即可将“样式 1”指定给所有图层。

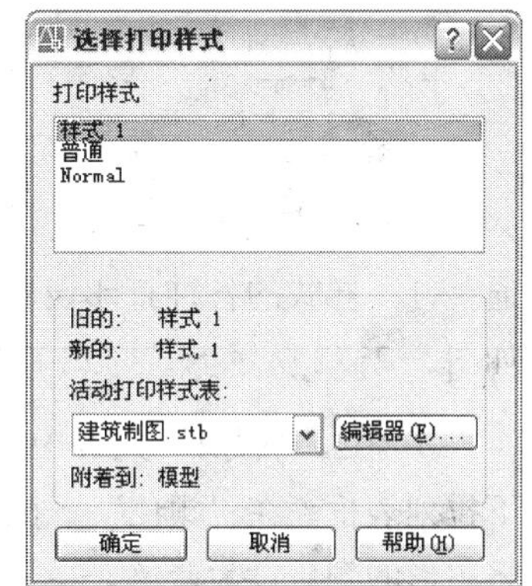

图 5-2-19

⑧ 此时，在“图层特性管理器”对话框中所有图层的“打印样式”项都自动转换为“样式 1”，如图 5-2-20 所示。这样，就为所有层指定了“样式 1”打印样式，当通过绘图仪或打印机打印图形时，所有图层上的对象将按照定义的打印样式来打印。

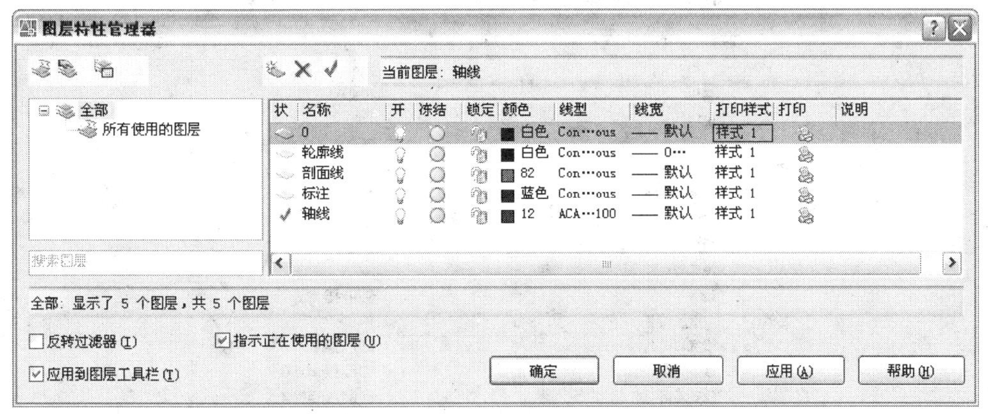

图 5-2-20

除了使用上面介绍的方法外，还可以使用下面两种方式来为图形指定打印样式。

- 在“特性”选项板中为独立的对象指定打印样式。
- 在“对象特性”工具栏中的“打印样式”下拉列表框中，为不同的对象指定不同的打印样式。

（3）编辑打印样式。

① 新添加的打印样式表只包含“普通”打印样式，用户可以对打印样式表进行编辑。

② 在图 5-2-21 所示的“Plot Styles（绘图仪管理器）”窗口中，双击其中的“机械制图”图标，打开“打印样式表编辑器”对话框。

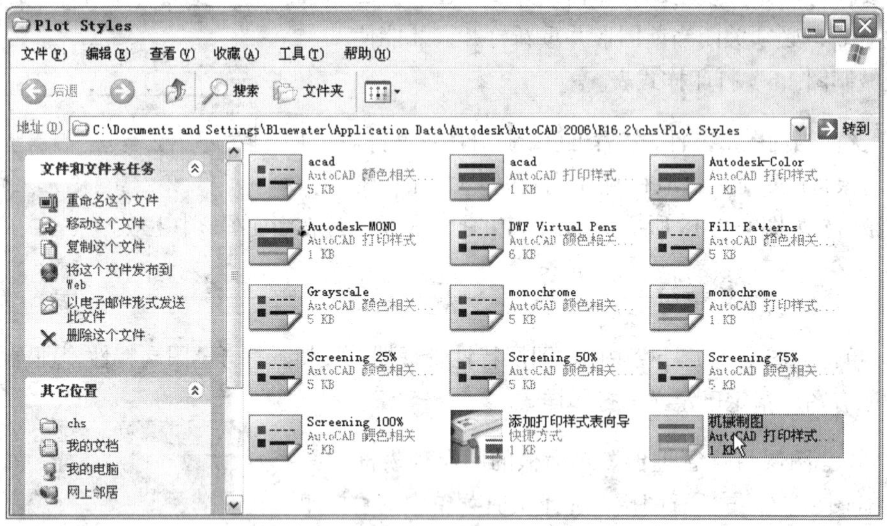

图 5-2-21

③ 在“打印样式表编辑器”对话框中，单击“表视图”选项卡，该选项卡中列出了“普通”打印样式的各种打印设置。单击“添加样式”按钮，添加名为“样式 1”的打印样式，如图 5-2-22 所示。“样式 1”打印样式的各种设置与“普通”打印样式的设置完全一致。

④ 在“样式 1”列表中，单击“颜色”参数栏的“使用对象颜色”项，激活“颜色”下拉列表框。在“颜色”下拉列表框中选择“蓝色”选项，如图 5-2-22 所示。表示打印时将图形的颜色设为蓝色。

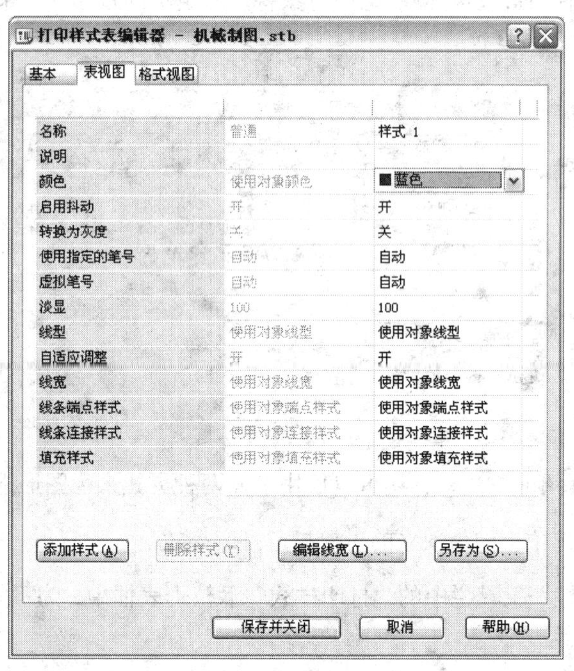

图 5-2-22

⑤ 经过以上步骤就添了一种打印样式，并修改了某些参数的设置。还可以利用“打印样式表编辑器”修改其他参数，如线宽、线型、淡显、端点样式、填充样式等。

⑥ 单击“保存并关闭”按钮，保存样式表并退出“打印样式表编辑器”对话框。新添加的打印样式和打印参数保存在“机械制图”文件中。

⑦ 在“打印样式表编辑器”对话框中，除了“表视图”选项卡以外，还有一个“格式视图”选项卡，如图 5-2-23 所示。“表视图”和“格式视图”选项卡的内容大致相同，只是它们的形式不同。

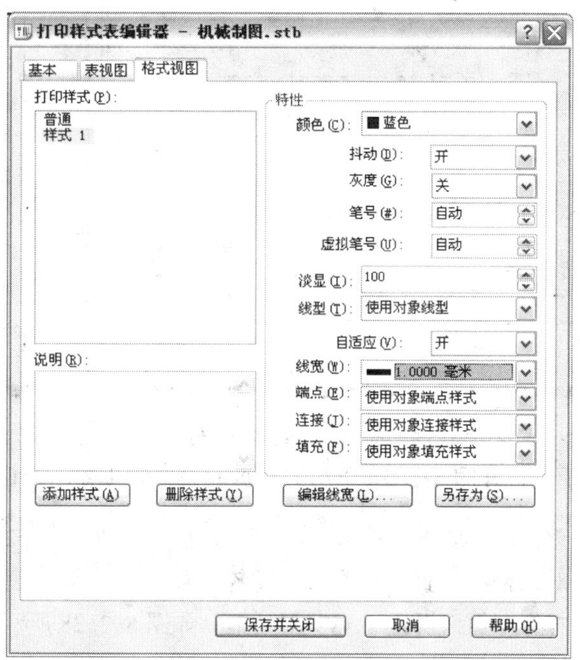

图 5-2-23

5.2.2 图形的配置、出图与发布

1. 页面设置及布局管理

（1）模型与布局。在 AutoCAD 中，绘制各种图形都是在模型空间进行的。布局空间则是完全模拟图纸页面，在绘图之前或之后安排图形的输出布局。例如，希望在打印图形时为图形增加一个标题块，在一幅图纸中同时打印立体图形的三视图等，都需要借助布局空间来实现。

布局空间与模型空间类似，用户也可直接在布局空间中绘图或输入文字标注等。此时所绘制的对象称为布局空间对象，在模型空间的对象称为模型对象。

尽管模型空间只有一个，用户却可以为图形创建多个布局空间，以适应各种不同的要求。如果图形非常复杂，则可以通过创建多个布局空间，以便在不同的图纸中分别打印图形的不同部分。

（2）创建布局页面设置。单击绘图区下方的“布局 1”、“布局 2”等布局选项卡即可进入布局空间，最外侧的矩形轮廓指示当前配置的图纸尺寸，其中的虚线表示图纸的可打印范围。布局图中还包括一个用于显示模型的浮动视口，布局空间效果如图 5-2-24 所示。可以根据需要调整浮动视口的显示内容和尺寸，添加浮动视口，为布局图添加标题块、文字标注和图形等。设置结束后，单击“文件”→“打印”菜单命令或单击“标准”工具栏中的（打印）按钮，即可打印布局图。

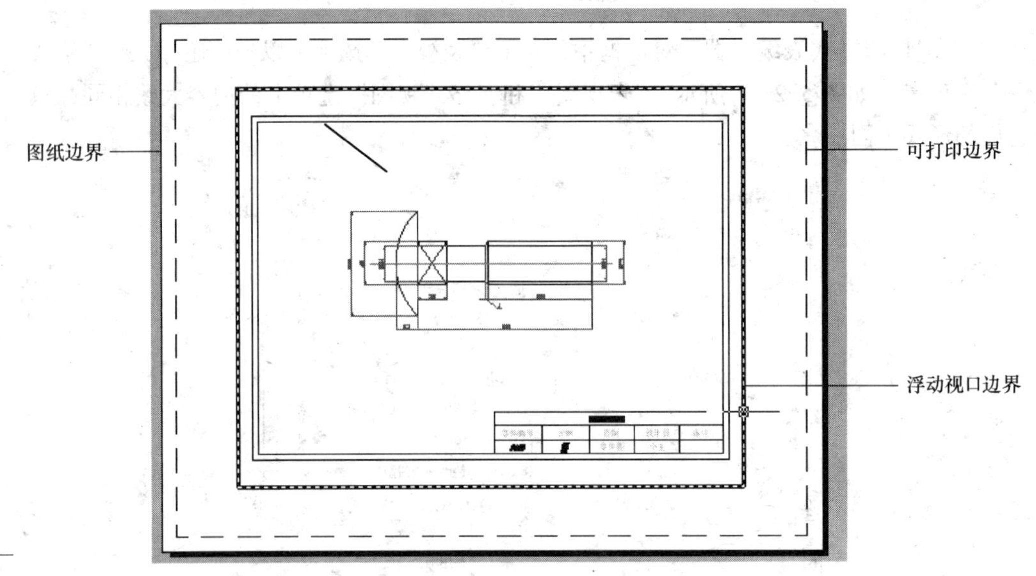

图 5-2-24

在“布局 1”选项上单击鼠标右键，在弹出的快捷菜单中选择“页面设置管理器”命令，如图 5-2-25 所示，打开图 5-2-26 所示的“页面设置管理器”对话框。

在“页面设置管理器”对话框中单击“新建”按钮，打开图 5-2-27 所示的“新建页面设置”对话框，在此对话框中设置“新页面设置名”为“A3”，并为其指定一个基础样式。单击“确定”按钮，打开“页面设置—A3”对话框，如图 5-2-28 所示。

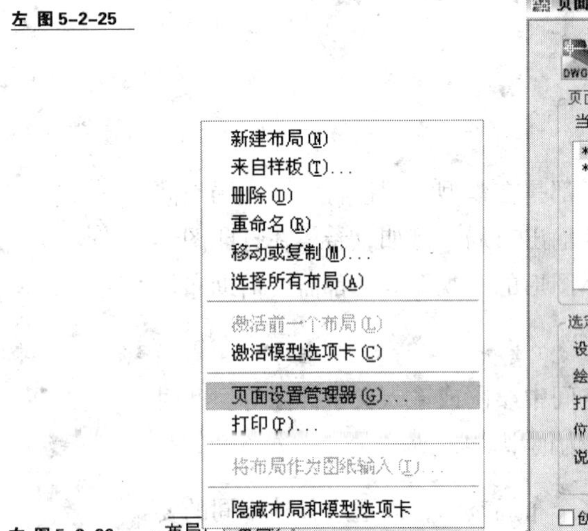

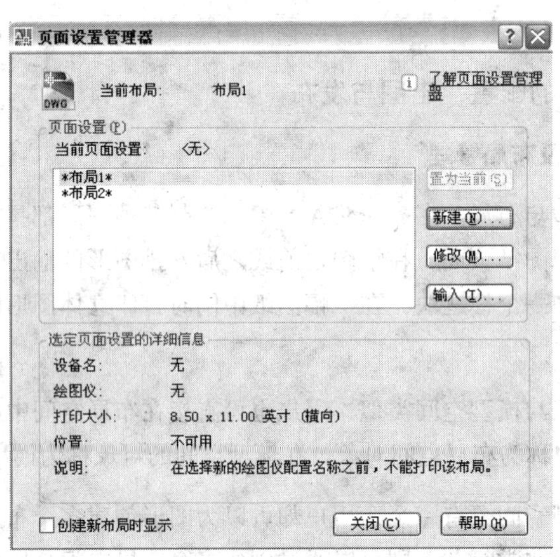

左 图 5-2-25

右 图 5-2-26

在“页面设置—A3”对话框的“打印机/绘图仪”选项栏中选择前面步骤所创建的 HP Designjet 750C C3195A 绘图仪；在“图纸尺寸”选项栏中选择图纸尺寸为“ISO A3（420.00*297.00 毫米）”；“打印区域”设置为布局；“打印比例”设置为 1∶1，“页面设置—A3”对话框的参数设置如图 5-2-28 所示。单击“确定”按钮，选回“页面设置管理器”对话框中，此时可以看到新建的页面设置“A3”出现在“当前页面设置”列表中。在“当前页面设置”列表中选择“A3”，如图 5-2-29 所示。单击“置为当前”按钮使新建的页面配置应用到当前的图形上，设置完成后的图形布局效果如图 5-2-30 所示。

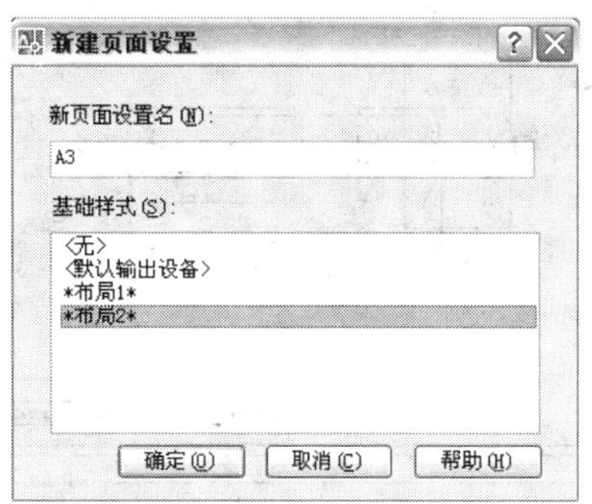

图 5-2-27

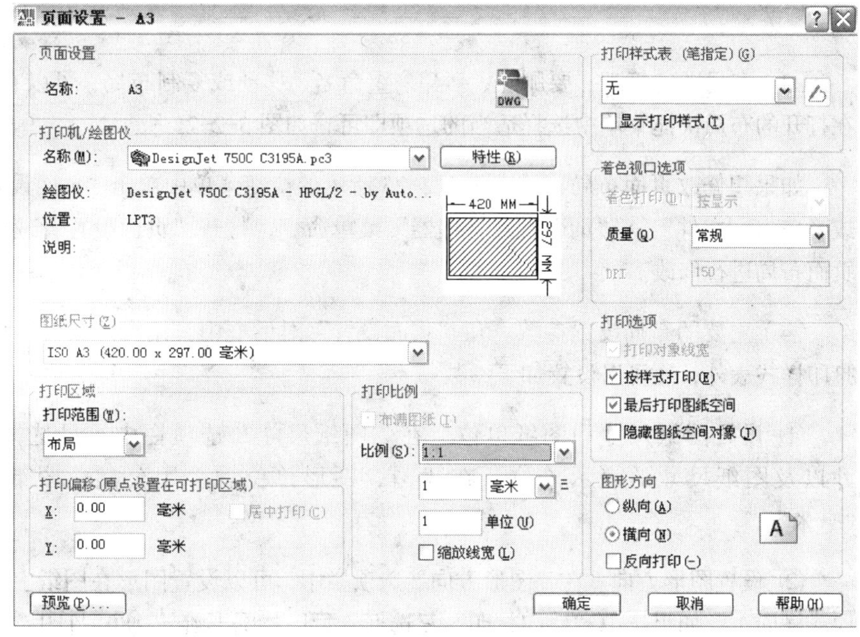

图 5-2-28

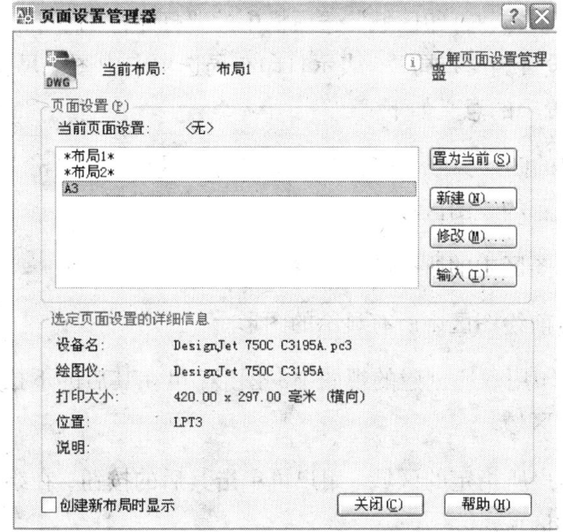

图 5-2-29

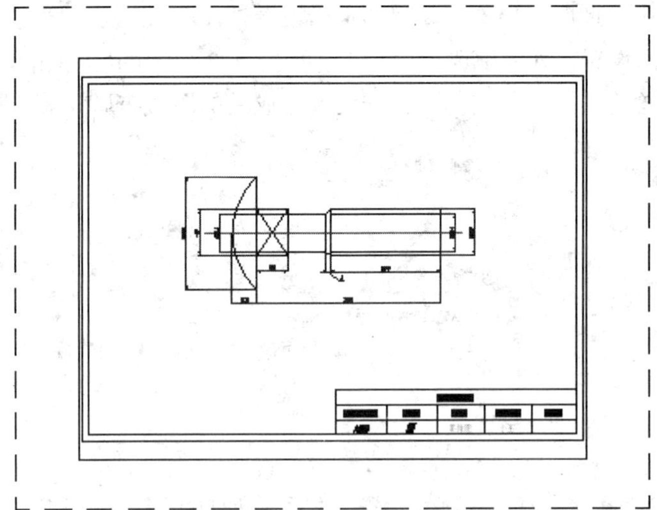

图 5-2-30

（3）布局图的管理。要删除、新建、重命名、移动或复制布局，可以右击布局选项卡，在打开的布局快捷菜单中选择适当的选项即可，如图 5-2-25 所示。

如果想修改页面布局，可从图 5-2-25 所示的快捷菜单中单击“页面设置管理器”命令或者单击“文件”→“页面设置管理器”菜单命令，打开“页面设置管理器”对话框，对页面布局进行修改。

（4）主要的布局设置参数。在“页面设置”对话框中，用户除了可以设置打印设备和打印样式表外，还可以设置如下参数。

① 设置图纸尺寸和图纸单位。在“图纸尺寸”选项栏中，可选择使用的图纸尺寸以及图纸尺寸的表示单位。在我国，图形单位均采用公制，图纸单位通常选择“毫米”。

② 设置图形方向。在“图形方向”选项栏中，可以设置图形在图纸上的放置方向（纵向或横向）。如果选中“反向打印”复选框，可以将图形旋转 180° 打印。

③ 设置打印区域。在“打印区域”选项栏中的“打印范围”下拉列表框中，可以选择打印的区域，其默认设置为“布局”，表示打印布局选项卡中图纸尺寸边界内的所有图形。该下拉列表框中各设置项的意义如下。

- 布局：将设定的图形界限范围作为图形的打印区域，即单击“格式”→“图形界限”菜单命令所设置的绘图区域。
- 范围：打印绘图区中的所有图形对象。
- 显示：打印当前绘图区中所有显示的图形。
- 图形界限：打印用户所创建的视图中的图形，可在其后的下拉列表框中选择相应的视图作为打印区域。
- 窗口：打印用户所指定的区域。用户可单击其后的按钮，在绘图区中指定一个矩形区域作为打印区域。

④ 设置打印比例。在“打印比例”选项栏中，可以选择标准缩放比例，或者输入自定义的比例。如果选择标准比例，该值将显示在“自定义”中。

布局空间的默认打印比例为 1∶1，表示打印效果与局部视图完全一致；模型空间的默认比例为“按图纸空间缩放”，表示系统自动根据图纸尺寸和图形尺寸调整打印比例。

⑤ 设置打印偏移。在“打印偏移”选项栏中的 *X* 和 *Y* 数值框中，可以指定相对于可打印区域左下角的偏移量。如果选中“居中打印”复选框，系统可以自动计算偏移值以便居中打印。

⑥ 设置打印选项。在“打印选项”选项栏中，可以设置如下 4 个打印选项。

- 选中或取消选中“打印对象线宽”复选框，可以控制是否按指定给图层或对象的线宽打印。
- 选中“按打印样式”复选框，表示对图层和对象应用指定的打印样式特性。
- 选中“最后打印图纸空间”复选框，表示先打印模型空间图形，再打印图纸空间图形。取消选中“最后打印图纸空间”复选框，表示先打印图纸空间图形，再打印模型空间图形。
- 选中“隐藏图纸空间对象”复选框，表示打印时将不打印图纸空间对象。

2. 出图比例

出图比例是指打印输出图纸时图纸上的单位尺寸与实际绘图尺寸之间的比值。例如，绘图比例为 1∶100，出图比例为 1∶1，则图纸上一个单位长度代表 100 个实际单位长度。若绘图比例为 1∶1，出图比例为 1∶100，则图纸上一个单位长度仍然代表 100 个实际单位长度。

（1）在 AutoCAD 中为图形设置合适的出图比例，可在出图时使图形显示得更完整。绘图比例指的是在绘制图形过程中所采用的比例。例如，在绘图过程中用 1 个单位长度代表 150 个单位的真实长度，则绘图比例为 1∶150。

（2）AutoCAD 中的绘图界限不设限制，建议绘图时以 1∶1 的比例绘制，在出图时再控制出图的比例。与输出到图纸上的图形有关的比例还有线型比例和尺寸标注比例，这两种比例不会影响图纸尺寸的大小，但会影响除实线外的线型和尺寸标注的形状和比例。

（3）了解出图比例的相关概念后，可以在“打印”对话框的“打印比例”选项栏中设置图形的出图比例。系统默认按图纸空间缩放图形，用户可根据实际情况在“比例”下拉列表框中选择出图比例。

3. 发布图形

在 AutoCAD 除了可以打印输出图形外，还提供了“发布”命令，可以将绘制好的图形实时发布给相关单位，节约时间和成本。使用“发布”可以使用简单的方法来创建图纸图形集或电子图形集。电子图形集是打印的图形集的数字形式。通过将图形发布至 Design Web Format（DWF）文件来创建电子图形集。

通过图纸集管理器可以发布整个图纸集。仅单击一次鼠标，即可通过将图纸集发布至单个的多页 DWF 文件来创建电子图形集。还可以通过将图纸集发布至每个图纸页面设置中指定的绘图仪来创建图纸图形集。其方法如下。

（1）打开图形后，单击“标准”工具栏中的（发布）按钮，打开“发布”对话框。在该对话框中设置需要发布的图纸，如图 5-2-31 所示。然后单击“发布选项”按钮，打开“发布选项”对话框。

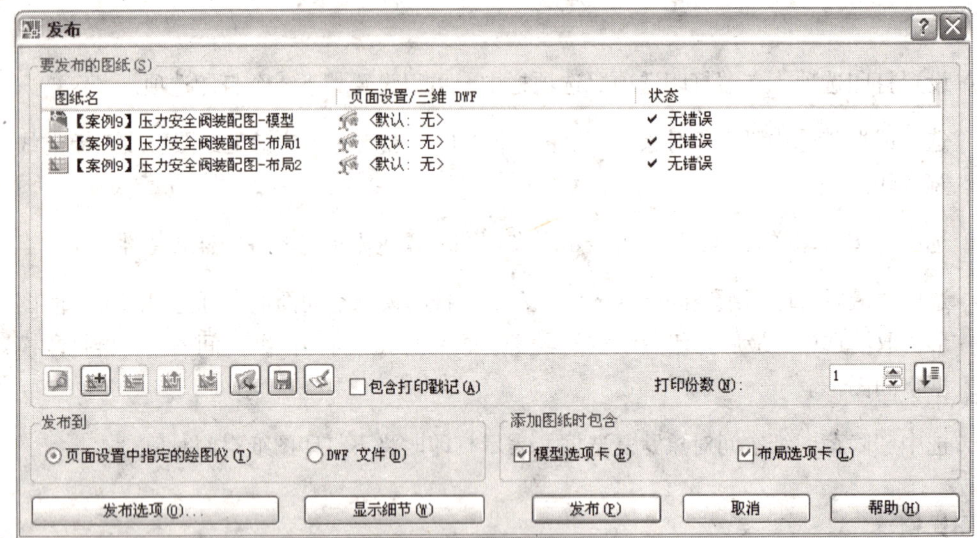

图 5-2-31

（2）在“发布选项”对话框中单击（添加图纸）按钮，打开“选择图形”对话框。在该对话框中选中需要添加的图形文件，如图 5-2-32 所示。然后单击“选择”按钮，即可将选中的图纸添加到“发布”对话框的图纸列表中，如图 5-2-33 所示。

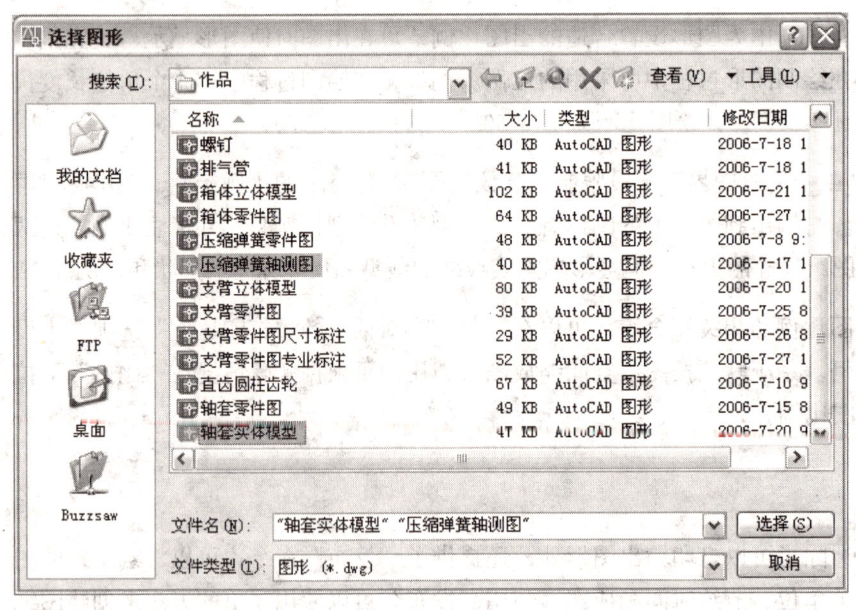

图 5-2-32

（3）在“发布选项”对话框中选中“DWF 文件”单选项，表示将所有图纸发布为一个 DWF 文件。再次单击“发布选项”按钮，打开“发布选项”对话框，如图 5-2-34 所示。

图 5-2-33

（4）在“发布选项”对话框中，进行各种参数设置后。单击“确定”按钮，返回“发布”对话框中。

（5）在“发布”对话框中单击“发布”按钮，即可将该图纸集在后台进行发布，发布过程如图 5-2-35 所示。

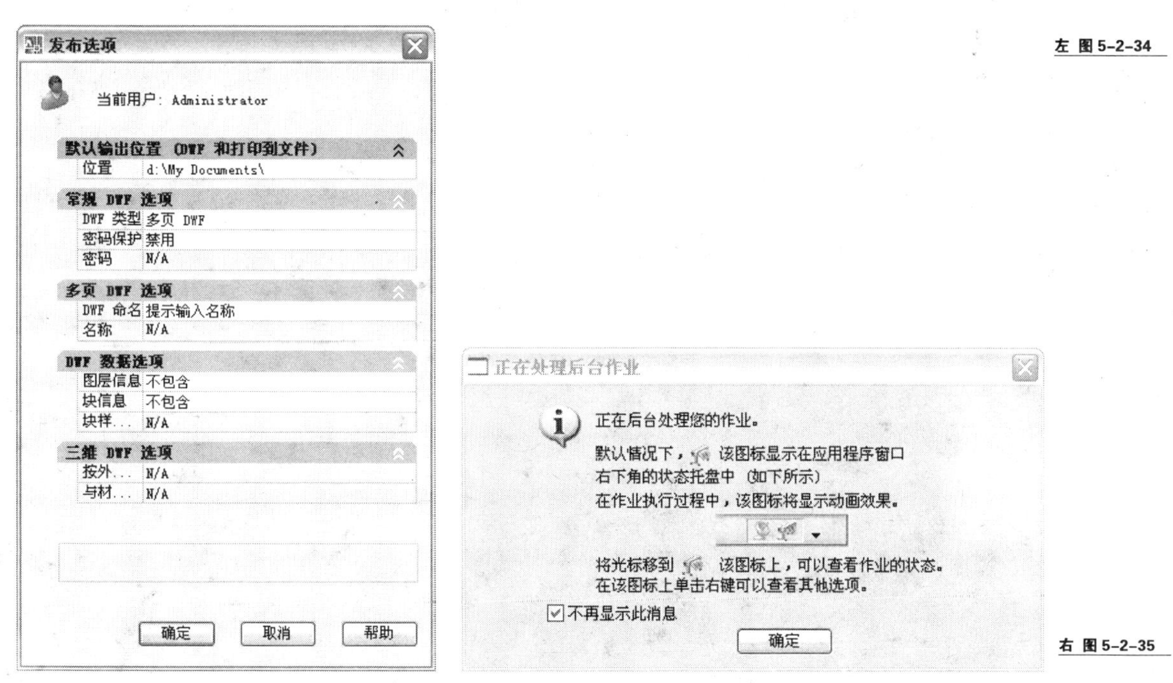

左 图 5-2-34

右 图 5-2-35

思考练习

1. 问答题

（1）简述打印样式的设置方法。

（2）简述打印输出时页面设置的作用及设置方法。

2. 上机操作题

参照本章所学的尺寸标注方法及打印输出方法，绘制图 5-2-36 所示的箱体零件效果图，然后将其置于“A3”图纸样式中，设置出图比例为 1：1，将该效果图打印输出。

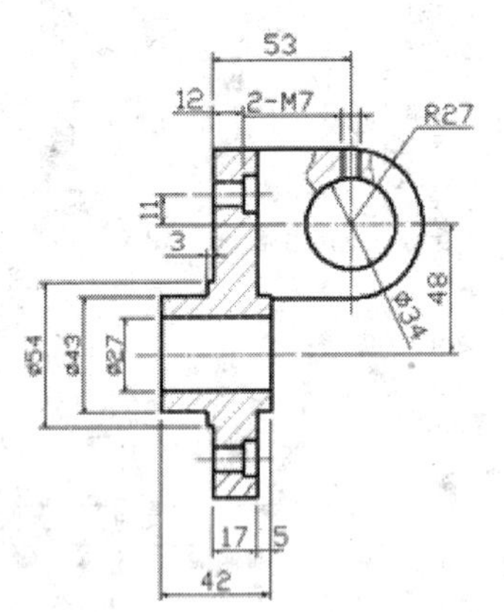

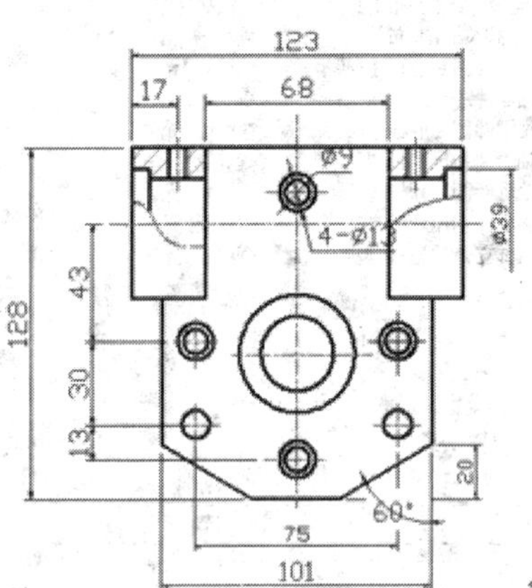

图 5-2-36

第6章
综合实例

学习目标：本章结合前面章节的知识点讲解了一个完整的机械效果图的绘制过程，并结合 3DS MAX 三维制作软件绘制了一个室内效果图。通过对本章的学习和实践，读者能够熟悉使用 Auto CAD 绘制图形的基本流程和绘制方法以及 Auto CAD 的典型应用，并掌握 Auto CAD 与其他软件配合使用的方法和技巧。

6.1 绘制机械零件三视图

【案例 13】绘制机械零件效果图

本案例结合前面各章的知识点绘制图 6-1-1 所示的机械零件效果图。

1. 机械模板的设置

（1）设置绘图单位。单击“格式”→“单位”菜单命令或在命令行窗口输入“units”，打开“图形单位”对话框。在该对话框的“长度”区域栏中设置“类型”为小数、“精度”为 0；在“角度”区域栏中设置“类型”为“十进制度数”，“精度”为 0；在“插入比例”区域栏中设置单位为“毫米”；“图形单位”对话框的参数设置如图 6-1-2 所示。单击“确定”按钮，关闭“图形单位”对话框，完成绘图单位的设置。

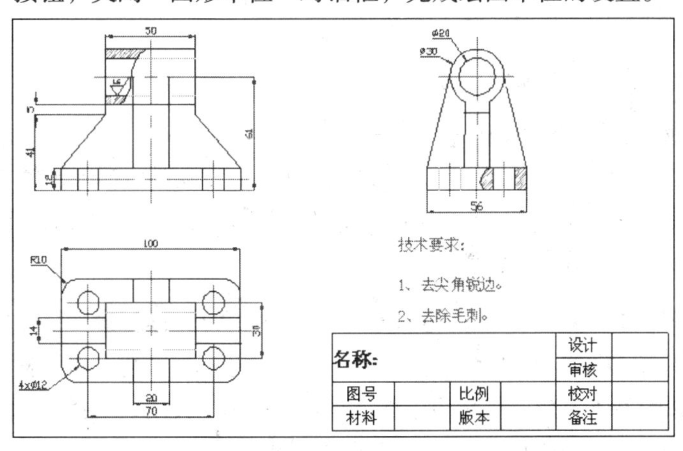

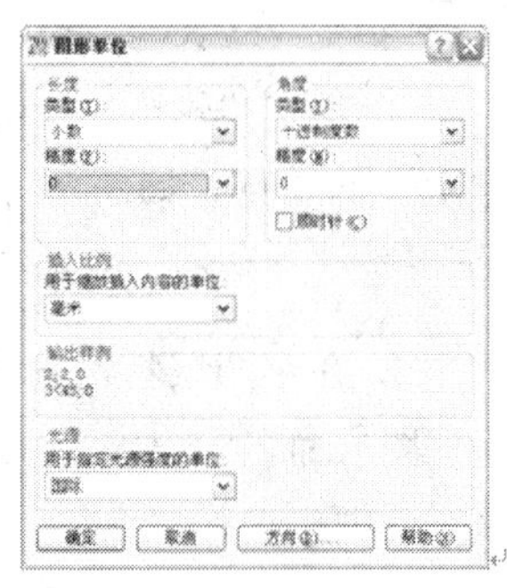

左 图6-1-1

右 图6-1-2

（2）设置图形界限。选用 A3 图纸（横放），以毫米为单位，那么图形界限的宽度应定义为 420，高度为 297。

单击“格式”→“图形界限”菜单命令或在命令行窗口输入“LIMITS”，系统提示重新设置模型空间界限。在命令行窗口输入左下角点的坐标（默认即可），然后输入图形界限右上角点的坐标即可。

命令行窗口提示操作步骤如下。

```
命令:_LIMITS↵
重新设置模型空间界限:
指定左下角点或[开(ON)/关(OFF)]<0.0,0.0>:ON↵（输入“开”选项）
命令:_LIMITS↵
重新设置模型空间界限:
指定左下角点或[开(ON)/关(OFF)]<0.0,0.0>:↵（输入图形边界左下角的点的坐标）
指定右上角点:420,297↵（输入图形边界右上角的点的坐标）
```

在提示“指定左下角点或[开(ON)/关(OFF)]<0.0,0.0>:”时输入“ON”，可以打开绘图界限控制，不允许绘制的图形超出设置的界限。输入“OFF”，则关闭绘图界限，所绘制的图形不受图形界限的影响。

（3）设置图层。

① 单击“格式”→“图层”菜单命令，或单击“图层”工具栏中的（图层特性管理器）按钮，打开“图层特性管理器”对话框，定义图层，规范绘图颜色和线型，以方便绘图。

② 在该对话框中单击（新建图层）按钮，新建一个图层。然后在新建图层的“名称”列中输入该图层的名称为“轮廓线”，如图 6-1-3 所示。

图 6-1-3

③ 单击“轮廓线”图层的“线宽”列，打开“线宽”对话框。在该对话框中选择“0.3 毫米”的线宽，如图 6-1-4 所示。然后单击“确定”按钮，关闭“线宽”对话框并返回“图层特性管理器”对话框中，完成线宽的设置。

④ 在“图层特性管理器”对话框中，单击（新建图层）按钮，再新建一个图层。将该图层命名为“轴线”。单击“轴线”图层的“颜色”列，打开“选择颜色”对话框。在该对话框中选择“红色”，如图 6-1-5 所示。然后单击“确定”按钮，关闭“选择颜色”对话框并返回“图层特性管理器”对话框中，完成图层颜色的设置。

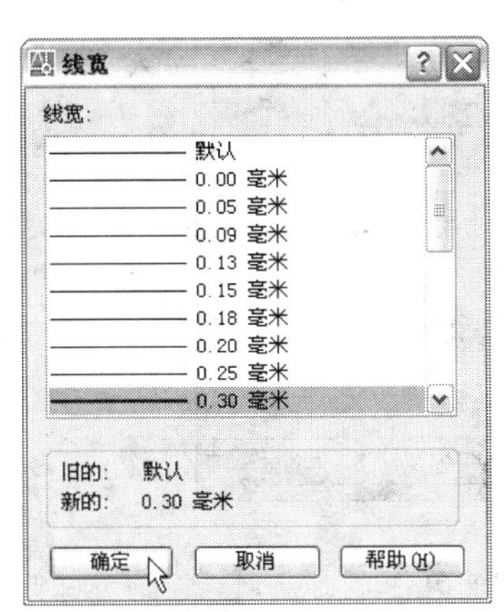

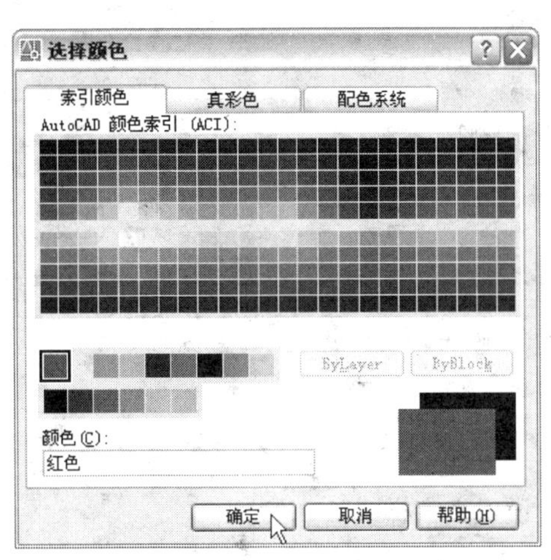

左 图 6-1-4

右 图 6-1-5

⑤ 在“图层特性管理器”对话框中，单击“轴线”图层的“线型”列，打开“选择线型”对话框，如图 6-1-6 所示。单击“加载”按钮，打开“加载或重载线型”对话框。

⑥ 在“加载或重载线型”对话框中选择 CENTER2 线型，如图 6-1-7 所示。然后单击“确定”按钮，关闭该对话框并返回“选择线型”对话框中。

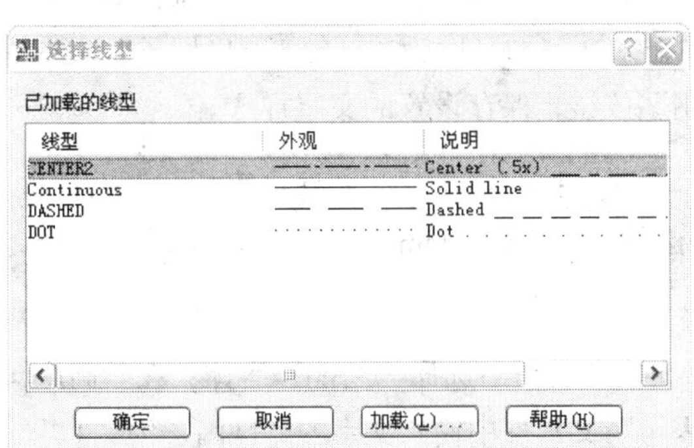

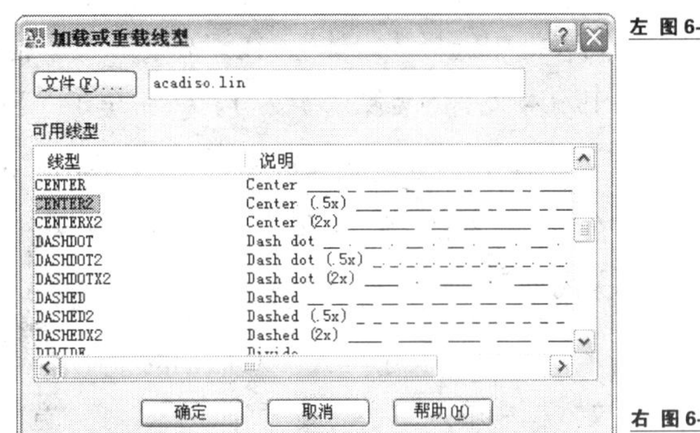

左 图 6-1-6

右 图 6-1-7

⑦ 在“选择线型”对话框中选中 CENTER2 线型，如图 6-1-6 所示。然后单击“确定”按钮，关闭该对话框并返回“图层特性管理器”对话框中。再将该图层的线宽设置为 0.15 毫米，完成轴线的设置。

⑧ 以同样的方法按照表 6-1 定义其他图层，定义好的图层效果如图 6-1-8 所示。然后单击“确定”按钮，关闭“图层特性管理器”对话框。

表 6-1　　其他图层中的线型

名　　称	颜　　色	线　　形	线宽（mm）
标注	蓝色	实线	0.15
轮廓线	黑色	实线	0.3
剖面	绿色	实线	0.15
文字	棕色	实线	0.15
轴线	红色	CENTER2（短点划线）	0.15
虚线	粉色	DASHED（虚线）	0.15

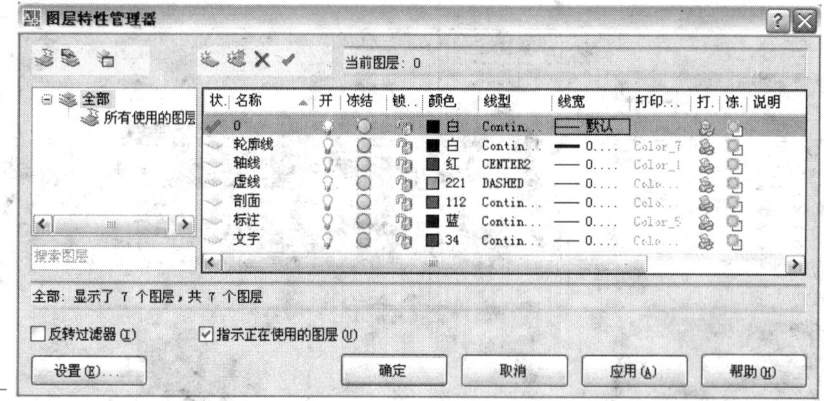

图 6-1-8

（4）设置文字样式。

① 单击“格式”→“文字样式”菜单命令，打开“文字样式”对话框，如图 6-1-9 所示。在该对话框中单击“新建”按钮，打开“新建文字样式”对话框。

② 在“新建文字样式”对话框的“样式名”文本框中，输入新建样式的名称为“Text”，单击“确定”按钮，关闭“新建文字样式”对话框并返回“文字样式”对话框中。

③ 在“文字样式”对话框中取消选择“使用大字体”复选框，然后在“字体名”下拉列表框中选择“宋体”，在“高度”文本框中输入文字的高度为 5，在“宽度因子”文本框中输入文字的宽度因子为 1，然后单击“应用”按钮，保存设置的文字样式。

④ 在“文字样式”对话框中再次单击“新建”按钮，打开“新建文字样式”对话框。在该对话框的“样式名”文本框中输入新建样式的名称为“Number”，单击“确定”按钮，关闭该对话框并返回“文字样式”对话框中。

⑤ 在“文字样式”对话框的“字体名”下拉列表框中选择“Arial”字体；在“高度”文本框中输入文字的高度为“3”，在“宽度因子”文本框中输入文字的宽度因子为“0.7”。然后单击“应用”按钮，保存设置的文字样式。

⑥ 单击“关闭”按钮，关闭“文字样式”对话框，完成文字样式的设置。文本与数字的文字样式设置如图 6-1-9 和图 6-1-10 所示。

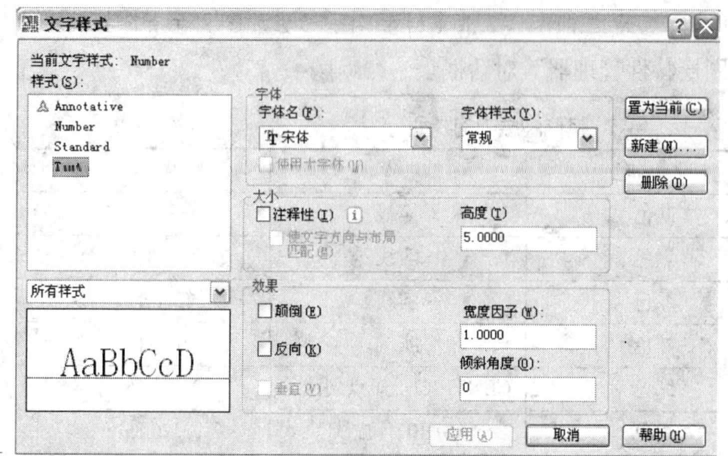

图 6-1-9

图 6-1-10

（5）设置标注样式。

① 单击“格式”→“标注样式”菜单命令，打开“标注样式管理器”对话框，如图 6-1-11 所示。在该对话框中单击“新建”按钮，打开“创建新标注样式”对话框。

② 在“创建新标注样式”对话框的“新样式名”文本框中，输入新建标注样式的名称为“机械标注”，其他保持默认值，如图 6-1-12 所示。然后单击“继续”按钮，关闭该对话框并打开“新建标注样式”对话框。

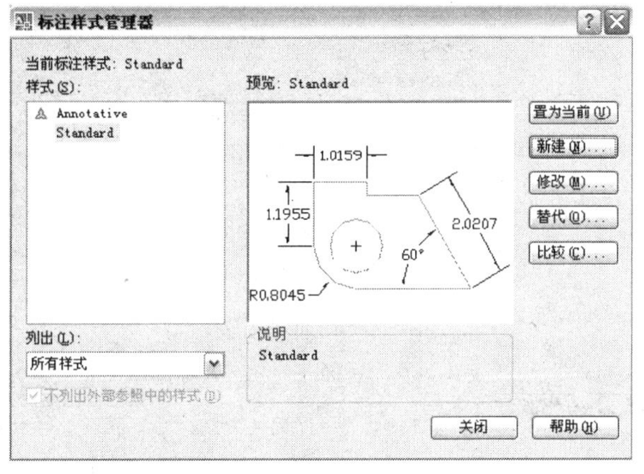

左 图 6-1-11

右 图 6-1-12

③ 在“新建标注样式”对话框中单击“线”选项卡。在“尺寸线”区域栏中设置直线的“颜色”、“线型”和“线宽”都为 ByLayer（随层），即标注使用其所在图层的颜色和线型，“基线间距”设为 3，参数设置如图 6-1-13 所示。

④ 在“新建标注样式”对话框中单击“符号和箭头”选项卡。在“箭头”区域栏中将所有箭头都设置为“实心闭合”、“箭头大小”设置为 3.5；在“圆心标记”区域栏中设置“类型”为“无”，如图 6-1-14 所示。完成标注符号和箭头的设置。

⑤ 在“新建标注样式”对话框中单击“文字”选项卡。在“文字外观”区域栏中设置“文字样式”为“Standard”、“文字颜色”为 ByLayer（随层）、在“文字位置”区域栏中设置文字在“垂直”方向的位置为“上方”，在“水平”方向的位置为“居中”，“从尺寸偏移”为 1.3；在“文字对齐”区域栏中设置文字对齐方式为“ISO 标准”，如图 6-1-15 所示。完成标注文字的设置。

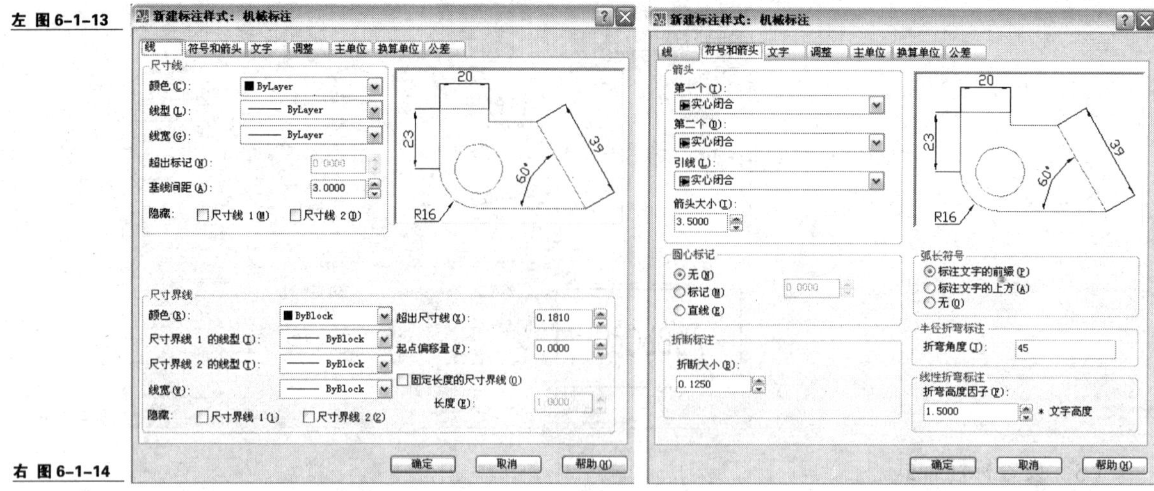

左 图 6-1-13

右 图 6-1-14

⑥ 在“新建标注样式”对话框中单击“确定”按钮，关闭该对话框并返回“标注样式管理器”对话框中。在该对话框中选择“机械标注”选项，单击“置为当前”按钮，应用该标注样式，如图 6-1-16 所示。然后单击“关闭”按钮，关闭该对话框，完成标注样式的设置。

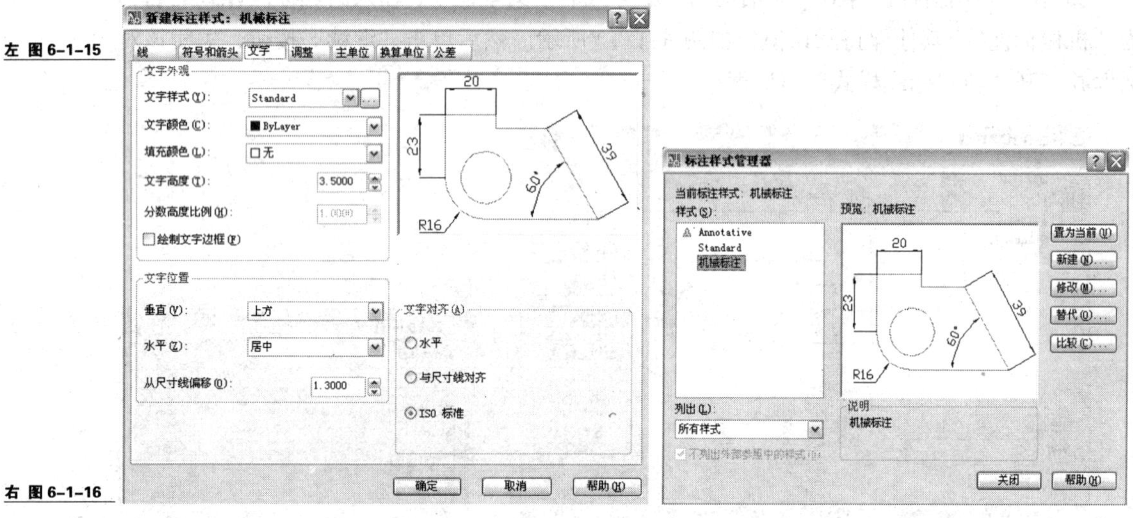

左 图 6-1-15

右 图 6-1-16

（6）绘制图框及标题栏。

① 切换到 0 图层，单击“绘图”工具栏中的▭（矩形）按钮，在命令行中输入矩形的起点坐标（0，0），再在命令行窗口输入矩形的对角点坐标（420，297），按“Enter”键确认。然后单击“修改”工具栏中的⊿（偏移）按钮，将矩形向内偏移 5 毫米（缩小并复制一个），作为图纸的外框，再将图纸的外框向内偏移 5 毫米，作为图纸的内框，然后删掉最外边的矩形。这样可以限制打印的范围。绘制的图框后的效果如图 6-1-17 所示。

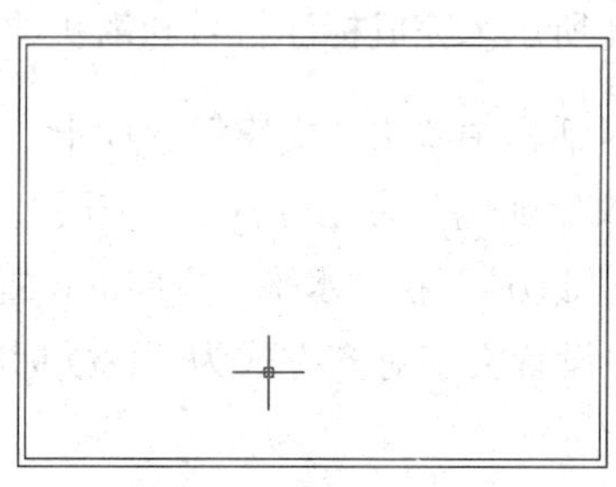
图 6-1-17

命令行窗口提示操作步骤如下。

```
命令:_LAYER↲
命令:_RECTANG:↲
指定第一个角点或[倒角(C)/标高(E)/圆角(F)/厚度(T)/宽度(W)]: 0,0
指定另一个角点或[尺寸(D)]:@420,297↲ (输入矩形对角点的坐标)
命令:_OFFSET↲
指定偏移距离或[通过(T)]<通过>:5↲ (输入偏移值)
选择要偏移的对象或<退出>:(单击矩形)
指定点以确定偏移所在一侧:(在矩形内单击)
选择要偏移的对象或<退出>:(单击内侧矩形)
指定点以确定偏移所在一侧:(在内侧矩形内单击)
选择要偏移的对象或<退出>:↲
```

单击最外侧矩形，然后按键盘上的“Delete”键删除。

② 使用表格绘制标题栏。早期的 AutoCAD 是不提供表格命令的，AutoCAD 2008 提供的表格命令使用户可以方便地绘制标题栏。先在“绘图”工具栏中单击（表格）按钮，打开“插入表格”对话框，在“列和行设置”选项栏中设置列数为 6，“数据行”为 3，“插入方式”为“指定插入点”，如图 6-1-18 所示。

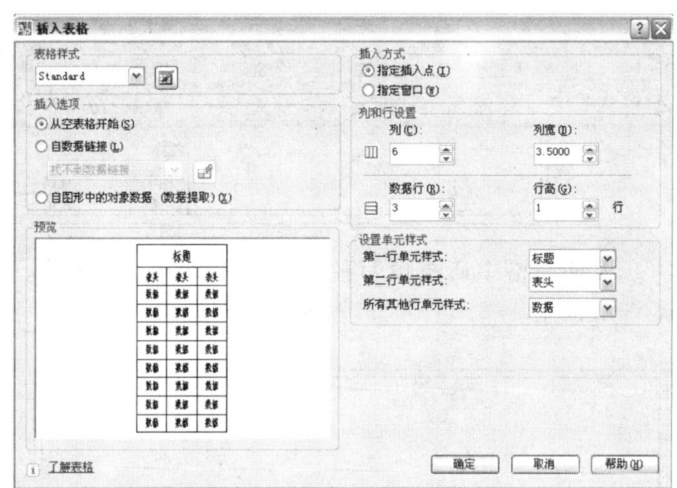

图 6-1-18

单击“确认”按钮，关闭“插入表格”对话框，在图纸中单击插入表格的位置。表格插入后，可以通过单击表格边框进入表格编辑模式，此时可通过拖曳和拉伸的方式对表格和单元格进行调整，调整后的效果如图 6-1-19 所示。单击表格单元格可以打开“表格”工具栏，通过“拆分”及“合并”命令对单元格进行拆分和合并，效果如图 6-1-20 所示。

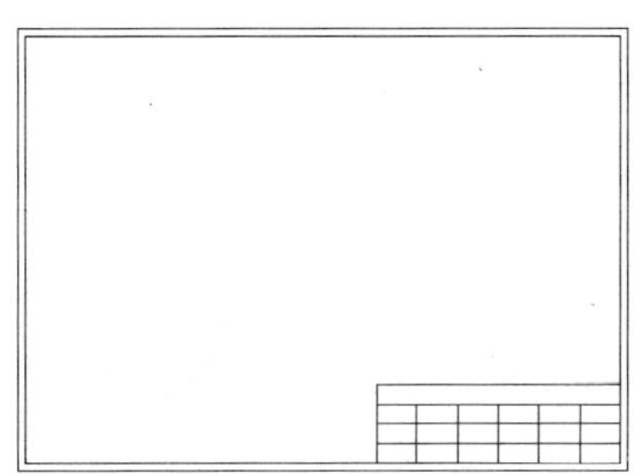

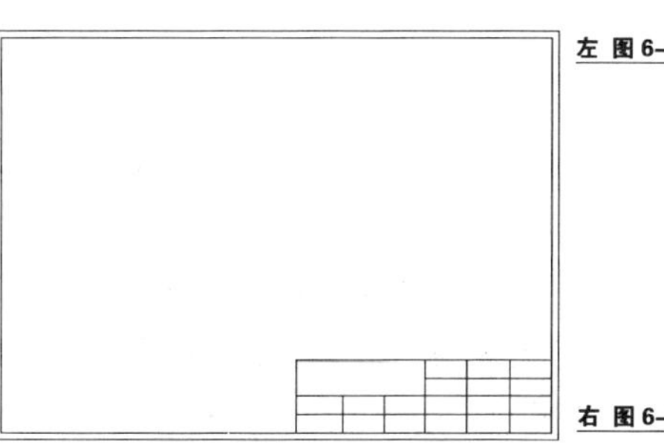

左 图 6-1-19

右 图 6-1-20

若用户对创建的表格样式不满意可以单击“格式”→“表格样式”菜单命令，打开“表格样式”对话框，如图 6-1-21 所示。单击“修改”按钮，打开“修改表格样式”对话框，对表格样式进行修改，如图 6-1-22 所示。

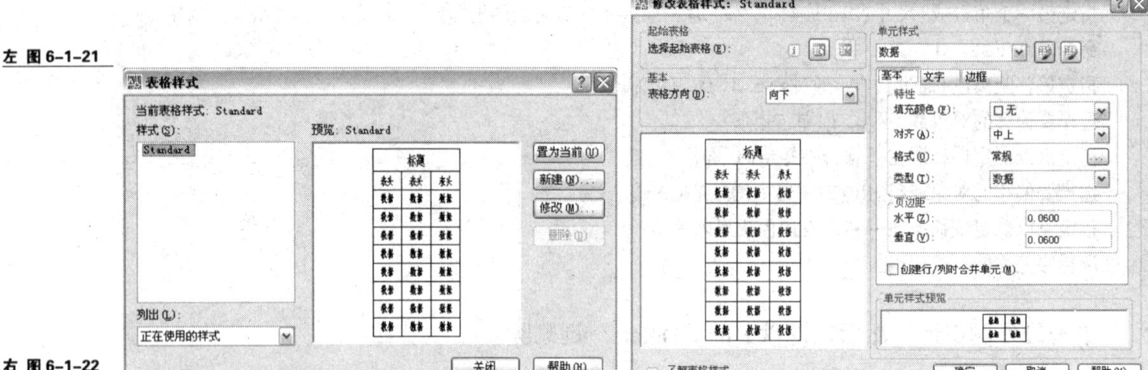

左 图 6-1-21

右 图 6-1-22

在表格中双击单元格进入文字输入状态，并打开“文字格式”工具栏，选择文字样式为步骤 4 设置的文字样式“Text”，设置“宽度因子”为“1”，输入表格文字，效果如图 6-1-23 所示。

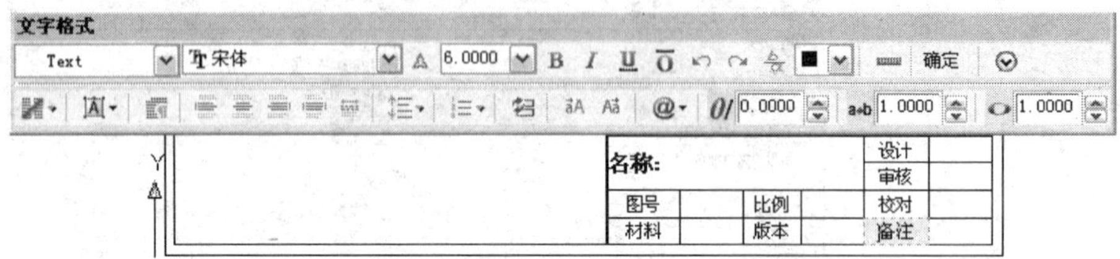

图 6-1-23

根据表格中所要填写的项目内容调整或增删单元格，完成后的模板效果如图 6-1-24 所示。

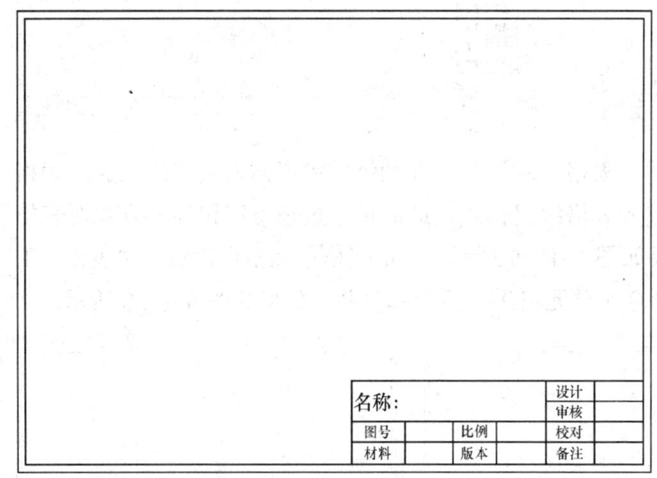

图 6-1-24

可以将绘制的机械模板图保存为模板文件，以便以后可以随时使用。单击“文件”→“另存为”菜单命令，将文件命名“Template_A3.dwt”并保存到 AutoCAD 默认的模板文件夹中（用户可以在“选项”对话框的 “样本图形文件位置”找到此文件夹）。

2. 图形设计

（1）绘制主视图。

① 绘制轴线及参考线。将当前图层切换到“轴线”图层，绘制主视图基准线 1 及基准线 2，使用“修改”工具栏中的 （偏移）工具，按照命令行窗口的提示，对基准线 1 和基准线 2 进行偏移，效果如图 6-1-25 所示。

命令行窗口中的命令提示如下。

```
命令: _line 指定第一点:(基准线 1 的起点坐标)
指定下一点或 [放弃(U)]:(基准线 1 的终点坐标)↵
命令: _line 指定第一点:(基准线 2 的起点坐标)
指定下一点或 [放弃(U)]: (基准线 2 的终点坐标)↵
命令: _offset  (对基准线 1 进行偏移)
当前设置: 删除源=否  图层=源  OFFSETGAPTYPE=0
指定偏移距离或 [通过(T)/删除(E)/图层(L)] <25.0000>:  15↵
选择要偏移的对象, 或 [退出(E)/放弃(U)] <退出>:
指定要偏移的那一侧上的点, 或 [退出(E)/多个(M)/放弃(U)] <退出>:
选择要偏移的对象, 或[退出(E)/放弃(U)] <退出>:
指定要偏移的那一侧上的点, 或 [退出(E)/多个(M)/放弃(U)] <退出>:
选择要偏移的对象, 或[退出(E)/放弃(U)] <退出>:↵
命令: _offset(以基准线 1 进行偏移)
当前设置: 删除源=否  图层=源  OFFSETGAPTYPE=0
指定偏移距离或 [通过(T)/删除(E)/图层(L)] <40.0000>:  55↵
指定要偏移的那一侧上的点, 或 [退出(E)/多个(M)/放弃(U)] <退出>:
选择要偏移的对象, 或 [退出(E)/放弃(U)] <退出>:
选择要偏移的对象, 或 [退出(E)/放弃(U)] <退出>:↵
命令: _offset  (以基准线 2 进行偏移)
当前设置: 删除源=否  图层=源  OFFSETGAPTYPE=0
指定偏移距离或 [通过(T)/删除(E)/图层(L)] <20.0000>:  35↵
选择要偏移的对象, 或 [退出(E)/放弃(U)] <退出>:
指定要偏移的那一侧上的点, 或 [退出(E)/多个(M)/放弃(U)] <退出>:
选择要偏移的对象, 或 [退出(E)/放弃(U)] <退出>:
指定要偏移的那一侧上的点, 或 [退出(E)/多个(M)/放弃(U)] <退出>:
选择要偏移的对象, 或 [退出(E)/放弃(U)] <退出>:↵
```

主要参考线绘制完成后，将坐标轴原点移到图 6-1-25 中的基准线 2 上，使用“矩形”命令绘制 100 × 6 的矩形，效果如图 6-1-26 所示。

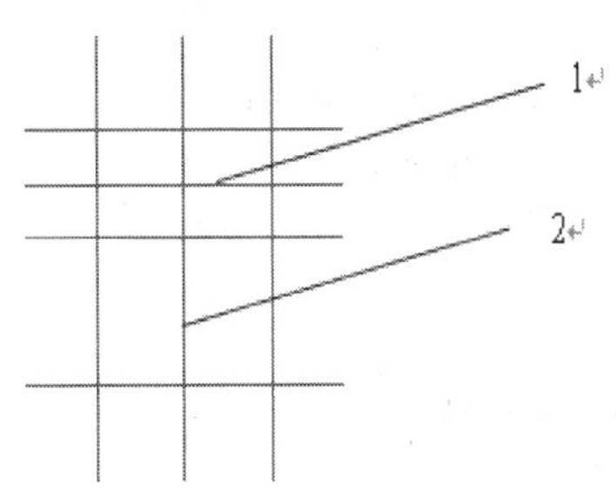

左 图 6-1-25

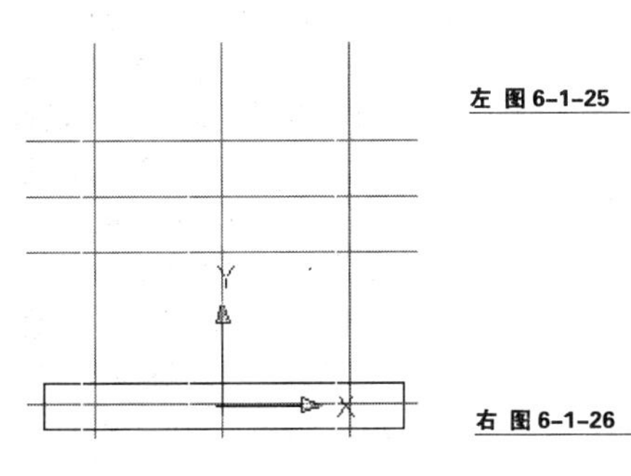

右 图 6-1-26

命令行窗口中的命令提示如下。

```
命令: ucs↵
当前 UCS 名称: *世界*
指定 UCS 的原点或 [面(F)/命名(NA)/对象(OB)/上一个(P)/视图(V)/世界(W)/X/Y/Z/Z 轴(ZA)] <世界>:(指定原点置于基准线 2 上)
指定 X 轴上的点或 <接受>:↵
命令: _rectang
指定第一个角点或 [倒角(C)/标高(E)/圆角(F)/厚度(T)/宽度(W)]: -50,6↵
指定另一个角点或 [面积(A)/尺寸(D)/旋转(R)]: @100, -12↵
```

以已绘制的基准线及矩形为参考继续绘制其他参考线，效果如图 6-1-27 所示。

命令行窗口中的命令提示如下。

```
命令: _offset  (以基准线 1 进行偏移)
当前设置: 删除源=否  图层=源  OFFSETGAPTYPE=0
指定偏移距离或 [通过(T)/删除(E)/图层(L)] <25.0000>:  10↵
选择要偏移的对象，或 [退出(E)/放弃(U)] <退出>:
指定要偏移的那一侧上的点，或 [退出(E)/多个(M)/放弃(U)] <退出>:
选择要偏移的对象，或 [退出(E)/放弃(U)] <退出>:
指定要偏移的那一侧上的点，或 [退出(E)/多个(M)/放弃(U)] <退出>:
选择要偏移的对象，或 [退出(E)/放弃(U)] <退出>:↵
命令: _offset  (对基准线 2 进行偏移)
当前设置: 删除源=否  图层=源  OFFSETGAPTYPE=0
指定偏移距离或 [通过(T)/删除(E)/图层(L)] <35.0000>:  25↵
指定要偏移的那一侧上的点，或 [退出(E)/多个(M)/放弃(U)] <退出>:
选择要偏移的对象，或 [退出(E)/放弃(U)] <退出>:
指定要偏移的那一侧上的点，或 [退出(E)/多个(M)/放弃(U)] <退出>:
选择要偏移的对象，或 [退出(E)/放弃(U)] <退出>:↵
命令: _offset  (以基准线 2 进行偏移)
当前设置: 删除源=否  图层=源  OFFSETGAPTYPE=0
指定偏移距离或 [通过(T)/删除(E)/图层(L)] <25.0000>:  29↵
选择要偏移的对象，或 [退出(E)/放弃(U)] <退出>:
指定要偏移的那一侧上的点，或 [退出(E)/多个(M)/放弃(U)] <退出>:
选择要偏移的对象，或 [退出(E)/放弃(U)] <退出>:
指定要偏移的那一侧上的点，或 [退出(E)/多个(M)/放弃(U)] <退出>:
选择要偏移的对象，或 [退出(E)/放弃(U)] <退出>:↵
命令: _offset  (对基准线 2 进行偏移)
当前设置: 删除源=否  图层=源  OFFSETGAPTYPE=0
指定偏移距离或 [通过(T)/删除(E)/图层(L)] <29.0000>:  41↵
选择要偏移的对象，或 [退出(E)/放弃(U)] <退出>:
指定要偏移的那一侧上的点，或 [退出(E)/多个(M)/放弃(U)] <退出>:
选择要偏移的对象，或 [退出(E)/放弃(U)] <退出>:
指定要偏移的那一侧上的点，或 [退出(E)/多个(M)/放弃(U)] <退出>:
选择要偏移的对象，或 [退出(E)/放弃(U)] <退出>:↵
命令: _offset  (对基准线 2 进行偏移)
当前设置: 删除源=否  图层=源  OFFSETGAPTYPE=0
指定偏移距离或 [通过(T)/删除(E)/图层(L)] <41.0000>:  10↵
```

```
指定要偏移的那一侧上的点，或 [退出(E)/多个(M)/放弃(U)] <退出>:
选择要偏移的对象，或 [退出(E)/放弃(U)] <退出>:
指定要偏移的那一侧上的点，或 [退出(E)/多个(M)/放弃(U)] <退出>:
选择要偏移的对象，或 [退出(E)/放弃(U)] <退出>:↲
```

② 绘制主视图。切换到“轮廓线”图层。在状态栏中的“对象捕捉”按钮上单击鼠标右键，在弹出的快捷菜单中单击“设置”命令，打开“草图设置”对话框，单击“对象捕捉”选项卡，在“对象捕捉模式”区域栏中选中“端点”、“中点”、“圆心”、“ 节点”、“交点”、“延伸”复选框，如图 6-1-28 所示。

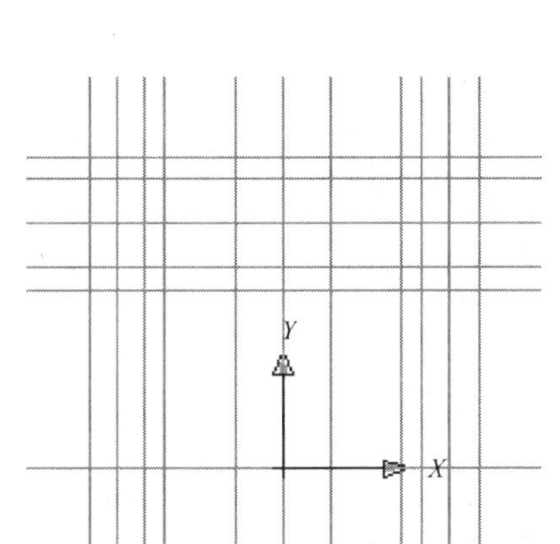

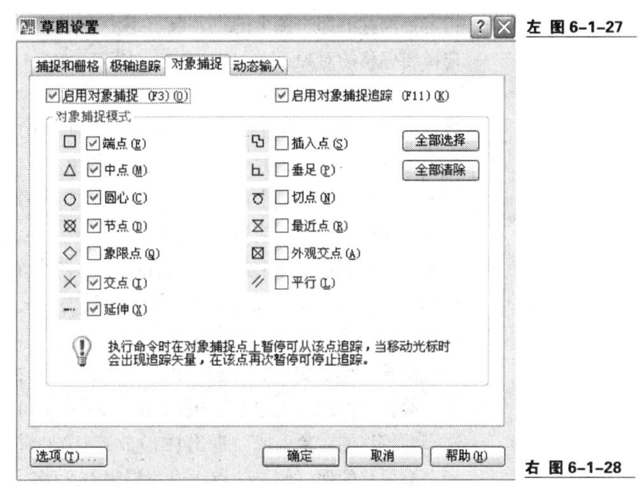

左 图 6-1-27

右 图 6-1-28

单击“草图设置”对话框的“确定”按钮，退出该对话框，并按下“对象捕捉”按钮。

单击状态栏中的“线宽”按钮，在主视图中使用“直线”、“多段线”等绘图工具及“偏移”、“打断”等修改工具绘制主视图，如图 6-1-29 所示。然后使用“打断”修改工具去掉多余的参考线，效果如图 6-1-30 所示。

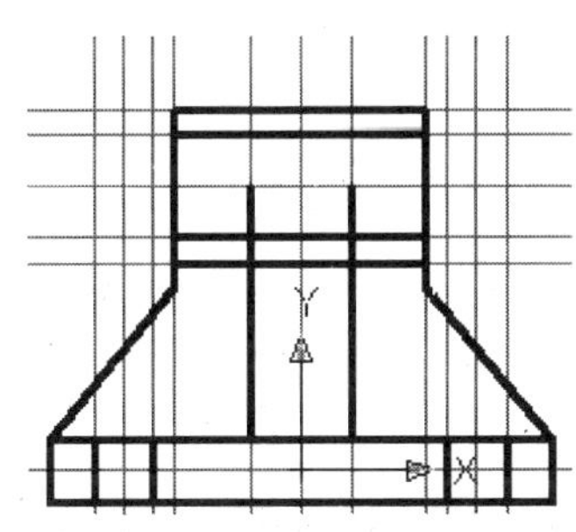

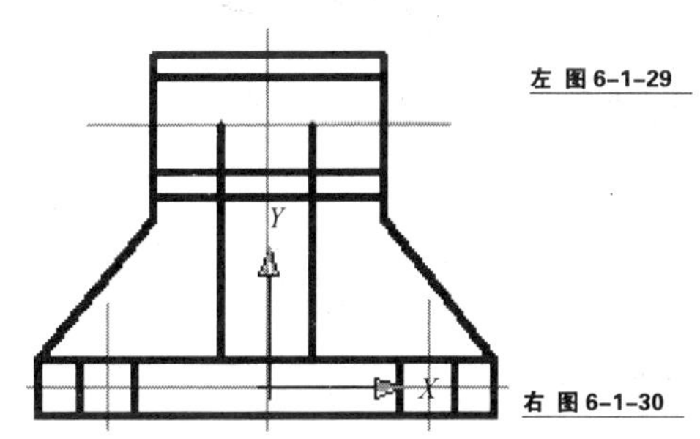

左 图 6-1-29

右 图 6-1-30

（2）绘制俯视图。

① 绘制轴线及参考线。将当前图层切换到“轴线”图层，绘制俯视图基准线 1，使用“修改”工具栏中的 (偏移) 工具，按照命令行窗口的提示，对基准 1 进行偏移，效果如图 6-1-31 所示。

命令行窗口中的命令提示如下。

```
命令: ucs↲
当前 UCS 名称: *没有名称*
指定 UCS 的原点或 [面(F)/命名(NA)/对象(OB)/上一个(P)/视图(V)/世界(W)/X/Y/Z/Z 轴
```

```
(ZA)]<世界>:(将坐标原点垂直向下移动到一定位置)
    指定 X 轴上的点或 <接受>:↵
    命令: _line 指定第一点:(指定为坐标 X 轴上一点)
    指定下一点或 [放弃(U)]:(指定为坐标 X 轴上另一点)↵
    命令: _offset
    当前设置: 删除源=否  图层=源  OFFSETGAPTYPE=0
    指定偏移距离或 [通过(T)/删除(E)/图层(L)] <27.0000>:  28↵
    选择要偏移的对象, 或 [退出(E)/放弃(U)] <退出>:
    指定要偏移的那一侧上的点, 或 [退出(E)/多个(M)/放弃(U)] <退出>:
    选择要偏移的对象, 或 [退出(E)/放弃(U)] <退出>:
    指定要偏移的那一侧上的点, 或 [退出(E)/多个(M)/放弃(U)] <退出>:
    选择要偏移的对象, 或 [退出(E)/放弃(U)] <退出>:↵
    命令: _offset
    当前设置: 删除源=否  图层=源  OFFSETGAPTYPE=0
    指定偏移距离或 [通过(T)/删除(E)/图层(L)]<18.0000>:  15↵
    指定要偏移的那一侧上的点, 或 [退出(E)/多个(M)/放弃(U)]<退出>:
    选择要偏移的对象, 或 [退出(E)/放弃(U)] <退出>:
    指定要偏移的那一侧上的点, 或 [退出(E)/多个(M)/放弃(U)]<退出>:
    选择要偏移的对象, 或 [退出(E)/放弃(U)] <退出>:↵
    命令: _offset
    当前设置: 删除源=否  图层=源  OFFSETGAPTYPE=0
    指定偏移距离或 [通过(T)/删除(E)/图层(L)] <15.0000>:  7↵
    选择要偏移的对象, 或 [退出(E)/放弃(U)]<退出>:
    指定要偏移的那一侧上的点, 或 [退出(E)/多个(M)/放弃(U)]<退出>:
    选择要偏移的对象, 或 [退出(E)/放弃(U)]<退出>:
    指定要偏移的那一侧上的点, 或 [退出(E)/多个(M)/放弃(U)]<退出>:
    选择要偏移的对象, 或 [退出(E)/放弃(U)]<退出>:↵
```

在对基准线 1 进行偏移的基础上，借助于主视图中参考线及轮廓线的延伸提示，绘制轴线及参考线，效果如图 6-1-32 所示。

左 图 6-1-31

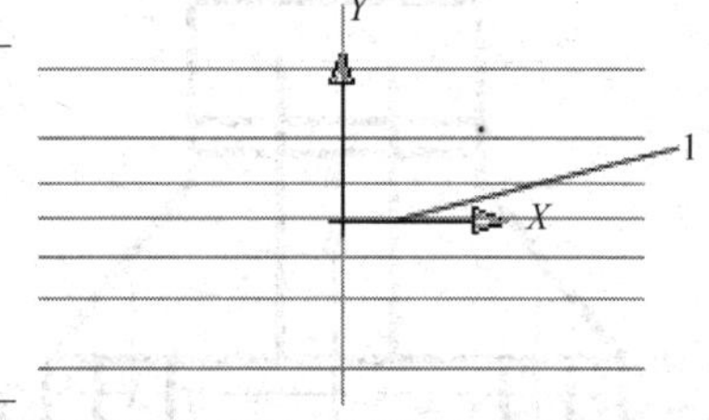

右 图 6-1-32

② 绘制俯视图。将当前图层切换到“轮廓线”图层，使用“矩形”、“直线”、“圆”等绘图工具及“圆角”、“阵列”等修改工具绘制俯视图效果。

命令行窗口中的命令提示如下。

```
命令: _rectang
指定第一个角点或 [倒角(C)/标高(E)/圆角(F)/厚度(T)/宽度(W)]:(指定为图 6-1-32 中的点 1)
指定另一个角点或 [面积(A)/尺寸(D)/旋转(R)]: d↵
指定矩形的长度 <10.0000>: 100↵
指定矩形的宽度 <10.0000>: 56↵
指定另一个角点或 [面积(A)/尺寸(D)/旋转(R)]: ↵
```

```
命令: _rectang
指定第一个角点或 [倒角(C)/标高(E)/圆角(F)/厚度(T)/宽度(W)]:(指定为图 6-1-32 中的点 2)
指定另一个角点或 [面积(A)/尺寸(D)/旋转(R)]: d↲
指定矩形的长度 <100.0000>: 50↲
指定矩形的宽度 <56.0000>: 30↲
指定另一个角点或 [面积(A)/尺寸(D)/旋转(R)]: ↲
命令: _circle 指定圆的圆心或 [三点(3P)/两点(2P)/相切、相切、半径(T)]:(指定为图 6-1-32 中的点 3)
指定圆的半径或 [直径(D)]: 6↲
```

使用“直线”工具绘制矩形、圆形和直线，效果如图 6-1-33 所示。

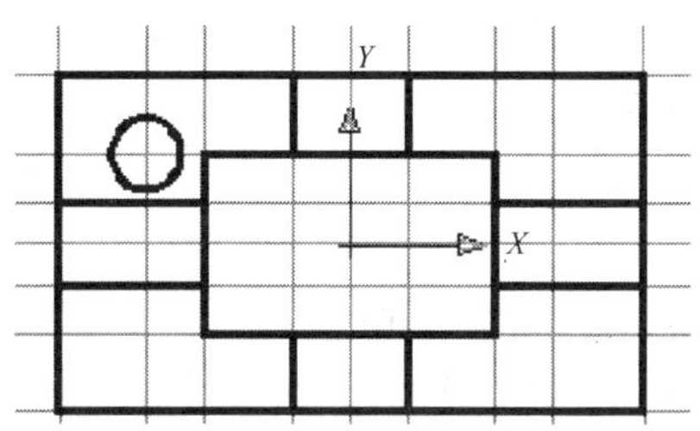

图 6-1-33

使用“阵列”工具对图 6-1-33 中的圆进行阵列复制，在“阵列”对话框中选择阵列类型为“矩形阵列”，设置行数为“2”，列数为“2”，在“偏移距离和方向”选项栏中设置“行偏移”为“30”，“列偏移”为“70”，“阵列”对话框中的参数设置如图 6-1-34 所示。

单击“阵列”对话框中的“选择对象”按钮，在俯视图中选择圆对象，预览确认，阵列完成的效果如图 6-1-35 所示。

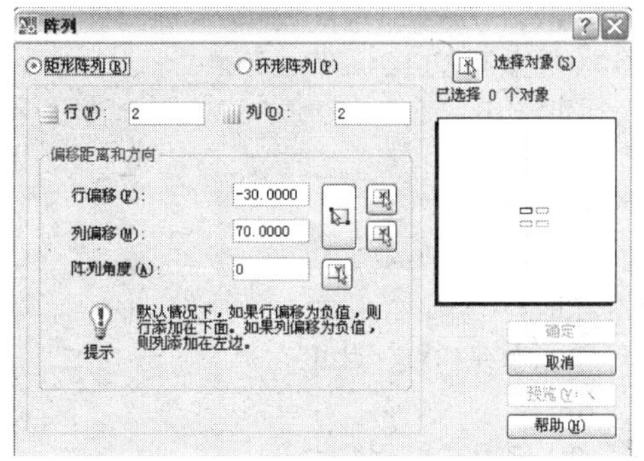

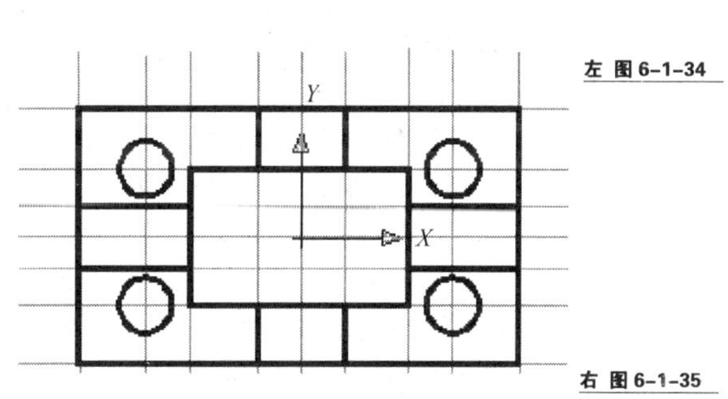

左 图 6-1-34

右 图 6-1-35

使用“打断”工具去掉多余的参考线，效果如图 6-1-36 所示。

③ 绘制圆角效果。使用“圆角”工具对俯视图中最外边的矩形的 4 个角进行“圆角”处理，效果如图 6-1-37 所示。

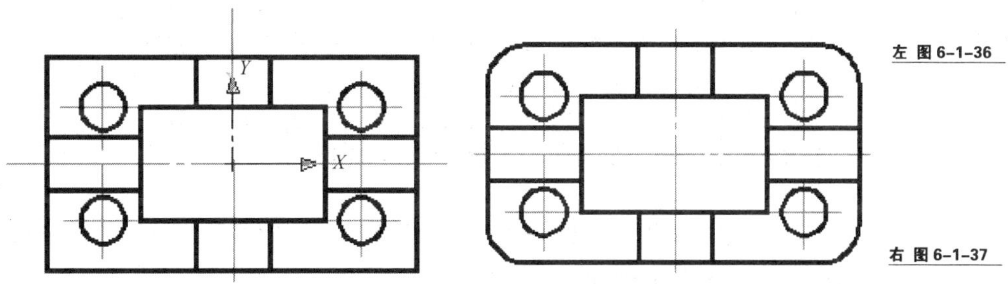

左 图 6-1-36

右 图 6-1-37

命令行窗口中的命令提示如下。

```
命令: _explode
选择对象: 找到 1 个(分解矩形)
命令: _fillet
当前设置: 模式 = 修剪, 半径 = 0.0000
选择第一个对象或 [放弃(U)/多段线(P)/半径(R)/修剪(T)/多个(M)]: R↵
指定圆角半径 <0.0000>: 10↵
选择第一个对象或 [放弃(U)/多段线(P)/半径(R)/修剪(T)/多个(M)]:
选择第二个对象，或按住 Shift 键选择要应用角点的对象:
```

用同样的方法绘制其他 3 个角。

（3）绘制左视图。

① 绘制轴线及参考线。首先切换到“轴线”图层。使用与绘制主视图和俯视图类似的方法，按照命令行窗口的提示，对图 6-1-38 所示的基准线 1 进行偏移操作。

命令行窗口中的命令提示如下。

```
命令: _offset
当前设置: 删除源=否  图层=源  OFFSETGAPTYPE=0
指定偏移距离或 [通过(T)/删除(E)/图层(L)] <15.0000>: 28↵
选择要偏移的对象，或 [退出(E)/放弃(U)] <退出>:
指定要偏移的那一侧上的点，或 [退出(E)/多个(M)/放弃(U)] <退出>:
选择要偏移的对象，或 [退出(E)/放弃(U)] <退出>:
指定要偏移的那一侧上的点，或 [退出(E)/多个(M)/放弃(U)] <退出>:
选择要偏移的对象，或 [退出(E)/放弃(U)] <退出>:↵
命令: _offset
当前设置: 删除源=否  图层=源  OFFSETGAPTYPE=0
指定偏移距离或 [通过(T)/删除(E)/图层(L)] <10.0000>: 15↵
选择要偏移的对象，或 [退出(E)/放弃(U)] <退出>:
指定要偏移的那一侧上的点，或 [退出(E)/多个(M)/放弃(U)] <退出>:
选择要偏移的对象，或 [退出(E)/放弃(U)] <退出>:
指定要偏移的那一侧上的点，或 [退出(E)/多个(M)/放弃(U)] <退出>:
选择要偏移的对象，或 [退出(E)/放弃(U)] <退出>:↵
命令: _offset
当前设置: 删除源=否  图层=源  OFFSETGAPTYPE=0
指定偏移距离或 [通过(T)/删除(E)/图层(L)] <28.0000>: 7↵
选择要偏移的对象，或 [退出(E)/放弃(U)] <退出>:
指定要偏移的那一侧上的点，或 [退出(E)/多个(M)/放弃(U)] <退出>:
选择要偏移的对象，或 [退出(E)/放弃(U)] <退出>:
指定要偏移的那一侧上的点，或 [退出(E)/多个(M)/放弃(U)] <退出>:
选择要偏移的对象，或 [退出(E)/放弃(U)] <退出>:↵
```

在对基准线 1 进行偏移的基础上，根据主视图中参考线及轮廓线的延伸提示，绘制轴线及参考线，效果如图 6-1-39 所示。

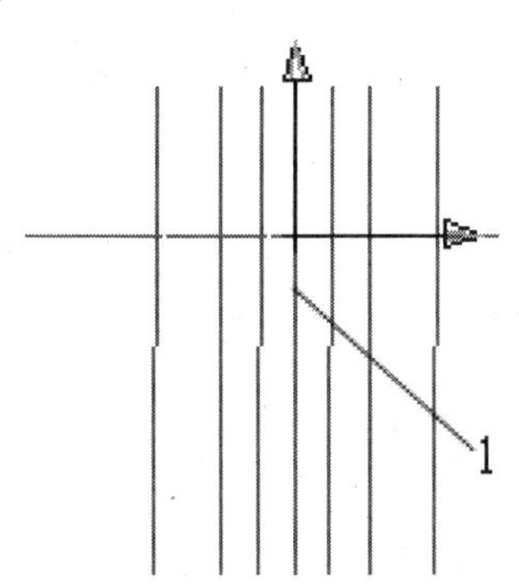

左 图 6-1-38

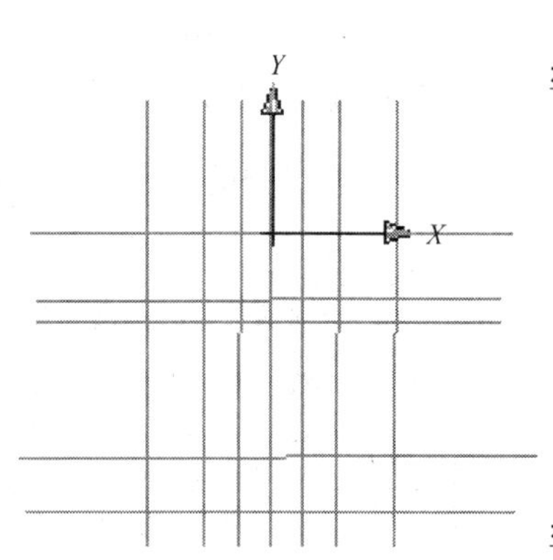

右 图 6-1-39

② 绘制左视图。切换到“轮廓线”图层。使用“圆”、“直线”、“多段线”等绘图工具及“打断”等修改工具绘制左视图效果。

命令行窗口中的命令图示如下。

```
命令: _circle 指定圆的圆心或 [三点(3P)/两点(2P)/相切、相切、半径(T)]:(图 6-1-39 中的坐标原点)
指定圆的半径或 [直径(D)] <6.0000>: 15↵
命令: _circle 指定圆的圆心或 [三点(3P)/两点(2P)/相切、相切、半径(T)]: (图 6-1-39 中的坐标原点)
指定圆的半径或 [直径(D)] <15.0000>: 10↵
命令: _pline
指定起点:
当前线宽为 0.0000
指定下一个点或 [圆弧(A)/半宽(H)/长度(L)/放弃(U)/宽度(W)]:
指定下一点或 [圆弧(A)/闭合(C)/半宽(H)/长度(L)/放弃(U)/宽度(W)]:
指定下一点或 [圆弧(A)/闭合(C)/半宽(H)/长度(L)/放弃(U)/宽度(W)]:
指定下一点或 [圆弧(A)/闭合(C)/半宽(H)/长度(L)/放弃(U)/宽度(W)]: c↵
```

使用“圆”及“多段线”命令绘制圆和多段线的效果如图 6-1-40 所示。

使用“line”命令绘制左视图中的线，使用“break”命令去除不需要的轮廓线及参考线，完成后的效果如图 6-1-41 所示。

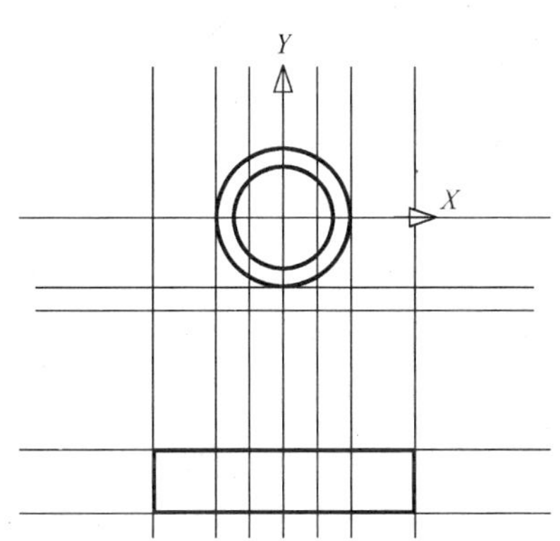

左 图 6-1-40

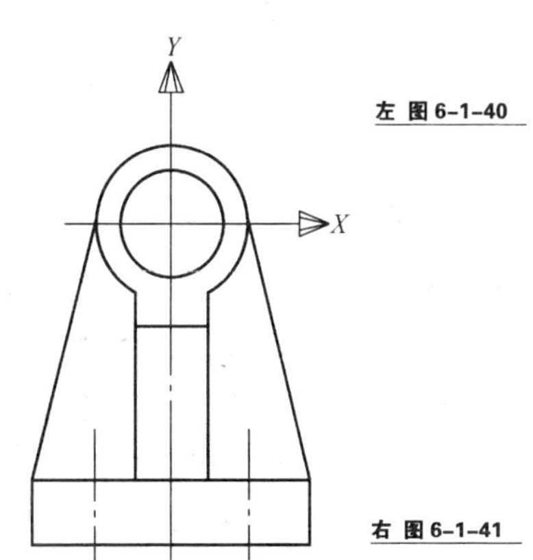

右 图 6-1-41

（4）绘制剖面效果。

① 将当前图层切换到“剖面”图层。使用“样条曲线”工具在主视图上绘制一条样条曲线

作为剖面的边界。使用“修改”工具栏的“打断于点”工具，打断主视图中样条曲线与内圆的交点，并将打断后右侧的线段移到“虚线”图层。按照命令行窗口中的命令提示绘制剖面效果。

命令行窗口中的命令提示如下。

```
命令: _spline
指定第一个点或 [对象(O)]:
指定下一点:
指定下一点或 [闭合(C)/拟合公差(F)] <起点切向>:
指定下一点或 [闭合(C)/拟合公差(F)] <起点切向>:
指定下一点或 [闭合(C)/拟合公差(F)] <起点切向>:
指定起点切向:
指定端点切向:
命令: _break 选择对象:
指定第二个打断点 或 [第一点(F)]: _f
指定第一个打断点: f （指定为样条曲线与内圆上面的交点）
指定第二个打断点: @
命令: _break 选择对象:
指定第二个打断点 或 [第一点(F)]: _f
指定第一个打断点: f （指定为样条曲线与内圆下面交点处）
指定第二个打断点: @
```

打断点后将打断后的右侧线段移到“虚线”图层，效果如图 6-1-42 所示。

② 切换到“剖面线层”，单击“绘图”工具栏中的 （图案填充）按钮，打开“图案填充和渐变色”对话框，如图 6-1-43 所示。在该对话框中的“图案填充”选项卡中单击“图案”下拉列表框右侧的 （选择图案）按钮，打开“填充图案选项板”对话框。

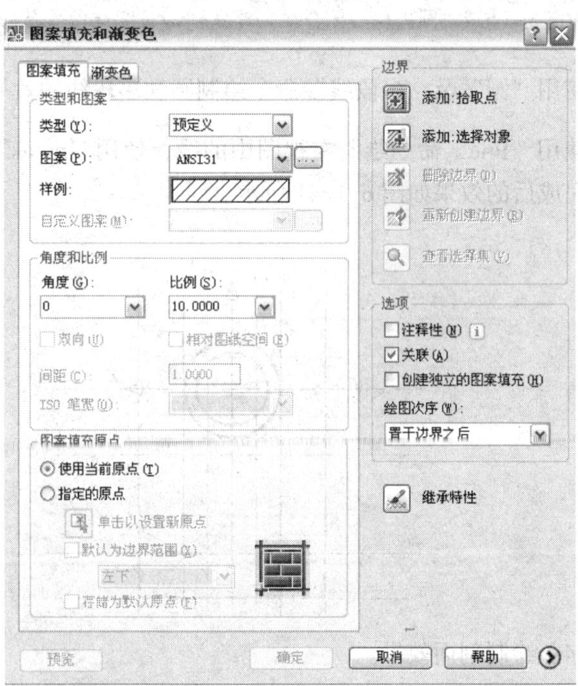

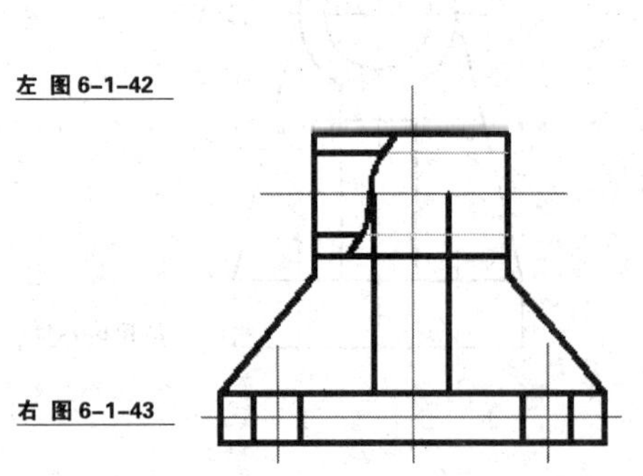

左 图 6-1-42

右 图 6-1-43

在“填充图案选项板”对话框中的“ANSI”选项卡中选择 ANSI31 选项，如图 6-1-44 所示。然后单击“确定”按钮，关闭该对话框并返回到“图案填充和渐变色”对话框中。

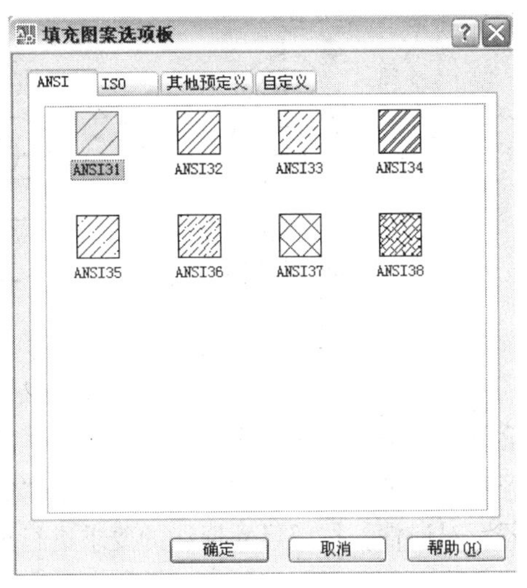

图 6-1-44

在“图案填充和渐变色”对话框中单击右侧的（添加：拾取点）按钮，然后在主视图中单击要绘制剖面线的区域中的点，按“空格”键确认，并返回该对话框。此时的“边界图案填充”对话框如图 6-1-43 所示，单击“确定”按钮，绘制剖面效果如图 6-1-45 所示。

命令行窗口中的命令提示如下。

```
命令：_bhatch
拾取内部点或 [选择对象(S)/删除边界(B)]： 正在选择所有对象...
正在选择所有可见对象...
正在分析所选数据...
正在分析内部孤岛...
拾取内部点或 [选择对象(S)/删除边界(B)]：
正在分析所选数据...
正在分析内部孤岛...
拾取或按 Esc 键返回到对话框或 <单击右键接受图案填充>：↵（确认选择并返回到边界图案填充对话框中）。
```

用同样的方法绘制左视图中的剖面效果，效果如图 6-1-46 所示。

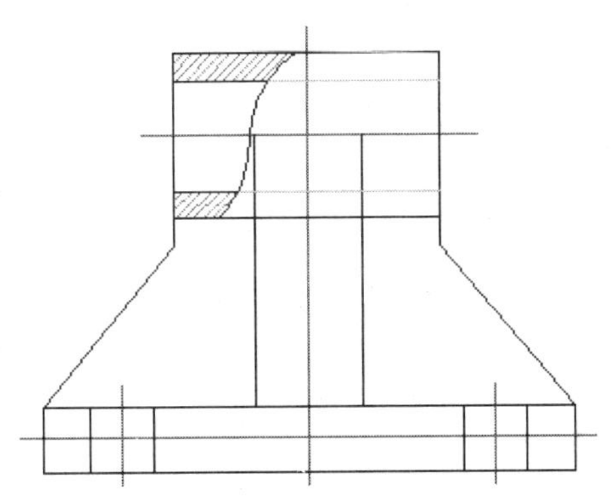

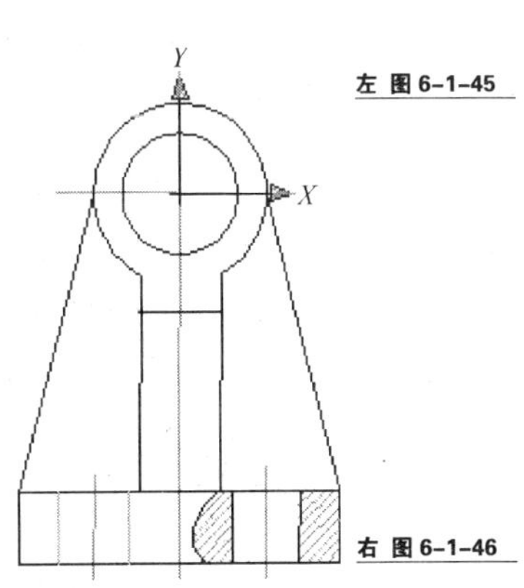

左 图 6-1-45

右 图 6-1-46

（5）至此，三视图可视部分绘制完毕，在“虚线”图层把各视图的不可见虚线补充完整。补充完整的三视图效果如图 6-1-47 所示。

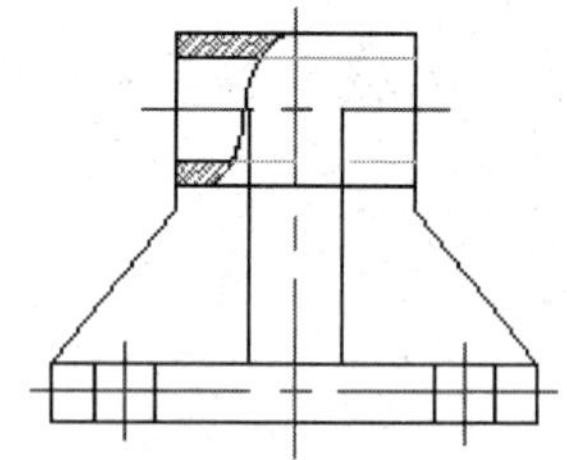
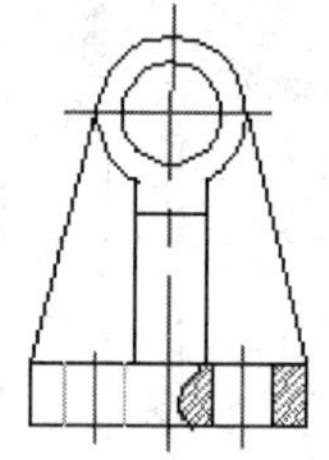
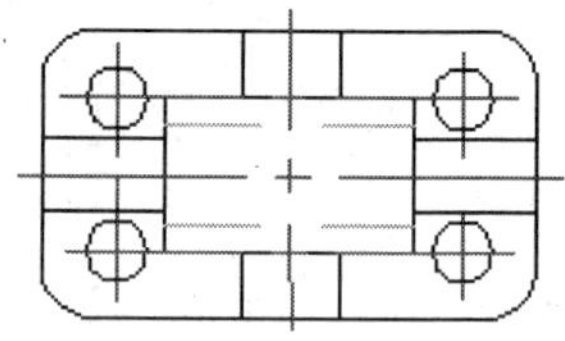

图 6-1-47

3. 尺寸和文字标注

（1）在“标注”下拉菜单中单击“标注样式”命令，打开“标注样式管理器”对话框，在“样式”列表中选择已经创建好的“机械标注”样式，单击“置为当前”按钮和“关闭”按钮关闭“标注样式管理器”对话框，按照尺寸标注的要求进行尺寸标注。

命令行窗口中的命令提示如下。

```
命令: _dimlinear
指定第一条尺寸界线原点或 <选择对象>:
指定第二条尺寸界线原点:
指定尺寸线位置或
[多行文字(M)/文字(T)/角度(A)/水平(H)/垂直(V)/旋转(R)]:
标注文字 = 50
命令: _dimlinear
指定第一条尺寸界线原点或 <选择对象>:
指定第二条尺寸界线原点:
指定尺寸线位置或
[多行文字(M)/文字(T)/角度(A)/水平(H)/垂直(V)/旋转(R)]:
标注文字 = 100
命令: _dimlinear
指定第一条尺寸界线原点或 <选择对象>:
指定第二条尺寸界线原点:
指定尺寸线位置或
[多行文字(M)/文字(T)/角度(A)/水平(H)/垂直(V)/旋转(R)]:
标注文字 = 14
命令: _dimlinear
指定第一条尺寸界线原点或 <选择对象>:
指定第二条尺寸界线原点:
指定尺寸线位置或
[多行文字(M)/文字(T)/角度(A)/水平(H)/垂直(V)/旋转(R)]:
标注文字 = 56
命令: _dimlinear
指定第一条尺寸界线原点或 <选择对象>:
指定第二条尺寸界线原点:
```

```
指定尺寸线位置或
[多行文字(M)/文字(T)/角度(A)/水平(H)/垂直(V)/旋转(R)]:
标注文字 = 30
命令: _dimlinear
指定第一条尺寸界线原点或 <选择对象>:
指定第二条尺寸界线原点:
指定尺寸线位置或
[多行文字(M)/文字(T)/角度(A)/水平(H)/垂直(V)/旋转(R)]:
标注文字 = 61
命令: _dimlinear
指定第一条尺寸界线原点或 <选择对象>:
指定第二条尺寸界线原点:
指定尺寸线位置或
[多行文字(M)/文字(T)/角度(A)/水平(H)/垂直(V)/旋转(R)]:
标注文字 = 20
命令: _dimlinear
指定第一条尺寸界线原点或 <选择对象>:
指定第二条尺寸界线原点:
指定尺寸线位置或
[多行文字(M)/文字(T)/角度(A)/水平(H)/垂直(V)/旋转(R)]:
标注文字 = 70
命令: _dimlinear
指定第一条尺寸界线原点或 <选择对象>:
指定第二条尺寸界线原点:
指定尺寸线位置或
[多行文字(M)/文字(T)/角度(A)/水平(H)/垂直(V)/旋转(R)]:
标注文字 = 12
命令: _dimlinear
指定第一条尺寸界线原点或 <选择对象>:
指定第二条尺寸界线原点:
指定尺寸线位置或
[多行文字(M)/文字(T)/角度(A)/水平(H)/垂直(V)/旋转(R)]:
标注文字 = 5
(直线标注完毕)
命令: _dimradius
选择圆弧或圆:
标注文字 = 10
指定尺寸线位置或 [多行文字(M)/文字(T)/角度(A)]:
命令: _dimdiameter
选择圆弧或圆:
标注文字 = 12
指定尺寸线位置或 [多行文字(M)/文字(T)/角度(A)]: t
输入标注文字 <12>: 4x%%C12(输入替换的标注)
指定尺寸线位置或 [多行文字(M)/文字(T)/角度(A)]:
```

```
命令: _dimdiameter
选择圆弧或圆:
标注文字 = 20
指定尺寸线位置或 [多行文字(M)/文字(T)/角度(A)]:
命令: _dimdiameter
选择圆弧或圆:
标注文字 = 30
指定尺寸线位置或 [多行文字(M)/文字(T)/角度(A)]:
```

尺寸标注完成的效果如图 6-1-48 所示。

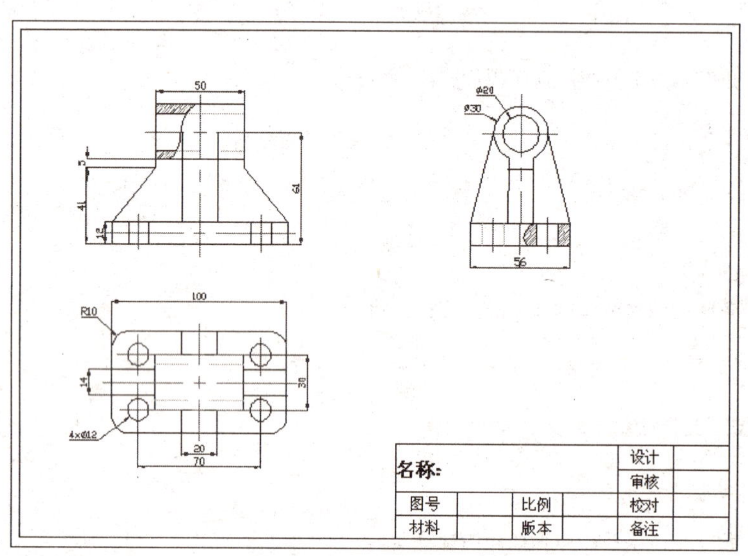

图 6-1-48

（2）标注表面粗糙度。在“文件”下拉菜单中单击“新建”命令，打开新的文件窗口，使用“多段线”工具在绘图区中绘制粗糙度符号▽。单击“绘图”→“块”→“定义属性”菜单命令，打开“属性定义”对话框，在“属性”区域栏中设置“标记”为“A”，“提示”为“输入粗糙度值”，“默认”为“1.6”。在“文字设置”区域栏中选择“文字样式”为“Standard”，设置“文字高度”为“3”，“属性定义”对话框中的参数设置如图 6-1-49 所示。单击“确定”按钮关闭该对话框。然后在“粗糙度符号”的中心位置单击，即可确认其基点，效果如图 6-1-50 所示。

单击“绘图”→“块”→“创建”菜单命令，打开“块定义”对话框。在“名称”文本框中输入“粗糙度”，在“基点”区域栏中单击（拾取点）按钮，在绘图区中单击图形最下方尖点并返回“块定义”对话框中。在“块定义”对话框中的“对象”区域栏中单击（选择对象）按钮，在绘图区中选择全部图形对象并返回“块定义”对话框中。在“块定义”对话框中的“设置”区域栏中，选择“块单位”为“毫米”，“块定义”对话框中的参数设置如图 6-1-51 所示。

单击“块定义”对话框中的“确定”按钮，打开“编辑属性”对话框。设置“输入粗糙度值”为“1.6”，如图 6-1-52 所示。单击“编辑属性”对话框中的“确定”按钮，得到的粗糙度块效果如图 6-1-53 所示。

左 图 6-1-49

右 图 6-1-50

图 6-1-51

左 图 6-1-52

右 图 6-1-53

单击“文件”下拉菜单中的“保存”命令保存粗糙度块效果。将窗口切换到“机械零件”文件窗口，在命令行窗口中输入命令“insert”，打开“插入”对话框，在该对话框中选择要插入的块并选中“插入点”和“比例”区域栏中的“在屏幕上指定”复选框，如

图 6-1-54 所示。单击“插入”对话框中的“确定”按钮，在命令行的提示下选择图形显示区域放置粗糙度符号的基点和比例，完成后的效果如图 6-1-55 所示。

（3）添加文字标注。将当前图层切换到“文字”图层，单击“绘图”工具栏中的 A（多行文字）按钮，在图形窗口的右边空白处单击，出现文本输入提示，设置文本的文字样式和行间据等参数，添加文字标注如图 6-1-56 所示。

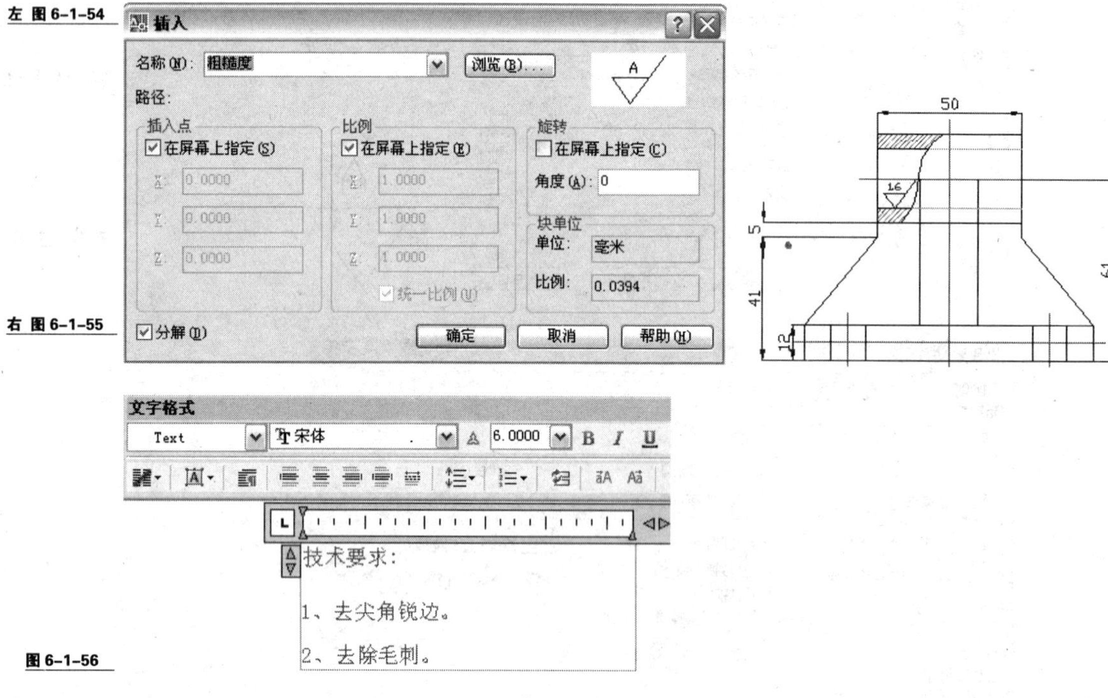

左 图 6-1-54

右 图 6-1-55

图 6-1-56

4. 图形的输出

（1）添加打印机或绘图仪（本案例所添加的图形输出设备的型号为“HP Designjet 750C C3195A”）。

① 单击“文件”→“绘图仪管理器”菜单命令，打开“Plotters（绘图仪管理器）”对话框，添加绘图仪，如图 6-1-57 所示。

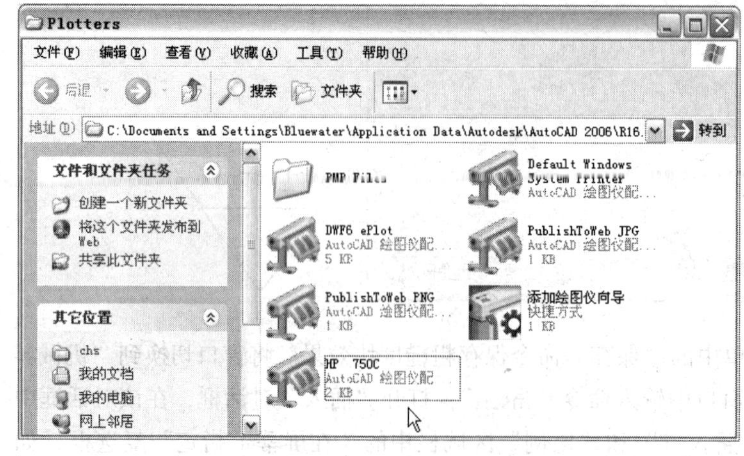

图 6-1-57

② 在“Plotters”对话框中，双击“添加绘图仪向导”图标，打开“添加绘图仪—简介”对话框。

③ 在“添加绘图仪—简介”对话框中，单击“下一步”按钮，打开“添加绘图仪—开始”对话框，按照向导提示完成输出设备的添加。

（2）打印样式的添加与设置（本案例所添加的打印样式名称为“机械制图”）。

① 添加打印样式。单击“文件”→“打印样式管理器”菜单命令，打开图 6-1-58 所示的“打印样式管理器”对话框，并双击其中的“添加打印样式表向导”图标，打开“添加打印样式表”对话框。

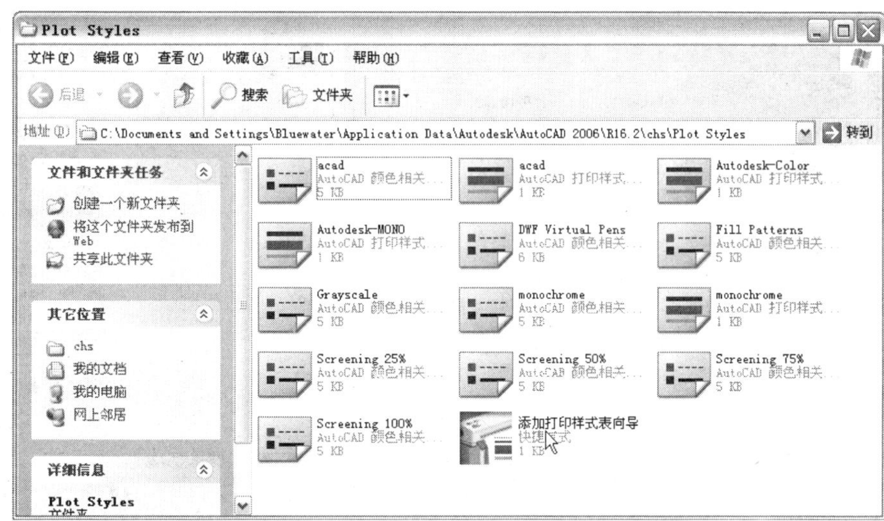

图 6-1-58

在“添加打印样式表”对话框中，单击“下一步”按钮，打开“添加打印样式表—开始”对话框，按照向导提示完成输出设备的添加。

② 编辑打印样式。在图 6-1-59 所示的“Plot Styles（绘图仪管理器）”窗口中，双击“机械制图”图标，打开“打印样式表编辑器”对话框。

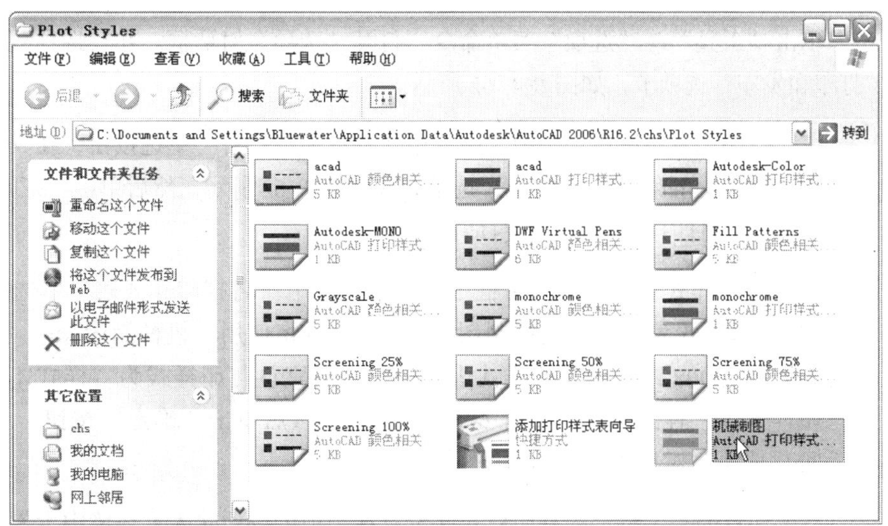

图 6-1-59

在“打印样式表编辑器”对话框中，单击“表视图”选项卡。在该选项卡中列出了普通打印样式的各种打印设置。单击“添加样式”按钮，添加名称为“样式 1”的打印样式，如图 6-1-60 所示。“样式 1”的各种设置同普通打印样式的设置完全一致。

经过以上步骤，就添加了一种打印样式，并修改了某些参数设置。还可以利用“打印样式表编辑器”修改其他参数，如线宽、线型、线显、端点方式、填充方式等。

在“打印样式表编辑器”对话框中，除了“表视图”选项卡以外，还有 “格式视图”选项卡，如图 6-1-61 所示。这两个选项卡的基本内容相同，只是形式不同。

左 图 6-1-60

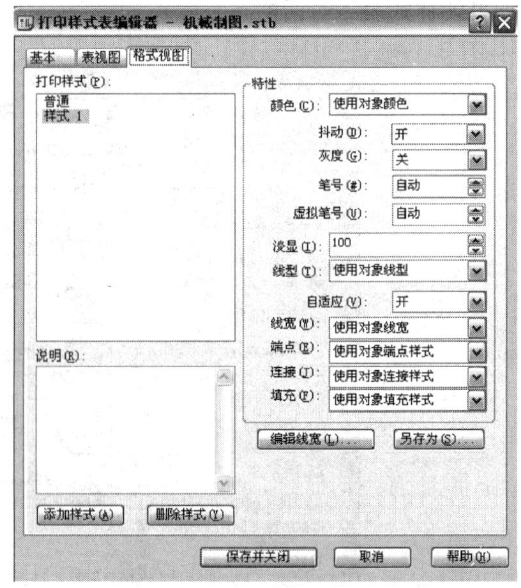

右 图 6-1-61

单击“保存并关闭”按钮，保存并退出“打印样式表编辑器”对话框。新添加的打印样式和打印参数保存在“机械制图”文件中。

③ 为图形指定打印样式。定义好打印样式后，就需要把打印样式指定给图形对象，并作为图形对象的打印特性，使 AutoCAD 按照定义好的打印样式来打印图形。

单击“工具”→“选项”菜单命令，打开“选项”对话框。在“选项”对话框中单击“打印和发布”选项卡，如图 6-1-62 所示。

在“打印和发布”选项卡中选中“用作默认输出设备”单选按钮，在其下拉列表框中选择“HP Designjet 750C C3195A”选项，如图 6-1-62 所示。然后单击“打印样式表设置”按钮，打开“打印样式表设置”对话框。

在“打印样式表设置”对话框中，选中“使用命名打印样式表”单选按钮，再设置“默认的打印样式表”为“机械制图.Stb”，表示将使用“机械制图.stb”打印样式表作为 AutoCAD 2008 默认的打印样式表。图层 0 的默认打印样式为“样式 1”，对象的默认打印样式为“样式 1”，如图 6-1-63 所示。然后单击“确定”按钮，关闭该对话框并返回“选项”对话框中。

需要注意的是，设定的打印样式并没有在当前的 AutoCAD 环境中生效，必须关闭当前图形并重新打开，才能使用“机械制图.stb”打印样式表。

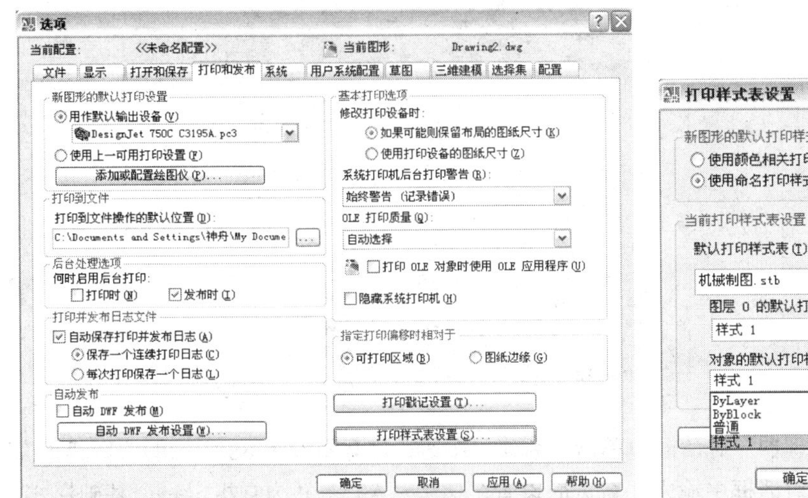

左 图 6-1-62

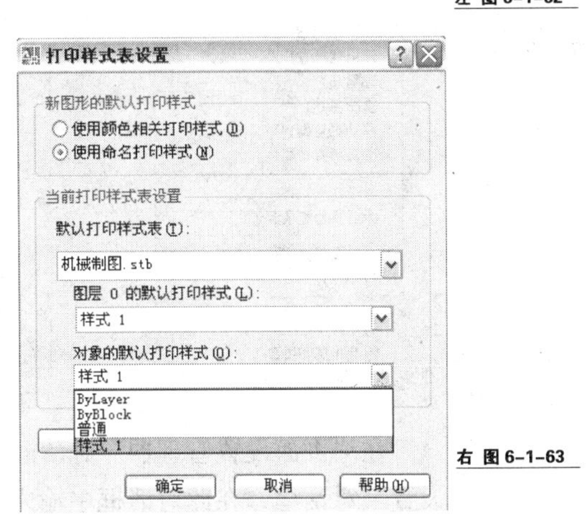

右 图 6-1-63

单击“图层”工具栏中的“图层特性管理器”按钮，打开“图层特性管理器”对话框，为所有图层指定已定义的打印样式。

在“图层特性管理器”对话框的图层列表框中，选中所有图层，单击任意图层的“打印样式”项，打开“选择打印样式”对话框。在该对话框中选择“样式 1”选项，如图 6-1-64 所示。然后单击“确定”按钮，即可将打印“样式 1”指定给所有图层。

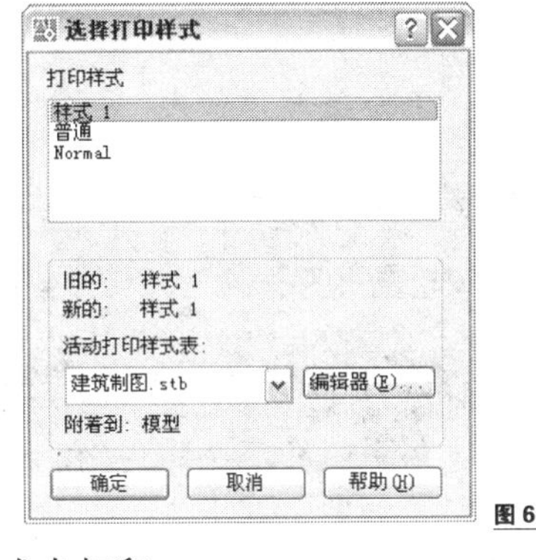

图 6-1-64

此时，在“图层特性管理器”对话框中所有图层的“打印样式”项都自动转换为“样式 1”，如图 6-1-65 所示。这样，就为所有层指定了“样式 1”打印样式，当通过绘图仪或打印机打印图形时，所有图层上的对象将按照定义的打印样式来打印。

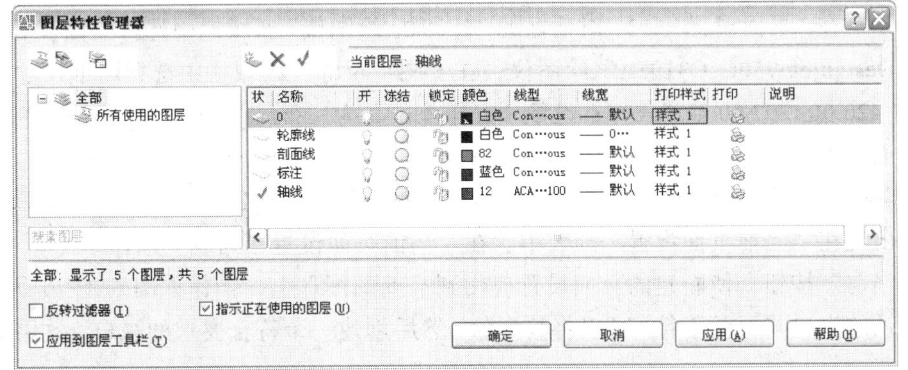

图 6-1-65

（3）布局页面设置。在绘图区底部的“布局 1”标签上单击鼠标右键，在弹出的快捷菜单中选择“页面设置管理器”命令，如图 6-1-66 所示，打开图 6-1-67 所示的“页面设置管理器”对话框。

左 图 6-1-66

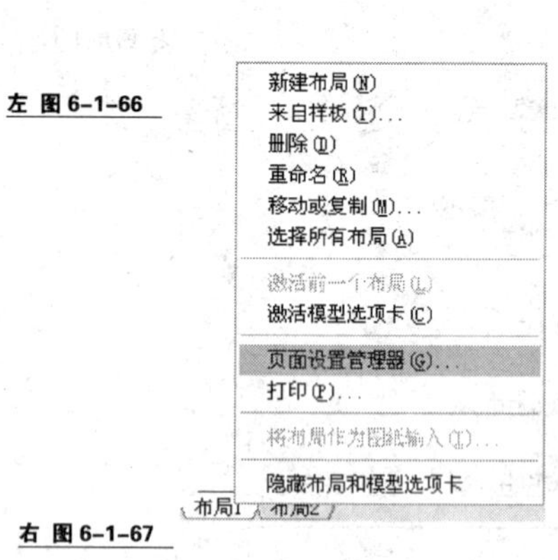

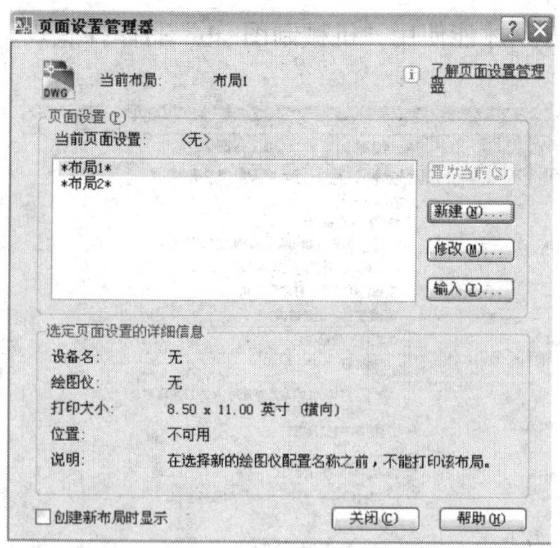

右 图 6-1-67

在“页面设置管理器”对话框中单击“新建”按钮，打开图 6-1-68 所示的“新建页面设置”对话框，在此对话框中输入“新页面设置名”为“A3”，并为它指定一个基础样式。然后单击“确定”按钮，打开“页面设置—A3”对话框，如图 6-1-69 所示。

左 图 6-1-68

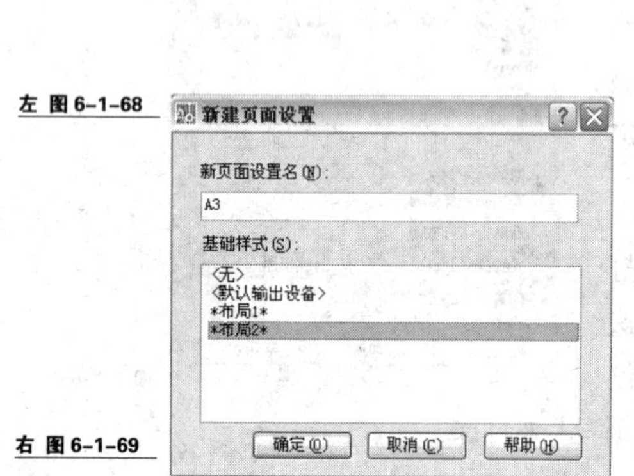

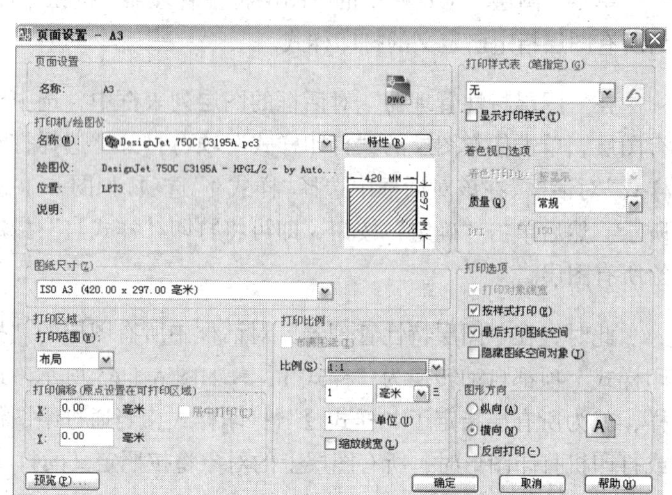

右 图 6-1-69

在“页面设置—A3”对话框的“打印机/绘图仪”区域栏中选择前面步骤创建的“HP Designjet 750C C3195A”绘图仪；在“图纸尺寸”区域栏中选择图纸尺寸为“ISO A3（420.00×297.00 毫米）”；设置“打印范围”为“布局”，“打印比例”为 1∶1，“页面设置—A3”对话框的参数设置如图 6-1-69 所示。单击“页面设置—A3”对话框中的“确定”按钮，返回“页面设置管理器”对话框中，此时可以看到新创建的页面设置“A3”出现在“当前页面设置”列表中。在“当前页面设置”列表中选择“A3”，单击“置为当前”按钮，使新建的页面设置应用到当前的图形上，操作如图 6-1-70 所示。如果默认的视口与页面不符，可以将其删除，然后创建一个符合要求的视口，效果如图 6-1-71 所示。

（4）保存图形文件。单击“文件”→“输出”菜单命令，打开“输出数据”对话框。在该对话框中设置输出的路径及文件名，文件类型为“位图（*.bmp）”。然后单击“保存”按钮，保存图形文件，之后将该文件输出为位图。

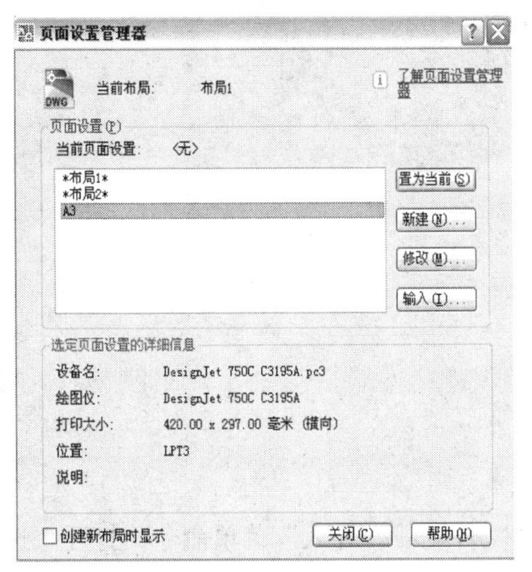

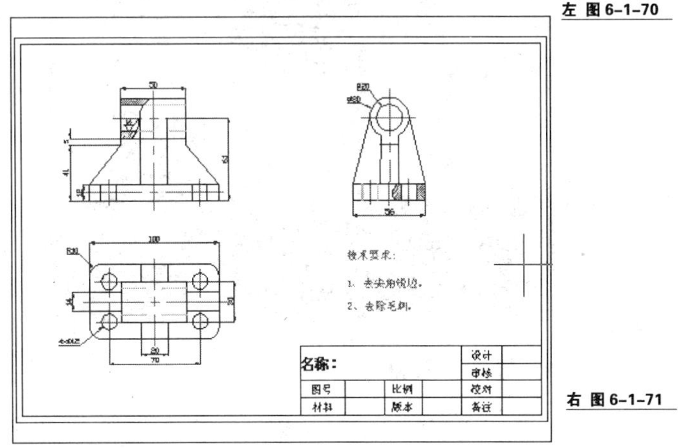

左 图 6-1-70

右 图 6-1-71

思 考 练 习

1. 问答题

简述绘制及输出机械零件图的步骤。

2. 上机操作题

参照本节案例中绘制机械零件图的方法，绘制如图 6-1-72 所示的箱体效果图，并设置其打印样式为“A3”，出图比例为 1∶1，将其打印输出。

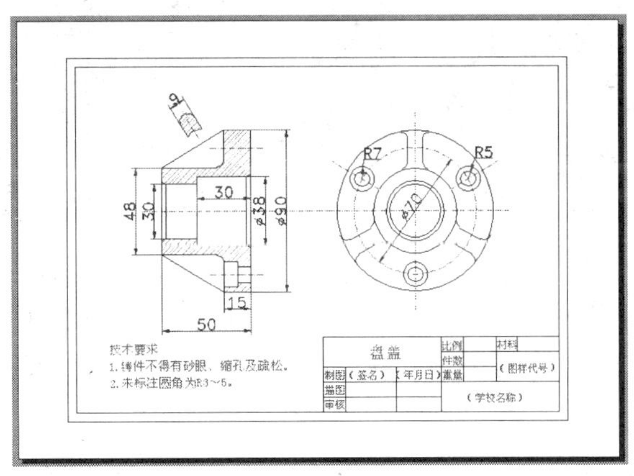

图 6-1-72

6.2 室内效果图的绘制

【案例 14】室内三维效果图的绘制

本案例将使用 AutoCAD 制作的室内平面图导入 3DS MAX 中，制作成图 6-2-1 所示的室内三维效果图。

图 6-2-1

1. 导入平面图

（1）启动 3ds Max 软件。启动软件后，单击“文件”→“导入”菜单命令，打开“选择要导入的文件”对话框。在对话框中选择“三维室内平面图.dwg”文件，单击“打开”按钮，打开“AutoCAD DWG/DXF 导入选项”对话框，保持默认设置，单击“确定”按钮，将室内平面图导入 3ds Max 中。

（2）在顶视图中选择导入的图形对象，单击（修改）按钮，进入该对象的修改命令面板。在“选择”卷展栏中单击（线段）按钮，在顶视图中选择图 6-2-2 所示的线段，按“Delete”键删除所选择的线段，删除后的效果如图 6-2-3 所示。

左 图 6-2-2

右 图 6-2-3

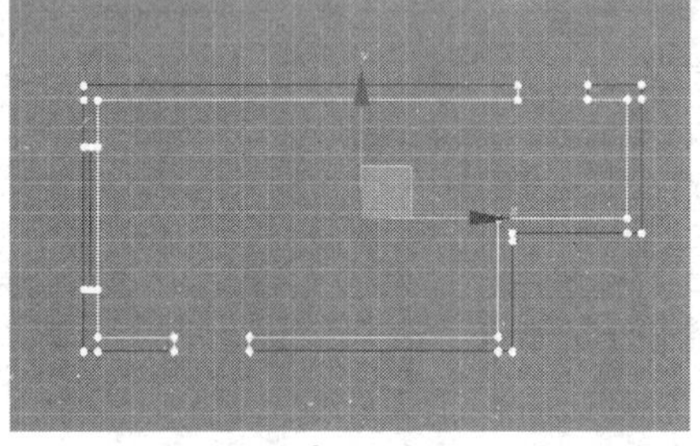

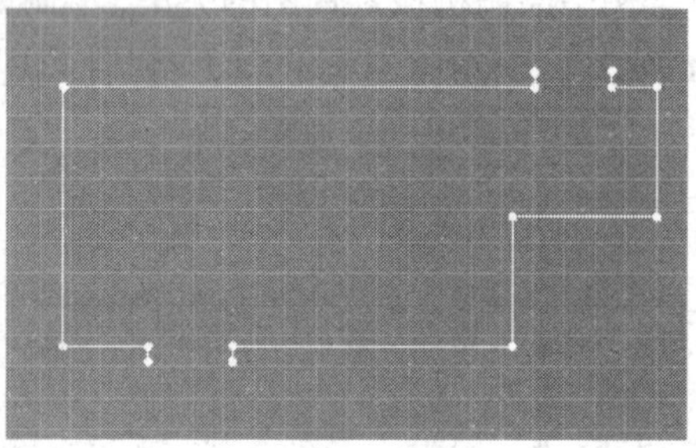

（3）在“选择”卷展栏中单击（顶点）按钮。在顶视图中选择图 6-2-4 所示的顶点，单击鼠标右键，在弹出的快捷菜单中单击“连接”命令。在顶视图中将鼠标指针移动到所选择的顶点上，当出现加号提示符时，拖曳加号提示符到需要连接的顶点上。连接后的效果如图 6-2-5 所示。

左 图 6-2-4

右 图 6-2-5

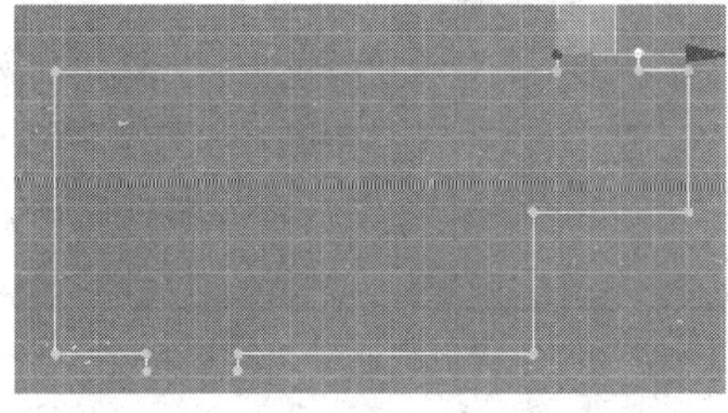

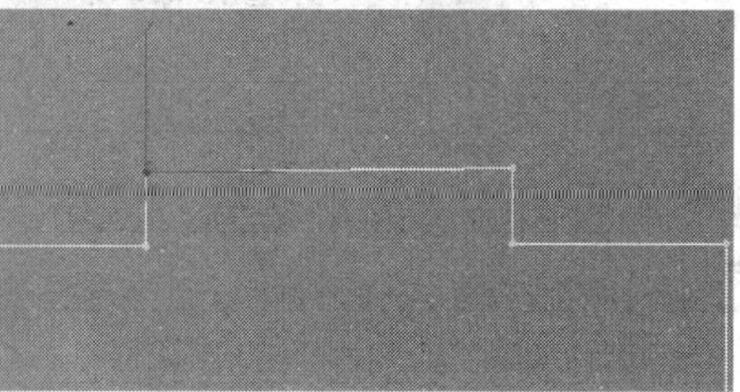

（4）参考步骤（3）的方法将剩下的点连接起来。连接后的效果如图 6-2-6 所示。

（5）在“修改”命令面板中单击“可编辑样条线”命令，退出顶点的子对象级别，操作如图 6-2-7 所示。

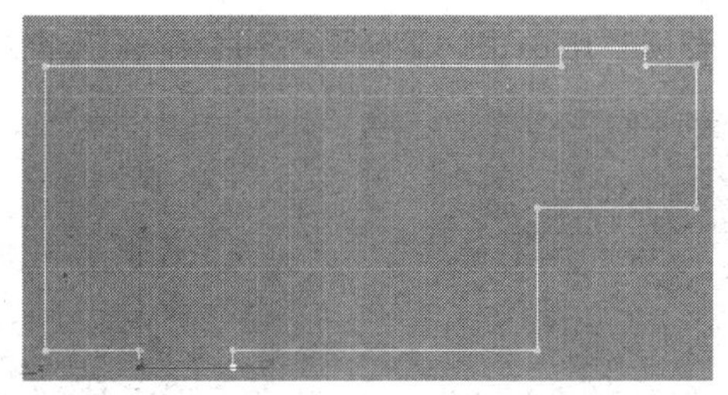

左 图 6-2-6

右 图 6-2-7

（6）在修改器下拉列表框中选择“挤出”命令。在“参数”卷展栏中设置“数量”为50，挤出后效果如图 6-2-8 所示。

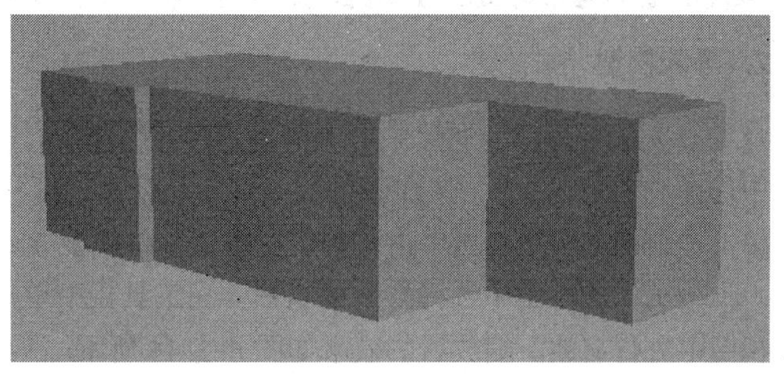

图 6-2-8

（7）右键单击挤出后的物体，在弹出的快捷菜单中单击“转换为”→“可编辑多边形”菜单命令。在“选择”卷展栏中单击（边）按钮。切换至右视图，在视图中选择图 6-2-9 所示的边。在“编辑边”卷展栏中单击“连接”右侧的按钮，打开“连接边”对话框。在对话框中设置参数，如图 6-2-10 所示。然后单击“确定”按钮，完成连接边操作。

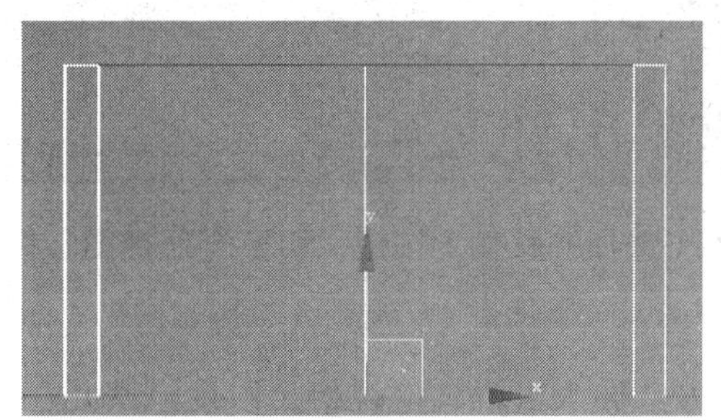

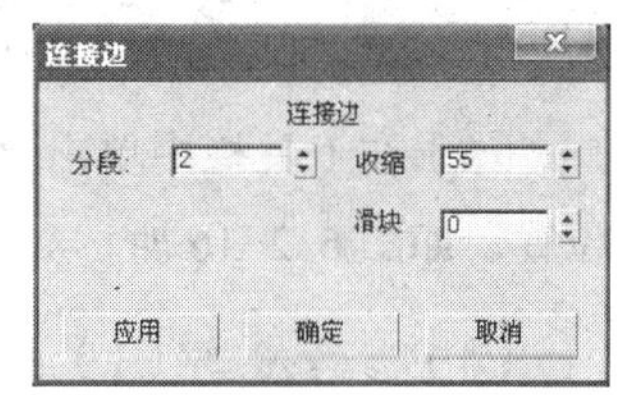

左 图 6-2-9

右 图 6-2-10

（8）再次单击“连接”右侧的按钮，打开“连接边”对话框。在对话框中设置参数，如图 6-2-11 所示。然后单击“确定”按钮完成连接边操作。

（9）在“选择”卷展栏中单击（多边形）按钮。在右视图中选择图 6-2-12 所示的面，然后按“Delete”键删除所选的面。

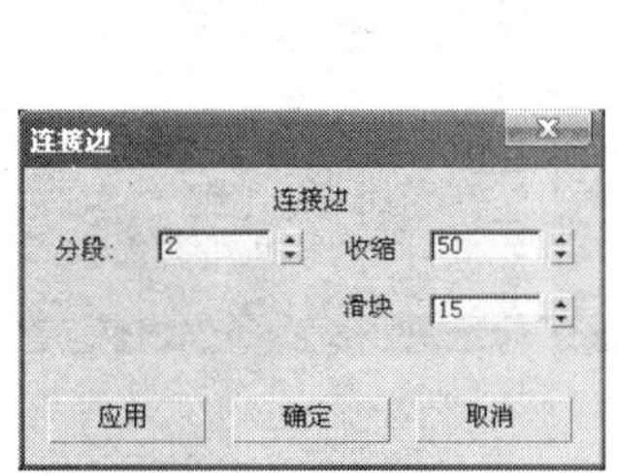

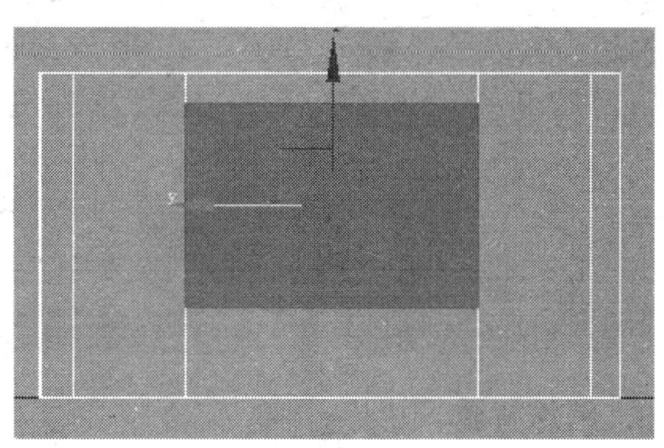

左 图 6-2-11

右 图 6-2-12

（10）在“选择”卷展栏中单击（元素）按钮。在透视图中选择物体，如图 6-2-13

所示。在“编辑元素”卷展栏中单击“翻转”按钮，翻转后的效果如图6-2-14所示。

左 图6-2-13

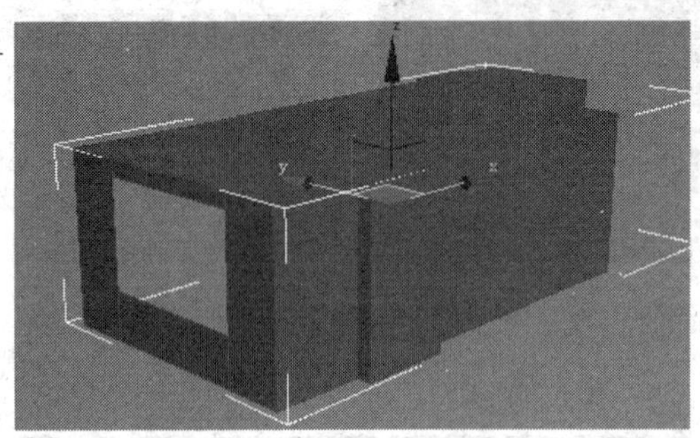

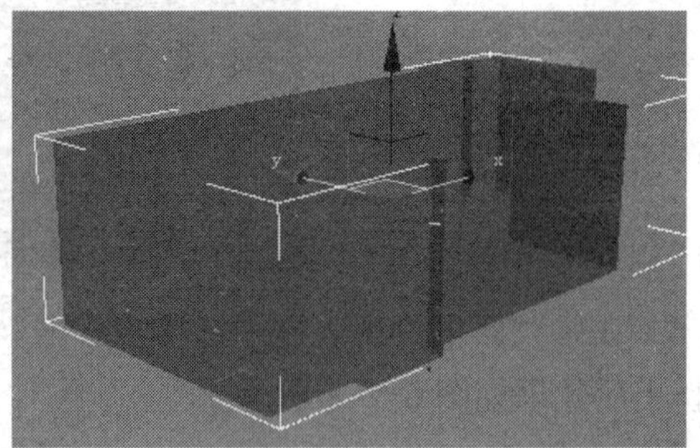

右 图6-2-14

2. 导入模型

（1）在“文件”下拉菜单中单击“合并”命令，打开“合并文件”对话框，在对话框中选择“窗户.MAX”文件，单击“打开”按钮，打开“合并-窗户”对话框，在对话框中单击“全部”按钮，再单击“确定”按钮，将模型导入视图窗口中。

（2）在透视图中选择导入的窗户。在工具栏中单击（选择并均匀缩放）按钮，在透视图中进行缩放。缩放后的效果如图6-2-15所示。

左 图6-2-15

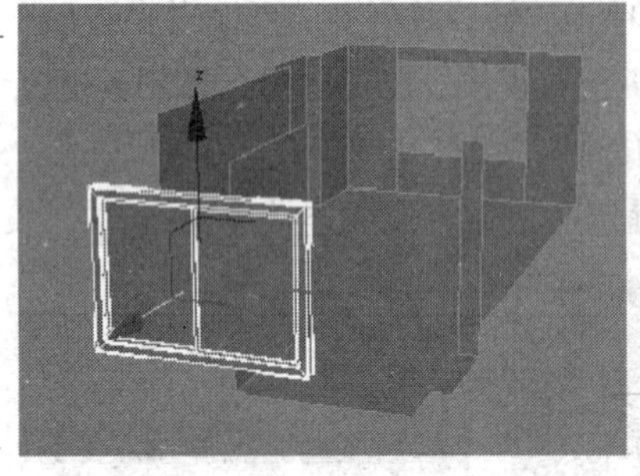

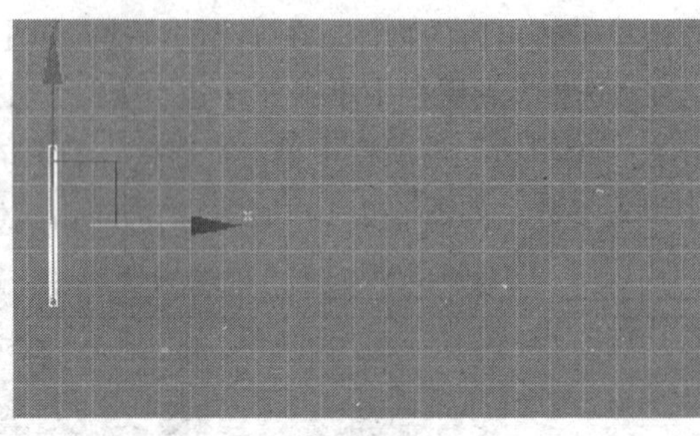

右 图6-2-16

（3）在工具栏中单击（选择并移动）按钮，切换至顶视图。在顶视图中调整窗户的位置，如图6-2-16所示。

（4）参考步骤（1）的方法导入电视、电视柜、沙发、茶几、吊灯等家具和装饰品模型。

（5）导入模型后，参考步骤（2）和步骤（3）的方法，对导入的模型进行调整。调整后的顶视图效果如图6-2-17所示，透视图效果如图6-2-18所示。

左 图6-2-17

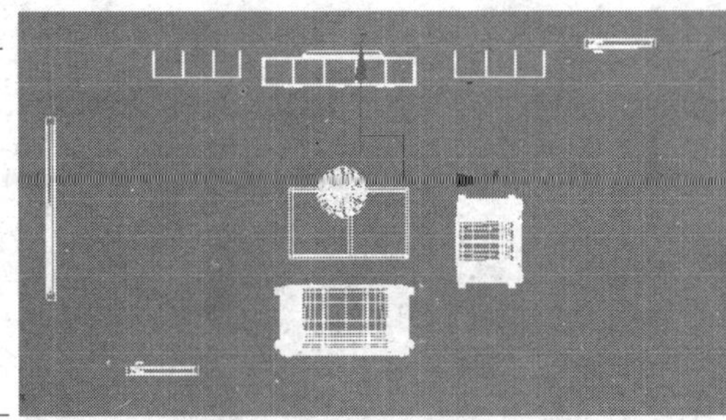

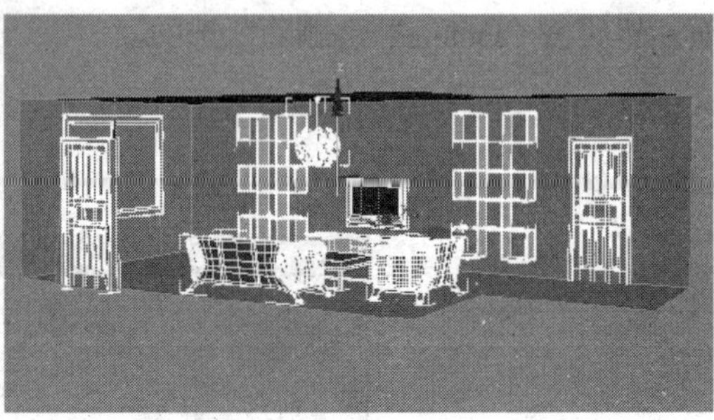

右 图6-2-18

3. 制作材质

（1）在透视图中选择图6-2-19所示的物体及图6-2-20所示的面。

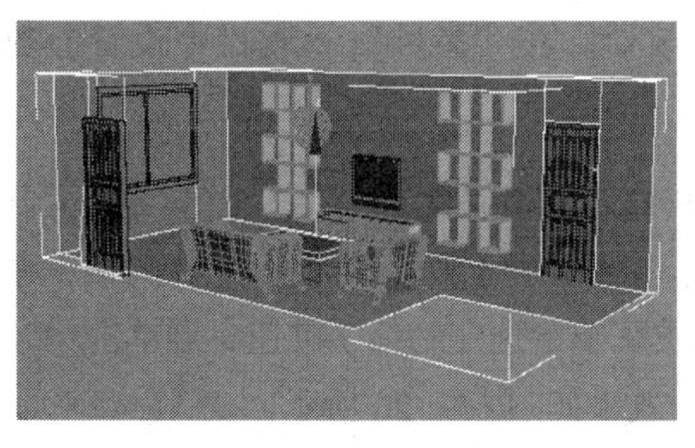

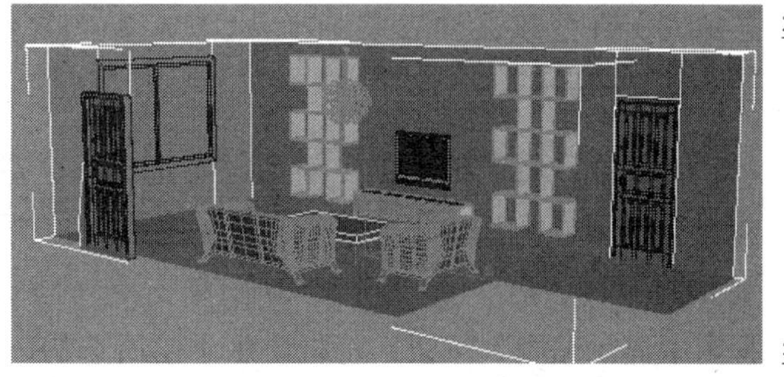

左 图 6-2-19

右 图 6-2-20

（2）在“编辑几何体”卷展栏中单击“分离”按钮，打开“分离”对话框。保持默认设置并单击“确定”按钮完成分离操作。

（3）按“M”快捷键打开“材质编辑器”对话框，在对话框中选择一个空白样本球并命名为“地板”。在“Blinn 基本参数”卷展栏中，单击“漫反射”右侧的按钮。打开“材质\贴图浏览器”对话框，在对话框中双击“位图”，打开“选择位图图像文件”对话框。在对话框中选择“木地板.JPG”，单击“打开”按钮，打开该文件。

（4）在“坐标”卷展栏中设置地板的模糊值为 0.5，如图 6-2-21 所示。

（5）单击（转到父对象）按钮，返回上一级别。在“反射高光”卷展栏中设置参数如图 6-2-22 所示。

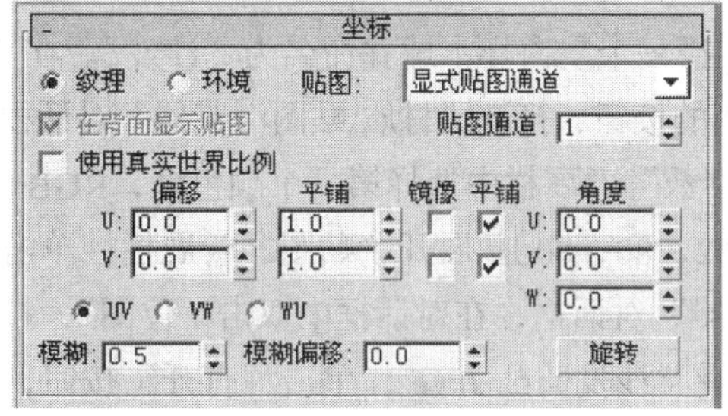

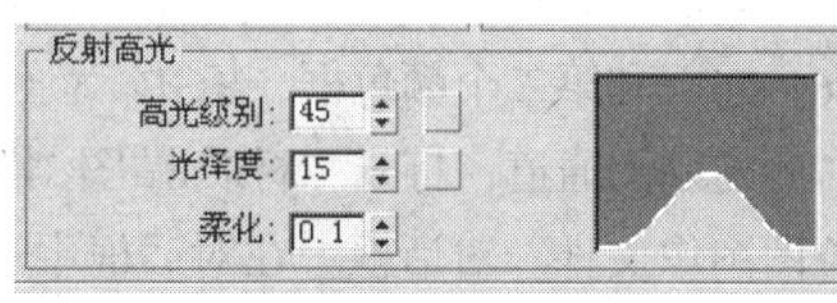

左 图 6-2-21

右 图 6-2-22

（6）展开“贴图”卷展栏。将“漫反射”右侧的贴图通道拖曳到“凹凸”贴图通道。打开“复制（示例）贴图”对话框，保持默认设置并单击“确定”按钮。

（7）单击“反射”右侧的贴图通道，打开“材质\贴图浏览器”对话框，在对话框中双击“光线跟踪”材质贴图。单击（转到父对象）按钮，返回上一级别。在“贴图”卷展栏中设置“反射”为 10，如图 6-2-23 所示。单击（将材质赋予给选定物体）按钮，再单击（在视图中显示贴图）按钮，将材质赋予给所选物体，效果如图 6-2-24 所示。

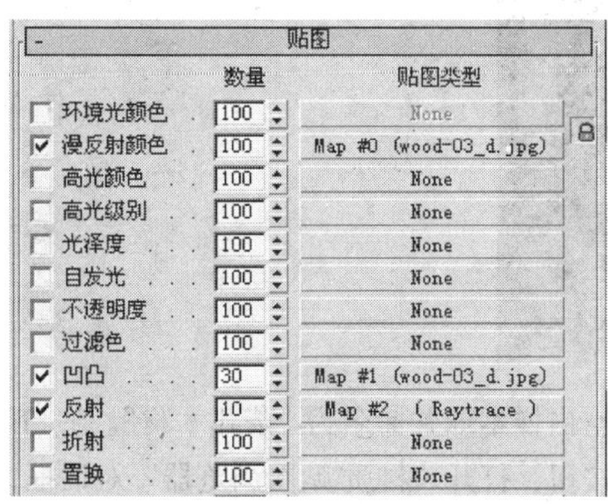

左 图 6-2-23

右 图 6-2-24

（8）在修改器列表中选择“UVW 贴图”修改器。在“参数”卷展栏中设置参数如图 6-2-25 所示。

（9）在“材质编辑器”对话框中选择一个空白样本球并命名为“墙”。在“Blinn 基本参数”卷展栏中，单击“漫反射”右侧的颜色框，打开“颜色框”对话框。在对话框中设置 RGB 颜色为（240，240，240）。单击（将材质赋予给选定物体）按钮，再单击（在视图中显示贴图）按钮，将材质赋予给所选物体，效果如图 6-2-26 所示。

左 图 6-2-25

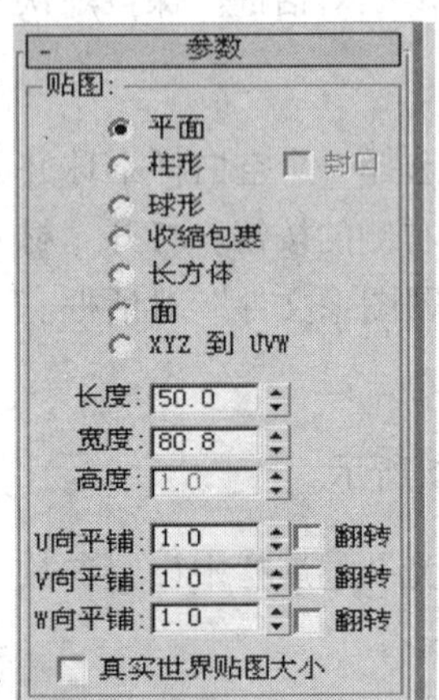

右 图 6-2-26

（10）在“材质编辑器”对话框中选择一个空白样本球并命名为“沙发”。在“Blinn 基本参数”卷展栏中，单击“漫反射”右侧的按钮，打开“材质\贴图浏览器”对话框，在对话框中双击“衰减”材质贴图，在“衰减参数”卷展栏中选择第一个颜色框，RGB 为（133，26，26）和第二个颜色框，RGB 为（162，80，80）。展开“贴图”卷展栏，单击“凹凸”右侧的贴图通道，打开“材质\贴图浏览器”对话框，在对话框中双击“位图”，打开“选择位图图像文件”对话框。在对话框中选择“沙发凹凸.JPG”，单击“打开”按钮，打开该文件。在透视图中选择沙发对象并单击（将材质赋予给选定物体）按钮，再单击（在视图中显示贴图）按钮，将材质赋予给所选物体，效果如图 6-2-27 所示。

图 6-2-27

（11）在“材质编辑器”对话框中选择一个空白样本球并命名为“茶几木材”。在“Blinn 基本参数”卷展栏中，单击“漫反射”右侧的按钮，打开“材质\贴图浏览器”对话框，在对话框中双击“位图”，打开“选择位图图像文件”对话框。在对话框中选择“胡桃木.JPG”并单击“打开”按钮，打开选中的文件。

（12）展开“贴图”卷展栏。单击“漫反射”右侧的贴图通道并将其拖曳到“凹凸”贴图通道。打开“复制（示例）贴图”对话框，保持默认设置并单击“确定”按钮，完成操作。

（13）单击“反射”右侧的贴图通道。打开“材质\贴图浏览器”对话框，在对话框中双击“光线跟踪”材质贴图。单击（转到父对象）按钮，返回上一级别。在“贴图”卷展栏中设置“反射”为10，如图6-2-28所示。单击（将材质赋予给选定物体）按钮，再单击（在视图中显示贴图）按钮，将材质赋予给所选物体，效果如图6-2-29所示。

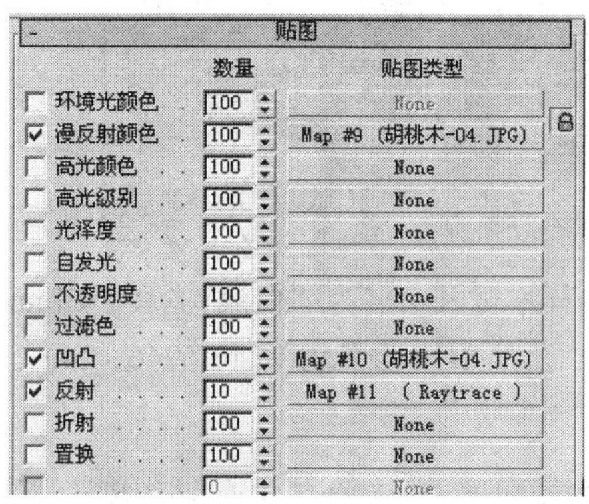

左 图 6-2-28

右 图 6-2-29

（14）在“材质编辑器”对话框中选择一个空白样本球并命名为“不锈钢”。在“Blinn基本参数”卷展栏中，单击“漫反射”右侧的颜色框，设置RGB颜色为（200，210，212）。在“反射高光”选项栏中设置参数如图6-2-30所示。

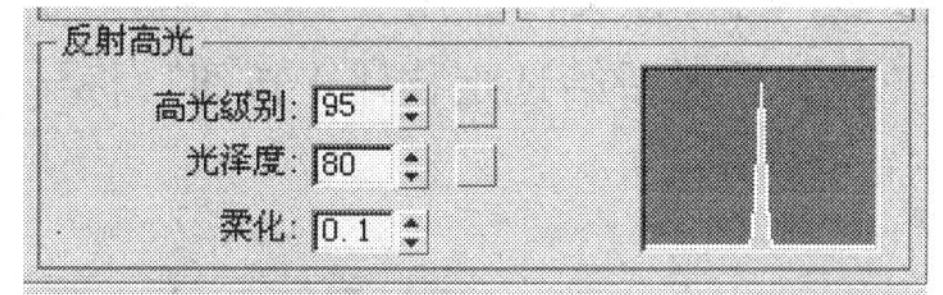

图 6-2-30

（15）展开“贴图”卷展栏，单击“反射”右侧的贴图通道。打开“材质\贴图浏览器”对话框，在对话框中双击“光线跟踪”材质贴图。单击（转到父对象）按钮，返回上一级别。在“贴图”卷展栏中设置“反射”为25，如图6-2-31所示。单击（将材质赋予给选定物体）按钮，将材质赋予给所选物体，效果如图6-2-32所示。

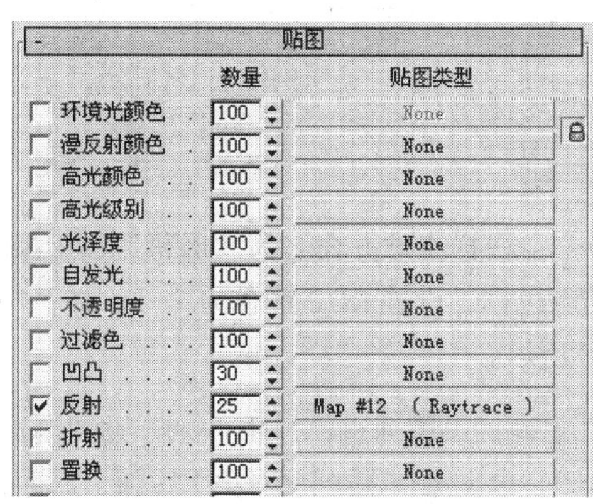

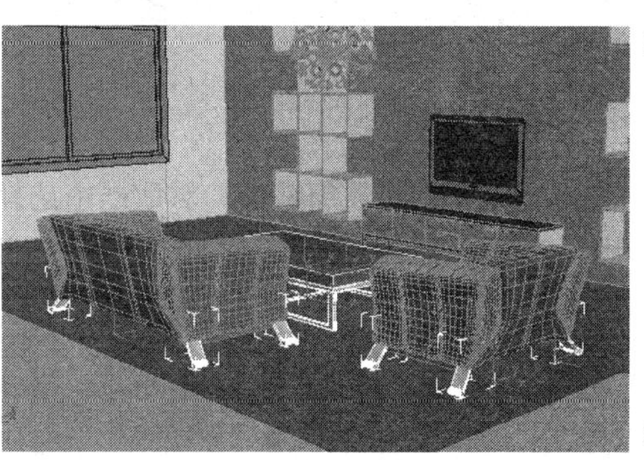

左 图 6-2-31

右 图 6-2-32

（16）在“材质编辑器”对话框中选择一个空白样本球并命名为“窗户玻璃”。在“Blinn 基本参数”卷展栏中，单击“漫反射”右侧的颜色框，设置 RGB 颜色为（241，247，255）。在 “Blinn 基本参数”卷展栏中设置不透明度为 0，如图 6-2-33 所示。单击（将材质赋予给选定物体）按钮，将材质赋予给所选物体，效果如图 6-2-34 所示。

左 图 6-2-33

右 图 6-2-34

（17）在“材质编辑器”对话框中选择一个空白样本球并命名为“白漆”。在“Blinn 基本参数”卷展栏中，单击“漫反射”右侧的颜色框，设置 RGB 颜色为（240，240，240）。在“反射高光”选项栏中设置参数如图 6-2-35 所示。

（18）展开“贴图”卷展栏，单击“反射”右侧的贴图通道。打开“材质\贴图浏览器”对话框，在对话框中双击“光线跟踪”材质贴图。单击（转到父对象）按钮，返回上一级别。设置“反射”为 15。单击“凹凸”右侧的贴图通道，打开“材质\贴图浏览器”对话框，在对话框中双击“位图”，打开“选择位图图像文件”对话框。在对话框中选择“白漆.JPG”并单击“打开”按钮，打开该文件。在“贴图”卷展栏中设置“凹凸”为 20，如图 6-2-36 所示。单击（将材质赋予给选定物体）按钮，将材质赋予给所选物体，效果如图 6-2-37 所示。

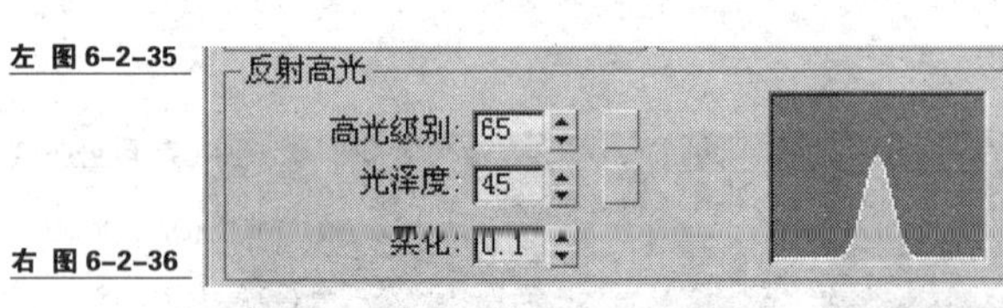

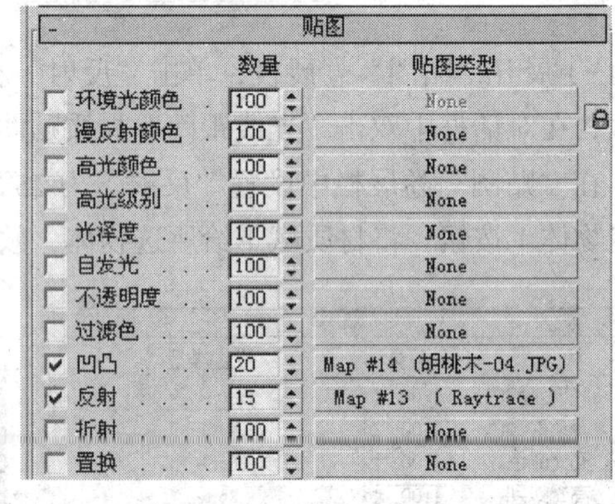

左 图 6-2-35

右 图 6-2-36

（19）在“材质编辑器”对话框中选择一个空白样本球并命名为“屏幕”。在“Blinn 基本参数”卷展栏中，单击“漫反射”右侧的颜色框，设置 RGB 颜色为（15，15，20）。在“反射高光”选项栏中设置参数如图 6-2-38 所示。

（20）展开“贴图”卷展栏，单击“反射”右侧的贴图通道，打开“材质\贴图浏览器”对话框，在对话框中双击“光线跟踪”材质贴图。单击（转到父对象）按钮，返回上一级别。调整“反射”为 12。单击（将材质赋予给选定物体）按钮，将材质赋予给所选物体，效果如图 6-2-39 所示。

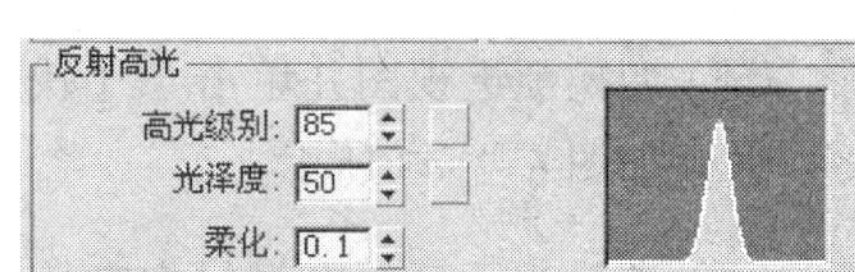

左 图 6-2-37

右 图 6-2-38

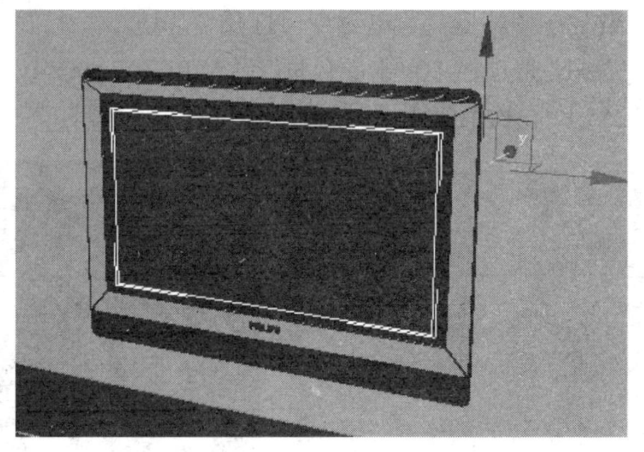

图 6-2-39

（21）用同样的方法为场景中的其他物体赋予材质。

4. 布光

（1）单击（创建）→（灯光）按钮，在“标准”下拉列表中选择“光度学”。在“对象类型”卷展栏中单击“自由面光源”按钮。在左视图中创建灯光，如图 6-2-40 所示。此时发现灯光的大小和窗户的大小不匹配。单击（修改）按钮，进入该物体的修改命令面板。展开“区域光源参数”卷展栏，在尺寸栏中设置长度为 31，宽度 46。

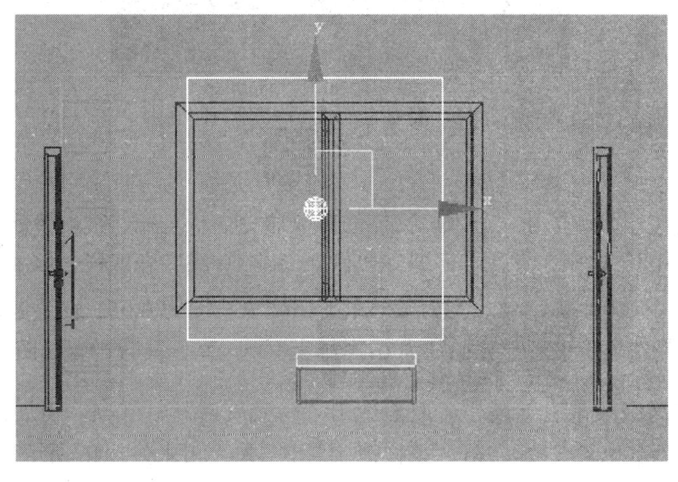

图 6-2-40

（2）在“强度\颜色\分布”卷展栏中单击“过滤颜色”右侧的颜色框，设置 RGB 颜色为（194，230，255）。在“常规参数”卷展栏中选中“启用”阴影复选框。再展开“阴影贴图参数”卷展栏，设置“大小”为 128，“采样范围”为 12，如图 6-2-41 所示。

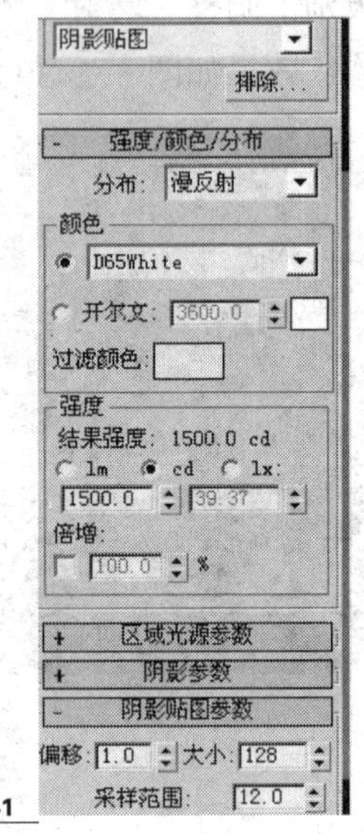

图 6-2-41

（3）在工具栏中单击（选择并移动）按钮，在顶视图中将创建的灯光移到室内效果图中，如图 6-2-42 所示。

（4）切换至透视图并单击（快速渲染）按钮，渲染视图，效果如图 6-2-43 所示。

（5）渲染视图后，在场景中窗外的背景是黑色的，需要进行调整。单击“渲染”→“环境”菜单命令，打开“环境和效果”对话框，在“背景”选项栏中单击颜色框，设置 RGB 颜色为（179，213，255）。再次渲染视图，效果如图 6-2-44 所示。

左 图 6-2-42

右 图 6-2-43

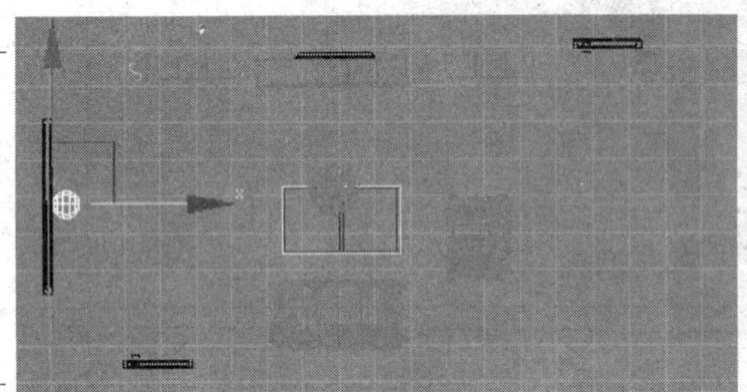

图 6-2-44

（6）单击（灯光）按钮。在“对象类型”卷展栏中单击“泛光灯”按钮，在顶视图中创建泛光灯。

（7）单击（修改）按钮，进入该物体的修改命令面板。在“常规参数”卷展栏中选中“阴影”选项栏中的“启用”复选项。展开“强度\颜色\衰减”卷展栏，单击“倍增”右侧的颜色框，设置 RGB 颜色为（192，235，255），“倍增大小”为 0.05。在“远距衰减”选项栏中选中“使用”复选项，设置“开始”为 0，“结束”为 230，参数设置如图 6-2-45 所示。

（8）展开“高级效果”卷展栏。取消选中“高光反射”复选项。再展开“阴影贴图参数”卷展栏，设置“大小”为 128，“采样范围”为 12，如图 6-2-46 所示。

（9）在工具栏中单击✥（选择并移动）按钮，在顶视图中选择泛光灯，按“Shift”键并沿 Y 轴进行复制，释放鼠标后打开“克隆选项”对话框。在对话框中设置参数如图 6-2-47 所示。然后单击“确定”按钮完成泛光灯的复制。

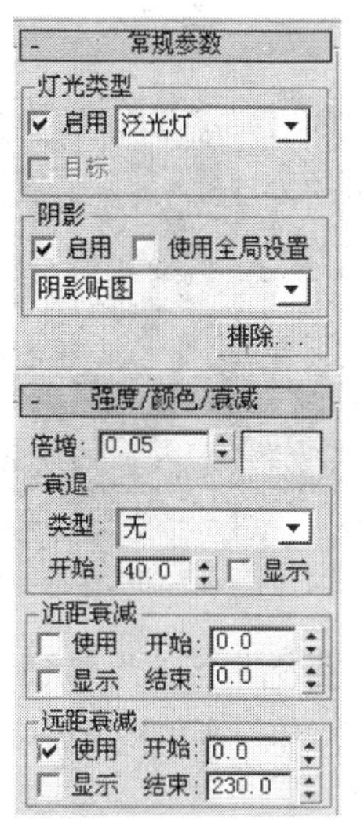

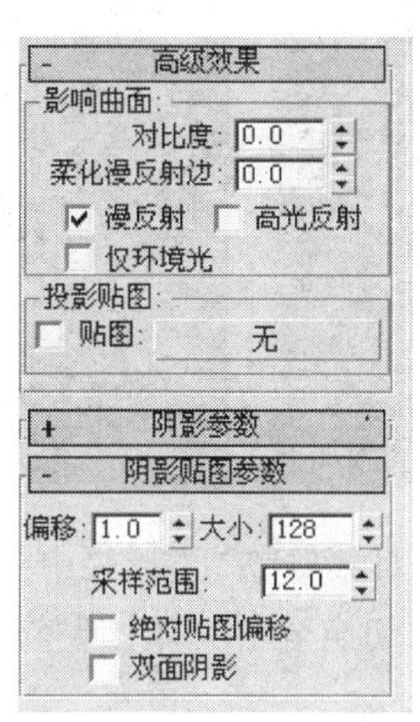

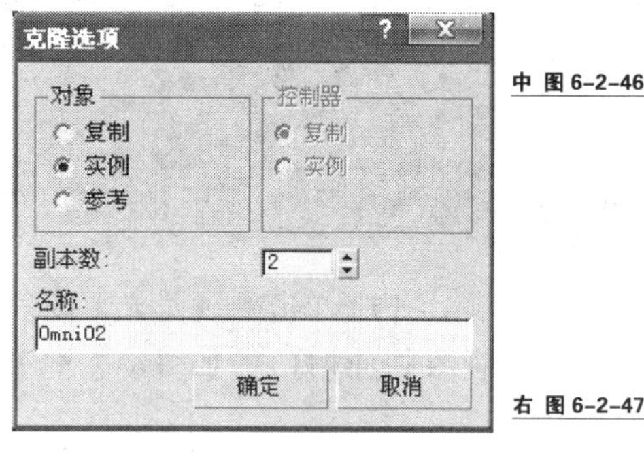

左 图 6-2-45

中 图 6-2-46

右 图 6-2-47

（10）切换至左视图，在左视图中选择复制出来的泛光灯，使用✥（选择并移动）工具将其沿 Y 轴进行复制。复制后位置如图 6-2-48 所示。

（11）在顶视图中沿 X 轴复制泛光灯。打开“克隆选项”对话框，设置参数如图 6-2-49 所示。

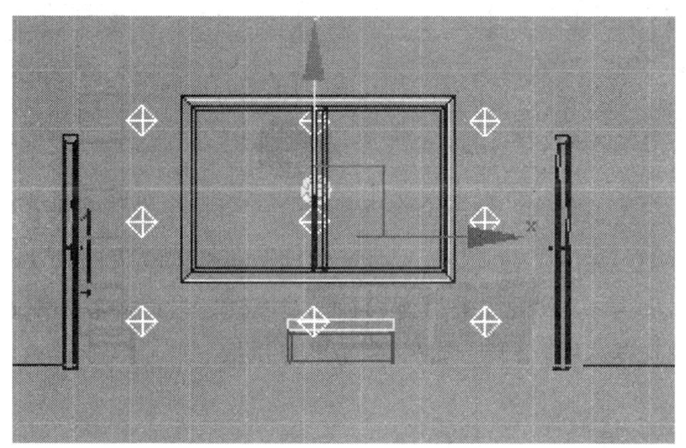

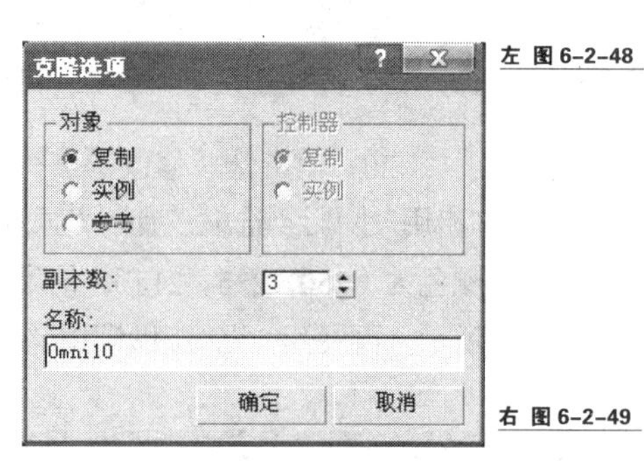

左 图 6-2-48

右 图 6-2-49

（12）在顶视图中选择第二排泛光灯中的其中一个并进入修改命令面板。展开“强度\颜色\衰减”卷展栏。设置“倍增”为 0.03，设置 RGB 颜色为（230，245，255）。

（13）选择第三排泛光灯中的其中一个并进入修改命令面板。展开“强度\颜色\衰减”卷展栏。设置“倍增”为 0.02，设置 RGB 颜色为（242，250，255）。

（14）选择第三排泛光灯中的其中一个并进入修改命令面板。展开“强度\颜色\衰减”卷展栏。设置“倍增”为 0.01，设置 RGB 颜色为（248，211，146）。

（15）在顶视图中创建泛光灯，位置如图 6-2-50 所示。

（16）在泛光灯的修改命令面板中，展开“强度\颜色\衰减”卷展栏。设置倍增为 0.05，设置 RGB 颜色为（233，233，233）。

（17）在顶视图中沿 *X* 轴进行复制，再沿 *Y* 轴进行复制，效果如图 6-2-51 所示。

（18）切换至左视图。选择泛光灯沿 *Y* 轴进行复制，位置如图 6-2-52 所示。

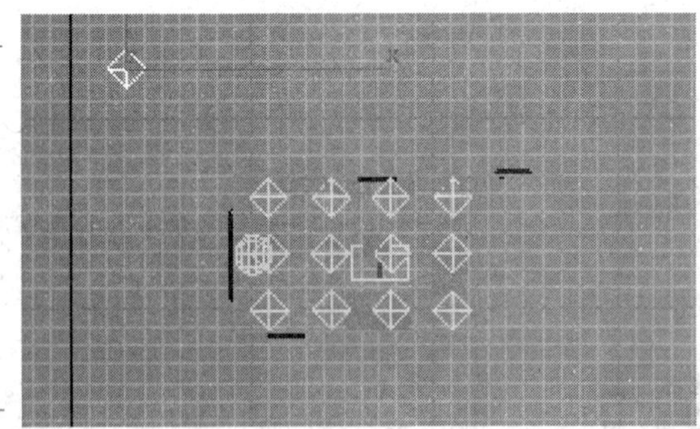

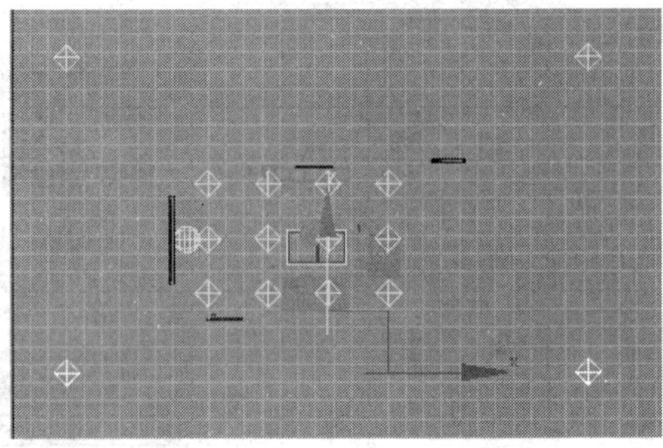

左 图 6-2-50

右 图 6-2-51

（19）单击（灯光）按钮。在“对象类型”卷展栏中单击“目标平行光”按钮，在顶视图中创建灯光，如图 6-2-53 所示。再切换至左视图中调整灯光的高度，如图 6-2-54 所示。

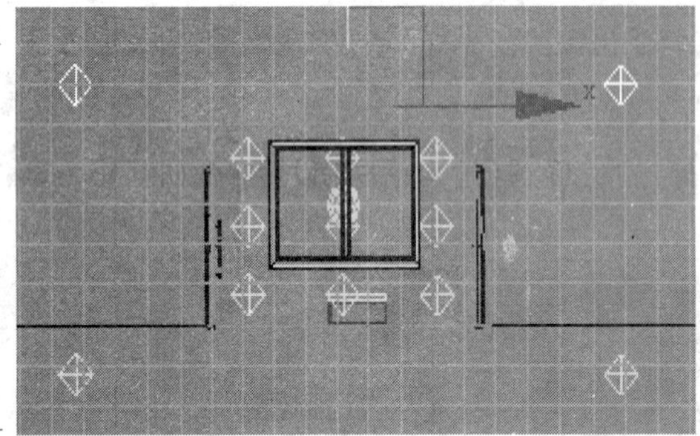

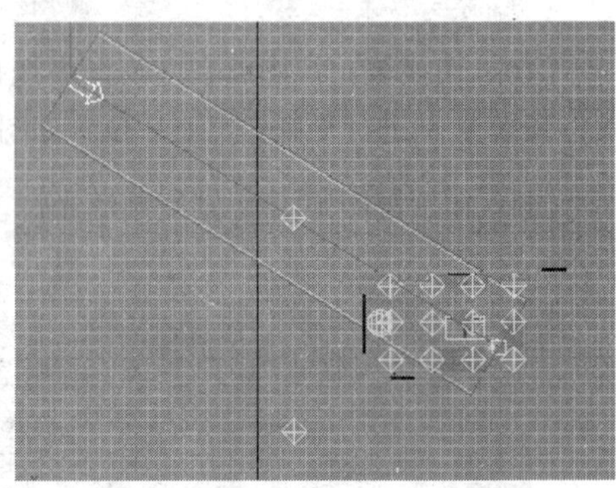

左 图 6-2-52

右 图 6-2-53

（20）单击（修改）按钮，进入该物体的修改命令面板。在“常规参数”卷展栏中勾选“启用”阴影复选框，展开“强度\颜色\衰减”卷展栏，单击“倍增”右侧的颜色框，设置 RGB 颜色为（250，235，217），倍增大小为 1。展开“平行光参数”卷展栏，设置参数如图 6-2-55 所示。再展开“光线跟踪阴影参数”卷展栏，勾选“双面阴影”复选框。

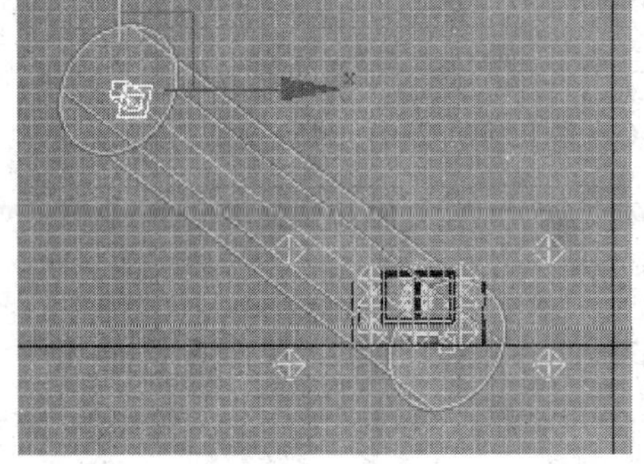

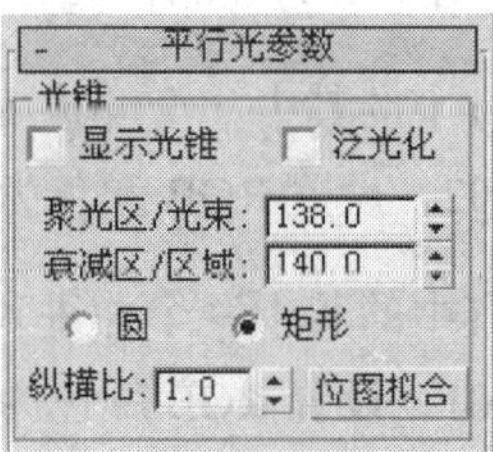

左 图 6-2-54

右 图 6-2-55

5. 创建摄影机

（1）单击（摄影机）按钮，在“对象类型”卷展栏中单击“目标”按钮，在顶视图中创建目标摄影机，如图 6-2-56 所示。

（2）切换至左视图，在左视图中调整摄影机的位置如图 6-2-57 所示。

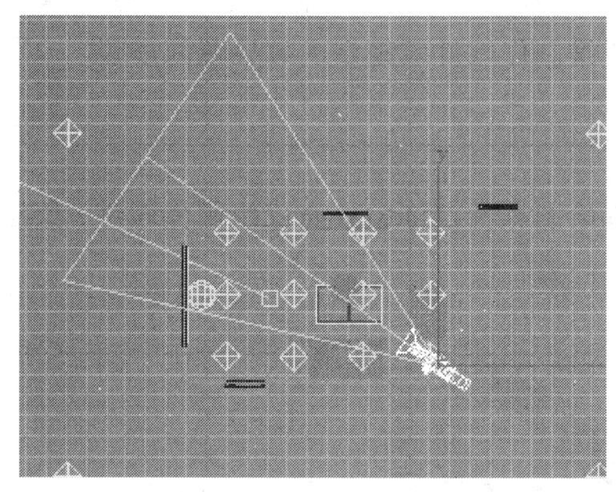

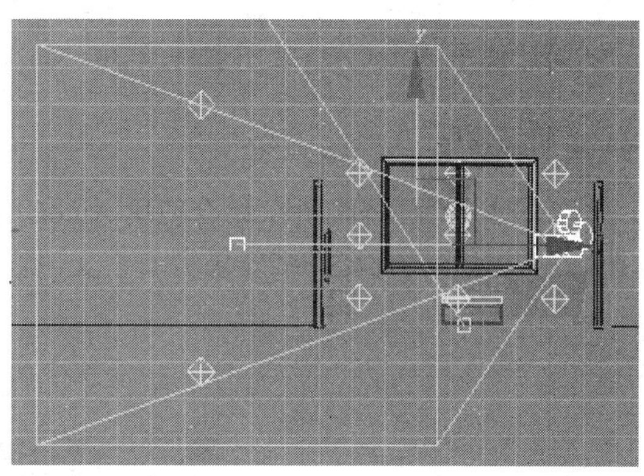

左 图 6-2-56

右 图 6-2-57

（3）切换至透视图，在透视图中按“C”键进入摄影机视角，如图 6-2-58 所示。

（4）单击 （修改）按钮，进入该物体的修改命令面板。在“参数”卷展栏中的“备用镜头”选项栏下单击“24MM”按钮。单击“修改器”→“摄影机”→“摄影机校正”菜单命令进行摄影机的校正操作。

6. 渲染设置

（1）单击“渲染”菜单→“渲染”菜单命令，打开“渲染场景”对话框。在“输出大小”选项栏下单击“640*480”按钮。单击“光线跟踪器”选项卡，在“全局光线抗锯齿器”选项栏中选中“启用”复选项，如图 6-2-59 所示。

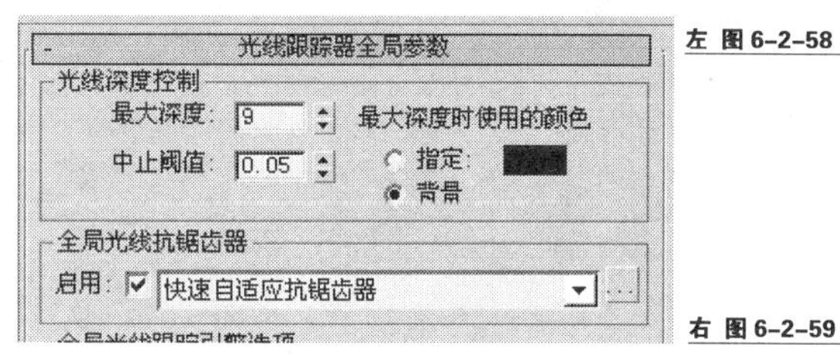

左 图 6-2-58

右 图 6-2-59

（2）在摄影机视图中，单击“渲染”按钮。渲染摄影机视图。最终效果如图 6-2-60 所示。

图 6-2-60

思 考 练 习

1. 问答题

简述使用 AutoCAD 绘图软件及 3ds Max 三维制作软件实现室内效果图的步骤。

2. 上机操作题

参照本节所学的知识，结合使用 AutoCAD 绘图软件及 3ds Max 三维制作软件，绘制图 6-2-61 所示的房屋三维效果。

图 6-2-61